はじめに

　我が国においては、科学技術創造立国の理念の下、産業競争力の強化を図るべく「知的創造サイクル」の活性化を基本としたプロパテント政策が推進されております。

　「知的創造サイクル」を活性化させるためには、技術開発や技術移転において特許情報を有効に活用することが必要であることから、平成９年度より特許庁の特許流通促進事業において「技術分野別特許マップ」が作成されてまいりました。

　平成１３年度からは、独立行政法人工業所有権総合情報館が特許流通促進事業を実施することとなり、特許情報をより一層戦略的かつ効果的にご活用いただくという観点から、「企業が新規事業創出時の技術導入・技術移転を図る上で指標となりえる国内特許の動向を分析」した「特許流通支援チャート」を作成することとなりました。

　具体的には、技術テーマ毎に、特許公報やインターネット等による公開情報をもとに以下のような分析を加えたものとなっております。
　・体系化された技術説明
　・主要出願人の出願動向
　・出願人数と出願件数の関係からみた出願活動状況
　・関連製品情報
　・課題と解決手段の対応関係
　・発明者情報に基づく研究開発拠点や研究者数情報　など

　この「特許流通支援チャート」は、特に、異業種分野へ進出・事業展開を考えておられる中小・ベンチャー企業の皆様にとって、当該分野の技術シーズやその保有企業を探す際の有効な指標となるだけでなく、その後の研究開発の方向性を決めたり特許化を図る上でも参考となるものと考えております。

　最後に、「特許流通支援チャート」の作成にあたり、たくさんの企業をはじめ大学や公的研究機関の方々にご協力をいただき大変有り難うございました。

　今後とも、内容のより一層の充実に努めてまいりたいと考えておりますので、何とぞご指導、ご鞭撻のほど、宜しくお願いいたします。

　　　　　　　　　　　　　　　　　　　　　　独立行政法人工業所有権総合情報館
　　　　　　　　　　　　　　　　　　　　　　　　　理事長　　藤原　譲

金属射出成形 エグゼクティブサマリー

地球環境問題から見直される金属射出成形部品

■ 注目される金属射出成形部品

　環境問題を背景に部品の高寿命化、リサイクル性が叫ばれ、プラスチック部品に代わり金属部品の要求が高まってきた。プラスチックに比べると、金属は強度が高く、耐久性に優れているが、加工性が劣るため複雑な形状の部品を製造することが困難であった。さらに、金属はプラスチックにない特性を持っているが、加工性の面から部品形状に制約があった。金属射出成形技術はプラスチック部品と同じ形状の部品を容易に製造することができる技術である。

　金属射出成形技術には、金属塊を原料とする溶融金属射出成形技術と粉末を原料とする金属粉末射出成形技術があり、前者はMg、Al、Znなどの融点の低い金属部品、後者はステンレス鋼、Ti、Wなどの融点の高い金属部品の製造に用いられる。

■ Mg合金部品が見直され再び金属射出成形部品が脚光

　自動車産業、エレクトロニクス産業分野で軽量化が強く求められている。金属射出成形技術は複雑な形状の金属部品を製造できるため、部品点数の削減、部品の小型化を可能にし、軽量化のニーズに十分答えられるものである。最近になり、密度がプラスチックの約1.7倍と、実用金属中でもっとも軽いMg合金部品のニーズが高まり、高純度合金の開発による耐食性の向上、表面処理技術の進歩により、携帯電話およびノートパソコンの筐体へ適用されはじめてきた。Mg合金部品が見直され、'プラスチックから金属へ'の流れに拍車をかけ、金属射出成形部品が再び脚光を浴びてきた。

■ 溶融金属射出成形技術は成形機製造メーカーが主体

　金属射出成形技術は溶融金属を対象とする分野の出願が全体の4分の3を占めている。溶融金属射出成形技術の研究開発の主体はダイカストや射出成形の成形装置を製造する企業であり、その中でも型締め装置、成形装置に注力している。金型については自動車製造、部品製造のような成形品製造に直接かかわる企業で主として研究開発が行われている。

　半溶融成形技術は1990年代中ごろに実用化された技術であり、一部の成形機製造・自動車製造の企業で研究開発が行われており、最近、参入企業が増加傾向にある。

　金属粉末射出成形技術は非鉄金属、鉄鋼などの素材製造と精密機器製造、部品製造の各企業が研究開発の主体であり、その中でも原料関係や成形、脱脂、焼結のプロセス技術について研究開発が行われている。

金属射出成形　　エグゼクティブサマリー

地球環境問題から見直される金属射出成形部品

■ 鍵を握る薄物Mg合金部品の溶融金属射出成形技術

　Mg合金部品はダイカスト法での製造が主流であったが、1970年代に半溶融状態に現出されるチクソトロピィ現象を応用し、プラスチックの成形に使用されている射出成形法を使ったMg合金部品成形法（チクソ成形法）が開発された。1990年代に日本国内に技術導入され、Mg合金部品がプラスチックと同じ感覚で成形できるようになり、軽量化のニーズと相まって、Mg合金部品への期待がいっきに高まった。さらにダイカスト法の技術開発も進み、薄物部品の成形も容易になったこともMg合金部品の普及に拍車をかけた。今後さらに利用分野を拡大するためには、半溶融成形、溶融成形を問わず、薄物部品の品質の向上、生産性の向上、コスト低減などが要求されるであろう。

■ 技術開発の拠点は首都圏と東海・甲信越に集中

　出願主要企業２２社の開発拠点は東京、神奈川、千葉、埼玉の首都圏で１３拠点、三重の１拠点を含めた東海・甲信越で１３拠点、大阪の１拠点を含めた瀬戸内海地方で５拠点である。

■ 技術開発の課題

　溶融金属射出成形技術に関しては、薄物部品の品質向上、とりわけ寸法・形状の精度の向上とひけ・巣の発生防止が課題として挙げられる。また、プラスチック部品と同様に成形することが求められる。装置に対しては、主として部品の生産性向上、装置の操作性向上が要求される。

　金属粉末射出成形技術により製造された部品も'プラスチックから金属へ'の流れに乗り伸長している。融点の高い金属部品の成形に適し、光通信分野などの小型部品への適用が多い。本技術は金属粉末と樹脂およびワックス（バインダ）などの混練物を射出成形し、バインダを除去（脱脂）し焼結して部品を製造する技術である。この脱脂に時間を要し、欠陥も発生しやすい。脱脂の時間短縮と欠陥防止が重要な技術開発課題となる。

金属射出成形に関する特許分布

金属射出成形は鋳造、粉末冶金、合金と可塑状物質の加工をベースに生まれた技術であり、1991年から2001年までに公開された溶融金属射出成形に関する特許出願は2,490件、金属粉末射出成形は861件である。溶融金属射出成形の中で約900件が金型に関するもの、約600件が型締め装置に関するもの、約500件が成形装置に関するもの、約300件が半溶融成形に関するものである。また、金属粉末射出成形の中で約250件が射出成形に関するもの、約180件が原料粉末に関するものである。

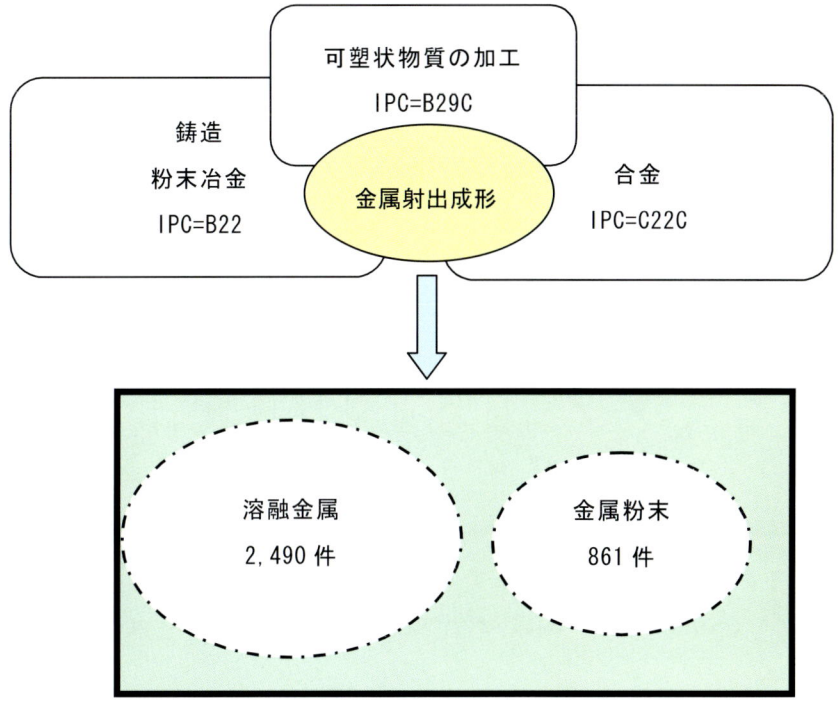

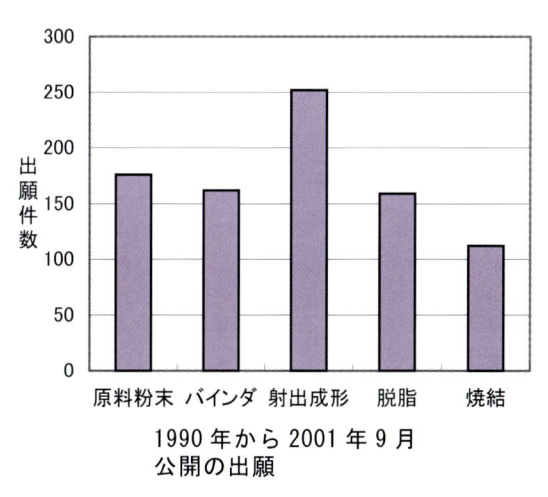

1990年から2001年9月公開の出願

金属射出成形 — 技術の動向

急増する半溶融成形技術とMg合金成形の特許出願

最近、軽量化やリサイクル性の面から携帯電子機器などの筐体へのMg合金の採用が増加している。成形方法は従来のダイカスト法と半溶融成形法がある。半溶融成形法は半溶融状の金属を金型内に射出し成形するプロセスであり、1990年代中頃から日本製鋼所などからMg合金射出成形機が出荷されたこともあり、この関係の出願件数、出願人数は急増している。

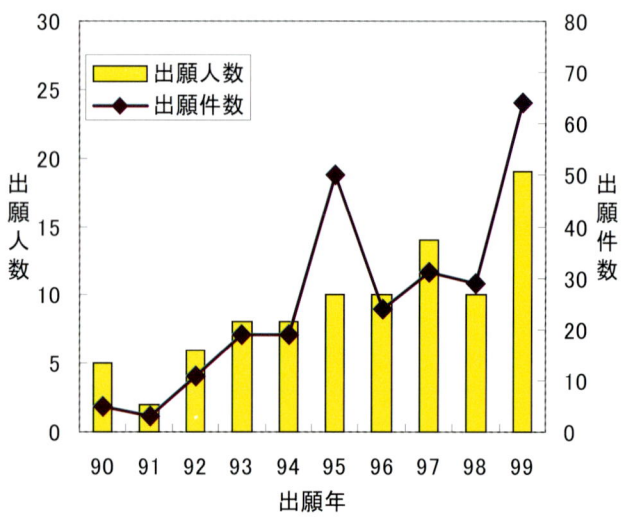

半溶融成形の出願人数と出願件数の推移

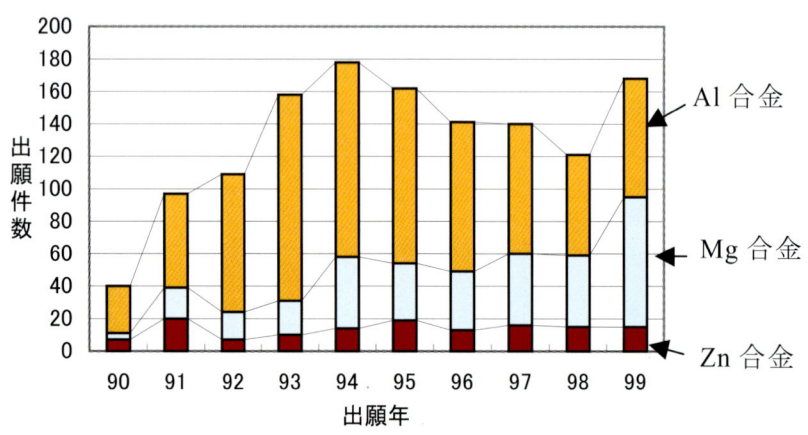

溶融金属射出成形に関する各合金別の出願件数推移

金属射出成形

課題・解決手段対応の出願人

品質向上が課題

溶融金属射出成形技術の半溶融成形の技術開発は品質向上、とりわけ寸法・形状、ひけ・巣発生防止、機械的特性向上に関するものが多い。この分野の特許は部品メーカが保有するものが多い。

課題		解決手段						
		運転条件管理				装置改良		
		溶湯制御	温度制御	素材調整	射出雰囲気	型構造	射出部装置	周辺装置
品質向上	寸法・形状の精度向上	日本製鋼所7 マツダ2 宇部興産1	日本製鋼所5 宇部興産4 本田技研工業1	日本製鋼所1 本田技研工業1	日本製鋼所2	日本製鋼所1	日本製鋼所5	日本製鋼所1
	ひけ・巣発生防止	宇部興産1 本田技研工業1 マツダ1	本田技研工業2 日本製鋼所1 マツダ1	本田技研工業4		日本製鋼所1	日本製鋼所1	本田技研工業2
	機械的特性向上	マツダ3	本田技研工業5 アースレスティ2 マツダ1	本田技研工業8 マツダ4 アースレスティ2			マツダ1	本田技研工業1
	給湯の適正化	日本製鋼所2 本田技研工業1 マツダ1				マツダ1件	マツダ2 新潟鉄工1 日精樹脂工業1	本田技研工業1
	酸化防止	マツダ2		日本製鋼所1	日本製鋼所2			本田技研工業3
	異物混入防止			東芝機械2				
	加工性向上	マツダ1	マツダ2	マツダ1				
	耐食性向上	マツダ1						
	湯漏防止		日本製鋼所1					

課題		解決手段						
		運転条件管理				装置改良		
		溶湯制御	温度制御	素材調整	射出雰囲気	型構造	射出部装置	周辺装置
品質向上	寸法・形状の精度向上	10	10	2	2	1	5	1
	ひけ・巣発生防止	3	4	4		1	1	2
	機械的特性向上	3	8	14			1	1
	給湯の適正化	4				1	4	1
	酸化防止	2		1	2			3
	異物混入防止			2				
	加工性向上	1	2	1				
	耐食性向上	1						
	湯漏防止		1					
生産性向上	素材の安定供給	2	1	1			3	2
	構造合理化					1		
	メンテナンスの改善				2			1
コスト低減	素材の安定供給	2	2	6			2	
	構造合理化						1	
	簡易成形		3					
性能向上	射出成形の安定化	1					2	
	耐熱耐摩耗性の向上						2	
	構造合理化						1	1
	湯漏防止						1	
操作性向上	射出成形の安定化	1					6	
	射出部の操作容易化						1	
	構造合理化		1			1	2	
	構造の安定化						6	
小型化	高機能化	1						

金属射出成形　技術開発の拠点の分布

技術開発の拠点は首都圏と東海・甲信越に集中

出願主要企業２２社の開発拠点は東京、神奈川、千葉、埼玉の首都圏で１３拠点、三重の１拠点を含めた東海・甲信越で１３拠点、大阪の１拠点を含めた瀬戸内海地方で５拠点である。

図 3.1 技術開発拠点図

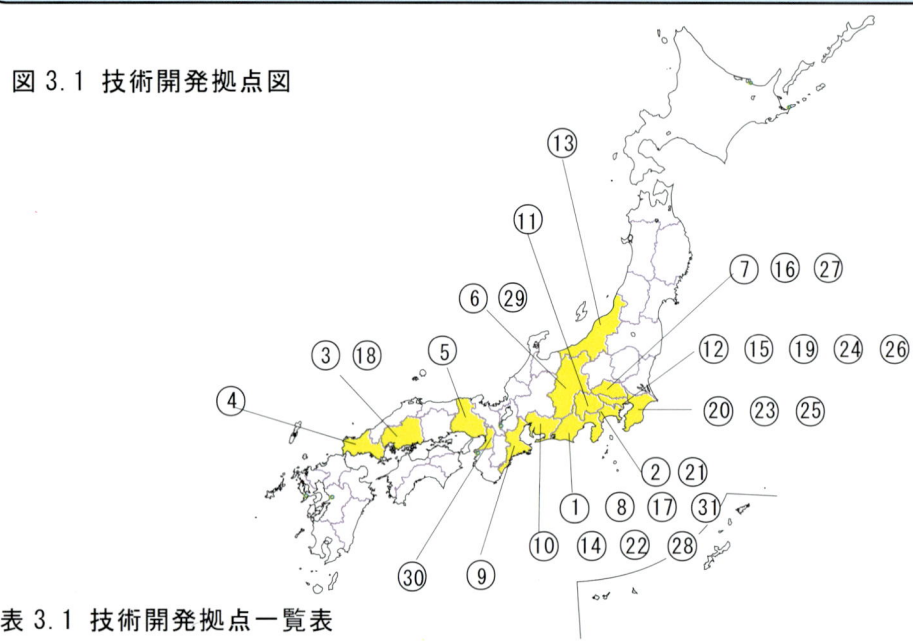

表 3.1 技術開発拠点一覧表

NO.	企業名	住所
①	東芝機械	静岡県沼津市大岡2068-3東芝機械株式会社内
②	東芝機械	神奈川県座間市ひばりが丘4-5676東芝機械株式会社相模工場内
③	日本製鋼所	広島県広島市安芸区船越南1-6-1株式会社日本製鋼所広島製作所内
④	宇部興産	山口県宇部市大字小串1978-96宇部興産株式会社内
⑤	東洋機械金属	兵庫県明石市二見町福里字西之山523-1東洋機械金属株式会社内
⑥	日精樹脂工業	長野県埴科郡坂城町大字南条2110日精樹脂工業株式会社内
⑦	本田技研工業	埼玉県狭山市新狭山1-10-1本田技研工業株式会社埼玉製作所狭山工場内
⑧	本田技研工業	静岡県浜松市葵東1-13-1本田技研工業株式会社浜松製作所内
⑨	本田技研工業	三重県鈴鹿市平田町1907本田技研工業株式会社鈴鹿製作所内
⑩	名機製作所	愛知県大府市北崎町大根2株式会社名機製作所内
⑪	ファナック	山梨県南都留郡忍野村忍草字古馬場3580ファナック株式会社内
⑫	ファナック	東京都日野市旭が丘3-5-1ファナック株式会社日野事業所内
⑬	新潟鐵工所	新潟県長岡市城岡2-5-1株式会社新潟鉄工所長岡工場内
⑭	トヨタ自動車	愛知県豊田市トヨタ町1トヨタ自動車株式会社内
⑮	アーレスティ	東京都板橋区坂下2-3-9株式会社アーレスティ内
⑯	アーレスティ	埼玉県比企郡滑川町大字都25-27株式会社アーレスティ東松山工場内
⑰	アーレスティ	静岡県浜松市小豆餅4-14-1株式会社アーレスティ浜松工場
⑱	マツダ	広島県安芸郡府中町新地3-1マツダ株式会社内
⑲	オリンパス光学工業	東京都渋谷区幡ヶ谷2-43-2オリンパス光学工業株式会社幡ヶ谷事業場内
⑳	住友金属鉱山	千葉県市川市中国分3-18-5住友金属鉱山株式会社中央研究所内
㉑	住友金属鉱山	神奈川県大和市下鶴間3860住友金属鉱山株式会社特殊合金工場内
㉒	大同特殊鋼	愛知県名古屋市大同町2-30大同特殊鋼株式会社技術開発研究所内
㉓	セイコーインスツルメンツ	千葉県千葉市美浜区中瀬1-8セイコーインスツルメンツ株式会社内
㉔	セイコーインスツルメンツ	東京都江東区亀戸6-41-6セイコーインスツルメンツ株式会社亀戸事業所内
㉕	川崎製鉄	千葉県千葉市中央区川崎町1川崎製鉄株式会社技術研究所内
㉖	シチズン時計	東京都西東京市田無町6-1-12シチズン時計株式会社内
㉗	シチズン時計	埼玉県所沢市下富840シチズン時計株式会社所沢事業所内
㉘	デンソー	愛知県刈谷市昭和町1-1株式会社デンソー内
㉙	インジェックス	長野県諏訪市湖岸通り1-18-12株式会社インジェックス内
㉚	小松製作所	大阪府枚方市上野3-1-1株式会社小松製作所大阪工場内
㉛	ヤマハ	静岡県浜松市中沢町10-1ヤマハ株式会社内

金属射出成形 — 主要企業の状況

主要企業20社の出願件数は過半数を占める

溶融金属射出成形技術に関する出願件数の多い企業は東芝機械、日本製鋼所、宇部興産である。この分野の主要企業20社の占める出願の割合は全体の約7割である。金属粉末射出成形技術については住友金属鉱山、オリンパス光学工業が多くの特許を出願している。この分野の主要企業20社の占める出願の割合は約6割である。

技術分野別の主要20社ごとの出願件数推移

技術分野	出願人	90	91	92	93	94	95	96	97	98	99	合計
溶融金属射出成形	東芝機械	25	27	28	34	13	21	36	30	17	5	236
	日本製鋼所	16	12	16	30	6	31	19	17	23	31	201
	宇部興産	35	23	7	18	15	17	14	12	4	0	145
	東洋機械金属	9	20	10	14	12	3	7	15	12	6	108
	日精樹脂工業	27	12	13	10	6	3	1	5	6	13	96
	本田技研工業	5	5	9	9	14	24	5	4	8	3	86
	トヨタ自動車	1	7	13	10	18	23	8	1	5	0	86
	ファナック	11	15	14	6	7	8	7	9	2	0	79
	住友重機械工業	19	8	8	5	2	3	11	4	2	3	65
	アーレスティ	9	8	16	5	4	7	6	5	3	0	63
	新潟鐵工所	12	14	11	4	3	3	7	6	3	0	63
	名機製作所	2	9	10	7	8	11	2	6	4	3	62
	三菱重工業	21	7	7	6	3	8	0	1	0	3	56
	神戸製鋼所	4	3	6	11	6	3	5	0	0	3	41
	オリンパス光学工業	10	9	8	6	1	4	2	0	0	0	40
	リョービ	9	5	9	4	4	3	1	1	0	0	36
	マツダ	5	1	2	2	0	2	4	6	4	6	32
	積水化学工業	4	10	2	0	4	2	2	0	3	0	27
	日立製作所	11	4	2	2	1	0	2	0	1	2	25
	日立金属	4	0	4	3	4	5	0	1	0	3	24
金属粉末射出成形	住友金属鉱山	7	32	10	8	9	5	3	9	2	3	88
	オリンパス光学工業	1	1	8	9	17	13	4	8	4	1	66
	川崎製鉄	5	14	15	7	5	0	0	0	0	0	46
	大同特殊鋼	3	2	7	2	8	2	4	0	1	0	29
	セイコーインスツルメンツ	5	3	6	5	3	1	0	0	1	0	24
	シチズン時計	2	2	0	1	4	1	1	2	4	4	21
	日立金属	2	2	6	2	0	1	0	2	2	1	18
	トーキン	3	2	4	4	3	0	0	0	0	0	16
	富士通	2	6	5	2	0	0	0	0	0	0	15
	三菱マテリアル	2	2	0	4	3	1	2	0	0	0	14
	住友電気工業	2	8	4	0	0	0	0	0	0	0	14
	インジェックス							4	3	6	1	14
	小松製作所	4	2	0	0	1	1	2	1	1	1	13
	住友重機械工業	8	1	1	3	0	0	0	0	0	0	13
	セイコーエプソン	5	0	5	0	0	2	0	0	0	0	12
	デンソー			1	0	0	0	0	0	0	9	10
	安来製作所				3	3	0	0	0	2	2	10
	神戸製鋼所	3	0	4	1	1	0	0	0	0	0	9
	ヤマハ								4	1	4	9
	住友特殊金属		2	0	5	1	0	0	0	0	1	9

分野別の主要20社とその他企業の出願件数

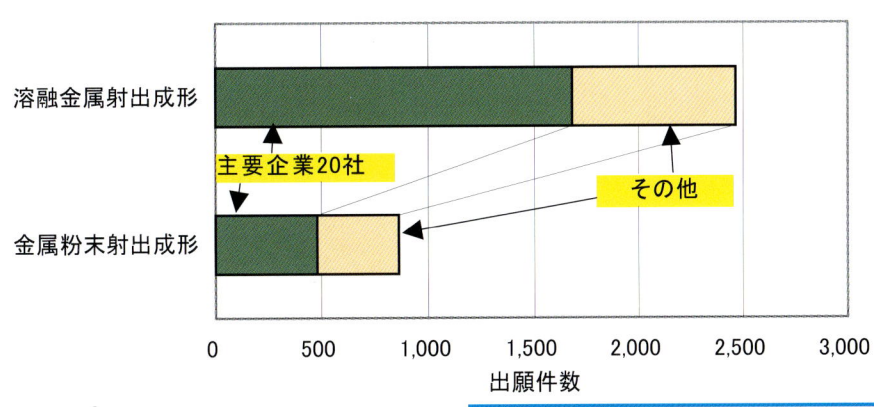

金属射出成形　主要企業

東芝機械　株式会社

出願状況

東芝機械㈱の保有する出願は、212件である。そのうち登録になった特許は86件あり、係属中の特許は128件である。

型締め装置に関する特許を多く保有し、生産性向上、小型化の課題に対応する特許が多い。半溶融成形に関する特許は少ない。

技術要素・課題対応出願特許の分布

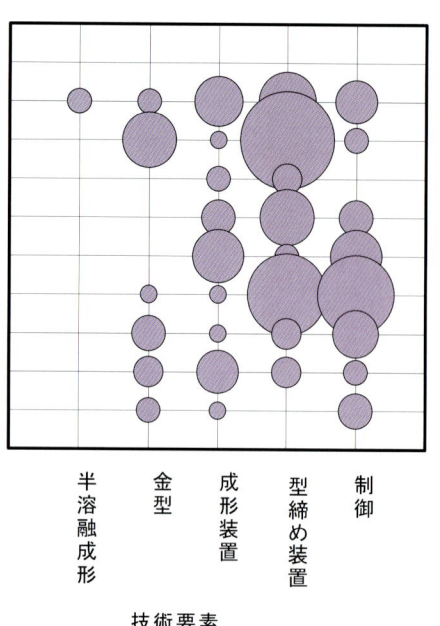

課題：品質向上／生産性向上／コスト低減／性能向上／操作性向上／小型化／省力化／安全性向上／作業環境改善

技術要素：半溶融成形／金型／成形装置／型締め装置／制御

保有特許リスト例

技術要素	課題	解決手段	特許番号 出願日 主IPC	発明の名称、概要
成形装置	品質向上	溶湯制御	特許 2554982 1993.4.3 B22D 17/14	**コールドチャンバ形ダイカストマシンの溶湯センサ機構**　溶湯がプランジャスリーブ内に供給され、ゲート部のオリフィスに達すると背圧が上昇し、圧力スイッチが作動して溶湯供給装置を制御するとともに、射出プランジャを高速前進して給湯口を閉じるコールドチャンバ型ダイカスト機の給湯センサ機構。
型締め装置	生産性向上	位置制御	特許 2799733 1989.6.20 B22D 17/26 J	**射出成形機等の形締制御方法**　キュアリングタイム中は型締めを保持し、型閉鎖状態のまま油室の圧抜きをし、ロックプレートと連結棒の係止を解除する射出成形機の型締め制御方法。
型締め装置	生産性向上	力制御	特許 3001228 1990.6.20 B22D 17/26 B	**ダイカスト機の形締め力制御方法**　型締め力を測定して許容範囲内であれば運転を継続し、上限を超えるときは型締め力を自動補正し、異常値を示したときは運転を停止するとともに、サイクルスタート後の平均値が許容値を外れる場合はその差だけの自動補正を行うダイカスト機の型締め力制御方法

金属射出成形　　主要企業

株式会社　日本製鋼所

出願状況

日本製鋼所㈱の保有する出願は、178件である。そのうち登録となった特許は41件あり、係属中の特許は138件ある。

半溶融成形の技術要素に関する特許を多く保有し、特に品質向上の課題に対応する特許が多い。金型、制御の技術要素に関する特許は少ない。

技術要素・課題対応出願特許の分布

課題（縦軸）: 品質向上／生産性向上／コスト低減／性能向上／操作性向上／小型化／省力化／安全性向上／作業環境改善

技術要素（横軸）: 半溶融成形／金型／成形装置／型締め装置／制御

保有特許リスト例

技術要素	課題	解決手段	特許番号 / 出願日 / 主IPC	発明の名称、概要
半溶融成形	品質向上	射出雰囲気	特許3197109　1993.4.21　C22C 1/2501B	**合金製品の製造方法**　合金材料の酸化が防止されると共に気泡がない合金製品を安価に製造することを目的として、本製造方法はパッパ内部および成形型のキャビティを同一真空源により同一真空圧に保つことを特徴とする。
半溶融成形	コスト低減	素材調整	特許2967385　1993.2.10　B22D 17/00 B	**金属射出成形品の製造方法および金属射出成形品**　融点が450℃以下の合金を粒径5mm以下、長さ15mm以下に機械加工した切片を射出成形機に挿入し、この合金の融点の±15℃以内に加熱して金型に射出する射出成形品の製造方法および製造品。

金属射出成形

主要企業

宇部興産 株式会社

出願状況

宇部興産㈱の保有する出願は、141件である。そのうち登録となった特許は61件あり、係属中の特許は68件である。

成形装置、型締め装置の技術要素に関する特許が比較的多い。また、半溶融成形の技術要素に関する特許も装置メーカの中では多く保有している方である。

技術要素・課題対応出願特許の分布

課題: 品質向上／生産性向上／コスト低減／性能向上／操作性向上／小型化／省力化／安全性向上／作業環境改善

技術要素: 半溶融成形／金型／成形装置／型締め装置／制御

保有特許リスト例

技術要素	課題	解決手段	特許番号 出願日 主IPC	発明の名称、概要
半溶融成形	品質向上	溶湯制御	特許2613481 1989.10.6 B22D 17/00 Z	射出成形方法および射出成形装置 金型内の溶融物を冷却するさいに、ひけ巣や割れなどが発生しやすい部分に押し出しピンを挿入し、これを通じて溶融物に機械的振動や超音波振動を与えて気泡を除去しひけ巣や割れなどの欠陥発生を抑止する射出成形方法。
成形装置	品質向上	溶湯制御	特許2006817 1991.3.22 B22D 17/22 E	射出成形方法及び射出成形機 キャビティに溶湯を充填した後、溶湯が凝固する前に押湯棒を押しこんで連通口を塞ぎ、ランナ部とビスケット部との連通が遮断され、ランナ部の溶湯がビスケット部に逃げずキャビティへ押湯効果を与える。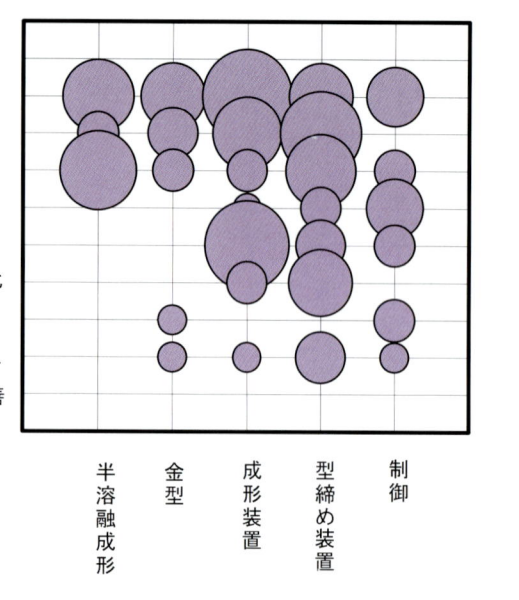
型締め装置	生産性向上	型開閉装置	特許2738094 1989.12.22 B22D 17/26 H	成形機の型締装置 型厚寸法に関係なく、可動盤の移動はすべて移動シリンダで行い、最後の型締めのみ型締め用ラムで行う成形機の型締め装置

金属射出成形　主要企業

住友金属鉱山　株式会社

出願状況

住友金属鉱山㈱の保有する出願は48件である。そのうち登録になった特許は8件あり、係属中の特許は40件である。

原料粉末の技術要素に関する特許が多く、すべて品質向上の課題に対応する特許である。また、各技術要素に関してコスト低減に対応する特許が少ない。

技術要素・課題対応出願特許の分布

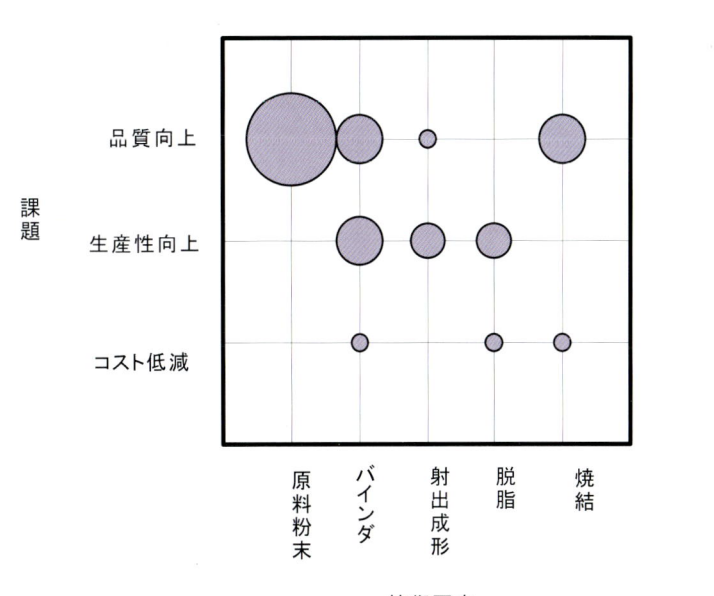

保有特許リスト例

技術要素	課題	解決手段	特許番号 出願日 主IPC	発明の名称、概要
原料粉末	品質向上	粉末混合・分級	特公平6-92603 1989.10.17 B22F 1/00	**金属焼結体製造用金属粉末及びこれを用いた金属焼結体製品の製造方法** 相隣りあう任意２つのピーク粒径に関し、粒径比、ピーク高さ比、最大粒径を限定した金属粉末と、バインダとしてパラフィン系ワックス、低密度ポリエチレン、硝酸エステルを含有するものを使用する。
原料粉末	生体適合性	原料粉末組成	特開平8-27546 C22C 38/	Cr:20～30%、Mo:0.5～2.0%、C:0.03%以下、O:1%以下、残部Feおよび不可避的不純物からなり、焼結密度が98%以上であるフェライト系ステンレス鋼の射出成形粉末冶金法による焼結体
バインダ	コスト低減	脱脂雰囲気	特許2947292 1990.12.13 B22F 3/2 M	**射出成形用組成物** 金属や合金の粉末に低密度ポリエチレン、パラフィン系ワックスからなるバインダ、滑剤として不飽和アルコール、脂肪酸化合物界面活性剤として、陰・陽・両性界面活性剤、エーテル・エステル化合物等を配合する。

xi

金属射出成形　主要企業

オリンパス光学工業　株式会社

出願状況

オリンパス光学工業㈱の保有する出願は、53件ある。そのうち登録となった特許は2件あり、係属中の特許は52件ある。

射出成形、脱脂の技術要素に関する特許が多く、特に脱脂に関しては、コスト低減の課題に対応する特許が多い。原料粉末に関する特許はなく、バインダに関する特許も少ない。

技術要素・課題対応出願特許の分布

課題：品質向上／生産性向上／コスト低減
技術要素：原料粉末／バインダ／射出成形／脱脂／焼結

保有特許リスト例

技術要素	課題	解決手段	特許番号 出願日 主IPC	発明の名称、概要
射出成形	生産性向上	夕段成形	特許 3017358 1992.4.14 B22F 3/2 L	**焼結体の製造方法** 金属粉末と有機バインダとの混練物を射出成形して1次射出工程とし、この成形体表面の一部に選択的にセラミックを付着させる付着工程と、この上に全期混練物を射出し成形する工程からなる複合成形品製造法
射出成形	コスト低減	夕段成形	特許 3193459 1992.5.29 B28F 1/24	**焼結体の製造方法** 射出成形後の成形物、脱脂後の成形物、焼結後の焼結物のうちいずれかの工程で処理された成形物表面に摺動処理剤を付着させ、その上に混練物を射出成形し、脱脂、焼結処理を行う。
脱脂	脱脂時間短縮	脱脂雰囲気	特開平 7-316606 1992.6.6 B22F 3/10	**金属粉末の射出成形方法** 射出成形体の脱脂にあたり酸化雰囲気または大気雰囲気中で加熱し、バインダ除去の最高温度に到達した後、前記脱脂雰囲気を還元性雰囲気に置換する。 1 脱脂炉　8 加熱部 2 排気口　9 ヒーター 3 循環排気口　10 送風部 4 循環吸入口　11 ファン 5 吸気口　12 設置台 6 主バルブ　13 射出成形体 7 副バルブ

目次

金属射出成形技術

1. 技術の概要
- 1.1 金属射出成形技術 3
  - 1.1.1 溶融金属射出成形技術の概要 4
  - 1.1.2 金属粉末射出成形技術の概要 10
- 1.2 金属射出成形技術の特許情報へのアクセス 17
  - 1.2.1 溶融金属射出成形技術 17
  - 1.2.2 金属粉末射出成形技術 19
- 1.3 技術開発活動の状況 21
  - 1.3.1 金属射出成形技術 21
  - 1.3.2 溶融金属射出成形技術 22
    - （1）溶融金属射出成形技術（全体） 22
    - （2）半溶融成形 23
    - （3）成形装置 24
    - （4）金型 25
    - （5）型締め装置 27
    - （6）制御装置 28
  - 1.3.3 金属粉末射出成形技術 29
    - （1）金属粉末射出成形技術（全体） 29
    - （2）原料粉末 30
    - （3）バインダ 31
    - （4）射出成形 33
    - （5）脱脂 34
    - （6）焼結 35
- 1.4 技術開発の課題と解決手段 36
  - 1.4.1 溶融金属射出成形技術 36
    - （1）半溶融成形 36
    - （2）成形装置 39
    - （3）金型 42
    - （4）型締め装置 44
    - （5）制御装置 47

Contents

　　1.4.2 金属粉末射出成形技術 49
　　　（1）原料粉末 49
　　　（2）バインダ 51
　　　（3）射出成形 52
　　　（4）脱脂 54
　　　（5）焼結 55

2．主要企業等の特許活動
　2.1 東芝機械 60
　　2.1.1 企業の概要 60
　　2.1.2 溶融金属射出成形技術に関連する製品・技術 61
　　2.1.3 技術開発課題対応保有特許の概要 62
　　2.1.4 開発拠点 89
　　2.1.5 研究開発者 89
　2.2 日本製鋼所 90
　　2.2.1 企業の概要 90
　　2.2.2 溶融金属射出成形技術に関連する製品・技術 91
　　2.2.3 技術開発課題対応保有特許の概要 92
　　2.2.4 開発拠点 118
　　2.2.5 研究開発者 118
　2.3 宇部興産 119
　　2.3.1 企業の概要 119
　　2.3.2 溶融金属射出成形技術に関連する製品・技術 120
　　2.3.3 技術開発課題対応保有特許の概要 121
　　2.3.4 開発拠点 142
　　2.3.5 研究開発者 142
　2.4 東洋機械金属 143
　　2.4.1 企業の概要 143
　　2.4.2 溶融金属射出成形技術に関連する製品・技術 143
　　2.4.3 技術開発課題対応保有特許の概要 144
　　2.4.4 開発拠点 153
　　2.4.5 研究開発者 154
　2.5 日精樹脂工業 155
　　2.5.1 企業の概要 155
　　2.5.2 溶融金属射出成形技術に関連する製品・技術 155
　　2.5.3 技術開発課題対応保有特許の概要 156

目次

- 2.5.4 開発拠点 168
- 2.5.5 研究開発者 168
- 2.6 本田技研工業 169
  - 2.6.1 企業の概要 169
  - 2.6.2 溶融金属射出成形技術に関連する製品・技術 170
  - 2.6.3 技術開発課題対応保有特許の概要 170
  - 2.6.4 開発拠点 180
  - 2.6.5 研究開発者 180
- 2.7 名機製作所 181
  - 2.7.1 企業の概要 181
  - 2.7.2 溶融金属射出成形技術に関連する製品・技術 181
  - 2.7.3 技術開発課題対応保有特許の概要 182
  - 2.7.4 開発拠点 191
  - 2.7.5 研究開発者 191
- 2.8 ファナック 192
  - 2.8.1 企業の概要 192
  - 2.8.2 溶融金属射出成形技術に関連する製品・技術 192
  - 2.8.3 技術開発課題対応保有特許の概要 193
  - 2.8.4 開発拠点 201
  - 2.8.5 研究開発者 201
- 2.9 新潟鐵工所 202
  - 2.9.1 企業の概要 202
  - 2.9.2 溶融金属射出成形技術に関連する製品・技術 202
  - 2.9.3 技術開発課題対応保有特許の概要 203
  - 2.9.4 開発拠点 212
  - 2.9.5 研究開発者 212
- 2.10 トヨタ自動車 213
  - 2.10.1 企業の概要 213
  - 2.10.2 溶融金属射出成形技術に関連する製品・技術 214
  - 2.10.3 技術開発課題対応保有特許の概要 214
  - 2.10.4 開発拠点 221
  - 2.10.5 研究開発者 221
- 2.11 アーレスティ 222
  - 2.11.1 企業の概要 222
  - 2.11.2 溶融金属射出成形技術に関連する製品・技術 223
  - 2.11.3 技術開発課題対応保有特許の概要 223

目次

- 2.11.4 開発拠点 230
- 2.11.5 開発研究者 230
- 2.12 マツダ 231
  - 2.12.1 企業の概要 231
  - 2.12.2 溶融金属射出成形技術に関連する製品・技術 232
  - 2.12.3 技術開発課題対応保有特許の概要 232
  - 2.12.4 開発拠点 236
  - 2.12.5 研究開発者 236
- 2.13 オリンパス光学工業 237
  - 2.13.1 企業の概要 237
  - 2.13.2 金属粉末射出成形技術に関連する製品・技術 238
  - 2.13.3 技術開発課題対応保有特許の概要 238
  - 2.13.4 開発拠点 245
  - 2.13.5 研究開発者 245
- 2.14 住友金属鉱山 246
  - 2.14.1 企業の概要 246
  - 2.14.2 金属粉末射出成形技術に関連する製品・技術 246
  - 2.14.3 技術開発課題対応保有特許の概要 247
  - 2.14.4 技術開発拠点 254
  - 2.14.5 研究開発者 254
- 2.15 大同特殊鋼 255
  - 2.15.1 企業の概要 255
  - 2.15.2 金属粉末射出成形技術に関連する製品・技術 256
  - 2.15.3 技術開発課題対応保有特許の概要 256
  - 2.15.4 開発拠点 260
  - 2.15.5 研究開発者 260
- 2.16 セイコーインスツルメンツ 261
  - 2.16.1 企業の概要 261
  - 2.16.2 金属粉末射出成形技術に関連する製品・技術 261
  - 2.16.3 技術開発課題対応保有特許の概要 262
  - 2.16.4 開発拠点 266
  - 2.16.5 研究開発者 266
- 2.17 川崎製鉄 267
  - 2.17.1 企業の概要 267
  - 2.17.2 金属粉末射出成形技術に関連する製品・技術 268
  - 2.17.3 技術開発課題対応保有特許の概要 268

- 2.17.4 開発拠点 272
- 2.17.5 研究開発 272
- 2.18 シチズン時計 273
  - 2.18.1 企業の概要 273
  - 2.18.2 金属粉末射出成形技術に関連する製品・技術 274
  - 2.18.3 技術開発課題対応保有特許の概要 275
  - 2.18.4 開発拠点 278
  - 2.18.5 研究開発 279
- 2.19 デンソー 280
  - 2.19.1 企業の概要 280
  - 2.19.2 金属粉末射出成形技術に関連する製品・技術 280
  - 2.19.3 技術開発課題対応保有特許の概要 281
  - 2.19.4 開発拠点 284
  - 2.19.5 研究開発 285
- 2.20 インジェックス 286
  - 2.20.1 企業の概要 286
  - 2.20.2 金属粉末射出成形技術の製品・技術 287
  - 2.20.3 技術開発課題対応保有特許の概要 288
  - 2.20.4 開発拠点 291
  - 2.20.5 研究開発 291
- 2.21 小松製作所 292
  - 2.21.1 企業の概要 292
  - 2.21.2 金属粉末射出成形技術に関連する製品・技術 292
  - 2.21.3 技術開発課題対応保有特許の概要 293
  - 2.21.4 開発拠点 295
  - 2.21.5 研究開発者 296
- 2.22 ヤマハ 297
  - 2.22.1 企業の概要 297
  - 2.22.2 金属粉末射出成形技術に関連する製品・技術 297
  - 2.22.3 技術開発課題対応保有特許の概要 298
  - 2.22.4 開発拠点 300
  - 2.22.5 研究開発者 300

3．主要企業の技術開発拠点
- 3.1 溶融金属射出成形技術：半溶融成形 304
- 3.2 溶融金属射出成形技術：成形装置 305

Contents

3.3 溶融金属射出成形装置：金型 306

3.4 溶融金属射出成形装置：型締め装置 307

3.5 溶融金属射出成形装置：制御装置 308

3.6 金属粉末射出成形技術：原料粉末 309

3.7 金属粉末射出成形技術：バインダ 310

3.8 金属粉末射出成形技術：射出成形 311

3.9 金属粉末射出成形技術：脱脂 312

3.10 金属粉末射出成形技術：焼結 313

資料

1. 工業所有権総合情報館と特許流通促進事業 317
2. 特許流通アドバイザー一覧 320
3. 特許電子図書館情報検索指導アドバイザー一覧 323
4. 知的所有権センター一覧 325
5. 平成13年度25技術テーマの特許流通の概要 327
6. 特許番号一覧 343
7. ライセンス提供の用意のある特許 350

1. 技術の概要

1.1 金属射出成形技術
1.2 金属射出成形技術の特許情報へのアクセス
1.3 技術開発活動の状況
1.4 技術開発の課題と解決手段

> 特許流通
> 支援チャート
>
> # 1．技術の概要
>
> 環境問題を背景に部品の高寿命化、リサイクル性が叫ばれ、プラスチックに代わり金属部品の要求が高まっている。金属射出成形技術は複雑な形状の金属部品をニアネットで製造することができる技術であり、本技術への期待は大きい。

1.1 金属射出成形技術

　金属射出成形技術は金属部品をニアネット（最終部品形状に近い形状）で製造する技術であり、大きくは、金属塊を原料とする技術と金属粉末を原料とする技術に分けられる。前者は金属塊を溶融または半溶融状態で、金型に流入させて成形する技術である。チクソ射出成形法、レオキャスト法、射出成形法、ダイカスト法がある。ここでは、前者の技術をまとめて溶融金属射出成形技術と呼ぶ。後者は金属粉末射出成形技術（MIM:Metal Injection Molding）といわれ、金属粉末と樹脂およびワックスなど（バインダ）を混合・混練して可塑性を持たせ、金型に流入させ成形する技術である。

　各種成形技術の製造プロセスを図1.1-1に示す。原料形状としては、半溶融成形のチクソ射出成形および溶融成形の射出成形はチップ状、半溶融のレオキャストおよびダイカストは塊状の原料が使用される。金属粉末射出成形法は粉末原料が使用される。成形前処理としては、半溶融のチクソ射出成形では加熱し半溶融状態にした金属を射出成形し、半溶融のレオキャストは加熱して溶融させたのちに冷却して半凝固状態にした金属を射出する。金属粉末射出成形は金属粉末と有機バインダを混合・混練したものを射出する。射出方式としては、半溶融のチクソ成形、溶融の射出成形および金属粉末射出成形はスクリュ方式であり、レオキャストとダイカストはプランジャ方式である。溶融金属射出成形では射出したものが製品となるが、金属粉末射出成形ではさらに脱脂（バインダの除去）し、焼結して製品とする。

図1.1-1 金属射出成形プロセス

プロセスの名称			原料形状	成形前処理	成形時素材形態	射出方式	後工程	
溶融金属射出成形	半溶融成形	チクソ射出成形	チップ状	加熱（半溶融）	固体→液体	スクリュ	—	製品
		レオキャスト	塊状	加熱冷却（半凝固）	液体	プランジャ		
	溶融成形	射出成形	チップ状	加熱（溶融）	液体	スクリュ		
		ダイカスト	塊状	加熱（溶融）	液体	プランジャ		
金属粉末射出成形			粉末	混合・混練 粉末とバインダ	固体→液体	スクリュ	脱脂・焼結	製品

1.1.1 溶融金属射出成形技術の概要

（1）溶融金属射出成形技術の歴史

　溶融金属射出成形技術においては、ダイカスト法の開発がもっとも古く、19世紀中頃に発明された。国内においては、1920年代にアルミニウムのダイカスト法が実用化され、量産が開始された。Mg、Znなどの材料に適用範囲が広げられ、成形装置、型締め装置などの改良、開発が重ねられ、今日に至っている。

　一方、チクソ射出成形法、レオキャスト法の開発は比較的新しく、1971年に米国のスペンサーによるチクソトロピー現象の発見が端緒となる。チクソトロピー現象とは、溶解した合金を液相線と固相線の間で攪拌すると、初晶が球状に近い形状になり、せん断速度が大きくなると、粘度が低下する現象である。1976年には、チクソトロピー現象を応用したレオキャスト法がフレミングにより開発された。さらに、1977年には、バッテルとダウ・ケミカル社は、共同でチクソトロピー現象を応用して、樹脂成形に使用されている射出成形法を使ったMg合金成形法の開発に着手した。国内においては、1992年に、日本製鋼所が技術導入し、1994年にチクソモールディング機として、製造・販売を開始した。現在、Mg合金部品の成形加工法として、携帯電話のケースなどの生産に適用されている。

（2）溶融金属射出技術体系

　溶融金属射出成形技術は、固液共存状態の金属を金型に射出する技術と液相状態の金属を金型に射出する技術に大別できる。

　固液共存状態の金属を金型に射出する技術は、前述したように比較的新しい技術である。この技術においては、さらに金属を加熱して固液共存状態にする技術（加熱過程）と、液相にしたのちに凝固過程で機械的または電磁的に攪拌して固液共存状態にする技術（凝固過程）に分けられる。前者にはチクソ射出成形法が挙げられる。後者には、レオキャスト法、近年開発された半凝固ダイカスト法が挙げられる。ここで、固液共存状態の場合を

まとめて半溶融技術とし、その特徴を下記にまとめる。
- ・高速・高圧で射出することができる。薄物部品の成形が容易である。
- ・比較的高い粘度での成形のため、ガス巻き込みが少ない。
- ・成形温度と凝固温度の差が小さいので、凝固収縮量が小さく寸法精度がよい。また、部品内の金属元素の偏析が小さい。
- ・金型への熱負荷が少ないので、金型寿命が長い。

　一方、液相状態の金属を金型に射出する技術には、ダイカスト法が挙げられる。ダイカスト法には、射出機構が溶融金属の中に浸っているか否かで、コールドチャンバ方式とホットチャンバ方式に区別される。ダイカスト法の特徴を鋳造法との比較をもとに下記にまとめる。
- ・他の鋳造法よりも寸法精度が高く、複雑な形状の部品を製造できる。
- ・短時間に多量の部品を製造できる。
- ・薄肉の部品を製造できる。

　また、プラスチックの射出成形機を改良することにより、溶融金属を射出成形することは可能である。実際、本テーマにおける射出成形機に関する特許には、材料を金属と限定していないものが多い。それらの特許は溶融金属にも適用されるものと考えることができるであろう。材料について限定のない射出成形に関する技術は、液相状態に関する技術と位置づけて取り扱うことにする。

　次項で、各技術要素を概説する。本報告においては、各技術要素に関しては、固液共存状態に関する技術をまとめて半溶融成形とした。また、液相状態に関する技術であるダイカスト法および材料について限定のない射出成形法に関しては、装置関連の技術開発が主力であり、特許の件数も多いため、金型、成形装置、型締め装置、制御装置と細分して技術要素とした。下記にそれらの技術要素をまとめる。

a. 半溶融成形

チクソ射出成形法では射出方式がインライン・スクリュ方式である。チクソ射出成形法が溶融金属の射出成形といわれてきたゆえんである。原料としてチップ状原料を必要とするため原料コストが他の溶融金属射出成形法より高いというマイナス面はあるが、坩堝を使用しないため、原料の雰囲気制御が容易であり、安全面、操業面では優れている。

レオキャスト法は、いったん液相状態にし凝固過程で攪拌させ固液共存状態の金属を射出する。射出方式は一般的にはプランジャ方式である。原料としては、金属塊を使用することができるが坩堝を必要とする。

半溶融成形に関連する技術要素の概説を表1.1.1-1にまとめる。

表1.1.1-1 半溶融成形の技術要素の解説

	技術要素		解説
半溶融成形	加熱過程	チクソ射出成形法	原料はチップ状である。原料チップを成形機のホッパに挿入し、シリンダ内で加熱して固液共存状態にしたのち、スクリュにより金型内に射出される。坩堝は必要とされない。したがって、連続的に原料チップを供給することができ、しかも雰囲気を制御することも比較的容易であり、Mg合金部品の成形には適している。チップ形状の原料を用いるため、原料コストが高いというマイナス面がある。
	凝固過程	レオキャスト法	金属を加熱・溶融後、凝固過程で機械的または電磁的に攪拌させ、固液共存状態にしたのち鋳造機で金型内に射出して部品を製造する。近年、攪拌の代わりに加熱・冷却を制御することにより固液共存状態を現出させる新レオキャスト法が開発されている。チクソ射出成形法と異なり、金属塊を使用することができるが、坩堝が必要になる。
		半凝固ダイキャスト法	射出スリーブ内で冷却および電磁攪拌が可能な装置を設置したダイカスト機で行われる。溶融金属を射出スリーブ内に注湯したのち、冷却・攪拌により固液共存領域を現出させて部品を成形する技術である。

b．成形装置（射出装置）

　液相状態にある金属の成形装置は、ダイカスト法の場合は射出方式がプランジャ方式であり、射出成形法の射出方式の場合はインライン・スクリュ方式である。また、ダイカスト法は坩堝を必要とし、射出成形法は坩堝を必要としない違いがある。

　ダイカスト法、射出成形法とも、溶湯および温度を制御したり、射出部の構造、周辺装置を改良して、品質の向上、生産性向上、部品の製造コストの低減を図っている。

　成形装置に関連する技術要素の概説を表1.1.1-2にまとめる。

表1.1.1-2 成形装置の技術要素の解説

技術要素		解説
成形装置	ダイカスト	射出方式はプランジャ方式である。また坩堝が必要となる。金属塊は坩堝で溶解されたのち、一定量が射出スリーブ内に供給され、高速、高圧でプランジャにて金型に射出される。 部品の品質からみると、例えば溶湯を制御することにより寸法・形状を制御し、また、ひけ・巣の発生を抑制する技術がある。部品へのガス混入を抑制させるために、真空下でダイカストする方法が提案されている。 生産性向上の面からは、例えば射出部の装置の構造を改良して型開閉時間の短縮を図った装置もある。 部品のコスト低減に関しては、射出部の構造を合理化し、装置のコストを低減した成形機が提案されている。
	射出成形	射出方式はインライン・スクリュ方式である。また坩堝を必要としない。ホッパ内のチップ状金属がシリンダ内で加熱・溶融され、スクリュが回転しながら後進することにより射出部に一定量供給され、スクリュの前進により、高速、高圧で金型内に射出される。 品質面からみると、例えば、射出部の計量部を改良し、寸法・形状の精度を向上させた装置、加熱シリンダ部に脱気装置を具備し、ガス混入を抑制させた装置が提案されている。 生産性向上に関しては、射出部の構造を改善して、型開閉時間を短縮せた装置、材料の衣替えを容易にした装置が提案されている。 部品のコスト面からは、構造を簡素化し装置のコストを低減した成形機が提案されている。

c．金型

　射出成形用金型およびダイカスト用金型は、部品の形状を決めるキャビティ、溶湯（溶融金属のこと、以下溶湯とする）をキャビティに導くスプルー（鋳込み口）、ランナ（湯道）、湯口（ゲート）、さらに製品を金型から離型する突き出しピン、冷却配管などで構成されている。基本的な構成はプラスチックの射出成形法、チクソ射出成形法、レオキャスト法の金型と類似している。材料は一般的には熱間工具鋼が使用される。

　金型は部品の品質、生産性、コストに大きく影響を与える。品質に関しては、金型の不備が、ひけ・巣の発生、破損、湯漏れ（バリ発生）の原因となるので、型構造の改良、周辺装置の改良がなされてきた。生産性に関しては、金型の寿命、金型の交換およびメンテナンスに要する時間などは生産性に大きく影響する。これらに関しても、型構造、周辺装置の開発改良がなされている。また、一般的に金型は高価である。製品の価格に直接影響する。特に、製品の数が少なければ、部品価格は高くなる。この面からも型構造、周辺装置の開発改良がなされている。

　金型に関連する技術要素の概説を表1.1.1-3にまとめる。

表1.1.1-3　金型の技術要素の解説

技術要素	解　　　説
金　型	部品の品質に関しては、ひけ・巣の発生、破損、湯漏れ（バリ発生）に影響する。ひけ・巣に対しては、例えばガス抜きに留意した型構造、周辺装置が提案されている。破損に対しては、金型から部品の離型する方法が工夫され、湯漏れに対しては、例えば熱変形を考慮した型構造などがある。 生産性向上に関しては、金型の寿命改善、交換作業の効率化、メンテナンス性の向上などが挙げられる。金型寿命改善に対しては、例えば冷却方法を工夫した型構造、突き合わせ面の異物を監視、除去する装置が提案されている。交換作業を容易にするために、金型冷却装置をカセット化したものがある。 さらに、例えば金型のクランプ装置を簡素化し、金型関連のコストを低減した技術などが提案されている。

d．型締め装置

　型締めの基本的考え方は、ダイカスト法と射出成形法では同様と考えられる。したがって、本技術要素については区別しない。

　型締め装置は金型を成形機に固定し、金型を開閉するための装置である。製品の品質面からみると、締めつけ力が射出力より小さいと所定の寸法の製品を得られず、また、湯漏が発生する。生産性の面からみると、型開閉時間の速さ、金型の交換作業の容易さ、締めつけ力などの設定の容易さが求められる。型締め部および周辺装置の構造面および制御の面から開発、改良がなされている。

　型締め装置に関連する技術要素の概説を表1.1.1-4にまとめる。

表1.1.1-4 型締め装置の技術要素の解説

技術要素	解　　説
型締め装置	部品の品質面をみると、寸法・形状の精度向上に関しては、例えば可動盤にタイバーを埋め込んだ構造にしたり、金型取りつけ板にラムを設置した構造などが提案されている。 生産性向上の面からみると、反可動盤側に嵌め合い調整装置を設けて型開閉時間の短縮を図り、金型の厚みの変化に容易に対応できる締めつけ構造にして、金型交換の作業の効率化を図っている。 さらに、型開閉装置、および油圧装置などの周辺装置のハードおよびソフト面の改良、各種のセンサを取り付けることにより、操作性、安全性の改良などがなされている。

e．制御装置

制御装置に関しても、ダイカスト法と射出成形法を区別せずに取り扱う。

射出時の射出量、圧力、速度および油圧装置、回転モータなどの周辺装置の制御に関して、システム、制御性および装置の改良により、部品の品質向上およびコスト低減、生産性、操作性、安全性の向上が図られている。

制御装置に関連する技術要素の概説を表1.1.1-5にまとめる。

表1.1.1-5 制御装置の技術要素の解説

技術要素	解　　説
制御装置	部品の品質の面からみると、例えば、射出スリーブ内の湯面高さを計測し、射出速度を制御する。また金型内の溶湯位置を検出して、射出速度を制御し、ひけ・巣の発生を防止する技術が提案されている。 生産性の面からは、例えばスクリュの前後進にかかわる油圧回路の制御装置を改善し、製造サイクルの短縮を図る技術がある。 省力化の面からは、射出条件などの設定を自動で可能とする制御機能、制御手順の改良が提案されている。また、射出条件を画面表示化し、製品品質に応じて、射出条件を補正する機能が付与されることにより操作性の改善が図られている。

1.1.2 金属粉末射出成形技術の概要
(1) 金属粉末射出成形技術の歴史

1980年代、米国のウィーチにより、工業化技術が開発され、基本的特許（USP 4,305,756、特公昭62-33282）が出願された。さらに、パーマテック社（米国）が溶媒抽出技術を工業化した。国内においては、ウィーチの特許管理会社の日本法人であるウィテックジャパン社を通して、国内数社が特許実施権を取得し、MIM部品の製造・販売を開始した。大和伸管所、日本精線などが挙げられる。さらに、国内の、既存の粉末冶金メーカー、自動車メーカー、機械部品メーカー、電機メーカーなどにおいても、研究開発が盛んに行われるようになった。1980年代には、市場の伸びが大いに期待され、多くの企業の参入が見られた。住友金属鉱山、川崎製鉄（セイコーエプソンと合弁でインジェックスを設立）などが挙げられる。

1990年代前半には、市場が期待通り伸長せず、撤退する企業も見られるようになった。主な理由としては、既存の部品の代替として製造コストの低減の期待から導入が検討されたが、期待に反して製造コストが高かったことが挙げられる。1990年代後半になると、部品メーカーの製造コスト低減の努力、部品ユーザの設計方針の変革などにより様相は一変した。医療分野、自動車分野でのMIM部品導入が活発化し、さらに光通信分野での導入で盛況を極め、現在に至っている。

(2) 金属粉末射出成形技術体系

金属粉末射出成形技術は次に示す製造工程からなる。金属粉末とバインダを混合・混練（混合・混練物：コンパウンド）し、可塑性を持たせ、プラスチックの成形に使用される射出成形機、または改良された射出成形機により、金型内に流入させ、成形体（グリーン）を成形する（射出成形工程）。さらに、有機バインダを除去（脱脂工程）したのち、焼結して部品を製造する（焼結工程）。

上記プロセスで製造されるため、MIM技術は以下の特長を持つ。
・高密度の焼結部品を得ることができる。
・小型複雑形状部品の大量生産に適する。
・難加工性、高融点材料部品の製造に適する。
・比較的寸法精度が高い。
・部品試作から量産までの開発期間が短い。

原料粉末、バインダ、射出成形、脱脂、焼結の各プロセスを技術要素として、プロセス順に次項に概説する。

a. 原料粉末

MIMにおいては、プラスチックと同様に射出成形して成形体を作製するため、プラスチックと同等の流動性を付与させなければならない。さらに、脱脂工程、焼結工程においても、MIM特有の原料粉末起因の問題がある。したがって、使用される粉末は、製造方法、粉体特性、粉体化学組成に関して、技術開発がされている。

原料粉末に含まれる技術要素を表1.1.2-1にまとめる。

表1.1.2-1 原料粉末の技術要素の解説

技術要素		解説
原料粉末	粉末製造法	MIM用の粉末としては、水アトマイズ粉末、ガスアトマイズ粉末、カーボニル粉末、粉砕粉末などが用いられる。一般的には製造時平均粒径3～15μmに調整される。また、粉末特性の向上、化学組成の調整のため、各種の方法で製造された粉末を混合する場合もある。また、粉末形状を機械的に改良する方法、表面にめっき、樹脂コーティングなどの表面を改質する方法もある。
	粉体特性	粒度、粒度分布、粉末形状は後工程に影響をおよぼす。コンパウンドにおいては、流動性に影響をおよぼす。例えば、同一のバインダ量の場合には、粉末粒度が大きいこと、粒度分布の広がりが小さいこと、粉末の形状が球状からはなれるほど流動性が減じられる。脱脂工程に関しては、形状の保形性に影響する。形状は球形ほど、脱脂時に形が崩れやすい。また、球状に近い粉末ほど比表面積が小さいため、脱脂後に炭化した有機バインダの残留量（残留炭素量）が小さい。焼結においては、粉末粒径が小さいほど焼結体密度は高い。
	粉末化学組成	機能に応じて、金属粉末射出成形法の特色を生かした新合金材料が開発されている。また、炭素量、酸素量は焼結体の特性に大きく影響する。焼結時に炭素と酸素が反応し、脱炭と脱酸が進行する。焼結前の炭素量、酸素量は、粉末起因のもの、脱脂時の有機バインダの残留炭化物、雰囲気からの浸炭、酸化起因のものである。それらを考慮して粉末の炭素量、酸素量を制御する。黒鉛を混合したり、酸化物を混合したりする場合もある。

b. バインダ

　金属粉末に樹脂およびワックスなどを混合・混練（混合・混練物：コンパウンド）してプラスチックと同様に射出成形可能とする。それらの樹脂およびワックスなどをバインダと呼ぶ。重量比で約7～10%混合される。しかしながら、焼結して金属部品とするために脱脂工程で除去されなければならない。したがって、以下の特性がバインダに要求される。

・高流動性を与えること、
・粘度の温度変化が小さいこと、
・成形体の強度が高いこと、
・金属粉末とのぬれがよいこと、
・脱脂しやすいこと、
・混練、成形温度より分解温度が高いこと、
・人体に有害ではないこと、
・繰り返し使用しても劣化しないこと

　1種では、すべての特性を満足させることは困難なため数種の樹脂、ワックス、可塑剤を添加し、各バインダ成分に機能を分担させる。

また、脱脂法に合ったバインダ種が選定される。

つぎに、上記のバインダと金属粉末とを混合・混練してコンパウンドを作製する。混練温度、時間、せん断力、バインダおよび粉末の混練順序によりコンパウンドの特性（流動性）が左右される。また、混練雰囲気は通常、大気雰囲気であるが、金属粉末の酸化などを抑制するために減圧雰囲気、非酸化性雰囲気で行うこともある。さらに、焼結体の炭素量や酸素量を制御するために黒鉛や炭素繊維を添加する。また焼結体を高強度化するために黒鉛、炭素繊維、セラミック粉末を添加する場合もある。

混練機は高せん断力を付与できる混練機が使用される。混練機のタイプには連続式とバッチ式の2種類があり、連続式の場合には、ペレット化できる装置が具備されている。バッチ式の場合には混練物は塊状であり、粉砕して使用するかペレタイザでペレット化して、コンパウンドを顆粒状にする。また、ペレタイザを使用せず、顆粒状にする方法も提案されている。

バインダ量は成形体～焼結体の収縮率を決定する重要な因子の1つである。少なければ少ないほど寸法および寸法精度の制御は容易である。また、バインダ量のばらつきは寸法精度のばらつきともなる。

バインダに含まれる技術要素を表1.1.2-2にまとめる。

表1.1.2-2 バインダの技術要素の解説

技術要素		解　　　説
バインダ	バインダ種	1種では、要求される特性を満足させることは困難なため、数種の樹脂、ワックス、可塑剤などを混合する。例えば、エポキシ系バインダは粉末のぬれ性を向上させ、流動性のみならず脱脂工程での成形体の強度上昇をはかり、脱脂欠陥を抑制している。脱脂法に合致したバインダとしては、硝酸ガス雰囲気で分解が容易となるポリアセタール系バインダ、紫外線で分解するポリイソブチレン系バインダ、水に溶解する寒天バインダなどが挙げられる。
	混　練　法	樹脂または粉末の順序を規定して混練する方法、真空下、減圧下、非酸化性雰囲気下で混練する方法が提案されている。 混練物は塊状態にあるが、混練後に顆粒化する方法も提案されている。 混練時に、黒鉛または炭素繊維を添加する方法もある。
	バインダ量	原料粉末の変動ごとにバインダ混合量を制御し、寸法精度を向上させる方法が提案されている。また、粉体の性状から混練トルクを制御し、コンパウンドの特性を安定化させる方法もある。

c．射出成形（金型含む）

金型に関しては、基本的構造はプラスチックの成形用金型と同様であるが、成形体～焼結体の収縮率が10～15%と大きいため、金型キャビティ寸法を決めるにはかなりのノウハウを必要とする。また、ゲート、ランナ、スプルーの形状寸法はコンパウンドの特性を考慮し、設計する必要がある。

MIM用コンパウンドとプラスチックの特性が異なる点は、金属が混合されているため、プラスチックに比べ、熱伝導率が高いこと、収縮率が小さいこと、もろいこと、ジェッ

ティング（ノズルから金型内に射出されるとき、プラスチックは膨張するため金型に沿って流動しやすいが、MIM用コンパウンドは膨張し難いため金型に沿って流動せず、金型の空間中を飛流する。この現象をジェッティングと呼ぶ。）が起こること、ガス成分がでる場合もあることが挙げられる。したがって、射出成形時、MIM特有の生産技術が要求される。プラスチックの成形時に発生する欠陥はMIMでも同様に発生するとともに、MIM特有の欠陥も発生する。例えば、いわゆるウェルドラインは、焼結後しわ状の欠陥となる。また、成形体表面部に金属粉末が不均一に分布する場合もある。その場合もしわ状の欠陥となる。

新しい成形方法も開発されている。複合成形がある。異種金属の複合成形、金属とセラミックの複合成形が挙げられる。1種のコンパウンドで成形体を作製したあと、金型の交換を行い、別種のコンパウンドを成形して、2種のコンパウンドからなる成形体を作製する。また、コンパウンドと樹脂のみの組み合わせもある。それらを1体成形したあと、樹脂（中子）などを除去することにより中空部品を作製する方法もある。

成形機に関しては、プラスチックの射出成形機と同様の構造の成形機が使用されているが、MIM用コンパウンドの特性を考慮した成形機、または周辺装置も開発されてきた。

他の加工方法と同様、大量生産時、バリの発生は避けられないことが多い。成形体の状態でバリを取る技術も開発されている。

射出成形に含まれる技術要素を表1.1.2-3にまとめる。

表1.1.2-3 射出成形の技術要素の解説

技術要素		解説
射出成形	金型	バリ発生の抑制、ウェルドライン対策など欠陥抑制のための金型構造が考案されている。また、複合成形体の成形を容易にする金型構造が工夫されている。
	成形方法	射出成形後、金型内で添加材を排出、脱脂を省略する技術がある。 複合成形法が開発されている。中子を樹脂などで複合成形し、脱脂工程で中子を除去することにより中空部品を製造する。同様に異種金属を複合成形する方法などがある。 成形体の欠陥防止策として、成形したあとに、再加熱するとか、加熱シリンダ内を不活性ガス雰囲気とするとか、射出後、金型内を吸引する方法が提案されている。また、取りだし時、圧縮ガスを吹き付け、成形くずを除去する技術も提案されている。 脱脂を容易にするために、成形体に不活性気体を注入し金型内で凍結させ、脱脂時に昇華させる方法などもある。 さらに、2種の成形体を接着剤で接合し、成形体を機械などで加工して、複雑な形状の部品を成形する方法も提案されている。
	成形機	MIM用の成形機、周辺装置の改良も行われている。型締め時の金型保護機構、射出ヘッドの保持機構の改良、スクリュの改良、金型開閉駆動装置の緊急停止時の回路破損防止装置、金型を加熱できる射出成形機、成形品取りだし装置、成形機の逆流防止装置がある。
	バリ取り	成形体を有機溶媒中に浸漬し、バリを取る。 金型内の間隙部に有機物を塗布し、塗布物を脱脂時に除去する。 成形体の気体、液体、固体およびそれらに混合物を噴射してバリを取る。

d. 脱脂

　成形体中のバインダ成分を除去する工程である。加熱脱脂工程の原理を図1.1.2-1に示す。低温においては、ワックス成分が流出するが、温度が高くなると可塑剤が蒸発する。また、温度の上昇とともに、成形体の粘度が低下（強度低下）するため、変形しやすくなる。したがって可塑剤はワックスが流出して形成された流路を通って蒸発するため、流路の形成が不充分であると膨れ、割れなどが発生する。さらに、温度が高くなると、樹脂が分解する。このときも流路の形成が不充分であると、分解ガス圧により割れが発生する。

　図1.1.2-1には、常圧下と減圧下での脱脂工程の原理が記されている。成形体の強度が高い段階（低温）でバインダ成分を速やかに除去することが重要である。各種脱脂法が開発されているが、低温で速やかにバインダ成分を除去することを狙って開発されている。

図1.1.2-1 脱脂工程の原理と欠陥発生

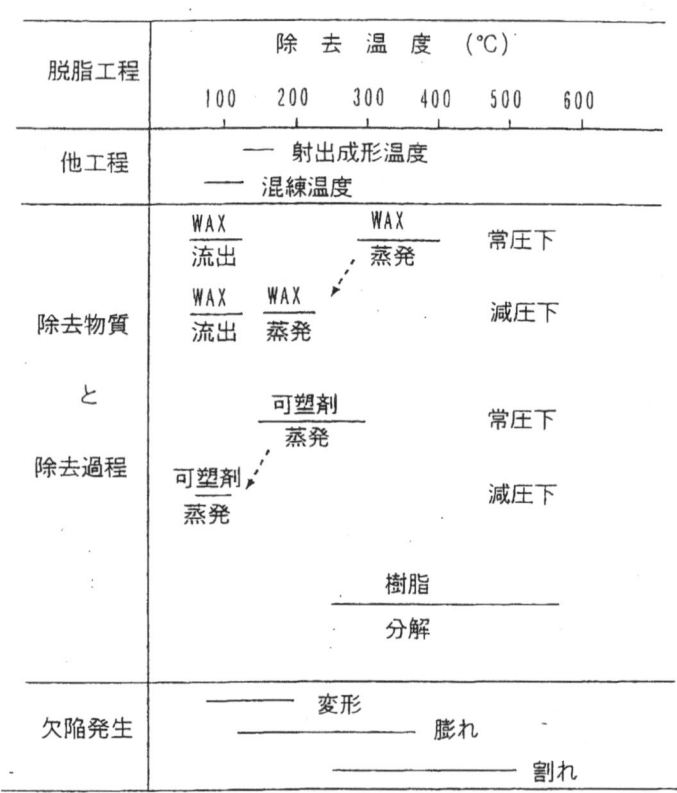

　脱脂後の成形体の粉末表面（酸化物の被膜に覆われた表面）に樹脂の炭化した物質が残留している。また、脱脂工程の後期においては、炉内雰囲気から、浸炭または酸化が生ずる場合がある。脱脂体の炭素量、酸素量は焼結体の品質を左右するので炭素量、酸素量を制御する技術が重要となる。

　脱脂に含まれる技術要素を表1.1.2-4にまとめる。

表1.1.2-4 脱脂の技術要素の解説

技術要素		解説
脱　脂	常圧脱脂法	基本的には、加熱によりバインダ成分を蒸発、分解して除去する方法である。雰囲気を非酸化性雰囲気にしガスを流動させ、蒸発、分解を促進させることもある。また、加圧することにより、蒸発成分を制御し、減圧にすることにより、蒸発成分の蒸発を促進させる。
	加圧脱脂法	
	減圧脱脂法	
	溶出・吸着法	基本的には、加熱によりバインダを除去する方法の1つである。加熱時、バインダ成分が溶融したとき、毛細管現象を利用し、多孔質体で溶融バインダ成分を除去する方法である。例えば、セラミック粉末内に埋め込ませる方法がある。また、多孔質の敷板を用いて、敷板上にセラミックの粉末を乗せる方法がある。
	超臨界脱脂法	気体が超臨界状態となった液体を溶媒として、バインダ成分をその液体で溶出させる方法である。気体としては、炭酸ガスが挙げられる。
	ガス雰囲気脱脂法	ガス雰囲気中で、そのガスで分解しやすい樹脂成分を用い、バインダを除去する方法である。例えば、ポリアセタール樹脂を硝酸ガス雰囲気中で分解させる方法がある。
	溶剤脱脂法	有機溶媒または水を溶剤とし、溶剤中に成形体を浸漬させ、バインダ成分を除去する。有機溶剤としては、塩化メチレンが挙げられる。
	紫外線分解法	成形体に紫外線を照射し、バインダ成分の分解を助長させる。
	脱脂装置	加熱をする場合には、炉が必要となる。加熱温度約700℃の能力が要求される。脱脂方法により、加圧または減圧装置が具備される。 超臨界脱脂においては、ガスを液化されるために加熱、高圧加圧装置が用いられる。 硝酸ガス雰囲気脱脂においては、ガス循環方法、装置材料の選定、排ガスの処理などが課題となる。 溶剤脱脂においては、溶剤の循環、再生、処理装置が必要となる。 紫外線脱脂においては、紫外線発生装置を必要とする。 各種脱脂方法においても、バインダ成分の蒸発、分解、抽出物質を処理する装置は必要となる。
	炭素、酸素量制御	焼結時、脱脂体の炭素と酸素が反応して、脱炭、脱酸が進行し、焼結が進行する。また、ねらいの炭素量、酸素量の焼結体を製造するためには、脱脂体で炭素量と酸素量が調整されていなければならない。この調整技術がいくつか提案されている。例えば、水素または混合ガス中での加熱処理がある。

e．焼結

脱脂体の表面の酸化物と樹脂が炭化した残留物が除去され、粉末間の金属元素が拡散して焼結が進行する。金属種により、焼結炉内の雰囲気が選定される。易還元性金属の場合は水素ガス、窒素ガスおよび両者の混合ガス雰囲気で焼結され、難還元性金属の場合には、真空、部分真空雰囲気で焼結される。また、液相で焼結される場合もある。

焼結工程で部品の品質が決定される。品質特性としては、密度、寸法（および精度）、形状、表面状態、化学組成、焼結割れが挙げられる。特に、寸法に関しては、成形体から焼結体の寸法収縮率が10〜20%と大きいため、目標の寸法を精度よく予測して金型を設計しなければならない。また、寸法精度に関しても、原料〜焼結工程のばらつきが影響するため、制御することはかなりの技術力を要する。形状に関しても、通常の粉末冶金に比較し、自重、敷板との摩擦により変形しやすい。

さらに、部品としての要求特性を満足させるため、後加工が施される場合もある。また、めっき、陽極酸化法などの表面処理も施される。

焼結に含まれる技術要素を表1.1.2-5にまとめる。

表1.1.2-5 焼結の技術要素の解説

	技術要素	解　　　説
焼　結	焼結方法	易還元性材料、例えば、鉄系では水素雰囲気中の焼結方法が提案されている。また、ステンレス鋼のように、難還元性材料では、真空雰囲気で焼結されるが、Crの飛散対策として、真空＋非酸化性雰囲気下で焼結する方法がある。また、酸素のゲッター材を炉内に入れTiを焼結する方法が提案されている。敷板においても工夫が見られ、形状を保持するために部品形状に合った敷板形状にして焼結する方法、敷板に模様をつけ、焼結時焼結体に模様を転写する方法がある。複合焼結体は、焼結時に接合する方法、収縮率差を利用して、圧入部品を造る方法が提案されている。
	焼結装置	雰囲気焼結炉、真空焼結炉、脱脂-焼結連続炉などがある。

1.2 金属射出成形技術の特許情報へのアクセス

　溶融金属の成形技術については主に国際特許分類のB22Dに分類されており、金属粉末の射出成形技術に関連する特許情報はB22Fに分類されている。

1.2.1 溶融金属射出成形技術

　溶融金属の成形技術については、金属の鋳造分野の加圧または噴射ダイカストを表すB22D17／00である。具体的には、関連する特許分類を表1.2.1-1 に示す。

表1.2.1-1 溶融金属射出成形のアクセスツール

関　連　分　野	関連FI	関連Fターム
金属の鋳造	B22D	―
加圧または噴射ダイキャスト	B22D17/00	―
・ホットチャンバー成形機	B22D17/02	―
・コールドチャンバー成形機	B22D17/08	―
・その他の成形機	B22D17/14：B22D17/18	―
・付属具、成形機の細部	B22D17/20	―
・・金型	B22D17/22	―
・・・中子などの位置決め、保持用具	B22D17/24	―
・・型締め装置	B22D17/26	―
・・溶融金属を供給する補助具	B22D17/30	―
・・制御装置	B22D17/32	―

　これ以外にも本テーマでは射出成形に関するB29C45／00があり、周辺技術に関するＦＩとFタームとともに表1.2.1-2に示す。

表1.2.1-2 周辺技術のアクセスツール

関連分野	関連FI	関連Fターム
合金	C22C	―
・合金の製造	C22C1/00	―
・・溶融によるもの	C22C1/02	―
・亜鉛合金	C22C18/00	―
・アルミニウム合金	C22C21/00	―
・マグネシウム合金	C22C23/00	―
・鉄合金	C22C38/00	―
鋳造用鋳型	B22C	―
・鋳型または中子	B22C9/00	4E093
プラスチックの成形、可塑性物質の成形	B29C	―
・射出成形	B29C45/00	4F206
・・射出成形機	B29C45/03	4F206AM00
・・他部品との一体化	B29C45/14	4F206JB11
・・多層物品製造	B29C45/16	4F206JB21
・・構成部品、細部または付属装置	B29C45/17	4F206JQ00
・・・金型	B29C45/26	4F206JQ81
・・・型開き、型閉めまたはクランプ装置	B29C45/70	4F206JQ83

民間の商業データベースを用いて溶融金属の射出成形に関係する技術要素ごとに検索する場合の検索式の例を表1.2.1-3 に示す。

表1.2.1-3 溶融金属射出成形の技術要素ごとの検索式

溶融金属	半溶融成形	FI=(B22D17/00 OR B29C45/00) AND（チキソ OR チクソ OR レオ OR 半溶融 OR 半凝固）AND（金属 OR 軽合金 OR 軽金属 OR 鋳造 OR マグネシウム OR アルミニウム）	半溶融および半凝固状態の金属の成形
	金　　型	FI=(B22D17/22 OR B22D17/24) AND（射出成形 OR ダイカスト OR ダイキャスト）	金型および金型構成部品
	型締め装置	FI=B22D17/26 AND（射出成形 OR ダイカスト OR ダイキャスト）	金型を締めつけおよび開放に関するもの。
	成 形 装 置	FI=(B22D17/02 OR B22D17/08 OR B22D17/14 OR B29C45/03 OR B29C45/16) AND（ダイカスト OR ダイキャスト OR 溶湯 OR 注湯 OR チクソ OR チキソ OR 半溶融 OR 半凝固 OR 金属 OR 軽合金 OR 軽金属 OR 鋳造 OR マグネシウム OR アルミニウム）	ホットチャンバー機、コールドチャンバー機とこれらの付属具。さらに射出成形機を含む。
	制御装置	FI=B22D17/32 AND（射出成形 OR ダイカスト OR ダイキャスト）	射出などに関する制御装置

　半溶融成形をカバーする特許分類がないので、関係する特許分類であるB22D17/00とB29C45/00を特徴的なキーワードで絞り込むことになる。
　すなわち、チクソモールディング、チクソキャスティングのような最も一般的に使用されている用語からチクソを選択し、同義語のチキソを加える。さらに、レオキャスティングのレオや半溶融、半凝固を加えるが、金属系素材以外のものもヒットすることから、金属、軽合金、軽金属、マグネシウム、アルミニウム、鋳造のような金属関係のキーワードにより更に絞り込む。

　注）先行技術調査を完全に漏れなく行うためには、調査目的に応じて上記以外の分類も調査
　　　しなければならないことも有るので、ご注意が必要である。

1.2.2 金属粉末射出成形技術

表1.2.2-1 は、金属粉末関係の特に、IPDL (Industrial Property Digital Library、特許電子図書館：特許庁が保有する特許情報データベースをインターネットで提供するもの。) を利用してアクセスする場合に用いるFIとFタームを紹介する。

表1.2.2-1 金属粉末射出成形技術のアクセスツール

関連分野	関連FI	関連Fターム
粉末冶金による金属、合金	C22C1/04	4K018BA00
・非金属粉と金属粉の混合物	C22C1/05	―
粉末冶金による鉄合金	C22C33/02	4K018BA13:4K018BA19
金属質粉の特殊処理	B22F1/00	4K018BC00
金属質粉の成形または焼結	B22F3/00	―
金属質粉の成形	B22F3/02	4K018CA00
・成形助剤の使用	B22F3/02L	4K018CA07
・・射出成形	B22F3/02S	4K018CA29:4K018CA30
・・有機成形助剤	B22F3/02M	4K018CA08:4K018CA09
・・無機成形助剤	B22F3/02N	―
金属質粉の焼結	B22F3/10	4K018DA00
・焼結方法	B22F3/10A	4K018DA11:4K018DA19
・前処理	B22F3/10B	4K018DA01
・・脱バインダー処理	B22F3/10C	4K018DA03:4K018DA05
・特定材料からなる物の焼結	B22F3/10D:B22F3/10H	―
・複合物品の焼結	B22F3/10J	4K018JA02+4K018JA05
・焼結装置（炉を含む）	B22F3/10K:B22F3/10M	4K018DA38:4K018DA46
・通電焼結	B22F3/10N	4K018DA25
・その他	B22F3/10Z	―
金属質粉の焼結による複合物	B22F7/00	―
金属質粉またはその懸濁液の製造	B22F9/00	―
プラスチックの成形、可塑状物質の成形	B29C	―
・射出成形	B29C45/00	4F206

民間の商業データベースを用いて金属粉末の射出成形に関係する技術要素ごとに検索する場合の検索式の例を表1.2.2-2に示すが、ここに示されてもの以外にも、プラスチックなどの可塑性物質の射出成形を表すB29C45／00も利用できる。
しかしながら、B29C45／00のみではプラスチックを対象とするものが多くあり、金属粉末に該当する特許分類などをあわせて用いる場合もある。

表1.2.2-2 金属粉末射出成形の技術要素ごとの検索式

技術要素		検索式	概要
金属粉末	原料粉末	FI=(B22F1/00 OR B22F9/00 OR C22C1/04 OR C22C1/05 OR C22C33/02) AND 射出成形	粉末冶金用の合金、金属質粉の特殊処理、金属質粉の製造
	バインダ	FI=(B22F3/02L OR B22F3/02M OR B22F3/02N) AND 射出成形	成形助剤（バインダ）全体とバインダの種類
	射出成形	FI=B22F3/02S	粉末とバインダとの混練物の射出成形
	脱　脂	FI=B22F3/10C AND 射出成形	成形体中のバインダの除去
	焼　結	FI=(B22F3/10D OR B22F3/10J OR B22F3/10K OR B22F3/10L OR B22F3/10M OR B22F3/10N OR B22F3/10Z OR B22F7/00) AND 射出成形	焼結処理および焼結による複合物品製造

1.3 技術開発活動の状況

1.3.1 金属射出成形技術

　金属射出成形に関係する特許・実用新案は1991年から2001年9月末までに公開されたものが約3,300件ある。2つの成形技術についての出願件数比率は図1.3.1-1に示すようになり、溶融金属射出成形技術を対象とするものが、全体の約4分の3を占める。

図1.3.1-1 金属射出成形における成形技術ごとの出願件数比率

（1991年1月～2001年9月までの公開の出願）

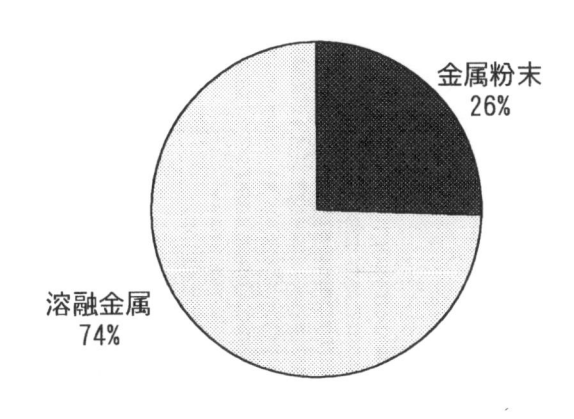

- 金属粉末 26%
- 溶融金属 74%

1.3.2 溶融金属射出成形技術
(1) 溶融金属射出成形技術（全体）

図1.3.2-1に、溶融金属全体に関する特許出願人数と出願件数の推移を示す。1991年以降、特許出願および参入企業数も減少傾向にある。ただし、99年はわずかながら増加の傾向を示している。

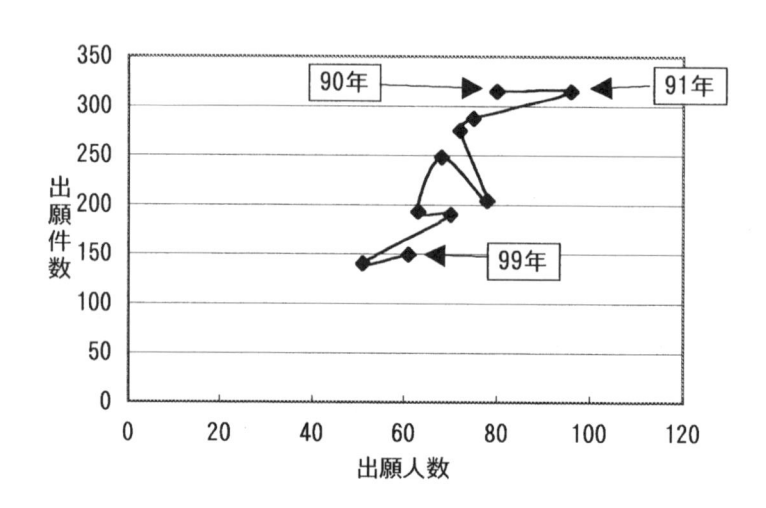

図1.3.2-1 溶融金属射出成形に関する出願人数と出願件数の推移

表1.3.2-1に、保有する特許（出願）の多い企業の出願件数推移を示す。関係する企業の業種は機械、鉄鋼、化学、輸送用機器、精密機器、非鉄金属のように多岐にわたるが、出願件数の多い上位5社までは、射出成形機やダイカスト機の製造メーカーである。次に多いのが、ダイカストや射出成形で成形した製品を使用する本田技研工業やトヨタ自動車のような自動車メーカーである。本田技研工業とトヨタ自動車は1995年以降出願が大きく減少傾向にあるが、マツダについては最近でも一定の出願件数を保持している。また、自動車や電子・電気機器用のダイカスト部品メーカーであるアーレスティ、リョービは出願件数が多くあったが、最近は、出願件数が減少している。

表1.3.2-1 溶融金属全体に関する出願人別の出願件数推移

企業名	90年	91年	92年	93年	94年	95年	96年	97年	98年	99年	合計
東芝機械	25	27	28	34	13	21	36	30	17	5	236
日本製鋼所	16	12	16	30	6	31	19	17	23	31	201
宇部興産	35	23	7	18	15	17	14	12	4		145
東洋機械金属	9	20	10	14	12	3	7	15	12	6	108
日精樹脂工業	27	12	13	10	6	3	1	5	6	13	96
本田技研工業	5	5	9	9	14	24	5	4	8	3	86
トヨタ自動車	1	7	13	10	18	23	8	1	5		86
ファナック	11	15	14	6	7	8	7	9	2		79
住友重機械工業	19	8	8	5	2	3	11	4	2	3	65
アーレスティ	9	8	16	5	4	7	6	5	3		63
新潟鐵工所	12	14	11	4	3	3	7	6	3		63
名機製作所	2	9	10	7	8	11	2	6	4	3	62
三菱重工業	21	7	7	6	3	8		1		3	56
神戸製鋼所	4	3	6	11	6	3	5			3	41
オリンパス光学工業	10	9	8	6	1	4	2				40
リョービ	9	5	9	4	4	3	1	1			36
マツダ	5	1	2	2		2	4	6	4	6	32

(2) 半溶融成形

図1.3.2-2には、半溶融成形に関する出願人数と出願件数の推移を示す。

半溶融成形の技術開発は、1991年以降出願人数と参入企業件数は増加傾向にある。特に98年から99年にかけては出願件数、参入企業数ともに倍増しているので、溶融金属射出成形技術の中では成長分野と思われる。

図1.3.2-2 半溶融成形に関する出願人数と出願件数の推移

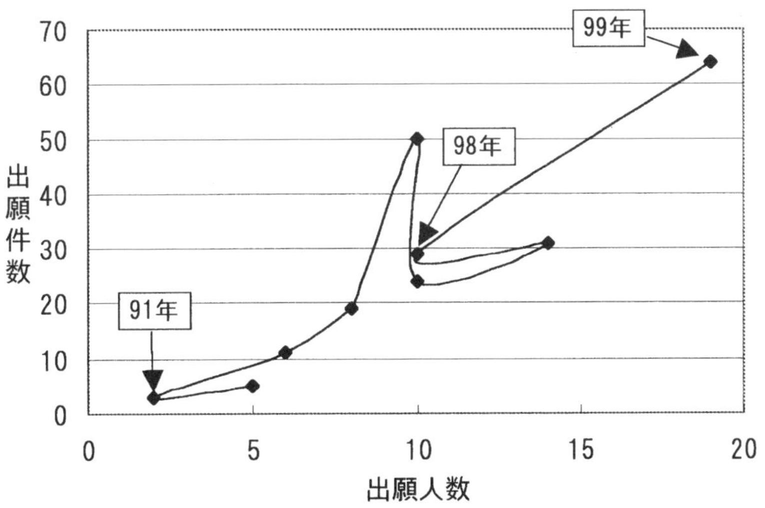

表1.3.2-2には半溶融成形に関する出願人の出願件数推移を示す。

出願件数の上位にある企業5社で半溶融成形技術に関する特許出願の約4分の3を占めているが、なかでも日本製鋼所は、Mg合金による半溶融成形技術を初めて実用化した企業として出願件数も多く、最近でも件数が伸びている。半溶融成形のに関係する企業としては本田技研工業、マツダのような自動車メーカーや松下電器産業のような電気機器メーカーも最近出願が増えている。

表1.3.2-2 半溶融成形の出願人別の出願件数推移

企業名	90年	91年	92年	93年	94年	95年	96年	97年	98年	99年	合計
日本製鋼所				3	1	16	4	8	14	29	75
本田技研工業	1		3	3	11	20	4	3	4	2	51
マツダ			2	2		1	3	6	4	6	24
宇部興産					1	6	6	1	1		15
レオテック		2	2	8	2						14
松下電器産業								1		8	9
アーレスティ			1	1	1	2		1			6
旭テック			2	1		1		2			6
神戸製鋼所							2			3	5
アルミニオムプシネイ（フランス）						1		2			3
東芝機械					1		1	1			3
日精樹脂工業									1	2	3
日立金属						1				2	3

（3）成形装置

図1.3.2-3には、溶融金属の成形装置に関する出願人数と出願件数の推移を示す。
成形装置に関する技術開発は93年まで、参入企業が高い水準にあったが、その後参入企業は30社程度にとどまっており、出願件数も増加していない。

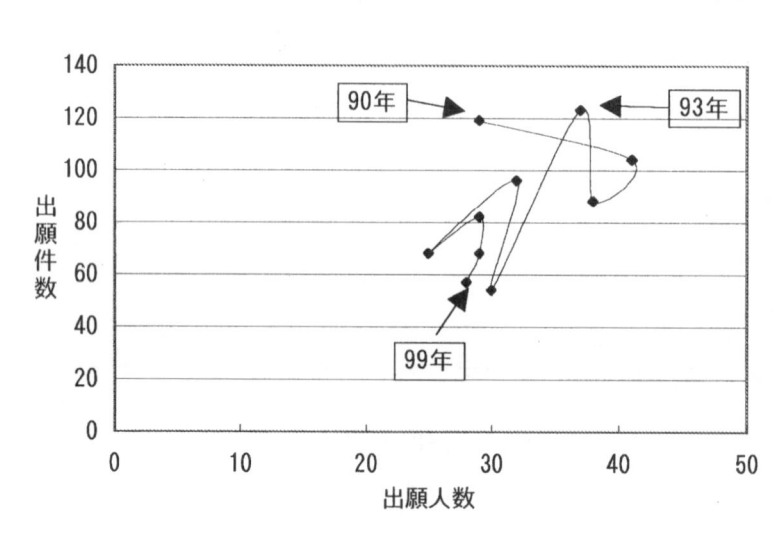

図1.3.2-3 成形装置に関する出願人数と出願件数の推移

表1.3.2-3には、成形装置に関する出願人の出願件数推移を示す。出願件数の多い上位10社までは成形機の製造メーカーである。これらの企業では近年出願が減少傾向にあるが、日本製鋼所の出願が98年以降も一定の出願件数を保持していることが特徴的である。さらに、出願件数はあまり多くはないが、日精樹脂工業は99年には前年よりも成形装置関係の出願が大幅に増えている。

表1.3.2-3 成形装置に関する出願人別の出願件数推移

企業名	90年	91年	92年	93年	94年	95年	96年	97年	98年	99年	合計
日本製鋼所	9	5	9	20	4	26	11	10	18	14	126
東芝機械	11	9	6	18	4	8	12	13	9		90
宇部興産	11	7	2	10	4	6	3	8	1		52
ファナック	6	7	10	7	5	5	3	6	1		50
住友重機械工業	19	4	2	7	2		7	5	1	2	49
新潟鐵工所	7	10	8	4	1	2	4	2	2		40
東洋機械金属	2	4	3	4	5	3	5	4	9	1	40
日精樹脂工業	11	4	2	4	3	2	1	1	2	7	37
三菱重工業	12	3	6	5	2	2					30
名機製作所	1	6	7	4	3	2		2	1		27
本田技研工業	2	2	2	2		8			2	1	19
マツダ	1	1				2		6	2	2	14
アーレスティ	5	1	1	1	1	1	1	1			12
住友重機械プラスチックマシナリー		4	2	5							11
日立金属	4		1	1	1	3			1		11
トヨタ自動車		3	1		2	2			1		9

(4) 金型

図1.3.2-4には、金型に関する出願人数と出願件数の推移を示す。

金型の技術開発は1991年以降出願件数と参入企業人数ともに大幅に減少傾向を示しているので、この分野の開発が衰退しているようであり、最近は参入企業も30社程度である。

図1.3.2-4 金型に関する出願人数と出願件数の推移

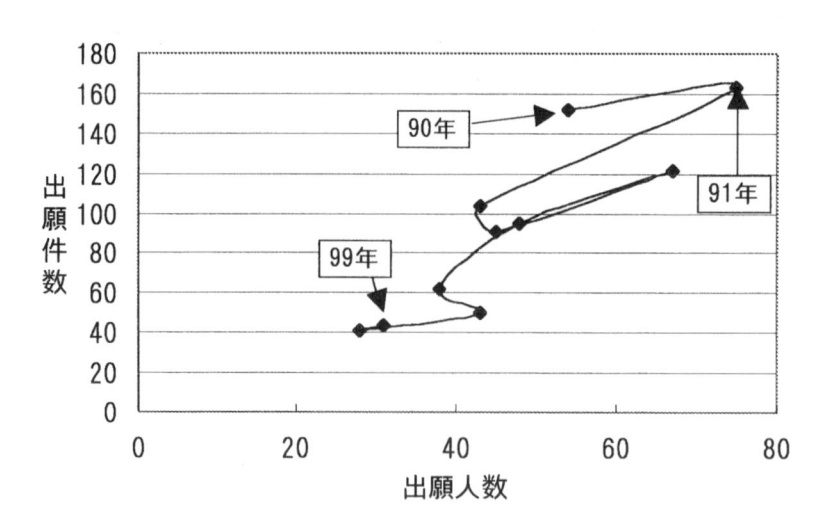

表1.3.2-4には、金型に関する出願人の出願件数推移を示す。

出願件数の多い企業として成形品製造に直接かかわるメーカーとして、トヨタ自動車、アーレスティ、オリンパス光学工業、本田技研工業が上位を占めていることが特徴的である。出願件数の首位にあるトヨタ自動車は95年ごろ金型技術に関する開発が最も活発であったが、最近は出願が大きく減少している。そのほかの企業についても金型技術に関する開発は90年から93年までが活発であったが、近年は減少している。

表1.3.2-4 金型の出願人別の出願件数推移

企 業 名	90年	91年	92年	93年	94年	95年	96年	97年	98年	99年	合計
トヨタ自動車	2	6	6	8	17	19	7	1	4		70
東 芝 機 械	10	11	7	3	3	1	7	2	2	1	47
アーレスティ	4	6	11	4	3	4	5	4	3		44
オリンパス光学工業	14	7	6	5	1	3	1				37
宇 部 興 産	14	10	1	3	2	3		1	1		35
日 本 製 鋼 所	8	3	4	3		3	2	2	2	4	31
本田技研工業	2	4	7	5	3	5	1		2	1	30
ファナック	13	5			3	4	2	1	1		29
リ ョ ー ビ	7	4	7	3	2	2		1			26
積水化学工業	3	7	2		4	1	2		3		22
三 菱 重 工 業	3	6		4	1	1		1		1	17
東洋機械金属	3		2	4	2		2	1	1		15
日 立 金 属		1	3	2	2	2		1		3	14
マ ツ ダ	4	1				1	1	1	1	1	10

(5) 型締め装置

　金型の開閉に関係する型締め装置についての出願人数と出願件数の推移を図1.3.2-5に示す。前述の金型と同じように1992年以降出願件数と参入企業数は減少傾向にあり、参入企業も93年までは40社前後あったものが、最近は20社以下に半減している。

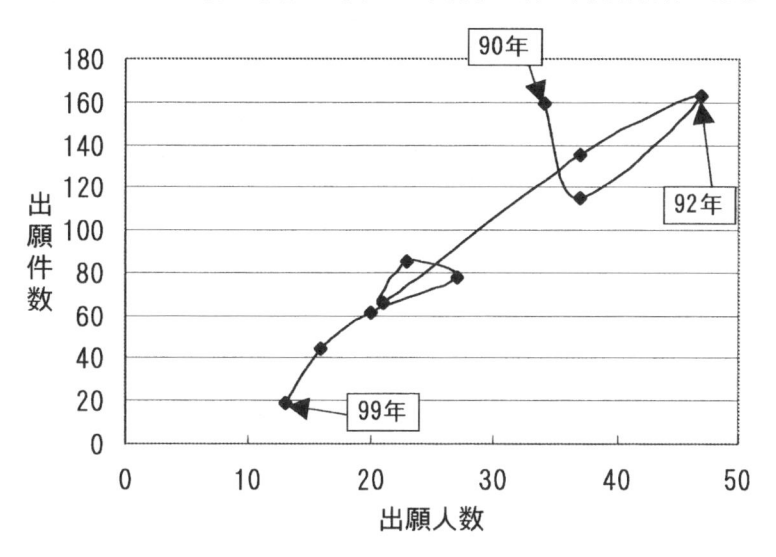

図1.3.2-5 型締め装置に関する出願人数と出願件数の推移

表1.3.2-5には型締め装置についての出願人の出願件数推移を示す。

　型締め装置については、出願件数上位10社の全てが成形機メーカーである。東芝機械は97年まで一定の出願件数を保持していたが、98年以降は大幅に減っている。住友重機械工業、三菱重工業、宇部興産、日精樹脂工業は90年が開発のピークであったが、それ以降は大幅に減少傾向にある。

表1.3.2-5 型締め装置に関する出願人別の出願件数推移

企業名	90年	91年	92年	93年	94年	95年	96年	97年	98年	99年	合計
東芝機械	11	12	18	18	7	12	14	13	6	2	113
住友重機械工業	29	9	4	8	2	4	8	6	5	4	79
日本製鋼所	11	5	11	18	4	10	10	6	8		83
三菱重工業	22	3	11	9	5	10		2	1	1	64
ファナック	6	8	14	12	6	6	5	7			64
宇部興産	14	8	5	5	8	12	2	2	1		57
日精樹脂工業	23	8	10	4	4	1	1	2	4	2	59
新潟鐵工所	9	14	11	4	3	1	8	5	1		56
名機製作所	3	6	12	7	6	10	2	1	3	2	52
東洋機械金属	4	2	3	4	5	1	3	6	6	1	35

（6）制御装置

　成形装置および型締め装置を含めたダイカスト機、射出成形機に関係する制御装置について出願人数と出願件数の推移を図1.3.2-6に示す。1991年以降は出願人数と出願件数が減少傾向にある。参入企業もピーク時には30社以上あったが、最近では半減している。

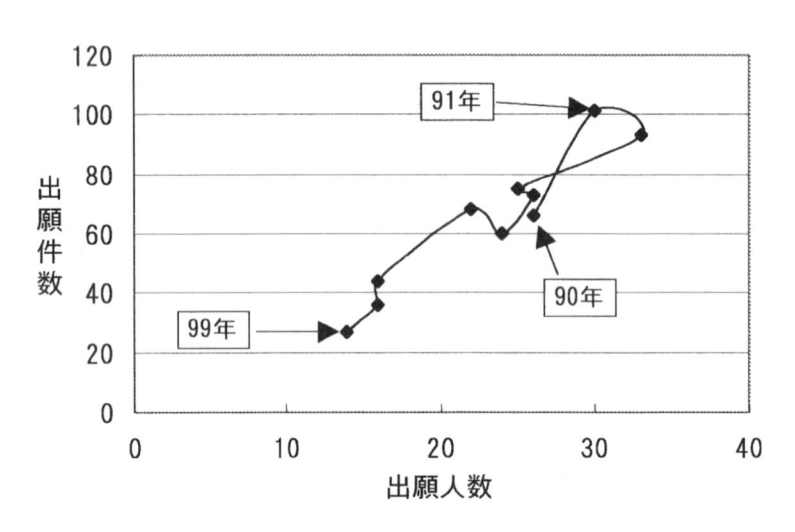

図1.3.2-6 制御装置に関する出願人数と出願件数の推移

　表1.3.2-6には出願人の出願件数推移を示す。出願件数の多い企業には東芝機械、東洋機械金属のような成形機製造メーカーが占めているが、自動車メーカーも含まれている。出願件数の首位にある東芝機械は96年ごろ出願件数が多くあり、開発のピークであったが、最近は減少している。東洋機械金属、日本製鋼所、宇部興産は91年から93年まで出願件数が多くあったが、最近は件数が減っている。

表1.3.2-6 制御装置に関する出願人別の出願件数推移

企　業　名	90年	91年	92年	93年	94年	95年	96年	97年	98年	99年	合計
東　芝　機　械	12	7	8	10	4	8	18	11	6	2	86
東　洋　機　械　金　属	3	20	9	9	6	1	3	8	9	5	73
日　本　製　鋼　所	5	11	12	8	2	9	7	4	4	3	65
宇　部　興　産	7	11	3	10	11	3	8	3	2		58
日　精　樹　脂　工　業	2	6	5	8	4	2	1	2		6	36
ト　ヨ　タ　自　動　車	1		6	3	9	8	3		2		32
住　友　重　機　械　工　業	9	2	8		2	1	5	1	1	1	30
フ　ァ　ナ　ッ　ク	2	4	2	4	6	2	3	2	1		26
本　田　技　研　工　業	1		4	1	2	7	2	1	1		19
新　潟　鐵　工　所	1	7	1			1	1	1	2		14
神　戸　製　鋼　所		1	1	4	4	2	2				14
名　機　製　作　所	1	2	3	2	1			5			14
リ　ョ　ー　ビ	4		5	1	1	2					13
三　菱　重　工　業	3	3	2	1	1	1					11

1.3.3 金属粉末射出成形技術
(1) 金属粉末射出成形技術（全体）

図1.3.3-1には、金属粉末射出成形技術の出願人数と出願件数の推移を示す。1991年に参入企業が増加したものの全体としては特許出願および参入企業数も減少傾向にある。ただし、99年はわずかながら増加の傾向を示している。

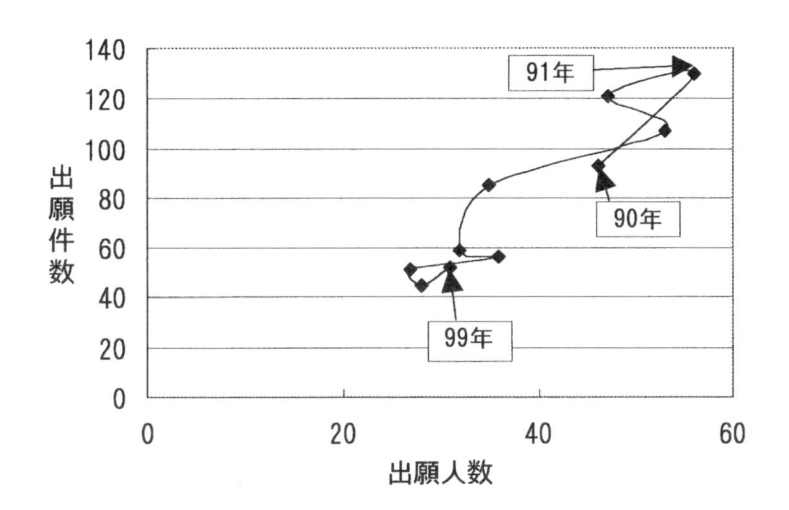

図1.3.3-1 金属粉末射出成形に関する出願人数と出願件数の推移

表1.3.3-1には、出願人ごとの出願件数の推移を示す。

この表からは、金属粉末を対象とする射出成形は1990年代前半において出願件数が多く、開発が活発であったようである。90年代後半の件数の減少した理由は、出願件数の多い企業であった川崎製鉄、大同特殊鋼、セイコーインスツルメンツの出願が大幅に減少した影響もあるようである。

最近は住友金属鉱山、オリンパス光学工業、シチズン時計、インジェックス、デンソーなどの企業がこの分野の開発を継続している。

表1.3.3-1 金属粉末射出成形全体に関する出願人別の出願件数推移

企業名	90年	91年	92年	93年	94年	95年	96年	97年	98年	99年	合計
住友金属鉱山	7	32	10	8	9	5	3	9	2	3	88
オリンパス光学工業	1	1	8	9	17	13	4	8	4	1	66
川崎製鉄	5	14	15	7	5						46
大同特殊鋼	3	2	7	2	8	2	4		1		29
セイコーインスツルメンツ	5	3	6	5	3	1			1		24
シチズン時計	2	2		1	4	1	1	2	4	4	21
日立金属	2	2	6	2		1		2	2	1	18
トーキン	3	2	4	4	3						16
富士通	2	6	5	2							15
三菱マテリアル	2	2		4	3	1	2				14
住友電気工業	2	8	4								14
インジェックス							4	3	6	1	14
住友重機械工業	8	1	1	3							13
小松製作所	4	2			1	1	2	1	1	1	13
セイコーエプソン	5		5			2					12
デンソー			1							9	10
安来製作所				3	3				2	2	10
神戸製鋼所	3		4	1	1						9

(2) 原料粉末

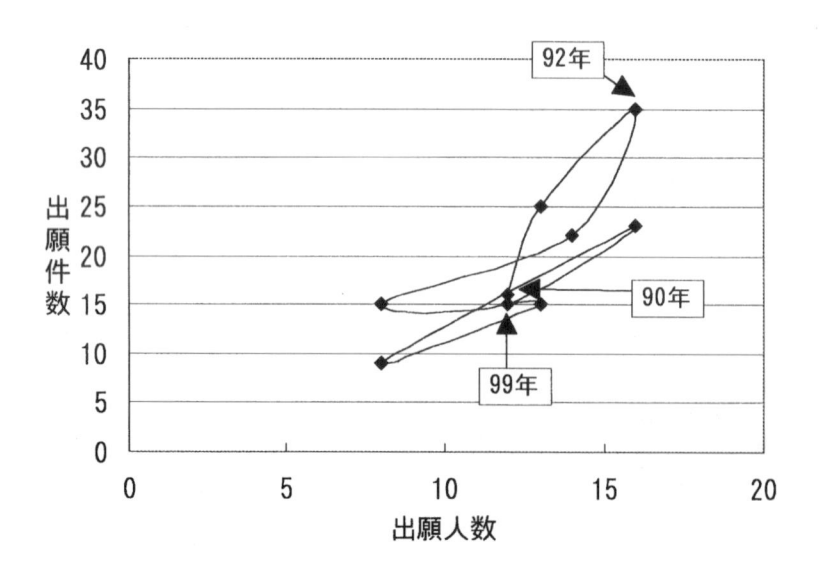

図1.3.3-2には、原料粉末の出願人数と出願件数の推移を示す。1990年から92年ごろまでが開発が活発であったが、最近は出願件数も20件以下である。

図1.3.3-2 原料粉末に関する出願人数と出願件数の推移

表1.3.3-2には出願人ごとの出願件数の推移を示す。

この表から、住友金属鉱山、川崎製鉄、大同特殊鋼の3社が出願件数の大部分を占めているが、最近でも出願を継続しているのは住友金属鉱山である。件数は少ないながら90年代後半からインジェックスのような成形製品を製造する企業の名前もみられる。

表1.3.3-2 原料粉末に関する出願人別の出願件数推移

企業名	90年	91年	92年	93年	94年	95年	96年	97年	98年	99年	合計
住友金属鉱山	3	3	2	3	4	4	2	2	1	3	27
川崎製鉄		6	6	2	4						18
大同特殊鋼	1		6	1	2		3		1		14
住友電気工業		4	3								7
住友特殊金属				5	1					1	7
日立金属	3		1			1			1	1	7
インジェックス							3	1	1	1	6
三菱マテリアル	1		1	2		1					5
セイコーインスツルメンツ	1		1	1	1						4
シチズン時計	1						1		1	1	4
安来製作所				1					2	1	4
セイコーエプソン			3								3

(3) バインダ

図1.3.3-3には、バインダの出願人数と件数の関係を示すが、1993年ごろ開発が最も活発であったが、その後、出願件数、参入企業数ともに大きく減少する傾向にあり、この分野の開発は衰退している。

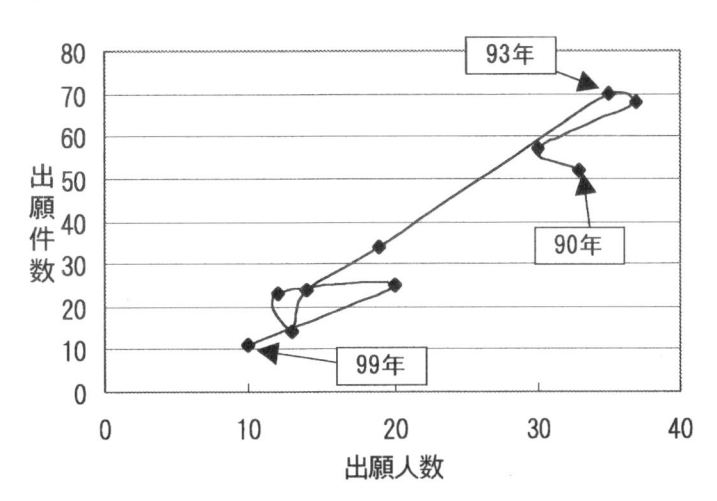

図1.3.3-3 バインダに関する出願人数と出願件数の推移

表1.3.3-3にはバインダに関する出願人ごとの出願件数推移を示す。

出願件数の多い企業として、住友金属鉱山、川崎製鉄のような素材メーカー以外に精密機器メーカーであるオリンパス光学工業、セイコーエプソンの名前がある。さらに、ベーアーエスエフ（ドイツ）のような化学メーカーの名前もある。バインダに関する開発は91年から93年まで活発であったが、最近は減少傾向にある。

表1.3.3-3 バインダに関する出願人別の出願件数推移

企業名	90年	91年	92年	93年	94年	95年	96年	97年	98年	99年	合計
住友金属鉱山	6	21	6	7	2	1		7	2	1	53
オリンパス光学工業	1	1	6	7	9	6	1	3	1	1	36
川崎製鉄	1	6	11	5	3						26
住友特殊金属				9	1						10
トーキン	2		2	3	2						9
セイコーエプソン	4		2			2					8
富士通	1	3	2	2							8
シチズン時計	2					1	1	1	2	1	8
大同特殊鋼	2	1	3		1		1				8
ベーアーエスエフ(ドイツ)		1			1	3		1	1		7
ヤマハ								4	1	2	7
住友重機械工業	4			3							7
本田技研工業	1			2		3					6
三菱マテリアル	1	1		2	1						5
清水食品	1	1		1	1		1				5
日本製鋼所	1	1		1		1				1	5

(4) 射出成形

図1.3.3-4には、射出成形の出願人数と出願件数の推移を示す。金属粉末の各技術要素の中で、最も特許出願、参入企業数が多いところであるが、開発のピークは1991年であり、その後97年までは減少傾向にあったが、97年以降は増加傾向に転じている。

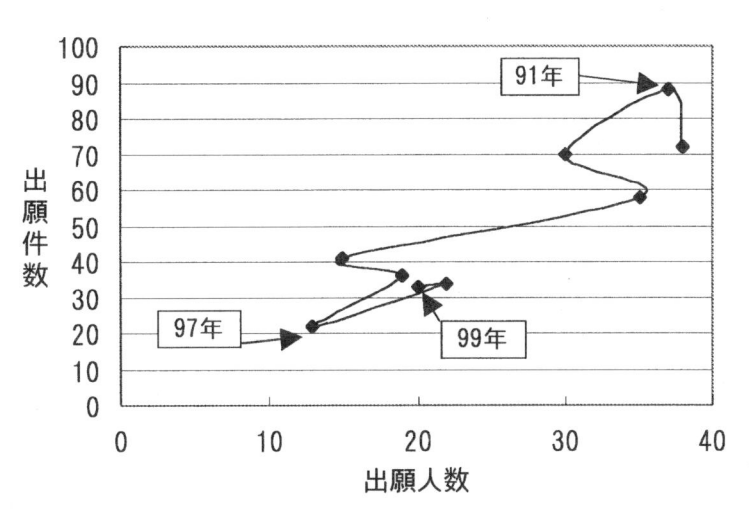

図1.3.3-4 射出成形に関する出願人数と出願件数の推移

表1.3.3-4には出願人ごとの出願件数の推移を示す。住友金属鉱山のような素材メーカー以外には、オリンパス光学工業、セイコーインスツルメンツ、シチズン時計、小松製作所、インジェックス、デンソーの名前がみられる。住友金属鉱山については開発のピークが91年、オリンパス光学工業については94年から95年までが開発のピークであった。最近、出願件数が増加している企業はシチズン時計とデンソーである。

表1.3.3-4 射出成形に関する出願人別の出願件数推移

企 業 名	90年	91年	92年	93年	94年	95年	96年	97年	98年	99年	合計
住 友 金 属 鉱 山	5	28	8	4	2	4	2	3	1	3	60
オリンパス光学工業		1	6	3	15	12	4	7	3	1	52
川 崎 製 鉄	5	9	5	3	2						24
セイコーインスツルメンツ	6	2	5	3	2	1		1			20
大 同 特 殊 鋼	2		5	1	5	1	2				16
三菱マテリアル	2	2		2	3	1	2	1			13
シ チ ズ ン 時 計	1	1			1	1		1	3	4	12
小 松 製 作 所	4	2				1	2		1	1	11
富 士 通	1	4	4	2							11
イ ン ジ ェ ッ ク ス							3	2	5	1	11
日 立 金 属		3	2			1		2	2	1	11
セイコーエプソン	5		1		3					1	10
ト ー キ ン	2	1	4	2	1						10
デ ン ソ ー			1							9	10
安 来 製 作 所				3	3				2	2	10

(5) 脱脂

図1.3.3-5には、脱脂に関する出願人数と出願件数の推移を示す。傾向としては、最も関係の深いバインダと同じように1993年以降特許出願と参入企業数は大きく減少している。

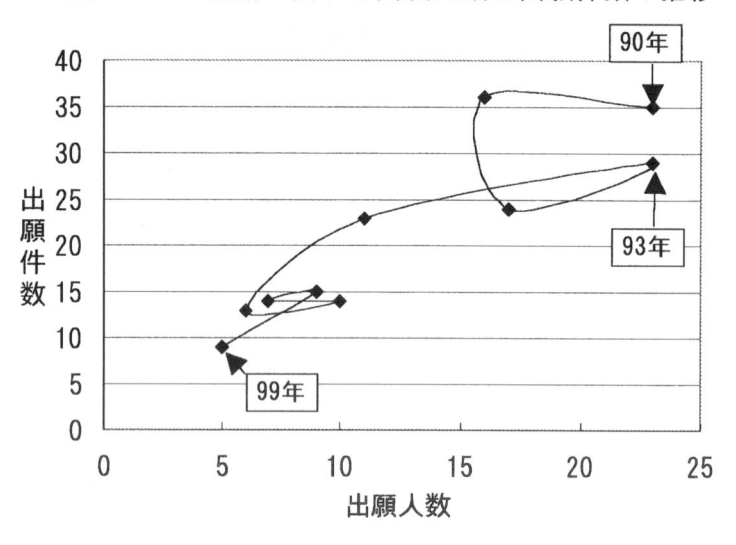

図1.3.3-5 脱脂に関する出願人数と出願件数の推移

表1.3.3-5には、出願人ごとの出願件数推移を示す。成形品製造のメーカーであるオリンパス光学工業が最も多く出願しているが、開発のピークは94年である。96年以降出願を継続している企業は小松製作所、シチズン時計、インジェックスである。

表1.3.3-5 脱脂に関する出願人別の出願件数推移

企 業 名	90年	91年	92年	93年	94年	95年	96年	97年	98年	99年	合計
オリンパス光学工業		1	2	1	10	6	3	7	3		33
住 友 金 属 鉱 山	2	11		2	1						16
川 崎 製 鉄	4	4		2	3						13
小 松 製 作 所	4	1			1	1	2		1	1	11
住 友 電 気 工 業	1	6	2								9
シ チ ズ ン 時 計				1	2		1	1	2		7
ト ー キ ン	2	1	1	1	1						6
富 士 通		1	3	2							6
島 津 製 作 所			3	2	1						6
イ ン ジ ェ ッ ク ス							2	2	1		5
セイコーインスツルメンツ	2	2			1						5
ベーアーエスエフ（ドイツ）	1			1	1	2					5

(6) 焼結

図1.3.3-6には、焼結の出願人数と出願件数の推移を示す。この技術要素の出願人数と件数は金属粉末の各技術要素の中では最も少ない。1991年以降96年まで減少傾向であったが、最近は多少増加傾向であるが、全体的に焼結関係の開発は10社以下の限られた企業で行われている。

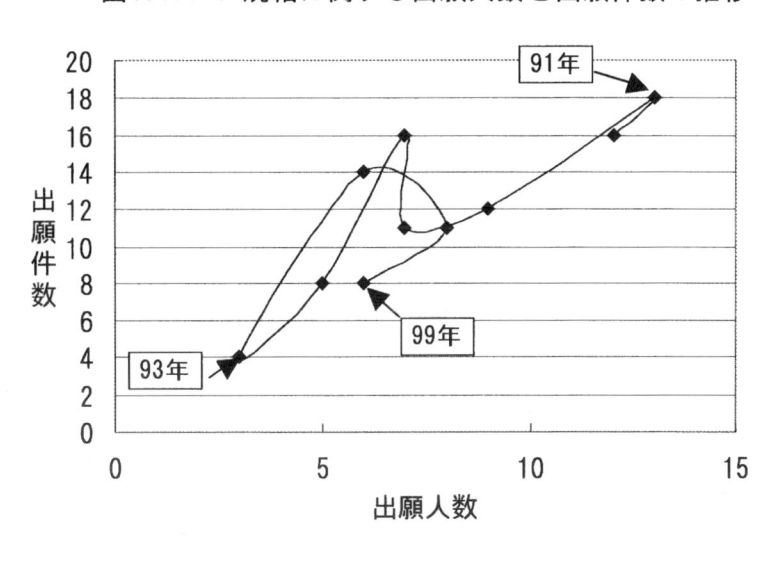

図1.3.3-6 焼結に関する出願人数と出願件数の推移

表1.3.3-6には、出願人ごとの出願件数推移を示す。この分野での出願件数の多い住友金属鉱山、オリンパス光学工業と日立金属が最近でも出願を続けている。

表1.3.3-6 焼結に関する出願人の出願件数推移

	90年	91年	92年	93年	94年	95年	96年	97年	98年	99年	合計
オリンパス光学工業			1	4	4	3	2	6		1	21
住 友 金 属 鉱 山	2	4	2		2	1		4	1	3	19
川 崎 製 鉄	1	2	2	2	3						10
セイコーインスツルメンツ	2	2	1	1					1		7
大 同 特 殊 鋼					4	1	1				6
インジェックス									4		4
住友重機械工業	3			1							4
住 友 電 気 工 業	1	1	2								4
シ チ ズ ン 時 計					1			1	1		3
日 立 金 属	1	1							1		3
ジ ュ ー キ						2					2
セイコーエプソン	1		1								2
ト ー キ ン			1	1							2
小 松 製 作 所		1						1			2

1.4 技術開発の課題と解決手段

1.4.1 溶融金属射出成形技術

　溶融金属射出成形技術の各技術要素の技術開発課題を、品質向上、生産性向上、コスト低減、性能向上、操作性向上、省力化、小型化、安全性向上、作業環境改善に大別し、さらに各技術要素ごとに細分化し解決手段との関連性を体系化する。品質向上、生産性向上、コスト低減の課題は、部品を製造するときの課題であり、性能向上以降の課題は装置自身の課題となる。溶融金属射出成形技術においては、金型に半溶融金属また溶融金属を射出して部品を製造する技術である。部品製造の面から見ると単純なプロセスであり、溶融金属の部品製造における品質、生産性、コストは装置に大きく依存する。したがって装置メーカーの特許出願数が多く、また技術要素を金型、成形装置、型締め装置、制御装置と分類したのはこのためである。半溶融金属の場合には、特有の課題、例えば半溶融の状態により品質が異なることがあるため、技術要素として別に取り扱っている。

　技術要素ごとに対応状況を概観すると、半溶融成形では装置メーカーは1社が抜きんでて対応数が多く、また部品メーカーも多く対応している。金型では部品メーカーの対応が多い。成形装置、型締め装置、制御装置では装置メーカーの対応が多い。

　品質向上の課題においては、ひけ・巣発生防止の課題が多くの技術要素の課題となっている。品質面から見た場合の大きな課題である。また、前述したように、半溶融成形の技術要素には、機械的特性向上、加工性向上が課題として挙げられている。固相率の量や存在形態により特性が変化するためである。したがって、半溶融成形の品質向上の課題に対しては成形機メーカーのみならず、部品メーカーによる出願も多い。

　生産性向上においては、半溶融成形では素材の安定供給が課題として挙げられている。これは成形機の中に直接固体原料（チップ状）を投入するため、原料の搬送が容易ではないためであろう。さらに、金型の交換作業の効率化、型開閉時間の短縮の課題が各技術要素の課題として取り扱われている。

　コスト低減の課題に対しては、構造合理化の課題が各技術要素の課題として取り扱われている。部品コストにはねかえる装置本体のコストを低減する。

(1) 半溶融成形

　半溶融成形の技術開発課題を分類し、解決手段との関連性を体系化し、表1.4.1-1に示す。この技術では品質向上を課題とする出願が多い。中でも寸法・形状の精度向上、ひけ・巣発生防止、機械的特性向上の課題に集中している。品質向上の各種課題に対する解決手段を細かく見ると、寸法・形状の精度向上に対しては、各社ともに溶湯制御、温度制御の解決手段で対応している。日本製鋼所のみが装置改良に関連する解決手段を採用している。これは日本製鋼所が装置メーカーであるという理由によるものと考えられる。他の課題に対する解決手段でも同様のことはいえる。つぎに、ひけ・巣発生防止の課題に対しては、溶湯制御、温度制御の解決手段が多くの企業で採用されている。また、本田技研工業のみが素材調整の解決手段を採用し特色を出している。寸法・形状の精度向上の課題に対しては、日本製鋼所の出願が多いが、同社はひけ・巣発生防止に対しては少ない。この

課題に対しては本田技研工業とマツダの出願数が多くなっている。各種の部品を製造するさい、部品ごとにこの問題が発生するためと推察される。機械的特性向上の課題に対しては、本田技研工業とマツダの解決手段がほとんどを占めている。この課題に対しては素材調整の解決手段の採用が多く、ついで温度制御の解決手段が多い。素材の特性および溶湯の温度が金属の機械的特性に大きく影響するためである。また、マツダのみが溶湯制御の解決手段を採用している。次いで給湯の適正化の課題に対する解決手段が多い。この課題に対しては装置改良、とりわけ射出部装置の改良の解決手段が多く、新潟鐵工所、日精樹脂工業も解決手段を提案している。つぎに多いのは溶湯制御の解決手段である。さらに品質向上の中で加工性向上の課題に対してはマツダのみが対応し、溶湯制御の解決手段を用いている。マツダの成形品の用途に関連しているものと考えられる。

表1.4.1-1 半溶融成形の技術開発課題と解決手段の対応表 (1/2)

課題		解決手段						
		運転条件管理				装置改良		
		溶湯制御	温度制御	素材調整	射出雰囲気	型構造	射出部装置	周辺装置
品質向上	寸法・形状の精度向上	日本製鋼所7件 マツダ2件 宇部興産1件	日本製鋼所5件 宇部興産4件 本田技研工業1件	日本製鋼所1件 本田技研工業1件	日本製鋼所2件	日本製鋼所1件	日本製鋼所5件	日本製鋼所1件
	ひけ・巣発生防止	宇部興産1件 本田技研工業1件 マツダ1件	本田技研工業2件 日本製鋼所1件 マツダ1件	本田技研工業4件		日本製鋼所1件	日本製鋼所1件	本田技研工業2件
	機械的特性向上	マツダ3件	本田技研工業5件 アーレスティ2件 マツダ1件	本田技研工業8件 マツダ4件 アーレスティ2件			マツダ1件	本田技研工業1件
	給湯の適正化	日本製鋼所2件 本田技研工業1件 マツダ1件				マツダ1件	マツダ2件 新潟鐵工所1件 日精樹脂工業1件	本田技研工業1件
	酸化防止	マツダ2件		日本製鋼所1件	日本製鋼所2件			本田技研工業3件
	異物混入防止			東芝機械2件				
	加工性向上	マツダ1件	マツダ2件	マツダ1件				
	耐食性向上	マツダ1件						
	湯漏防止		日本製鋼所1件					
生産性向上	素材の安定供給	本田技研工業2件	日本製鋼所1件	日本製鋼所1件			本田技研工業3件	宇部興産2件
	構造合理化					日本製鋼所1件		
	メンテナンスの改善				日本製鋼所2件			本田技研工業1件

表1.4.1-1 半溶融成形の技術開発課題と解決手段の対応表 (2/2)

課題		解決手段					
		運転条件管理				装置改良	
		溶湯制御	温度制御	素材調整	射出雰囲気	型構造	射出部装置	周辺装置
コスト低減	素材の安定供給	日本製鋼所1件 アーレスティ1件	宇部興産2件	日本製鋼所3件 日精樹脂工業1件 本田技研工業1件 アーレスティ1件			宇部興産2件	
	構造合理化						日本製鋼所1件	
	簡易成形		宇部興産3件					
性能向上	射出成形の安定化	日本製鋼所1件					日本製鋼所2件	
	耐熱耐磨耗性の向上						日本製鋼所2件	
	構造合理化						日本製鋼所1件	日本製鋼所1件
	湯漏防止						日本製鋼所1件	
操作性向上	射出成形の安定化	本田技研工業1件					日本製鋼所3件 本田技研工業3件	
	射出部の操作容易化						日本製鋼所1件	
	構造合理化		本田技研工業1件			日本製鋼所1件	日本製鋼所2件	
	構造の安定化						本田技研工業3件 日精樹脂工業3件	
小型化	高機能化	日本製鋼所1件						

　生産性向上の課題においては、素材の安定供給を課題とする出願が多い。。固液共存状態の溶湯を射出することに起因しているものと考えられる。本田技研工業は溶湯制御と射出部装置の改良で対応し、日本製鋼所は温度制御と素材調整の解決手段で対応している。
　コスト低減の課題に対する出願も多い。主に素材の安定供給の課題に対応する出願である。この課題に対しては主に素材調整の解決手段で対応している。また、宇部興産は温度制御および射出部装置の改良で対応し、日本製鋼所とアーレスティは溶湯制御の解決手段も採用している。

（2）成形装置

成形装置の技術開発課題を分類し、解決手段との関連性を体系化し、表1.4.1-2に示す。

表1.4.1-2 成形装置の技術開発課題と解決手段の対応表（1/2）

<table>
<tr><th colspan="2" rowspan="2">課　題</th><th colspan="7">解　決　手　段</th></tr>
<tr><th colspan="3">運転条件管理</th><th colspan="4">装置改良</th></tr>
<tr><th colspan="2"></th><th>溶湯制御</th><th>温度制御</th><th>射出雰囲気</th><th>型関連装置</th><th>射出部装置</th><th>周辺装置</th><th>画面表示</th></tr>
<tr><td rowspan="8">品質向上</td><td>寸法・形状の精度向上</td><td>宇部興産4件
東芝機械1件
日本製鋼所1件</td><td>日本製鋼所2件
日精樹脂工業1件</td><td></td><td></td><td>日本製鋼所2件</td><td>日本製鋼所1件</td><td></td></tr>
<tr><td>ひけ・巣発生防止</td><td>東芝機械2件
日本製鋼所1件</td><td></td><td></td><td>宇部興産1件</td><td></td><td>アーレスティ1件</td><td></td></tr>
<tr><td>加圧の適正化</td><td>東芝機械1件</td><td>東芝機械1件</td><td></td><td></td><td></td><td></td><td></td></tr>
<tr><td>給湯の適正化</td><td>日精樹脂工業2件
東芝機械1件
日本製鋼所1件</td><td>名機製作所1件</td><td></td><td></td><td>日精樹脂工業3件</td><td></td><td></td></tr>
<tr><td>凝固防止</td><td></td><td></td><td></td><td>東芝機械1件</td><td>宇部興産2件</td><td></td><td></td></tr>
<tr><td>異物混入防止</td><td></td><td></td><td></td><td></td><td>日本製鋼所2件</td><td></td><td></td></tr>
<tr><td>ガス混入防止</td><td></td><td></td><td>東芝機械1件</td><td>宇部興産2件</td><td>宇部興産1件
日本製鋼所1件</td><td></td><td></td></tr>
<tr><td></td><td></td><td></td><td></td><td></td><td></td><td></td><td></td></tr>
<tr><td rowspan="5">生産性向上</td><td>型開閉時間の短縮</td><td>トヨタ自動車1件</td><td></td><td></td><td>新潟鐵工所1件
日精樹脂工業1件
宇部興産1件</td><td>宇部興産5件
ファナック1件
新潟鐵工所1件</td><td>ファナック1件</td><td></td></tr>
<tr><td>交換作業の効率化</td><td>アーレスティ1件</td><td></td><td></td><td></td><td></td><td>名機製作所1件</td><td></td></tr>
<tr><td>構造合理化</td><td>トヨタ自動車1件</td><td></td><td></td><td></td><td>日精樹脂工業1件</td><td>東芝機械1件
日本製鋼所1件
新潟鐵工所1件</td><td></td></tr>
<tr><td>装置の破損防止</td><td></td><td></td><td></td><td></td><td></td><td>東洋機械金属1件</td><td></td></tr>
<tr><td>メンテナンスの改善</td><td></td><td></td><td></td><td>宇部興産1件
ファナック1件</td><td>日本製鋼所1件
宇部興産1件</td><td>ファナック2件
日本製鋼所1件</td><td></td></tr>
<tr><td rowspan="3">コスト低減</td><td>構造簡素化</td><td></td><td></td><td></td><td>東洋機械金属1件
ファナック1件</td><td>ファナック1件</td><td>東洋機械金属1件</td><td></td></tr>
<tr><td>構造合理化</td><td>新潟鐵工所1件</td><td></td><td></td><td>宇部興産2件
東洋機械金属1件
ファナック1件</td><td>東芝機械2件
日本製鋼所1件</td><td>新潟鐵工所1件</td><td></td></tr>
<tr><td>耐熱耐磨耗性の向上</td><td></td><td></td><td></td><td></td><td>日本製鋼所1件</td><td></td><td></td></tr>
<tr><td rowspan="4">性能向上</td><td>ノズル位置の調整</td><td></td><td></td><td></td><td></td><td>日本製鋼所1件</td><td></td><td></td></tr>
<tr><td>型締め力精度の向上</td><td></td><td></td><td></td><td>新潟鐵工所3件</td><td></td><td></td><td></td></tr>
<tr><td>構造合理化</td><td></td><td></td><td></td><td>東芝機械2件
トヨタ自動車2件
宇部興産1件</td><td>東芝機械2件
ファナック2件
日精樹脂工業1件
新潟鐵工所1件</td><td>東芝機械2件
東洋機械金属2件</td><td></td></tr>
<tr><td>耐熱耐磨耗性の向上</td><td></td><td></td><td></td><td></td><td>日本製鋼所1件
名機製作所1件</td><td></td><td></td></tr>
</table>

表1.4.1-2 成形装置の技術開発課題と解決手段の対応表（2/2）

課題		解決手段						
		運転条件管理			装置改良			
		溶湯制御	温度制御	射出雰囲気	型関連装置	射出部装置	周辺装置	画面表示
操作性向上	射出成形の安定化				東芝機械1件	日本製鋼所2件		
	射出部の操作容易化	ファナック1件			宇部興産4件	新潟鐵工所4件 宇部興産2件 東芝機械2件 ファナック1件	新潟鐵工所4件 名機製作所1件	名機製作所1件
	構造合理化	トヨタ自動車1件			東洋機械金属1件	宇部興産3件 東芝機械2件 ファナック2件 東洋機械金属2件 トヨタ自動車1件	東洋機械金属1件	
	構造簡素化				日精樹脂工業1件	新潟鐵工所1件		
	高機能化		トヨタ自動車1件 ファナック1件		名機製作所1件 トヨタ自動車1件	名機製作所1件	アーレスティ5件	東芝機械1件 東洋機械金属1件
	摺動面の防塵						東芝機械1件 名機製作所1件 新潟鐵工所1件	
	発熱防止		東芝機械1件			東芝機械1件		
小型化	高機能化					東芝機械1件		
	構造合理化				宇部興産2件	ファナック2件		
省力化	高機能化	東芝機械1件					東洋機械金属1件	
安全性向上	溶湯飛散防止					日本製鋼所1件	ファナック1件	
	動作の確実性				日精樹脂工業4件 東洋機械金属3件	新潟鐵工所5件 東洋機械金属1件 ファナック1件	新潟鐵工所4件 名機製作所3件	
	メンテナンスの改善				日精樹脂工業3件 東洋機械金属1件	東芝機械1件		
	構造合理化				東芝機械3件	日精樹脂工業4件 東芝機械2件	日本製鋼所1件 宇部興産1件	
	装置の破損防止					名機製作所1件	名機製作所1件	
作業環境改善	騒音防止					東芝機械1件 日本製鋼所1件		

　成形装置の技術要素の技術開発課題に関しては、品質向上に関する課題の中の、寸法・形状の精度向上、ひけ・巣発生防止、加圧の適正化、給湯の適正化の課題に対しては、溶湯制御を解決手段とする出願が多く、それら以降の課題に対しては型関連装置、射出部装置、周辺装置の改良を解決手段とする出願が多い。以下に主な技術開発課題に対する各社の対応を詳述する。

　品質向上の寸法・形状の精度向上に対しては、日本製鋼所が溶湯制御、温度制御、射出部装置、周辺装置の改良を採用し、宇部興産、東芝機械が溶湯制御を、日精樹脂工業が温度制御を採用している。ひけ・巣の発生防止に対しては、東芝機械、日本製鋼所が溶湯制御、宇部興産が型関連装置の改良、アーレスティが周辺装置の改良を採用している。加

圧の適正化に対しては、東芝機械が溶湯制御と温度制御を採用している。給湯の適正化に対しては、日精樹脂工業が溶湯制御と射出部装置の改良を、東芝機械、日本製鋼所、名機製作所が溶湯制御を採用している。凝固防止、異物混入防止、ガス混入防止の課題に対しては、装置メーカーが対応している。

　生産性向上に関しては、型開閉時間の短縮、構造合理化、メンテナンス改善を課題とする出願が多い。型開閉時間の短縮の課題に対しては、宇部興産と新潟鐵工所が型関連装置と射出部装置の改良、ファナックが射出部装置と周辺装置の改良を採用している。構造合理化に対しては、トヨタ自動車が溶湯制御、日精樹脂工業が射出部装置の改良、東芝機械、日本製鋼所、新潟鐵工所が周辺装置の改良を採用している。メンテナンスの改善に対しては、宇部興産が型関連装置と射出部装置の改良を、ファナックが型関連装置と周辺装置の改良を、日本製鋼所が射出部装置と周辺装置の改良を採用している。

　コスト低減に関しては、構造簡素化、構造合理化の課題に対応する出願が多く、構造簡素化に対しては、東洋機械金属が型関連装置と周辺装置を、ファナックが型関連装置と射出部装置の改良を採用している。構造合理化に対しては、新潟鐵工所が溶湯制御と周辺装置の改良を、宇部興産、東洋機械金属、ファナックが型関連装置の改良を、東芝機械、日本製鋼所が射出部装置の改良を採用している。

　性能向上に関しては、構造合理化を課題とする出願が大部分を占めている。本課題に対しては、東芝機械が型関連装置、射出部装置、周辺装置の改良を採用し、トヨタ自動車、宇部興産が型関連装置の改良を、ファナック、日精樹脂工業、新潟鐵工所が射出部装置の改良を、東洋機械金属が周辺装置の改良を採用している。

操作性の向上に関しては、射出部の操作容易化、構造合理化および高機能化を課題とする出願が多い。

　射出部の操作容易化の課題に対しては、宇部興産が型関連装置と射出部装置の改良を、新潟鐵工所が射出部装置と周辺装置の改良を、ファナックが溶湯制御と射出部装置の改良を、名機製作所が周辺装置の改良と画面表示を採用している。東芝機械が射出部装置を採用している。構造合理化の課題に対しては、トヨタ自動車が溶湯制御と射出部装置の改良を、宇部興産、東芝機械、ファナック、東洋機械金属が型関連装置、射出部装置および周辺装置の改良を採用している。高機能化の課題に対しては、トヨタ自動車が温度制御と型関連装置の改良、名機製作所が型関連装置の改良、東芝機械と東洋機械金属が画面表示の解決手段で対応している。特に、アーレスティは周辺装置の改良の解決手段が多い。

　安全性向上を課題とする出願も多い。各社が安全性を重視していることが伺える。特に、動作の確実性に対しては、新潟鐵工所が射出部装置と周辺装置の改良を、東洋機械金属が型関連装置と射出部装置の改良を、日精樹脂工業が型関連装置の改良を、名機製作所が周辺装置の改良を採用している。また、メンテナンスの改善に対しては、日精樹脂工業と東洋機械金属が型関連装置の改良を、東芝機械が射出部装置の改良を採用している。構造合理化に対しては、東芝機械が型関連装置と射出部装置の改良を、日精樹脂工業が射出部装置の改良を、日本製鋼所と宇部興産が周辺装置の改良を採用している。

(3) 金型

金型の技術開発課題を分類し、解決手段との関連性を体系化し、表1.4.1-3に示す。

表1.4.1-3 金型の技術開発課題と解決手段の対応表（1/2）

課題		解決手段				
		運転条件管理		装置改良		
		溶湯制御	型温制御	型構造	周辺装置	離型剤
品質向上	ひけ・巣発生防止			宇部興産5件 東芝機械2件 トヨタ自動車2件 アーレスティ2件 東洋機械金属1件 日精樹脂工業1件	トヨタ自動車3件 アーレスティ2件 マツダ1件	
	製品の破損防止		アーレスティ1件	トヨタ自動車1件	アーレスティ2件 本田技研工業1件	
	湯漏防止			アーレスティ3件 本田技研工業2件 日精樹脂工業1件	本田技研工業1件 アーレスティ1件	
生産性向上	金型寿命改善		トヨタ自動車1件	トヨタ自動車2件 アーレスティ1件	宇部興産2件 東洋機械金属2件 ファナック2件 東芝機械1件 新潟鐵工所1件	東芝機械1件
	交換作業の効率化			本田技研工業1件 アーレスティ1件	東芝機械7件 日精樹脂工業3件 ファナック2件 東洋機械金属1件	
	離型性向上			名機製作所1件 トヨタ自動車1件		東芝機械1件 日精樹脂工業1件
	装置の破損防止	トヨタ自動車1件	トヨタ自動車1件			
	構造合理化			トヨタ自動車1件 アーレスティ1件		
	トラブル対応			トヨタ自動車1件	日本製鋼所1件 本田技研工業1件	
	製造サイクルの短縮		トヨタ自動車1件	東洋機械金属1件 トヨタ自動車1件		
	メンテナンスの改善		トヨタ自動車1件	宇部興産1件 本田技研工業1件 トヨタ自動車1件 アーレスティ1件	東洋機械金属2件 日精樹脂工業1件 本田技研工業1件 トヨタ自動車1件	
コスト低減	構造簡素化				宇部興産1件 トヨタ自動車1件	
	構造合理化			本田技研工業2件 トヨタ自動車2件 アーレスティ1件	名機製作所2件 宇部興産1件 東洋機械金属1件	
	離型性向上			アーレスティ1件		
	金型寿命改善延長				アーレスティ1件	
性能向上	冷却能力向上		トヨタ自動車1件 マツダ1件	トヨタ自動車3件 アーレスティ2件	アーレスティ4件 トヨタ自動車2件 日本製鋼所1件	
	型温精度向上		日本製鋼所1件 トヨタ自動車1件 アーレスティ1件	トヨタ自動車1件		
	湯漏防止			本田技研工業1件		

表1.4.1-3 金型の技術開発課題と解決手段の対応表（2/2）

課題		解決手段				
		運転条件管理		装置改良		
		溶湯制御	型温制御	型構造	周辺装置	離型剤
操作性向上	型締め制御の容易化				ファナック1件 アーレスティ1件	
	構造合理化				アーレスティ2件 日精樹脂工業1件 本田技研工業1件	
省力化	交換作業の自動化			ファナック2件	東芝機械4件 ファナック3件 新潟鐵工所1件	
	メンテナンス改善				トヨタ自動車1件	
	構造合理化			アーレスティ1件		
	調整作業の自動化				ファナック2件	
	予熱自動化				宇部興産1件	
小型化	高機能化			東芝機械1件		
安全性向上	溶湯飛散防止		日本製鋼所1件	東芝機械2件		
	装置の破損防止				宇部興産1件 新潟鐵工所1件	
作業環境改善	騒音防止			東芝機械1件	東芝機械1件	

　金型の技術要素の各種技術開発課題に対しては型構造の改良、周辺装置の改良を解決手段とする出願が多い。また、企業別ではトヨタ自動車、本田技研工業、アーレスティのように部品メーカーによる出願が多い。以下に主な技術開発課題に対する各社の対応を詳述する。

　品質向上に関してはひけ・巣発生防止を課題とする出願が多い。金型の技術要素の中で、各社が本課題を重要視していることと考えられる。解決手段としては、型構造改良によるものが多く、装置メーカー、部品メーカーとも解決手段として挙げている。製品の破損防止、湯漏防止の課題に対しても、型構造の改良、周辺装置の改良の解決手段で対応している。

　生産性向上に関しては金型寿命改善、交換作業の効率化、メンテナンス改善を課題とする出願が多く、解決手段にも特徴が認められ、装置メーカーは周辺装置の改良の解決手段で対応し、部品メーカーは型構造の改良手段で対応するという傾向がある。また、本課題に対しては、トヨタ自動車のみがおもに型温制御の解決手段をも採用していることが特徴として認められる。金型寿命改善の課題に対してはトヨタ自動車、アーレスティが型構造の改良の解決手段で対応し、宇部興産、東洋機械金属、ファナック、新潟鐵工所が周辺装置の改良の解決手段で対応している。交換作業の効率化に対しては、本田技研工業とアーレスティが型構造の改良の解決手段で対応し、東芝機械、日精樹脂工業、ファナック、東洋機械金属が周辺装置の改良の解決手段で対応している。メンテナンスの改善の課題に対しては、宇部興産、本田技研工業、トヨタ自動車、アーレスティが型構造の改良、東洋機械金属、日精樹脂工業、本田技研工業、トヨタ自動車が周辺装置の改良の解決手段で対応している。

コスト低減に関しては構造合理化を課題とする出願が多い。本課題に対しては、名機製作所、宇部興産、東洋機械金属が周辺装置の改良、本田技研工業、トヨタ自動車、アーレスティが型構造の改良の解決手段で対応している。

性能向上に関しては、冷却能力を課題とする出願が多い。本課題に対しては、トヨタ自動車が型温制御、型構造の改良、周辺装置の解決手段を採用し、マツダが型温制御、アーレスティが型構造と周辺装置の改良、日本製鋼所が周辺装置の改良の解決手段を採用している。

(4) 型締め装置

型締め装置の技術開発課題を分類し、解決手段との関連性を体系化し、表1.4.1-4に示す。

表1.4.1-4 型締め装置の技術開発課題と解決手段の対応表 (1/3)

課題		解決手段						
		運転条件管理			装置改良			
		位置制御	力制御	温度制御	型構造	周辺装置	離型剤	油圧
品質向上	寸法・形状の精度向上	東芝機械4件 日本製鋼所2件 東洋機械金属2件	東芝機械1件 日本製鋼所1件	日本製鋼所1件	東芝機械5件 宇部興産5件 日精樹脂工業5件 名機製作所4件 日本製鋼所1件		名機製作所1件	
	製品の破損防止	東洋機械金属1件			東芝機械1件			
	湯漏防止				新潟鐵工所1件 トヨタ自動車			
生産性向上	型開閉時間の短縮	東芝機械5件 日本製鋼所2件 名機製作所2件 東洋機械金属1件 新潟鐵工所1件	東洋機械金属3件 東芝機械1件 日精樹脂工業1件		東芝機械9件 日精樹脂工業6件 宇部興産5件 日本製鋼所3件 名機製作所2件		日精樹脂工業2件 東洋機械金属1件	東芝機械2件 日本製鋼所1件
	交換作業の効率化				日本製鋼所1件 名機製作所1件		名機製作所1件	
	金型寿命延長	東芝機械2件 日本製鋼所2件 東洋機械金属1件 日精樹脂工業1件 名機製作所1件	東洋機械金属2件 東芝機械1件 宇部興産1件 日精樹脂工業1件 名機製作所1件		東芝機械4件 宇部興産2件 東洋機械金属1件 日精樹脂工業1件			
	装置の破損防止		東洋機械金属2件		新潟鐵工所1件		名機製作所1件 新潟鐵工所1件	
生産性向上	型開時のショック発生防止	東芝機械1件 東洋機械金属1件	東芝機械1件					
	製造サイクルの短縮	東洋機械金属1件			新潟鐵工所3件 ファナック2件			
	メンテナンスの改善	東芝機械1件 日本製鋼所1件 東洋機械金属1件 日精樹脂工業1件	日本製鋼所2件 東洋機械金属1件		東芝機械3件 日精樹脂工業3件 新潟鐵工所1件		名機製作所3件 本田技研工業2件 ファナック2件	

表1.4.1-4　型締め装置の技術開発課題と解決手段の対応表（2/3）

課題		解決手段					
		運転条件管理			装置改良			
		位置制御	力制御	温度制御	型構造	周辺装置	離型剤	油圧
コスト低減	構造簡素化	名機製作所1件 ファナック1件			名機製作所7件 新潟鐵工所6件 日本製鋼所3件 宇部興産3件 東洋機械金属2件		本田技研工業1件	宇部興産2件
	構造合理化				日精樹脂工業3件 東芝機械2件 名機製作所1件 ファナック1件 トヨタ自動車1件		日精樹脂工業2件 名機製作所1件 ファナック1件 新潟鐵工所1件	日本製鋼所3件 宇部興産1件
	装置の破損防止		日精樹脂工業1件		日本製鋼所3件 東芝機械1件			
性能向上	位置決め精度向上	東芝機械3件 ファナック1件			東芝機械5件 宇部興産2件			
	型締め時の保持力				名機製作所2件			
	型締め力の精度向上	日本製鋼所4件 東芝機械1件 日精樹脂工業1件	日本製鋼所3件 東芝機械1件 日精樹脂工業1件 新潟鐵工所1件 トヨタ自動車1件					
操作性向上	型締め制御の容易化	日本製鋼所3件 ファナック2件 東洋機械金属1件	日本製鋼所3件 ファナック3件 アーレスティ2件 日精樹脂工業1件	ファナック1件	東芝機械2件 日本製鋼所2件 ファナック2件 名機製作所1件 新潟鐵工所1件	名機製作所1件	日精樹脂工業1件 名機製作所1件 新潟鐵工所1件	
	型位置調整の容易化	日本製鋼所1件 宇部興産1件			日本製鋼所2件 宇部興産1件			宇部興産1件
小型化	構造簡素化				東芝機械6件 東洋機械金属1件 日精樹脂工業1件		東洋機械金属1件	東芝機械1件 日精樹脂工業1件
	構造合理化				東芝機械12件 宇部興産5件 日精樹脂工業3件 名機製作所3件 日本製鋼所2件 新潟鐵工所2件 ファナック1件			東芝機械3件 東洋機械金属2件
省力化	型開閉の自動化	日本製鋼所4件			日本製鋼所1件			
	型締め力設定の自動化	名機製作所1件 新潟鐵工所1件			日精樹脂工業1件 名機製作所1件		日精樹脂工業3件	
	給油の自動化							東芝機械1件
	交換作業の自動化	ファナック1件			東芝機械3件		日精樹脂工業1件	

表1.4.1-4　型締め装置の技術開発課題と解決手段の対応表（3/3）

課題		解決手段						
		運転条件管理			装置改良			
		位置制御	力制御	温度制御	型構造	周辺装置	離型剤	油圧
安全性向上	溶湯飛散防止	トヨタ自動車1件	東芝機械2件					
	動作の確実性	名機製作所1件			名機製作所1件		新潟鐵工所2件 宇部興産1件	
	メンテナンスの改善							東芝機械1件
	装置の破損防止			ファナック1件	ファナック3件		宇部興産1件 ファナック1件	宇部興産1件
作業環境改善	騒音防止	ファナック1件						

　型締め装置の技術要素の技術開発課題に関しては、各種課題に対応する解決手段として運転条件管理の位置制御、力制御、装置改良の型構造関連装置、離型剤関連装置が多い傾向にある。以下に主な技術開発課題に対する各社の対応を詳述する。

　品質向上においては、寸法・形状の精度向上を課題とする出願が多い。この課題に対しては、東芝機械が位置制御、力制御の運転条件管理、型構造関連装置の改良を採用し、日本製鋼所が位置制御、力制御、温度制御の運転条件管理、型構造関連装置の改良を採用し、東洋機械金属が位置制御、宇部興産、日精樹脂、名機製作所が型構造関連装置の改良と離型剤の装置の改良を採用している。

　生産性向上に関しては、型開閉時間の短縮、金型寿命延長およびメンテナンス改善を課題とする出願が多い。型開閉時間の短縮の課題に対しては、東芝機械が位置制御、力制御、型構造、油圧の装置改良を採用し、日本製鋼所が位置制御、型構造、油圧の装置改良を採用している。東洋機械金属が位置制御、力制御、離型剤の装置改良を採用し、日精樹脂工業が力制御、型構造、離型剤の装置改良を採用している。名機製作所が位置制御、型構造を、新潟鐵工所が位置制御、宇部興産が型構造を採用している。金型寿命改善の課題に対しては、東芝機械が位置制御、力制御、型構造を、宇部興産が力制御、型構造を、東洋機械金属が位置制御、力制御、型構造を、日精樹脂工業が位置制御、力制御、型構造をそれぞれ採用している。さらに、名機製作所が位置制御、力制御を採用し、日本製鋼所が位置制御を採用している。メンテナンスの改善に対しては、東芝機械が位置制御、型構造、日本製鋼所が位置制御、力制御、東洋機械金属が位置制御、力制御、日精樹脂工業が位置制御、型構造を採用している。さらに、新潟鐵工所が型構造を、名機製作所、本田技研工業、ファナックが離型剤を採用している。

　コスト低減においては、構造簡素化と構造合理化を課題とする出願が多い。構造簡素化に対しては、名機製作所が位置制御、型構造、離型剤の装置改良を採用し、宇部興産が型構造、離型剤の装置改良を採用している。さらに、ファナックが位置制御、新潟鐵工所、日本製鋼所、宇部興産、東洋機械金属が型構造、本田技研工業が離型剤の装置改良を採用している。構造合理化に対しては、日精樹脂工業、名機製作所、ファナックが型構造、離型剤の装置改良を採用し、東芝機械、トヨタ自動車が型構造、新潟鐵工所が離型剤の装置改良、日本製鋼所、宇部興産が油圧の装置改良を採用している。

性能向上においては、型締め力の精度向上に各社が注力している。本課題に対しては、日本製鋼所、東芝機械、日精樹脂工業が位置制御、力制御を採用し、新潟鐵工所、トヨタ自動車が力制御を採用している。

操作性向上においては、型締め制御の容易化を課題とする出願が多い。ファナックが位置制御、力制御、温度制御、型構造を、日本製鋼所が位置制御、力制御、型構造を、日精樹脂工業が力制御、離型剤の装置改良を、名機製作所が型構造、周辺装置、離型剤を、新潟鐵工所が、型構造、離型剤の装置改良を採用している。さらに、東洋機械金属が位置制御、アーレスティが力制御を採用している。

小型化の構造簡素化に対して、東芝機械、日精樹脂工業が型構造、油圧を、東洋機械金属が型構造、離型剤の装置改良を採用している。構造合理化に対しては、東芝機械が型構造、油圧を採用し、宇部興産、日精樹脂工業、名機製作所、日本製鋼所、新潟鐵工所、ファナックが型構造を採用し、東洋機械金属が油圧を採用している。

省力化の型締め力設定の自動化に対しては、日精樹脂工業が型構造、離型剤の装置改良を、名機製作所が位置制御、型構造を採用し、新潟鐵工所が位置制御を採用している。

安全性向上においては、動作の確実性と装置の破損防止を課題とする出願が多い。動作の確実性に対しては、名機製作所が位置制御、型構造を、新潟鐵工所、宇部興産が離型剤の装置改良を採用している。メンテナンスの改善に対しては東芝機械が油圧を採用している。装置の破損防止には、ファナックが温度制御、型構造、離型剤の装置改良、宇部興産が離型剤、油圧の装置改良を採用している。作業環境改善の騒音防止に対してはファナックが位置制御を採用している。

(5) 制御装置

制御装置の技術開発課題を分類し、解決手段との関連性を体系化し、表1.4.1-5に示す。

表1.4.1-5 制御装置の技術開発課題と解決手段の対応表 (1/2)

課題		解決手段					
		システムの改良		制御性の改良		装置の改良	
		制御系の改善	制御要素の改善	制御機能の改善	制御手順の改善	機械的構造の改善	機能的要素の改善
品質向上	湯漏防止			東芝機械1件	東芝機械1件 名機製作所1件		
	ひけ・巣発生防止	宇部興産1件		東芝機械3件 日本製鋼所3件 宇部興産2件 トヨタ自動車2件			
	製品の品質判断			宇部興産1件			
	製品の破損防止					東芝機械1件	
生産性向上	作業能率向上			本田技研工業1件			
	製造サイクルの短縮						日精樹脂工業1件
	トラブル対応			東芝機械1件	新潟鐵工所1件	東芝機械1件	
コスト低減	構造合理化					日精樹脂工業2件	日本製鋼所2件 宇部興産1件
	構造簡素化			宇部興産1件		宇部興産1件	

表1.4.1-5 制御装置の技術開発課題と解決手段の対応表（2/2）

課題		解決手段					
		システムの改良		制御性の改良		装置の改良	
		制御系の改善	制御要素の改善	制御機能の改善	制御手順の改善	機械的構造の改善	機能的要素の改善
性能向上	高機能化	東芝機械1件 名機製作所1件	東芝機械1件	宇部興産7件 東芝機械4件 東洋機械金属3件 日精樹脂工業1件	東芝機械2件 宇部興産2件 東洋機械金属1件	東芝機械2件 日精樹脂工業1件	東芝機械6件 日本製鋼所2件 宇部興産1件 新潟鐵工所1件
	動作の安定化				東芝機械1件 東洋機械金属1件 日精樹脂工業1件	東芝機械1件 日精樹脂工業1件	日精樹脂工業2件 東芝機械1件 宇部興産1件
	構造合理化				東芝機械1件		
操作性向上	操作の容易化	東芝機械1件	東芝機械2件	日本製鋼所1件 日精樹脂工業1件	東芝機械1件 宇部興産1件		
	設定の自動化	東芝機械1件		東芝機械1件 宇部興産1件	東芝機械1件		
省力化	設定の自動化		東芝機械1件	東芝機械1件 日本製鋼所1件 宇部興産1件 東洋機械金属1件	宇部興産1件		
安全性向上	監視機能	東芝機械1件					宇部興産1件
	トラブル対応	東洋機械金属1件					東芝機械1件
	製品の破損防止						日本製鋼所1件
	装置の破損防止						名機製作所1件

　制御装置の技術要素の技術開発課題に関しては、品質向上、生産性向上、性能向上、操作性向上および省力化を課題とする出願が多い。

　品質向上においては、ひけ・巣発生防止に対する出願が多く、解決手段として、宇部興産が制御系の改善と制御機能の改善、東芝機械、日本製鋼所、トヨタ自動車が制御機能の改善を採用している。

　性能向上においては、高機能化と動作の安定化の課題に各社注力している。高機能化の課題に対しては、東芝機械が制御系の改善、制御要素の改善、制御機能の改善、制御手順の改善、機械的構造の改善、機能的要素の改善とすべての解決手段を採用し、宇部興産が制御機能の改善、制御手順の改善、機能的要素の改善を採用し、東洋機械金属が制御機能の改善、制御手順の改善、日精樹脂工業が制御機能の改善、機械的構造の改善を採用している。さらに、名機製作所が制御系の改善、日本製鋼所と新潟鐵工所が機能的要素の改善を採用している。動作の安定化に対しては、東芝機械と日精樹脂工業が制御手順の改善、機械的構造の改善、機能的要素の改善を採用し、東洋機械金属が制御手順の改善、宇部興産が機能的要素の改善を採用している。

　操作性向上の操作の容易化に対しては、東芝機械が制御系の改善、制御要素の改善、制御手順の改善を採用し、日精樹脂工業が制御機能の改善、宇部興産が制御手順の改善を採用している。設定の自動化に対しては、東芝機械が制御系の改善、制御機能の改善、制御手順の改善を採用し、日精樹脂工業が制御機能の改善、宇部興産が制御手順の改善を採用している。

　省力化の設定自動化に対しては、東芝機械が制御要素の改善、制御機能の改善、宇部興産が制御機能の改善、制御手順の改善を採用し、日本製鋼所と東洋機械金属が制御機能の改善を採用している。

1.4.2 金属粉末射出成形技術

金属粉末射出成形技術の各技術要素の技術開発課題を品質向上、生産性向上、コスト低減に大別し、さらに、各課題を技術要素ごとに細分化し解決手段との関連性を体系化する。各技術要素は製造プロセスと対応しており、したがって各課題は各製造プロセスの課題ということができる。金属粉末射出成形技術により製造される部品は原料粉末から焼結（後加工）の連続した工程で製造される。例えば、品質向上の課題を例にとると、品質は最終製品で決まるが、そこにいたるまでの工程で影響する因子が多くある。したがって、品質向上の各種課題は、各技術要素に共通な課題となることが多く、各技術要素ごとに解決手段は異なってくる。そのような点を考慮に入れ、以下に主な課題について説明する。

品質向上の課題の中で、生体適合性、低熱膨張焼結体の課題のように、原料粉末の化学成分で決定されてしまうような課題に対しては、原料粉末の技術要素のみの課題となるが、焼結体機械的特性改善、高純度焼結体、高寸法精度焼結体などの課題は、原料粉末の技術要素だけでなく、他の技術要素の課題ともなる。例えば、焼結体機械的特性改善の課題を例に挙げると、粉末の化学組成成分（炭素の高い粉末）を選定することによって強度を高くすることができるが、バインダの技術要素において、炭素繊維を混合しても可能である。また、射出成形の技術要素における多段成形、脱脂の技術要素における脱脂雰囲気改善の解決手段でも可能である。

生産性向上については、本製造プロセスにおいては脱脂工程に多くの時間が費やされる。部品形状によっては処理に48時間要する場合もある。金属粉末射出成形技術の大きな課題の1つである。したがって、各企業はこの課題の解決手段の開発に注力している。バインダおよび脱脂の技術要素の課題と取り上げられる。

コスト低減については、脱脂工程においては欠陥も発生しやすい。生産性向上と同様、バインダと脱脂の技術要素の中で重要な課題となっている。

(1) 原料粉末

原料粉末の技術開発課題を分類し、解決手段との関連性を体系化し、表1.4.2-1に示す。

表1.4.2-1 原料粉末の技術開発課題と解決手段の対応表 (1/2)

課題		解決手段			
		原料粉末組成	粉末混合・分級	粉末製法改善	粉末表面改質
品質向上	焼結体機械的特性改善	住友金属鉱山6件 インジェックス3件 大同特殊鋼1件 セイコーインスツルメンツ1件	大同特殊鋼2件		
	複雑形状焼結体	住友金属鉱山4件 ヤマハ1件	大同特殊鋼1件	住友金属鉱山1件 大同特殊鋼1件	
	高密度焼結体	住友金属鉱山1件 インジェックス1件		大同特殊鋼1件	川崎製鉄2件 住友金属鉱山1件
	生体適合性	大同特殊鋼4件 インジェックス1件 住友金属鉱山1件			
	低熱膨張焼結体	住友金属鉱山4件 大同特殊鋼1件			

表1.4.2-1 原料粉末の技術開発課題と解決手段の対応表 (2/2)

課題		解決手段			
		原料粉末組成	粉末混合・分級	粉末製法改善	粉末表面改質
品質向上	高純度焼結体	大同特殊鋼1件 インジェックス1件	大同特殊鋼1件	大同特殊鋼1件	
	高寸法精度焼結体		川崎製鉄1件 住友金属鉱山1件 大同特殊鋼1件	デンソー1件	
	炭素量制御	シチズン時計1件 小松製作所1件			
	表面性状改善	大同特殊鋼1件			
	高耐食性焼結体	住友金属鉱山2件			

　原料粉末の技術要素に関する技術開発課題は品質向上を課題とする出願のみである。また、解決手段としては原料粉末組成に関するものが多い。原料粉末組成の解決手段が多い理由として、焼結体機械的性質、生体適合性、低熱膨張焼結体、高耐食性は、主に化学成分組成で左右されることと、粉末を用いる技術の特長であるが、新しい化学組成の合金を容易に創生できることが挙げられる。また、粉末を焼結して部品を製造するため、空孔の残留はさけがたい。高密度焼結体の製造は金属粉末射出成形技術の永遠の課題である。また、高純度焼結体および炭素量制御の課題は金属粉末射出成形技術特有のものである。すなわち、粉末表面は大なり小なり酸化被膜で覆われていること、バインダを除去したあとも炭素が残留することのために、部品には酸素、炭素が残留しやすい。以下に各技術開発課題に対する各社の対応を詳述する。

　焼結体機械的特性改善に関しては、住友金属鉱山、インジェックス、大同特殊鋼、セイコーインスツルメンツが解決手段として原料粉末組成を採用し、大同特殊鋼は粉末・分級を採用している。

　複雑形状焼結体の課題に対しては、住友金属鉱山とヤマハが原料粉末組成の解決手段、大同特殊鋼が粉末混合・分級、住友金属鉱山と大同特殊鋼が粉末製法改善の解決手段を採用している。

　高密度焼結体の課題に対しては、住友金属鉱山とインジェックスが原料粉末組成の解決手段、大同特殊鋼が粉末製法改善、川崎製鉄が粉末表面改質を採用し、インジェックスが原料粉末組成を、大同特殊鋼が粉末製法改善を採用している。

　生体適合性に関しては、大同特殊鋼、インジェックス、住友金属鉱山が原料粉末組成を採用している。

　低熱膨張焼結体に関しては、住友金属鉱山、大同特殊鋼が原料粉末組成を採用している。

　高純度焼結体に関しては、大同特殊鋼が原料粉末組成、粉末混合・分級、粉末製法改善を採用し、インジェックスが原料粉末組成を採用している。

　高寸法精度焼結体に関しては、川崎製鉄、住友金属鉱山、大同特殊鋼が粉末混合・分級、デンソーが粉末製法改善を採用している。

　炭素量制御に関しては、シチズン時計、小松製作所が原料粉末組成を採用している。

(2) バインダ

　バインダの技術開発課題を分類し、解決手段との関連性を体系化し、表1.4.2-2に示す。バインダの技術要素には、バインダ自身とバインダと原料粉末の混練物も含まれている。

表1.4.2-2 バインダの技術課題と解決手段の対応

課題		解決手段				
		バインダ調整		混練物調整		
		成分調整	配合率調整	混合・添加	混練方法	混練雰囲気
品質向上	焼結体機械的特性改善			大同特殊鋼1件		
	高密度焼結体	ヤマハ3件 シチズン時計1件				
	高純度焼結体	シチズン時計1件				住友金属鉱山1件
	炭素量制御			セイコーインスツルメンツ1件		
	高寸法精度焼結体	住友金属鉱山5件			シチズン時計1件	
生産性向上	脱脂時間短縮	川崎製鉄2件 住友金属鉱山2件 ヤマハ2件 小松製作所1件				住友金属鉱山1件
	混練時間短縮		住友金属鉱山1件		川崎製鉄1件	
	射出性改善			住友金属鉱山1件	住友金属鉱山1件	
コスト低減	脱脂欠陥の防止	川崎製鉄2件 シチズン時計2件 住友金属鉱山1件 オリンパス光学工業1件 小松製作所1件		オリンパス光学工業1件 大同特殊鋼1件		セイコーインスツルメンツ1件
	混練物再利用			オリンパス光学工業3件		

　バインダはプラスチックと同様に射出成形できるようにするために混合されるが、焼結して部品を製造するために脱脂工程で除去しなければならない。この脱脂工程の処理に時間がかかり、また割れや膨れの欠陥が発生する。したがって、生産性向上の脱脂時間の短縮とコスト低減の脱脂欠陥の防止が第1の課題となる。品質向上においては、バインダ自身は脱脂工程での除去後の炭素などの残留物に影響し、混練物に関しては、セラミックや炭素繊維を添加して焼結体の特性向上を図るという解決手段も採られる。以下に主な課題に対しての各社の対応を詳述する。

　生産性向上に関する脱脂時間短縮の課題に対しては、バインダの成分調整によるものが多い。川崎製鉄、住友金属鉱山、ヤマハ、小松製作所がこの解決手段で対応している。また、住友金属鉱山は混練物の混練雰囲気の調整も解決手段としている。

　コスト低減に関する脱脂欠陥防止の課題に対しても、バインダの成分調整の解決手段を用いている企業が多く、川崎製鉄、シチズン時計、住友金属鉱山、オリンパス光学工業、小松製作所が挙げられる。さらに、オリンパス光学工業と大同特殊鋼は混合・添加の解決

手段、セイコーインスツルメンツは混練雰囲気の解決手段を採用している。

　品質向上に関しては、焼結体機械的特性改善の課題に対しては大同特殊鋼が混練物調整の混合・添加の解決手段を採用している。高密度焼結体の課題に対してはヤマハとシチズン時計がバインダの成分調整の解決手段で対応している。高純度焼結体に関しては、シチズン時計がバインダ調整の成分調整、住友金属鉱山が混練物調整の混練雰囲気を採用している。炭素量制御に関しては、セイコーインスツルメンツが混練物調整の混合・添加を採用している。高寸法精度焼結体に関して、住友金属鉱山がバインダ調整の成分調整、シチズン時計が混練物調整の混練方法を採用している。

(3) 射出成形

　射出成形の技術開発課題を分類し、解決手段との関連性を体系化し、表1.4.2-3に示す。

表1.4.2-3 射出成形の技術課題と解決手段の対応表（1/2）

課題		解決手段					
		射出成形方法				装置・治具・金型	
		成形方法	多段成形	中子利用	成形体後処理	装置・治具改善	金型調整
品質向上	成形体品質改善	オリンパス光学工業1件	ヤマハ1件				オリンパス光学工業1件 デンソー1件
	焼結体機械的特性改善		シチズン時計2件				
	高密度焼結体				インジェックス1件		
	高寸法精度焼結体	セイコーインスツルメンツ1件 オリンパス光学工業1件					オリンパス光学工業1件
	表面性状改善		シチズン時計1件		オリンパス光学工業1件		住友金属鉱山1件
	複合焼結体		オリンパス光学工業1件 シチズン時計1件 日本電装1件		オリンパス光学工業1件		デンソー1件
	複雑形状化		デンソー1件		オリンパス光学工業1件		セイコーインスツルメンツ1件
生産性向上	複合焼結体		オリンパス光学工業2件		オリンパス光学工業2件		
	離型法改善					住友金属鉱山1件	住友金属鉱山2件 デンソー2件
	バリ処理時間短縮				セイコーインスツルメンツ2件		オリンパス光学工業1件
	射出性改善					オリンパス光学工業1件 ヤマハ1件 セイコーインスツルメンツ1件	

表1.4.2-3 射出成形の技術課題と解決手段の対応表（2/2）

課題		解決手段					
		射出成形方法				装置・治具・金型	
		成形方法	多段成形	中子利用	成形体後処理	装置・治具改善	金型調整
コスト低減	複合焼結体		オリンパス光学工業4件 デンソー1件	オリンパス光学工業1件			
	複雑形状化		オリンパス光学工業2件	セイコーインスツルメンツ1件 小松製作所1件	インジェックス1件		大同特殊鋼1件

　射出成形の技術要素は形状を創生する工程のことである。したがって、品質向上の課題においては、高寸法精度を課題とする出願が多くなる。また複合焼結体を課題とする出願も多いが、これは金属粉末射出成形技術の特長を発揮させるための課題といえる。例えば、まず鉄系材料のコンパウンド（金属粉末とバインダの混練物）を射出し、続いてTi系材料のコンパウンドを射出することにより、2種の金属が複合した部品を製造することができる。しかしながら、この複合成形体の製造に関しては、成形に手間がかかり製造コストが増大するため、後述するが生産性向上とコスト低減の課題ともなる。さらに、成形体の品質および表面の性状は焼結品の品質に影響する。これらを課題とする出願も多い。生産性向上に関しては、複合焼結体の課題のみならず、離型法改善、バリ処理時間短縮の課題が挙げられる。金属粉末とバインダの混練物の射出成形体は離型し難く、またバリが発生しやすいためである。コスト低減に関しては、複合焼結体の課題の他に複雑形状化の課題が挙げられ、それを課題とする出願も多く出されている。以下に、主な課題に対する各社の対応を詳述する。

　品質向上の成形体品質改善の課題に対しては、オリンパス光学工業が成形方法と金型調整、ヤマハが多段成形法の解決手段で対応している。高寸法精度焼結体の課題に対しては、セイコーインスツルメンツが成形方法の解決手段を、オリンパス光学工業が成形方法と金型調整を採用している。表面性状改善に関しては、シチズン時計が多段成形を、オリンパス光学工業が成形体後処理を、住友金属鉱山が金型調整を採用している。複合焼結体に関しては、オリンパス光学工業が多段成形と成形体後処理の解決手段を、シチズン時計が多段成形の解決手段を、デンソーが金型調整の解決手段を採用している。

　生産性向上の複合焼結体の課題に対しては、オリンパス光学工業が多段成形と成形体後処理の解決手段を採用している。離型法改善の課題に対しては、住友金属鉱山が装置・治具改善と金型調整を、デンソーが金型調整を採用している。バリ処理時間短縮の課題に対しては、セイコーインスツルメンツが成形体後処理の解決手段を、オリンパス光学工業が金型調整の解決手段を採用している。

　コスト低減の複合焼結体の課題に対しては、オリンパス光学工業が多段成形と中子利用を採用している。複雑形状焼結体の課題に対しては、オリンパス光学工業が多段成形、セイコーインスツルメンツと小松製作所が中子利用、インジェックスが成形体後処理、大同特殊鋼が金型調整を採用している。

(4) 脱脂

脱脂の技術開発課題を分類し、解決手段との関連性を体系化し、表1.4.2-4に示す。

表1.4-2.4 脱脂の技術課題と解決手段の対応表

課題		解決手段						
		脱脂方法改善					装置・治具改善	
		脱脂条件	脱脂雰囲気	溶媒抽出法	溶出・吸着法	予備処理	治具改善	装置改善
品質向上	焼結体機械的特性改善		大同特殊鋼1件					
	高密度焼結体					インジェックス1件		
	高純度焼結体		川崎製鉄3件			川崎製鉄1件	シチズン時計1件	
	高寸法精度焼結体		小松製作所1件		オリンパス光学工業1件		オリンパス光学工業1件	
	炭素量制御	オリンパス光学工業1件						
生産性向上	脱脂時間短縮		オリンパス光学工業2件 インジェックス2件 川崎製鉄1件 小松製作所1件	小松製作所2件 住友金属鉱山1件	住友金属鉱山1件			インジェックス1件 住友金属鉱山1件
コスト低減	脱脂欠陥の防止	オリンパス光学工業5件 小松製作所1件 デンソー1件	シチズン時計1件 小松製作所1件	小松製作所1件	オリンパス光学工業3件	住友金属鉱山1件	セイコーインスツルメンツ1件	シチズン時計1件

脱脂の技術要素の課題の主たるもの、脱脂時間の短縮と脱脂欠陥の防止であり、したがって出願もこの２つの課題に集中している。また、品質向上に関しても、高純度焼結体、高寸法精度焼結を課題とする出願も比較的多い。脱脂後の成形体の品質が焼結体の品質に影響をおよぼすためである。以下に主な課題に対する各社の対応を詳述する。

生産性向上の脱脂時間短縮の課題に対しては、オリンパス光学工業、インジェックス、川崎製鉄、小松製作所が脱脂雰囲気の改善の解決手段で対応している。小松製作所と住友金属鉱山は溶媒抽出法を採用し、さらに住友金属鉱山は溶出・吸着法と装置改善の解決手段を、インジェックスは装置改善の解決手段を採用している。

脱脂欠陥の防止の課題に対しては、オリンパス光学工業が脱脂条件と溶出・吸着法を採用し、小松製作所が脱脂条件、脱脂雰囲気および溶媒抽出法を採用し、シチズン時計が脱脂雰囲気を、住友金属鉱山が予備処理を、デンソーが脱脂条件を採用している。

品質向上の高純度焼結体の課題に対しては、川崎製鉄が脱脂雰囲気と予備処理を、シチズン時計が治具改善の解決手段を採用している。高寸法精度焼結体の課題に対しては、小松製作所が脱脂雰囲気の改善、オリンパス光学工業が溶出・吸着法と治具改善の解決手段を採用している。

(5) 焼結

焼結の技術開発課題を分類し、解決手段との関連性を体系化し、表1.4.2-5に示す。

表1.4.2-5 焼結の技術課題と解決手段の対応表

課題		解決手段					
		焼結方法				前・後処理	
		焼結条件	助剤使用	載置方法	組み合わせ焼結	加工	熱処理
品質向上	焼結体機械的特性改善	川崎製鉄1件 小松製作所1件	川崎製鉄1件				住友金属鉱山1件
	高密度焼結体	川崎製鉄1件 小松製作所1件				セイコーインスツルメンツ1件	住友金属鉱山2件
	高純度焼結体		セイコーインスツルメンツ1件				川崎製鉄1件
	高寸法精度焼結体					インジェックス1件	
	複合焼結体	大同特殊鋼1件			大同特殊鋼1件 セイコーインスツルメンツ1件		
	表面性状改善	大同特殊鋼1件 シチズン時計1件 オリンパス光学工業1件		オリンパス光学工業1件 住友金属鉱山1件		セイコーインスツルメンツ1件 大同特殊鋼1件 デンソー1件	
	高耐食性焼結体	住友金属鉱山2件					
	複雑形状焼結体					インジェックス1件	
	炭素量制御	大同特殊鋼1件					川崎製鉄1件
生産性向上	異材同時焼結			オリンパス光学工業1件			
	焼結時間短縮	大同特殊鋼1件		オリンパス光学工業1件			
コスト低減	焼結欠陥の防止			オリンパス光学工業1件			住友金属鉱山1件
	複合焼結体						オリンパス光学工業1件

焼結工程では、原料粉末の表面の酸素とバインダの残留物の炭素が反応し、ガス成分となって抜け、同時に焼結が進み、目的の特性を持った製品ができる。また、焼結の進行とともに約10～20%収縮する。焼結体の特性は基本的には酸素と炭素の反応および焼結のすすみ具合で決定する。しかしながら、品質向上を課題とする出願は表面性状改善を課題とするものを除いて以外と少ない。理由の1つは、焼結体の特性に対しては、脱脂工程までの影響が大きいことと、いま1つは、この技術要素の品質に関する課題が解決されてきたことが挙げられるであろう。

品質向上の課題の中では、表面性状改善を課題とする出願が多い。焼結条件の解決手

段を採用している企業は、大同特殊鋼、シチズン時計、オリンパス光学工業である。また、載置方法の解決手段ではオリンパス光学工業と住友金属鉱山、前・後処理の加工の解決手段ではセイコーインスツルメンツ、大同特殊鋼、デンソーが挙げられる。また、品質向上の各課題に対して加工および熱処理の解決手段を用いている企業が多い。

　生産性向上、コスト低減の課題に対応している企業および件数は少ない。企業としてはオリンパス光学工業、住友金属鉱山、大同特殊鋼のみである。

2．主要企業等の特許活動

2.1 東芝機械
2.2 日本製鋼所
2.3 宇部興産
2.4 東洋機械金属
2.5 日精樹脂工業
2.6 本田技研工業
2.7 名機製作所
2.8 ファナック
2.9 新潟鐵工所
2.10 トヨタ自動車
2.11 アーレスティ
2.12 マツダ
2.13 オリンパス光学工業
2.14 住友金属鉱山
2.15 大同特殊鋼
2.16 セイコーインスツルメンツ
2.17 川崎製鉄
2.18 シチズン時計
2.19 デンソー
2.20 インジェックス
2.21 小松製作所
2.22 ヤマハ

> **特許流通支援チャート**
>
> ## 2．主要企業等の特許活動
>
> 精密機械分野、医療分野、自動車分野で金属粉末射出成形技術が見直され、三次元複雑形状部品の導入が活発化してきた。また携帯モバイル機器の急速な普及が進んでいる現在、最薄・最軽量・高強度の観点から、また電磁波遮蔽性、放熱性、振動吸収性に優れる材料として、射出成形法で製造した Mg 合金性の筐体が実用化されてきた。

　金属射出成形技術は金属粉末と溶融金属で技術内容に大きな差が見られるので、まず溶融金属と金属粉末の2分野に分類した。その2分野をそれぞれ5つの技術要素に分割した。

　技術要素ごとに複数企業の特許出願状況がわかるように、各技術要素ごとに出願件数（2001年11月現在係属中のもの）の多い上位企業3社をまず選定した。この方法で18社を選定。その他無視できない企業として特許件数の合計値が多い4社を追加選定した。その結果、金属粉末で10社、溶融金属で12社、合計22社を選定した。

　上記のように22社は係属中特許件数から選定したが、このうち金属射出成形技術を現時点で実施していない企業は名機製作所、新潟鐵工所、セイコーインスツルメンツ、川崎製鉄、デンソーである。この5社は今後実施する可能性のある企業と撤退を決めた企業の2通りである。

　なお、特許・実用新案の対象とした期間は、1991年1月から2001年9月までに公開されたものである。

　各企業における保有特許の記載は、2001年9月現在公開されている特許庁に係属中（権利存続中も含む）のものである。また、これらは、開放の用意のある特許・実用新案とは限りません。

　また、本書では、特許出願時の出願人をもとに解析しており、保有特許とは、必ずしも、特許権者などの関係を示すものではありません。

2.1 東芝機械

2.1.1 企業の概要

表2.1.1-1 東芝機械の概要

1) 商　　　　号	東芝機械　株式会社				
2) 設 立 年 月 日	1949年3月				
3) 資　　本　　金	12,485百万円				
4) 従　業　員	2,280 人				
5) 事　業　内　容	各種機械の設計製造と販売				
6) 技術・資本提携関係	技術：ファナック、バトリボイアンドカンパニー（インド） 資本：東芝				
7) 事　業　所	本社／沼津、研究所／沼津、工場／沼津、御殿場、相模				
8) 関　連　会　社	東芝機械セルマック、東芝機械ダイカストエンジニアリング、トウシバマシンカンパニーアメリカ、東栄電機				
9) 業　績　推　移	年度		1998	1999	2000
	売上げ	百万円	95,021	80,406	91,262
	損益	百万円	-1,717	-8,379	1,742
10) 主　要　製　品	工作機械、射出成形機、ダイカストマシン、半導体製造装置、精密機械、印刷機械、電子機器及びロボット、油圧機器				
11) 主　な　取　引　先	トウシバマシンアメリカ、東芝機械セルマック、トウシバマシンサウスイースト、大日本印刷				
12) 技 術 移 転 窓 口	〒410-8510 沼津市大岡2068-3　TEL0559-26-5024 知的財産部				

　工作機械、成形機が売上げの軸となっており、ダイカストマシンは国内の過半数のシェアを占める。射出成形機に関する特許出願数では業界一であり、国内外での技術援助受入契約もある。最近は大型工作機から射出成形機へ比重が移りつつある。

　金属射出成形機開発の中心は本社のある沼津と相模工場である。

　金属射出成形技術の技術移転を希望する企業には、積極的に交渉していく対応を取る。そのさい、自社内に技術移転に関する機能があるので、仲介などは不要であり、直接交渉しても構わない。

2.1.2 溶融金属射出成形技術に関連する製品・技術

表2.1.2-1 東芝機械の溶融金属射出成形技術に関連する製品・技術

技術要素	製品	製品名	備考	出典
成形装置	ダイカストマシン	マルチインジェクションダイカストマシン	発売中	http://www.toshiba-machine.co.jp/
成形装置	ダイカストマシン	セミホットチャンバダイカストマシン	発売中	http://www.toshiba-machine.co.jp/
成形装置	ダイカストマシン	マグネシウムダイカストシステム	発売中	ダイカストマシン総合カタログ
成形装置	ダイカストマシン	超高速ダイカストマシン	技術論文	1996日本ダイカスト会議論文集、P65 (1996)
成形装置	マグネシウムダイカスト成形機		技術論文	機械と工具、2000年4月別冊、P18 (2000)

　ダイカストマシン中心に販売。マシンは型締め力80～4,000トン、アルミニウム合金用、亜鉛合金用、Mg合金用など多彩。
　開発は制御装置、金型、型締め装置を含めた成形装置で高機能化やひけ巣発生防止の課題に対応し、溶湯制御や装置改良に注力している。

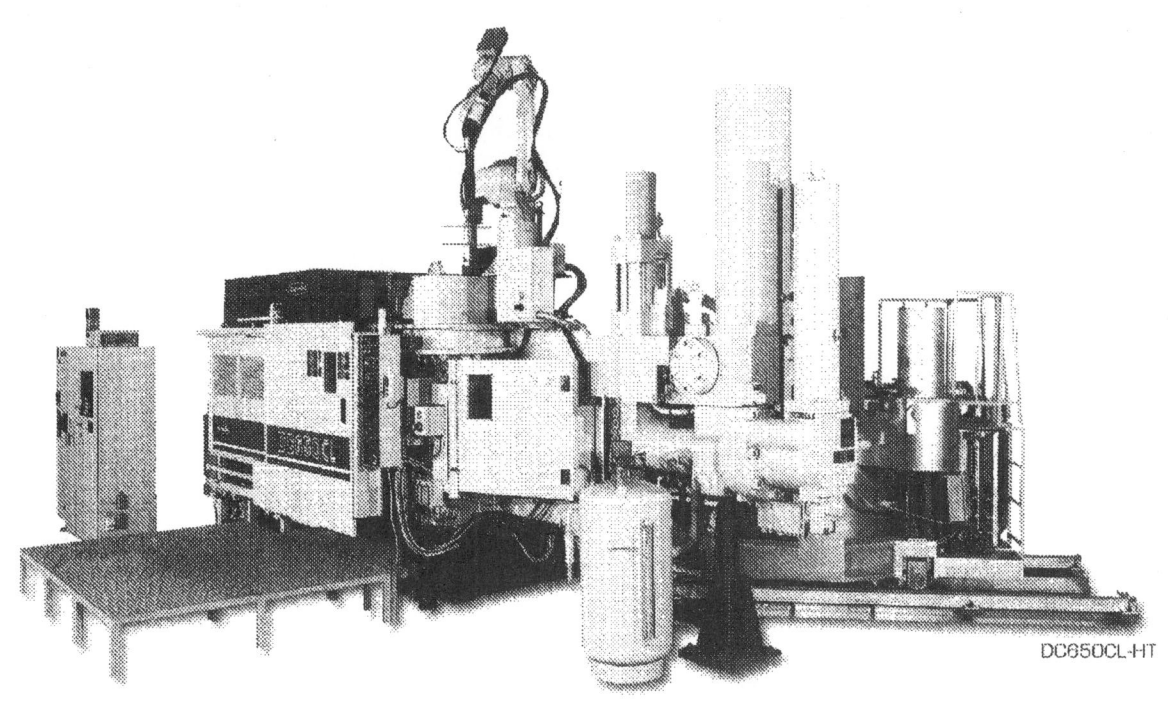

図2.1.2-1 マグネシウムダイカストシステム

2.1.3 技術開発課題対応保有特許の概要（溶融金属射出成形技術）

　東芝機械は各技術要素の中で型締め装置に対応する特許が本テーマに関する会社全体の特許件数の約50%を占め、その特許件数も溶融金属射出成形技術の主要12社の中でもっとも多い。また、制御装置に対応する特許件数も12社中もっとも多い。しかしながら、半溶融成形に関しては全体の特許件数の約1％程度である。型締め装置、成形装置、制御装置の技術要素に関する技術開発課題と解決手段対応図を図2.1.3-1～図2.1.3-3に示す。

　型締め装置に関しては、装置改良の型構造関連の解決手段が多く、品質向上を目的とした寸法・形状の精度向上の課題、生産性向上に関係する型開閉時間短縮の課題、性能向上に関係する位置決め精度向上、小型化の課題に対応している。寸法・形状の精度向上の課題に対しては、例えば油圧とサーボモータを組み合わせ、型締め時のエンコーダ値を基準に射出し、さらにサーボモータで射出するという装置が挙げられる。型開閉時間短縮の課題に対しては、型閉鎖状態のまま圧抜きし、ロックプレートと連結棒の係止を解除する機構を持った装置が挙げられる。位置決め精度向上の課題に対しては変位検出器で型締めストローク、押し出しストロークを検出して位置を決める方法を備えた装置が挙げられる。さらに、小型化の課題に対しては、例えば押し出しシリンダを移動ダイプレートに埋設しピストンをピストンロッドに対して偏心させて取りつけることにより、構造を簡素化したことが挙げられる。

　制御装置に関しては、性能向上に関係する高機能化の課題に対する解決手段が多い。これに関しては装置の改良にかかわる機能的要素の改善、制御性の改良にかかわる制御機能の改善で対応している。また、品質向上のひけ・巣発生防止の課題に対する解決手段も多く、これに関しては射出の充填率、バリ発生臨界圧力の制御およびプランジャの位置制御（制御機能の改善）により対応している。

　成形装置に関しては、品質向上の課題に対して溶湯制御の解決手段を重点においている。給湯の適正化に対しては、射出スリーブ内の電極体で給湯量を検知して給湯量を制御する方法が挙げられる。また、ひけ・巣発生防止の課題に対しては、プランジャスリーブ内の背圧により圧力スイッチが作動し溶湯供給供給量が制御される機構が挙げられる。さらに、コスト低減、性能向上、操作性向上、安全性向上の課題に対しては、射出部の構造を改良することにより対応している。具体的には、例えば安全性向上の課題に対して、射出移動装置の油圧回路および型締め装置の油圧回路と油圧ポンプ間に切り替え弁を設け、切り替え弁の操作により型締め部を不能とする安全装置が上げられる。

　金型に関しては、金型、金型固定法、周辺装置および離型材の塗布方法の装置などを改良して、ひけ・巣発生防止、金型寿命延長、交換作業の効率化などを図っている。

　東芝機械は金属粉末射出成形技術に関する特許も4件保有しているが、溶融金属射出成形技術に関する特許件数に比べ少ないので保有リストから省略した。

図2.1.3-1 技術開発課題と解決手段対応図（型締め装置、東芝機械）

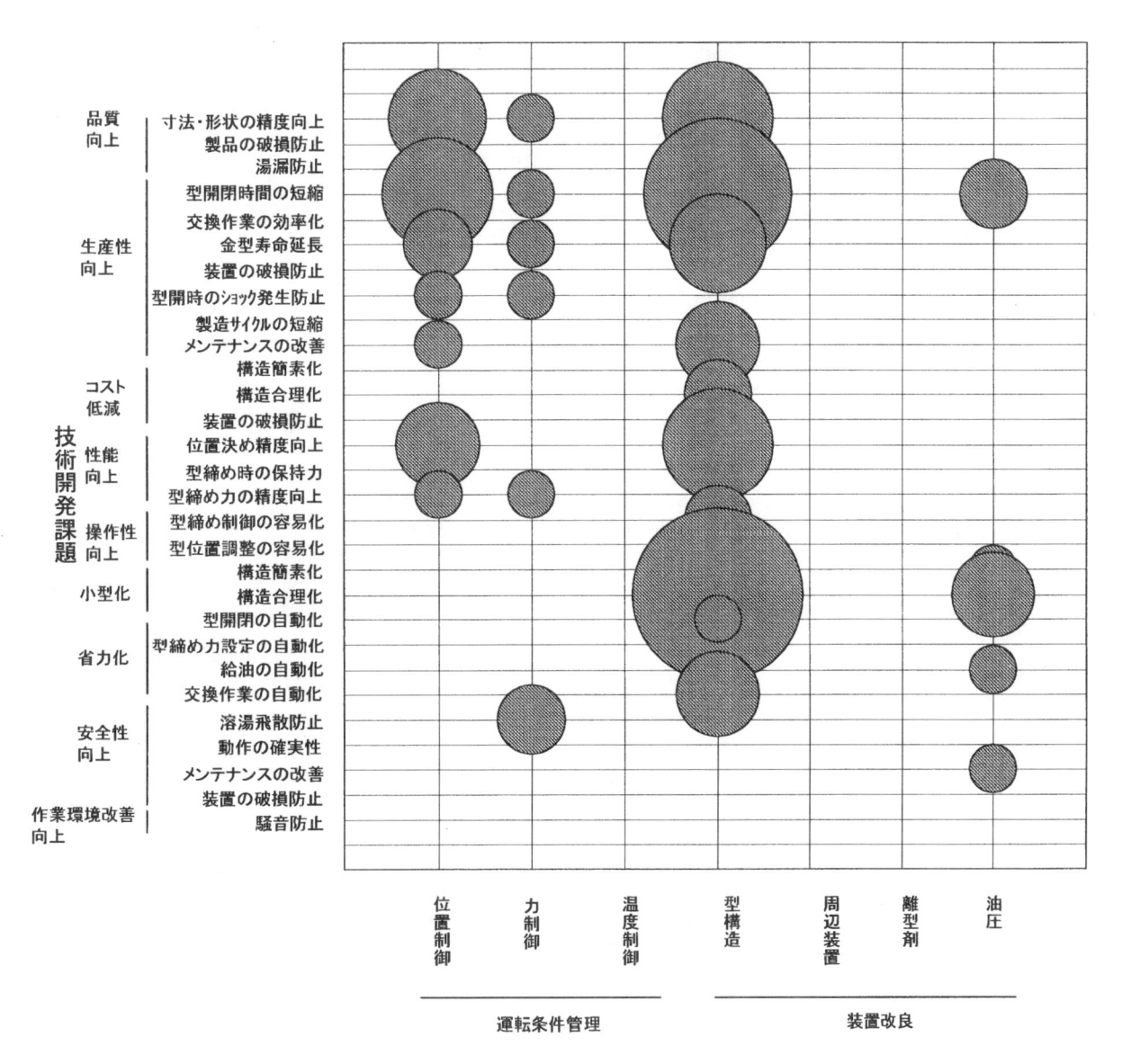

技術開発課題		解決手段

技術開発課題：
- 品質向上
  - 寸法・形状の精度向上
  - 製品の破損防止
  - 湯漏防止
- 生産性向上
  - 型開閉時間の短縮
  - 交換作業の効率化
  - 金型寿命延長
  - 装置の破損防止
  - 型開時のショック発生防止
  - 製造サイクルの短縮
  - メンテナンスの改善
- コスト低減
  - 構造簡素化
  - 構造合理化
  - 装置の破損防止
- 性能向上
  - 位置決め精度向上
  - 型締め時の保持力
  - 型締め力の精度向上
- 操作性向上
  - 型締め制御の容易化
  - 型位置調整の容易化
- 小型化
  - 構造簡素化
  - 構造合理化
- 省力化
  - 型開閉の自動化
  - 型締め力設定の自動化
  - 給油の自動化
  - 交換作業の自動化
- 安全性向上
  - 溶湯飛散防止
  - 動作の確実性
- 作業環境改善向上
  - メンテナンスの改善
  - 装置の破損防止
  - 騒音防止

解決手段：
- 運転条件管理
  - 位置制御
  - 力制御
  - 温度制御
- 装置改良
  - 型構造
  - 周辺装置
  - 離型剤
  - 油圧

図2.1.3-2 技術開発課題と解決手段対応図（成形装置、東芝機械）

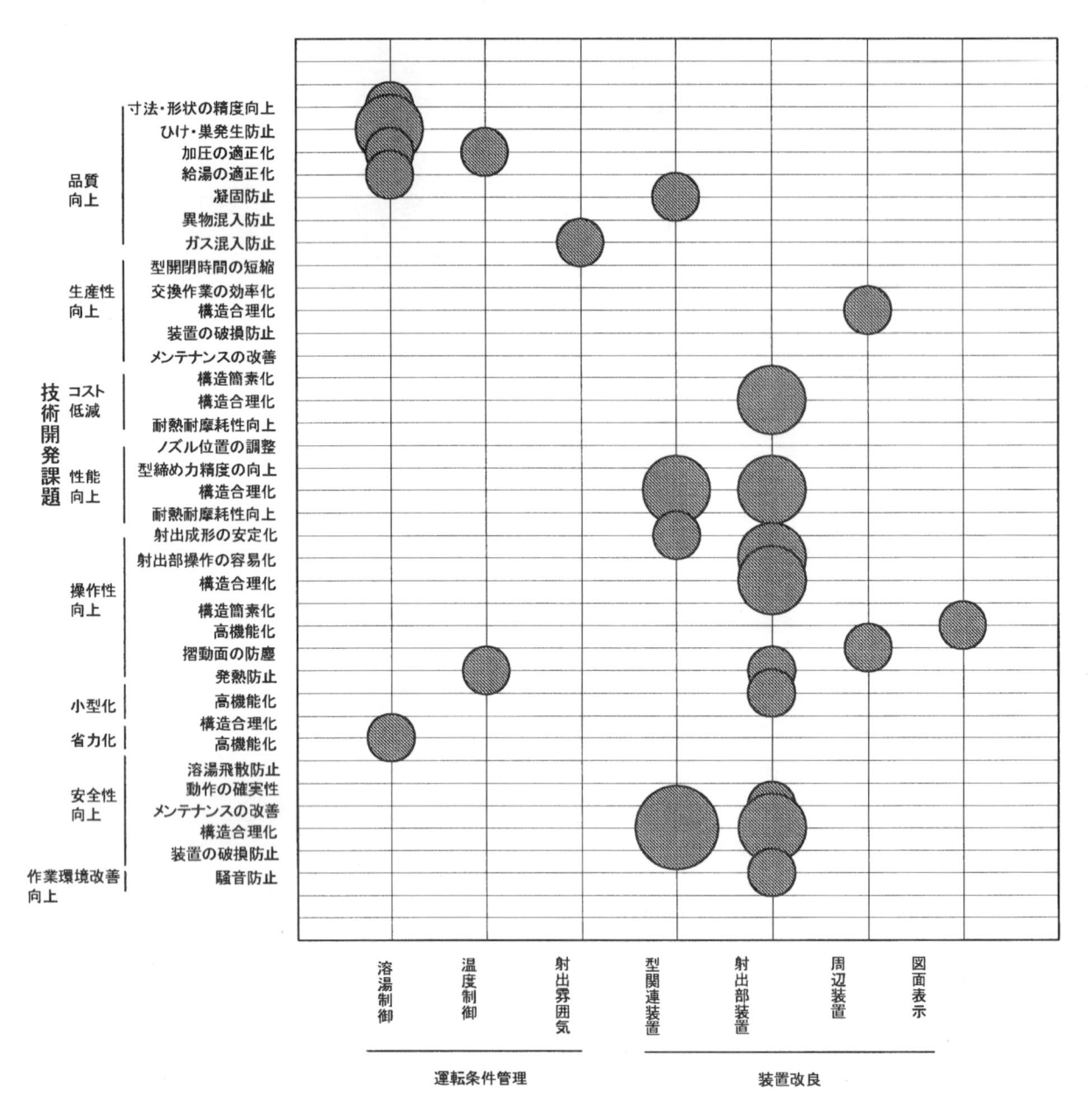

図2.1.3-3 技術開発課題と解決手段対応図（制御装置、東芝機械）

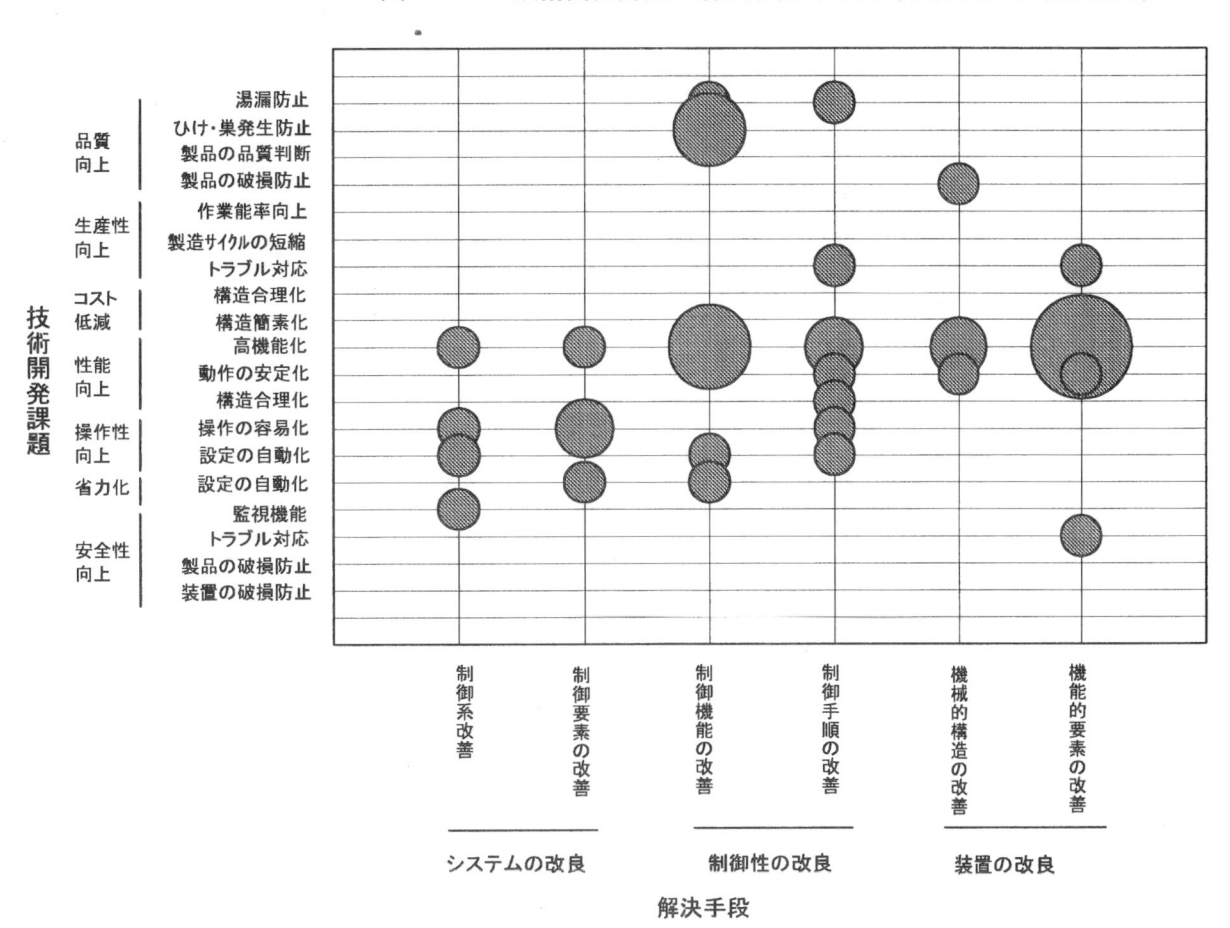

表2.1.3-1 東芝機械の保有特許の概要（1/24）

技術要素	課題		特許番号	特許分類	抄録
成形装置	品質向上	加圧の適正化	特許2945998	B22D 17/ 20 Z B22D 17/ 22 E B22D 17/ 32 Z	ダイカスト鋳造時の部分加圧にさいし、スクイズピンまたはその近傍の金型に穿設した穴に温度センサを挿入し、キャビテイ内の温度が所定の温度に達した時点でスクイズピンで加圧する、スクイズピンの発進方法。
			特公平7-73788	B22D 17/ 20 Z B22D 17/ 22 E B22D 17/ 32 Z	ダイカスト鋳造時の部分加圧にさいし、加圧ピンのストロークを検知する手段を有し、専用のコントローラにより、射出速度がタイマ開始基準に達した時点を検知してタイマを開始し、最適時間と最適ストロークと指示する加圧鋳造機の金型加圧ピン制御方法。
		ガス混入防止	特開平7-68366	B22D 17/ 14 B22D 17/ 32 J B22D 17/ 32 Z	射出プランジャの位置により真空バルブの開閉操作を制御することにより、キャビテイ内の真空度を一定に制御し、溶湯のガス巻込みによる不良品の発生を防止する真空ダイカスト方法。
		給湯の適正化	特開平10-58112	G01F 23/ 24 A B22D 17/ 12 Z B22D 17/ 30 D	堅射出の射出スリーブ内に給湯するにさいし、射出スリーブ内の所定の位置に電極体を取付けて給湯量を検知し、検知までの時間を計測し、演算により給湯装置の運転を停止する給湯制御方法。

表2.1.3-1 東芝機械の保有特許の概要（2/24）

技術要素	課題		特許番号	特許分類	抄録
成形装置	品質向上	凝固防止	特開平11-33694	B22D 17/ 2 E	ダイカスト金型のノズル受け部の材料は熱伝導率が7〜9W/m・Kのもの、ノズル先端部の材料は75〜90W/m・Kのもので制作し、ノズル先端には温度検出器が設けられ、検出された温度によりノズルヒータを制御するダイカスト機。
		ひけ・巣発生防止	特許2554982	B22D 17/ 14 B22D 17/ 30 D B22D 17/ 32 J	溶湯がプランジャスリーブ内に供給され、ゲート部のオリフィスに達すると背圧が上昇し、圧力スイッチが作動して溶湯供給装置を制御するとともに、射出プランジャを高速前進して給湯口を閉じるコールドチャンバ型ダイカスト機の給湯センサ機構。
	操作性向上	高機能化	特開平9-248664	B22D 46/ 00 B22D 17/ 32 J B29C 45/ 76	要求に応じて不揮発性メモリより指定の画面表示データおよび画面表示用文字列データを読み出し、これらを関連付けて画面表示する画面出力を行うダイカスト機制御装置の画面表示制御方法。
		構造合理化	特許3184472	B22D 17/ 2 B B22D 17/ 32 Z B29C 45/ 20	射出ノズルが固定金型にタッチして前進限位置に到達したとき、油圧制御が速度制御から圧力制御に切り替ったことを油圧ポンプの可変機構の状態から検知し、この信号にもとづきノズルの押圧力を高速昇圧するノズル移動シリンダーの油圧制御方法。
			実登2581335	B22D 17/ 12 B B22D 17/ 26 H B23P 19/ 00,304A	ダイ厚調整装置を有するトルグ式竪型ダイカスト機において、金型交換にさいしタイバーを引き抜いたときに、型締めシリンダ、リンクハウジング、シリンダハウジングなどの重量を、リンクハウジングに保持された支持ナットに螺着する支柱を床面に当接させたトルグ式竪型ダイカスト機のタイバー引抜き装置。
			特開2000-15417	B22D 17/ 12 A B22D 17/ 20 F B29C 45/ 53	射出スリーブが2つのスリーブ半体からなり、一方の分割面にはこれより突出した位置決め用の凸部と、他方の面には位置決め用の凹部とを設けた横型締め・縦射出装置。射出スリーブの位置決め固定が容易で、固定金型の交換作業も容易にでき、鋳造作業の効率化を図ることが可能。

表2.1.3-1 東芝機械の保有特許の概要（3/24）

技術要素	課題		特許番号	特許分類	抄録
成形装置	操作性向上	構造合理化	特開平11-5238	F15B 21/ 4 A B22D 17/ 20 Z B22D 17/ 32 C	可変吐出量ポンプで作動する射出制御用アクチュエータを備えた射出成形機の油圧回路において、オイルフィルタ用ポンプの戻り側管路を、アクチュエータの戻りラインに対しオイルクーラの上流側に連結し、オイルクーラを通過する作動油量を適正に保持する射出成形機の作動油冷却回路。
			特開平11-77735	B01D 19/ 2 B22D 17/ 20 Z B29C 45/ 10	各種油圧機器などから排出されるドレン油を油タンクにそれぞれ還流するとともに再び油圧回路へ供給するための作動油として、油タンク内の作動油液圧の影響を排除するとともに、作動油の油面波立ち、油面下への空気の混入を防止するように、油タンク内へ解放するための油路を設けた射出成形機の油圧装置における油タンク装置。
			特開2000-128323	B22D 17/ 20 Z B22D 17/ 22 A B65G 7/ 8 B	下部は床面に対し湾曲部を有し、上部が射出成形機などの金型の直角の2面を支持する床面と平行な搭載面と、搭載面に直角な支持面を持つ固定横倒し台と、固定横倒し台の両端部に取付けた1対のガイドバーと、固定横倒し台と同一構造の移動横倒し台と、金型を横倒したときの支持をする磁性体の棒とからなる金型横倒し装置。
		射出成形の安定化	特開平10-5963	B22D 17/ 12 A B22D 17/ 20 F B22D 17/ 20 Z	型開時に射出タイロッドを固定金型側に押圧する押圧手段を設け、射出タイロッドの固定金型への固定が容易で、金型の自動交換を可能とした横型締竪射出ダイカスト機の射出タイロッドの固定装置。
			特開平11-156518	B22D 17/ 20 F B22D 17/ 20 Z B29C 45/ 17	射出プランジャと使用済みの射出スリーブを軸方向不離一体に連結部材で連結し、金型搬送装置を利用して固定ダイプレートと移動ダイプレート間のスペースに射出スリーブ保持装置を搬入搬出して行うダイカスト機の射出スリーブ交換装置。
		射出部の操作容易化	実公平6-18684	B22D 17/ 20 H B29C 45/ 26 B29C 45/ 83	プランジャチップの外周にプランジャロッド側の端部からプランジャチップ円筒方向の途中まで、1個ないし複数個の切り欠きがあり、プランジャチップをスリーブ内に入れた状態で、射出スリーブ入側の潤滑噴射装置から射出スリーブ内面に潤滑剤を噴射するダイカスト機の射出スリーブ潤滑機構。
		摺動面の防塵	特許3172956	B22D 17/ 20 D B22D 17/ 20 Z B22D 17/ 26 Z	ダイカスト機の移動ダイプレート摺動面の全幅、全長にわたりベルトを摺接させて摺動面の潤滑油を介して定着させ、かつベルトの幅方向の両縁をワイパーで密封した摺動面の防塵装置。

表2.1.3-1 東芝機械の保有特許の概要（4/24）

技術要素	課題		特許番号	特許分類	抄録
成形装置	操作性向上	発熱防止	特開平8-187749	B22D 17/ 20 E B29C 45/ 17 B29C 45/ 72	騒音防止のためモータなどの動力源を密封式とした射出成形機において、モータ本体とフレームの間をモータからの発熱を取除くため、高熱伝導率の材料部材で接続した射出成形機のモータ取付け構造。
			特開平11-268090	B22D 17/ 20 J B29C 45/ 78 B29C 45/ 74	可逆電磁開閉器、回路素子、加熱バレルヒータと連なる第1の通電回路と、可逆電磁開閉器から加熱バレルヒータに直接接続する第2の通電回路を持ち、温度調節器により回路素子の作動を制御するとともに、必要とされる通電率にもとづいて各通電回路の切替え信号を発生し、可逆電磁切替え器を選択的にオン、オフ制御して通電回路の切替えを行う射出成形機の加熱バレルの温度制御方法。
	生産性向上	構造合理化	特開2000-5862	B25J 11/ 00 B22D 17/ 00 D B22D 17/ 22 K	ダイカスト機により成形された中空形状の製品を取り出す装置であって、受取ピンを固定した製品受けプレートを上下左右に傾斜可能に制御する多関節ロボットにより製品を取り出すように構成した製品取り出し方法。
	性能向上	構造合理化	特開平7-232253	B22D 17/ 12 A B22D 17/ 20 Z B22D 17/ 22 B	矩形状のアダプタに複数のタイロッドを対で脱着自在に結合し、射出装置の付加を軽減した大型金型を使用しても射出力に十分耐え得る横型締竪射出成形装置。
			実公平7-44367	B22D 17/ 20 H B22D 17/ 20 K B29C 45/ 58	円筒形のアウタチップとその内径面に嵌挿されたインナーチップからなるダブルプランジャチップにおいて、アウタチップの内面にブッシュを取着して、インナチップとアウタチップの間の摺動面に強制潤滑を行えるようにしたダブルプランジャチップ。
			特開平11-156905	B22D 17/ 2 B B29C 45/ 62 B29C 45/ 74	加熱バレル先端付近に設けたアダプタと、射出ブラケットに固着した支持台の間を、長さ調整可能にした調整装置を介してアーム部材とロッドでつないだ加熱バレル支持装置。
			実公平7-17451	B22D 17/ 12 B B22D 17/ 26 H B29C 33/ 24	基台上に定置される型締シリンダと、型締シリンダの上下動ピストン部側に形成される金型の一方の半型を取付ける下部取付け板と、タイロッド軸方向の調整距離を演算する演算装置と、型厚調整用のネジ部を演算結果にもとづいて移動させる移動装置などとを設けた型締装置。
			特開平11-245037	F16L 13/ 2 B23K 9/ 167 A B22D 17/ 20 Z	一端がフレキシブルホースで、他端が配管を溶接された射出成形機の高圧配管継手において、継手と配管とを付合わせTIG溶接とした射出成形機の高圧配管継手。

表2.1.3-1 東芝機械の保有特許の概要（5/24）

技術要素	課題		特許番号	特許分類	抄録
成形装置	性能向上	構造合理化	実登2583398	B22D 17/ 20 Z B22D 17/ 22 L B29C 45/ 40	往復動するナックルとこのナックルに軸支される1対のリンクと、このリンクに結合される1対のアームと、このアーム上に対向して取着された1対の把持爪からなり、ナックルを往復動させることによりリンクを揺動させてアームを平行移動し、成形品を把持するようにした成形品トルグリンク式平行開閉型チャック装置。
	小型化	高機能化	特開平10-31650	B22D 46/ 00 B22D 17/ 32 Z B29C 45/ 76	加工機械を制御するシーケンサとこれを制御する制御部間に、シーケンサのバスと制御部のバスとが異なる仕様にもとづいている場合その変換を行うバス変換手段を備えるようにした加工機械の制御装置。
	作業環境改善	騒音	実登2573891	B22D 17/ 26 K B29C 45/ 84	ロックプレートと軸との衝突を機械的構成のみで防止して打撃音の発生を低減した型閉め装置の機械式安全装置。
	安全性向上	構造合理化	特開平9-314302	F16P 3/ 00 B22D 17/ 12 A B22D 17/ 20 F	横型締竪射出ダイカスト機において、射出移動装置の油圧回路および型締め装置の油圧回路と油圧ポンプとの間に切替え弁を設け、この切替え弁を切替えることによって型締装置の運転を不能とする横型締竪射出ダイカスト機の安全装置。
			特開平10-44207	B22D 17/ 20 Z B22D 17/ 32 Z B29C 45/ 84	押しボタンスイッチを有する操作箱を備えたフラット操作スイッチの回路において、スタートと同時にカウントを開始するタイマと、タイマのカウント中に動作スイッチが押さない場合、タイムアウト信号によりスイッチ機能を停止するスイッチ機能停止部を有する安全回路を備えたフラット操作スイッチ。
			特開平10-113759	B22D 46/ 00 B22D 17/ 26 K B29C 45/ 66	上部ドアレールを前後動ロッドとともに機械前後方向に移動可能に設け、金型の形状にかかわらず安全ドアを金型のもっとも接近した位置に配置可能とした横型ダイカスト機の安全ドア装置。
			実公平7-50046	B22D 17/ 26 G B29C 45/ 68 B29C 45/ 84	型締め完了後にガイドバーの動きを阻止するストッパと、これを進退させるアクチュエータを設けて移動ダイプレートの型開き動作を防止するようにした成形機の型開き防止ロック装置。
			実公平8-7972	B22D 17/ 26 K B29C 45/ 67 B29C 45/ 84	移動ダイプレート上部に固着した梁部材と、前進すると梁部材に設けた孔に嵌入する安全フックと、これらを覆う安全カバーとからなる型閉め装置における安全フック装置。
		メンテナンス改善	実公平7-17467	B22D 17/ 26 K B29C 45/ 84 B29C 45/ 17	昇降踏み板と、射出成形機の型開閉動作に同調して水平方向に移動する移動踏み板とを備える射出成形機の安全踏み板装置。

表2.1.3-1 東芝機械の保有特許の概要（6/24）

技術要素	課題		特許番号	特許分類	抄録
成形装置	コスト低減	構造合理化	特開2000-126858	B22D 17/ 20 K B29C 45/ 20	内部に冷却用の空洞を備え、空洞部開口端の雌ねじ部が雄ねじ部を有するジョイントを介してプランジャロットに取り付けられているプランジャチップにおいて、プランジャチップの径を種々に変える場合、プランジャチップの内径は冷却が最適となる厚みとし、雌ねじ部の内径をほぼ同じ寸法としたダイカスト機のプランジャチップの取付構造。
			特開平11-268094	B22D 17/ 20 Z B29C 45/ 84	電源遮断器における１次側の帯電状態とこの電源遮断器の動作状態とを識別表示し得る機能を備えた表示手段を、電源遮断器のケーシングに一体的に設けた射出成形機の電源遮断器。
半溶融成形	品質向上	異物混入防止	特開平10-52745	B22D 17/ 00 Z	２つ割りの射出スリーブを備えた縦型のダイカスト機を用い、ビレット径よりも小径のプランジャチップを備えたプランジャを作動させ、射出スリーブ内周部にビレットの外皮を残して加圧鋳造する方法。
			特開平10-244351	B22D 17/ 00 Z B22D 17/ 20 G B22D 17/ 30 Z	円筒状の容器に素材を挿入し、半溶融状態に加熱してダイカスト機の射出部に挿入したのち、キャビティに面した素材表層部の酸化物を除去したあと射出するチクソダイカスト法。
金型	品質向上	寸法・形状の精度向上	特許2813897	B22D 17/ 30 D B22D 17/ 32 H H02K 44/ 6	定量給湯直前で吐出流量を低減し定量給湯完了で射出プランジャを移動して給湯口を閉塞し、電磁ポンプを逆転駆動して給油管内の溶湯を保温炉に逆送して定量給湯精度を向上させるダイカスト機の射出方法。
		ひけ・巣発生防止	特許2880247	B22D 17/ 22 G B22D 17/ 32 J B29C 45/ 34	チルベントの隙間を通してして排出される金型キャビティからのガス流速を監視し、許容範囲を超えたさいに隙間を調整してガス排出を適正状態に制御するダイカスト金型のガス抜き制御方法。

表2.1.3-1 東芝機械の保有特許の概要（7/24）

技術要素	課題		特許番号	特許分類	抄録
金型	生産性向上	ひけ・巣発生防止	特開平9-225619	B22D 17/ 22 E B22D 17/ 32 J B22D 17/ 32 Z	スクイズピンシリンダの背圧側の圧油の流量を検出し、検出流量をパラメータとしてストロークを目標値に制御するダイカスト機におけるスクイズピンの制御システム。
			特開平11-254118	B22D 17/14 B22D 17/22 G B22D 17/32 J	真空センサにより検出したキャビティ内の真空度を、真空タンクに設けた大気解放弁により調整するようにした真空度調整装置。
		離型性向上	実登2581315	B05B 1/14 Z B05B 3/18 B22C 23/02 C	スプレイヘッド先端に小径の貫通孔を設けたシリンダ状のガイドと、これに挿入される延長ノズルとで構成され、移動金型のさまざまな位置に対応できるスプレイヘッド。
		交換作業の効率化	特許2893543	B22D 17/ 22 A B22D 17/ 32 Z B29C 45/ 26	金型取付用の移動プレートの停止位置に許容範囲を設け、この範囲内であるときに金型を搬出入するようにして金型自動交換における停止位置信号として使用できるようにした射出成形機の移動プレート停止位置制御方法。
			特開平4-327917	B21D 37/ 4 A B22D 17/ 22 A B29C 33/ 30	金型に設けられた被連結部に、着脱制御可能なカップリングを設け、連結装置と金型の連結、分離を自在に行って金型の搬出入をする金型押し引き装置。
		金型寿命延長	特開平11-123521	B22D 17/ 22 B B22D 17/ 22 Q B29C 45/ 26	金型の母材は合金鋼製で、キャビティの表層部にはセラミック皮膜が形成され、母材に向けてセラミック組成が段階的に減少し、母材との境界部分で熱膨張係数が等しくなるように構成されたダイカスト金型。
			実公平7-53960	B22D 17/ 22 D B29C 33/ 4 B29C 45/ 73	温調媒体の通路に空気操作弁を設け、圧縮空気を金型内に送って残存する温調媒体を排出するようにした金型の温調媒体抜き取り装置。
		金型の大型化	実登2574640	B22D 17/ 22 A B22D 17/ 22 C B29C 33/ 24	タイバー上を摺動する金型懸架部材と、これに装着した中間金型クランプ手段と、型開閉方向に前後進する中間金型移動シリンダ装置とを備え、中間金型の重量をロックピンに負担させず、製品の大型化を可能とした金型移動装置。
		トラブル対応	特開平6-315758	B22D 17/ 22 A B22D 17/ 32 Z B29C 45/ 00	金型取替え停止時に、予定の製品数になった時点で機械を停止し、低圧型締めして金型を合わせ、ラドル内の溶湯を炉内に排出する金型取替えまでの一連の復帰動作を自動的に行って停止するダイカスト機の運転制御方法。
	省力化	交換作業の効率化	特許2818468	B22D 17/ 22 A B29C 45/ 26 B29C 45/ 17	金型コードの読み取り装置とモニタリング装置とを設け、金型コードによって主制御装置に対する交換金型の種別ならびに動作の入力を行う金型自動交換システム。

表2.1.3-1 東芝機械の保有特許の概要（8/24）

技術要素	課題		特許番号	特許分類	抄録
金型	省力化	交換作業の効率化	特許2921946	B22D 17/ 22 A B29C 33/ 30 B29C 45/ 26	金型の搬出入ゲートに金型コード読み取り装置と、システム内において金型の現在位置を検出する金型モニタリング装置を設け、データおよびタイムシーケンスにもとづき金型の自動交換を行う金型自動交換システム。
			特許3005662	B21D 37/ 4 A B22D 17/ 22 A B29C 33/ 30	金型の搬入搬出にさいし金型を移載送行台からチャッキングして上昇させ、この移載送行台を退避させる射出成形機の金型交換方法。
			特許3058722	B22D 17/ 22 A B29C 33/ 30 B29C 45/ 17	複数の金型を載置できるターンテーブルと、移載台車と軌道で交換装置を構成する射出成形機の金型交換方法。
			実公平7-17458	B22D 17/ 22 A B29C 45/ 26 B29C 45/ 17	取り付け取り外し可能な連結部材に連結された2組の金型が成形位置と交換位置とへスライドするようにした簡易金型交換装置を設けた射出成形機。
			実登2574639	B22D 17/ 26 H B29C 33/ 24 B29C 33/ 30	タイバー引き抜き用シリンダの両端にクランプ手段を設け、シリンダとクランプ手段とを交互に作動させるようにしたタイバー引き抜き装置。
			特許3150774	B21D 37/ 4 G B29C 45/ 80 B22D 17/ 22 A	単一の電動機を操作することで各ローラ台車の駆動部がクラッチで接続され、同期して駆動されるので金型交換が全自動的に達成されるようにした金型搬送装置。
	小型化	抜出力低減	特開平9-327761	B22D 17/ 22 C B22D 17/ 22 H B29C 45/ 67	傾斜ピンを傾斜ピン孔に遊合させ鋳抜き中子をキャビティ内の鋳物成形品から引き離すことによりコアプーラの抜き出し力を小さくして油圧シリンダを小型化した射出成形機の金型装置。
	作業環境改善	騒音	特開平5-200817	B22D 17/ 26 J B29C 45/ 67 B29C 45/ 82	系内の油圧を油圧センサにより検出して成形品の特性に応じた設定値以下に降下させたのち、プレフィルバルブを解放する射出成形機の型締め制御方法。
			実開平4-98357	B22C 9/ 6 P B22D 17/ 22 G B29C 45/ 34	金型の吸気通路に与えられる加圧空気によって排気通路の有害な気体を排出するようにした金型装置。

表2.1.3-1 東芝機械の保有特許の概要（9/24）

技術要素	課題		特許番号	特許分類	抄録
金型	安全性向上	溶湯飛散防止	特許3034673	B22D 17/ 22 G B22D 17/ 32 F B29C 45/ 53	あらかじめ弁閉塞時間を実測してストロークと時間との変換テーブルを作成し、これにもとづいて最適タイミングでガス抜き弁を作動させるダイカスト機のガス抜き弁閉塞制御方法。
			特開平7-116807	B22D 17/ 22 G B22D 9/ 6 P B29C 33/ 10	金型分割面に沿って連続する隙間を形成する山形溝部に第2ゲートを接続し、これに湯溜り部を接続し、さらに第1ゲートを接続し、分流部をキャビティに連通する湯道に接続したエアベントブロック。
型締め装置	品質向上	寸法・形状の精度向上	特開平4-52063	B22D 17/ 26 J B22D 17/ 32 J B29C 45/ 64	型締め力を測定して、偏差値が所定値以上であれば異物があると判断して鋳造を行わず型開きするダイカスト機の金型間異物検出方法。
			特公平3-72453	B22D 17/ 26 J B22D 17/ 32 Z B29C 45/ 64	移動金型を固定金型に圧着させるさい、慣性を考慮に入れた減速曲線にもとづいて接触直前に速度がゼロになるように減速命令を発する射出成形機の制御方式。
			特許3043453	B22D 17/ 26 J B29C 33/ 22 B29C 45/ 64	油圧とサーボモータとを組み合わせ、型締めを行ったさいのエンコーダ値を補助原点として、これを基準に射出を行い、サーボモータにより再度圧縮を行う射出成形機の制御方法。
			特開平8-112845	B22D 17/ 26 B B22D 17/ 26 J B29C 33/ 22	複数のタイバー間をピニオンで接続するか、可動盤と固定盤をリンク機構で連結する可動盤平行維持機構を設けた射出成形機の型締め装置。
			特開平9-225979	B22D 17/ 26 A B22D 17/ 26 H B29C 45/ 64	固定ダイプレート下端の支持脚がリニアガイドにより支持されていて型締めのさいの移動がスムーズであり、移動ダイプレートもこのリニアガイドと共通なガイドレールを有する他のリニアガイドによって支持されている精密射出成形機の型締め装置。
			特開平9-225982	B22D 17/ 26 A B22D 17/ 26 B B29C 45/ 67	固定ダイプレートおよび型締めシリンダは架台に支持され、移動ダイプレートは下端がリニアガイドにより支持されており、型締めシリンダの内部のラムの外周には2枚のメタルブッシュが挿入されていて移動ダイプレート移動時のガイドとなっている精密射出成形機の型締め装置。
			特許3179019	B29L 17/ 00 I B29C 45/ 67 B22D 17/ 26 A	複数のタイバーを固定ダイプレートに締結する締結回転方向が互いに異なるように構成して、固定ダイプレートが同方向のモーメントを受けることがなく、捩れ変形を抑制することのできる精密射出成形機の型締め装置。

表2.1.3-1 東芝機械の保有特許の概要（10/24）

技術要素	課題		特許番号	特許分類	抄録
型締め装置	品質向上	寸法・形状の精度向上	特許3195253	B29C 33/ 24 B29C 33/ 30 B29C 45/ 26	一方の金型を正規の位置に固定し、他方の金型を正規位置よりも金型搬入前方側となる位置に仮位置決めし、この状態で型閉じを行うことで他方の金型を軸芯に合わせするようにした型締め装置の金型位置決め方法。
			特開平10-217302	B22D 17/ 22 A B29C 45/ 67 B29C 45/ 80	移動ダイプレートと型締め装置との間に静圧油軸受構造の球面継手を設け、型締め時に半静圧～静圧軸受状態として球面継手に作用する負荷を軽減する射出成形機。
			特開平10-291061	G01L 5/00 ,103Z B22D 17/20 Z B22D 17/26 J	固定ダイの背面側複数箇所に歪ゲージを貼りつけ、正常な型締めにおける歪値を測定しておいて、実作業における歪値をこれと比較するようにした成形機における型締め不良検出方法。
		製品の破損防止	特開平9-122879	B22D 17/ 26 J B22D 17/ 32 H B22D 17/ 32 J	射出シリンダの前進動作が型開きの動作に同期して追従するようにしてビスケット部での破損を防止し、鋳造品が確実に移動型側に残った状態で型開きするようにしたダイカスト機における射出追従制御装置。
	操作性向上	型締制御の容易化	特許2996498	B22D 17/ 26 C B29C 33/ 24 B29C 45/ 66	圧締めによって発生する圧力の一部で流体圧力ダンパを変位させ、流体収用部の流体がリリーフ弁を介して流体貯留部へ流入するようにした型締め駆動機構。
			実公平8-7971	B22D 17/ 26 H B22D 17/ 26 J B29C 33/ 24	タイバーの一端にねじ結合されたタイバーナットと、その抜け止めであるシフタとをタイバーナットのわずかな寸法で嵌合させ、型厚を常に所定寸法内で設定できるようにしたダイハイト調整装置。
	生産性向上	型開閉時間の短縮	特許2799733	B22D 17/ 26 J B29C 33/ 24 B29C 45/ 67	キュアリングタイム中は型締めを保持し、型閉鎖状態のまま油室の圧抜きをし、ロックプレートと連結棒の係止を解除する射出成形機の型締め制御方法。
			特許2813907	B22D 17/ 26 J B29C 33/ 22 B29C 45/ 64	ダイプレートの駆動力の増加による位置変化量が所定の範囲内に納まったときをスケール原点として設定することにより、安全かつ正確にスケール原点を設定して操作性と制御精度を向上させることのできる型締め制御装置のスケール原点設定方法。
			特許2942605	B22D 17/ 26 J B22D 17/ 32 Z B29C 33/ 20	データ入力装置から金型厚さおよび成形ストロークを入力すると、移動金型の加減速度が演算して設定され、油圧回路が制御されて最適の型開閉速度が実現する射出成形機の型開閉制御装置。
			特開平9-29803	B22D 17/ 26 H B22D 17/ 26 J B29C 33/ 22	ハーフナットかみ合い位置調整機構と、これに協働するシリンダ位置決め機構とを設けることにより、射出プレスストロークの設定を型閉じ完了前に簡単かつ正確に行うことのできる射出圧縮成形用複合式型締め装置。
			特開平10-29230	B22D 17/ 26 J B22D 17/ 32 J B29C 45/ 67	型開閉バルブの型閉じ圧が所定圧に上昇後、そのまま保持された状態で型締めバルブを作動する構成とした射出成形機の型閉め制御方法。
			特許3202174	B22D 17/ 26 B B22D 17/ 26 J B29C 45/ 67	型締めは型締めおよび型開きの両油室に同じ圧油を負荷し、型開きは型締め油室の圧油を解放することにより行う射出成形機の型締め制御方法。

表2.1.3-1 東芝機械の保有特許の概要（11/24）

技術要素	課題		特許番号	特許分類	抄録
型締め装置	生産性向上	型開閉時間の短縮	特開平10-296810	B22D 17/ 26 H B29C 45/ 67	移動盤の後方にタイバーを介して型締めプレートを配置し、タイバーと型締めプレートとを係合する型締め用ハーフナットと、タイバーに対して高圧型開位置を決める開閉用ハーフナットとを設けた射出成形機の複合型締め装置。
			特開平10-296739	B22D 17/ 26 H B22D 17/ 26 J B29C 33/ 24	移動盤とタイバーとの相対速度を演算し、型閉じにさいし、あらかじめ定めた位置で相対速度を0としてハーフナットを噛み合わせるようにした射出成形機の複合型締め装置。
			特開平10-296809	B22D 17/ 26 H B29C 45/ 66	移動盤をタイバー上において進退させ、所定位置で停止させる係合手段として多分割ナットを使用し、この型締め用多分割ナットを型開閉中に噛み合いを解除可能とした射出成形機の複合型締め装置。
			特開平11-77784	B22D 17/ 26 B B22D 17/ 26 Z B22D 17/ 32 H	型閉じ動作において型閉じ速度が高速であっても、型締めシリンダの油室内に十分な作動油を供給して型締め圧力の上昇時間を短縮し、型閉じ動作から型締め動作に迅速に移行できるようにした射出成形機の油圧装置。
			特開2000-6212	B22D 17/ 26 D B22D 17/ 26 J B29C 45/ 66	リンクハウジングと移動ダイプレートとの位置関係を型締め用サーボモータのエンコーダで検出し、固定ダイプレートからのダイプレートの位置を演算により設定する射出成形機の型厚調整方法。
			特開2000-190370	B22D 17/ 26 A B29C 45/ 68	型締めラムの内部にこれと同軸的に増圧シリンダを設け、複合的な型閉じと型締め操作を円滑に達成するようにした射出成形機の型閉め装置。
			特開2000-246775	B22D 17/ 26 A B22D 17/ 26 H B29C 45/ 64	固定ダイプレートにタイバーの一端部に対して増圧手段として大容量のリニアモータを設け、型閉じ操作とともにタイバーを所定位置に固定したあと、リニアモータにより型締め力を発生する複合型締め装置。
			特開2000-246776	B22D 17/ 26 A B29C 45/ 64	固定ダイプレートにタイバーの一端部に対して増圧手段として大容量のリニアモータを設け、固定ダイプレートに対してボールねじとサーボモータを組み合わせた移動手段を設け、型閉じ操作とともにタイバーを所定位置に固定したあと、リニアモータにより型締め力を発生する複合型締め装置。
			特開平8-238558	B22D 17/ 26 J B29C 33/ 24 B29C 45/ 67	増圧ラム装置を型締め動作時と型開動作時の何れにおいても作用させ、型開力不足を解消するとともに型開時間を短縮するようにした型締め用油圧装置。
			特開平11-198203	B22D 17/ 26 B B22D 17/ 26 C B29C 33/ 24	型締めシリンダと、これに連結された電動機駆動のトグルリンク装置と、サーボモータにより駆動される精密加圧装置と、型締め力を設定値に制御する型締め力制御手段とで構成されるプレス成形機の型締め装置。
			実公平7-50180	B22D 17/ 26 B B30B 1/ 32 Z B29C 33/ 24	型締めラムと移動ダイプレートとを着脱可能に連結し、型開閉は小容量の作動油で行い、型締めは大径のシリンダで行うようにした型締め装置。

表2.1.3-1 東芝機械の保有特許の概要（12/24）

技術要素	課題	特許番号	特許分類	抄録
型締め装置	生産性向上	型開時のショック発生防止	特開平9-122876	B22D 17/ 26 H B22D 17/ 26 J B29C 33/ 22	型厚調整機構付き締結手段を有する複合式型締め装置において、締結手段を締結したままの状態で型開きを開始することにより型開き時の装置振動を防止した複合式型締め装置の型開き方法。
			特開平10-119102	B22D 17/ 26 B B22D 17/ 26 J B29C 45/ 67	金型相互の接近位置を検出したさいに、電磁比例切換弁を切り換え操作して高速から低速に切り換え、所定の割合で速度が低下した時点でブレーキバルブを操作する型締め装置の油圧制御方法。
		金型寿命延長	特許3001228	B22D 17/ 26 J B29C 33/ 22 B29C 45/ 66	型締め力を測定して許容範囲内であれば運転を継続し、上限を超えるときは型締め力を自動補正し、異常値を示したときは運転を停止するとともに、サイクルスタート後の平均値が許容値を外れる場合はその差だけの自動補正を行うダイカスト機の型締め力制御方法。
			特開平6-616	B22D 17/ 22 A B22D 17/ 26 A B22D 17/ 26 L	ダイプレートに取りつけられた金型の分割面側部分を支持する支持部を設け、支持部と金型とを傾斜面を介して当接するようにして、自重による前垂れを防止する型締め装置の金型支持装置。
			特許2750614	B22D 17/ 26 J B29C 33/ 24 B29C 45/ 67	キュアリングタイム完了後は型開きシリンダ用油室に圧油を作用させロックプレートを小さな力で容易に引き抜きできるようにした射出成形機の型締め制御方法。
			特許3074314	B22D 17/ 26 B B22D 17/ 26 J B29C 33/ 24	タイバーの中途位置に前後の受圧面積の異なるピストンを嵌着するとともに、圧油を各油室に均等に流す分集流弁を設け、可動盤と固定盤が平行状態を維持したまま移動できるようにした射出成形機の型締め装置。
			特開平9-38985	B22D 17/ 26 J B29C 33/ 24 B29C 45/ 67	装着する金型に適した任意の開き位置を入力することにより、これに応じた開き限界位置が自動的に設定され、金型の過度の解放が防止されて金型の損傷が減少する型開閉装置。
			実登2599063	B22D 17/ 26 J B22D 17/ 32 Z B29C 33/ 20	比較演算装置の学習回路により、圧力センサの検出値を許容範囲と比較してタイマの設定時間を変更し、最良の型締め力を得るようにした射出成形機の昇圧完了制御装置。
			特開平8-132217	B22D 17/ 26 B B22D 17/ 26 J B29C 33/ 24	型締め動作の発動信号は型閉じ完了確認後に行い、型閉じ開始位置は温度上昇に伴う金型厚さの増加分だけ補正して設定するようにした複合式型締め装置の型締め方法。
		メンテナンス改善	特許3203466	B22D 17/ 26 B B29C 45/ 67	型締めのさい、可動盤は型締めシリンダを架台に載せたままフレームの摺動面上を移動し、タイバーが片持ちになることのない横型射出成形機の型締め装置。
			特開平10-180828	B22D 17/ 26 J B29C 45/ 67 B29C 45/ 80	型閉め行程では一部の型開閉シリンダを適用し、高圧による型開行程ではすべての型開閉シリンダを適用し、低圧による型開行程では一部の型開閉シリンダを適用する射出成形機の型開閉制御方法。
			特開2000-141436	B22D 17/ 26 Z B29C 45/ 66 B29C 45/ 83	トグルリンクとトグルピンの間にあるトグルブッシュに、シール溝とシール材によるシール構造を設けた射出成形機のトグルリンク機構の潤滑装置。

表2.1.3-1 東芝機械の保有特許の概要（13/24）

技術要素	課題			特許番号	特許分類	抄　録
型締め装置	生産性向上	メンテナンス改善		特公平7-68974	G02B 5/20 ,101	摺動面に固体潤滑材を埋設するとともに、その裏側に所定容積の油溜めを形成し、摺動面に向けて給油孔を設け、これを連続する微細な気孔を有する連続気孔材で塞いだ高荷重用摺接構造。
	性能向上	位置決め精度の向上		特許3040221	B22D 17/ 26 A B22D 17/ 26 J B29C 45/ 64	移動ダイプレートとフレーム間に変位検出器を設置して型締めストロークやダイハイト調整量を検出し、押出シリンダ側に設置して押出ストロークを検出する型締め装置の位置検出方法。
				特許3060037	B22D 17/ 26 J B29C 33/ 22 B29C 45/ 66	型締め用の伸縮機構を利用して金型同士を突き当てて金型の厚さを実測し、次ショットから設定の型締め力が発生するようにする型締め装置の型締め力調整方法。
				特許3009488	B22D 17/ 26 B B22D 17/ 26 J B29C 33/ 24	型締めラムと可動盤との間にある可動基体に固定されたACサーボモータの駆動により可動盤を可動基体に対して相対移動させる機構と型締めラムによる油圧速度制御による高速、高精度の型締め装置。
				特許3027208	B22D 17/ 26 B B22D 17/ 26 J B29C 33/ 22	型締めラムにより可動盤の高速移動を行い、ACサーボモータにより低速移動を行うことにより低コストで高精度の位置制御を行う射出成形機の型締め装置の制御方法。
				特許3195633	B22D 17/ 26 J B29C 45/ 67 B29C 45/ 82	低速型開動作中あるいは高速から低速への切替位置で短時間一時停止させ、所定の低速度まで確実に減速させる射出成形機の型締め制御方法。
				特開平6-182838	B22D 17/ 26 H B22D 17/ 26 J B29C 33/ 24	型締めラムおよび型締めシリンダを相対移動させることにより近接スイッチを介してタイバーとハーフナットねじ部とをかみ合わせ、型締め寸法を設定する型締め装置の型厚調整装置。
				特許3201866	B22D 17/ 26 B B22D 17/ 26 J B29C 33/ 24	油圧源の下流に並列に接続される複数の油圧モータを備えたフローデバイダにより各油圧配管への同期分流を行い、この油を型締め用シリンダに供給して型締めを行うようにした射出成形機の型締め装置。
				特開平6-238732	B22D 17/ 26 H B22D 17/ 26 J B29C 33/ 24	タイバーと平行で、位置調整可能なストッパを取りつけたガイドバーと型締めシリンダに固着されたブラケットを設け、型厚調整のさい、ブラケットをストッパに当てて位置を固定するようにした型締め装置の型厚調整装置。
		型締力精度の向上		特開平9-122877	B22D 17/ 26 J B29C 45/ 64 B29C 45/ 76	金型の熱膨張に対する補正を過去のデータにもとづいて正確に行うことにより、金型間への異物混入などによる要因を排除するダイカストマシンの型締め力制御方法。

表2.1.3-1 東芝機械の保有特許の概要（14/24）

技術要素	課題		特許番号	特許分類	抄録
型締め装置	性能向上	型締力精度の向上	特開平10-235705	B22D 17/ 26 B B29C 45/ 67 B29C 45/ 82	型締めラムを前進限において圧力保持するためのプレフィル弁の摺動部を油タンクと連通する側に配置して、圧力保持性能を向上させた射出成形機の型締め装置。
			特開2000-862	B22D 17/ 26 J B22D 17/ 32 C B29C 33/ 22	射出用サーボモータによる射出動作にさいして、型締め用サーボモータの型締め動作を射出トルクに比例した型締めトルクにより連動させる弾性射出成形機の型締め制御方法。
	省力化	給油の自動化	特開平8-281749	B22D 17/ 26 A B22D 17/ 26 B B29C 45/ 67	型締めシリンダの後部油室へ作動油を給排する型締めタンクに油量検出器と警報機とコントローラを設け、型締めタンク内の作動油が減少したら射出成形サイクルを停止して作動油を自動補給するようにした射出成形機の型締め油圧装置。
		型開閉の自動化	特許2899373	B22D 17/ 26 J B22D 17/ 32 Z B29C 33/ 22	型締め力を測定して設定値と比較し、許容値を超えた場合は締めつけ力を補正することにより金型の温度変化による型締め力の変化を制御するダイカスト機の型締め力制御方法。
		交換作業の効率化	特許3105282	B22D 17/ 26 J B29C 33/ 22 B29C 45/ 64	油圧駆動により低速で位置スケール値が変化しなくなるまで移動し、サーボモータで可動盤を前進させ、サーボモータのエンコーダ値の偏差を位置スケールの原点とする射出成形機の型締め装置の原点設定方法。
			特開平9-216229	B22D 17/ 26 B B22D 17/ 26 J B29C 33/ 22	型開閉送り機構部は型締め機能のみとし、可動盤の送り方向と直角に進退する型締め機構部によって最終型締め力を加えるようにしてタイバーをなくし、金型交換作業を容易にした型締装置。
			実公平5-27248	B22D 17/ 22 D B22C 9/ 6 B B29C 33/ 4	金型と金型取り付け板との間で通水回路の接続を行うようにして、金型装着と同時に通水が開始できるようにした金型温度調整装置。
		注湯の自動化	特開平6-315756	B22D 17/ 30 A B22D 17/ 32 Z B22D 39/ 00	給湯装置の動作の基準点からの型締め工程と給湯工程の時間を計測し、型締め工程にもとづく注湯指令と注湯開始のタイミングを自動的に一致させた自動ダイカスト装置の制御方法。
	小型化	構造合理化	特許2898676	B22D 17/ 26 H B29C 33/ 24 B29C 45/ 67	ハーフナットとタイバーねじとのねじピッチ位相差を検出し、タイバーを回転制御して型締め装置の位相合わせを行う型締め装置。

表2.1.3-1 東芝機械の保有特許の概要（15/24）

技術要素	課題		特許番号	特許分類	抄録
型締め装置	小型化	構造合理化	特開平9-29802	B22D 17/ 26 B B29C 33/ 22 B29C 45/ 68	スリーブの軸方向の移動によってナット端部を大径ねじ軸の端部に当て、最終型締め力を得るようにし、ボールねじには最終型締め力が作用しないようにした射出成形機の型締め装置。
			特開平9-48051	B22D 17/ 26 A B22D 17/ 26 B B29C 45/ 64	磁気吸引力発生手段により2枚の電磁プレートを吸着するとともに、移動電磁プレートの軸方向の移動によってナットの端部を大径ねじ軸の端部に当てて最終型締め力を得るようにして、ボールねじには最終型締め力が作用しないようにした射出成形機の型締め装置。
			特開平9-76315	B22D 17/ 26 B B22D 17/ 26 H B29C 45/ 67	圧縮成形を行うにさいし、固定盤に対して可動盤を進退させるとともに、圧縮成形を行うための第2型締めシリンダを固定盤に設けるようにした射出成形機の型締め装置。
			特開平9-193162	B22D 17/ 26 J B29C 33/ 24 B29C 45/ 68	ねじかみ合い位置調整機構における理論偏差量と実測偏差量との差が許容偏差範囲内に設定されるようにした複合式型締め装置の型厚調整方法。
			特開平9-290449	B22D 17/ 26 B B29C 45/ 67	型開閉動作および型締め動作を1つのシリンダで行うので専用の型開閉シリンダが不要であり、装置の大型化を防止できるばかりでなく、型締めをへて型開きにいたる動作中での速度切り替えなどの制御精度を向上させることのできる射出成形用型締め装置。
			特許3206889	B22D 17/ 26 B B22D 17/ 26 H B29C 33/ 24	密閉液圧シリンダの液室内にピストン部を収納し、隣接する増圧制御部により液室内の液圧を制御してピストンロッドから増圧した型締め力を得るようにした射出成形機の型締め装置。
			特開平10-258432	B22D 17/ 26 B B29C 33/ 24 B29C 45/ 68	シリンダ液室と増圧制御部とを連通する液通路を設け、この液通路にサーボモータにより進退移動する圧縮部材を配置し、シリンダ液室で発生する圧力が設定値を保持するようにサーボモータを制御する密閉液圧式増圧装置。

表2.1.3-1 東芝機械の保有特許の概要（16/24）

技術要素	課題	特許番号	特許分類	抄録
型締め装置	小型化 構造合理化	特開平11-10697	B22D 17/ 26 A B22D 17/ 32 Z B29C 33/ 24	オーバーヘッドタンクに、オーバーフローした作動油が油タンクに戻る回路を設けることにより、オーバーヘッドタンク内の作動油を簡単にしかも安価に昇温させるようにしたオーバーヘッドタンク内の作動油昇温方法。
		特開平11-42688	F15B 3/ 00 F B22D 17/ 26 A B29C 45/ 67	シリンダ液室と増圧制御部とを連通する液通路を設け、この液通路に進退移動する圧縮部材を配置し、シリンダ液室で発生する圧力が設定値を保持するように圧縮部材を制御する密閉液圧式増圧装置。
		特開平11-58472	B22D 17/ 26 B B29C 45/ 66	支持フレームの一端に固定金型を固定し、他端側に移動金型を取り付けた移動プレートを固定プレートに対して進退自在に配置し、移動手段としてリニアモータを使用する射出成形機の型締め装置。
		特開平11-70556	B22D 17/ 26 H B22D 17/ 26 J B29C 45/ 67	タイバーの一端に形成したピストン部を密閉液圧シリンダの液室内に収納し、シリンダ液室に対して増圧制御部を設けてタイバーに対して直接増圧した型締め力を得るようにした射出成形機の型締め装置。
		特開平11-77776	B22D 17/ 26 D B29C 33/ 22 B29C 45/ 66	トグル機構を作動させるねじ軸の一端と、タイバーのねじ部にねじ結合して型厚調整を行うナットギヤとを連結プレートの端面でかさ歯車で噛み合わせるとともに、クラッチ機構を介して結合および遮断可能に構成した伝動手段により連結した射出成形機の型締め装置。
		実登2550420	B22D 17/ 26 Z B29C 45/ 64 B29C 45/ 66	ナット部材を回転駆動することにより移動ダイプレートが直線移動して金型の開閉が行われ、型閉じ状態において両電磁プレート間に磁気吸引力を作用させて型閉め力を与えるようにした射出成形機の型閉め装置。
		特開平10-16020	B22D 17/ 22 K B22D 17/ 26 C B29C 45/ 40	移動ダイプレートとトグルリンクとの間に押出しプレートを設け、押出しプレートに押し出しピンを取り付け、型開閉動作の中で成形品押出しを実施するようにした成形品押し出し機能を有する型開閉装置。
	構造簡素化	特公平8-11285	B22D 17/ 22 K B22D 17/ 26 D B22D 29/ 8	押出シリンダを移動台プレートに埋設し、ピストンロッドをピストンに対して偏心して取りつけることにより、構造を簡素化した押出シリンダ装置。
		特許3095260	B22D 17/ 26 B B29C 33/ 24 B29C 45/ 67	型締めシリンダの内径部の加工を不要とし、架台全体を短縮し設置面積を縮小した型締め装置。
		特許3079487	B22D 17/ 26 H B29C 33/ 24 B29C 45/ 67	差動回路の外部配管をなくして圧力損失をなくし、差動面積を小さくしてシリンダを小型化した射出成形器の型締め装置。

表2.1.3-1 東芝機械の保有特許の概要（17/24）

技術要素	課題		特許番号	特許分類	抄　　録
型締め装置	小型化	構造簡素化	特許3089383	B22D 17/ 26 B B22D 17/ 26 H B29C 33/ 24	停電時に差動回路の途中から作動油を導く可動盤停止用電磁切換弁を設けてアキュムレータをなくし、装置の設置スペースを小さくした射出成形機の型締め装置。
			特開平8-336871	B22D 17/ 26 B B22D 17/ 26 H B29C 45/ 67	複数のシリンダの内径面をピストンよりも大径とし、ピストン外周面に直径方向に出入りするベーン形状ピストンリングを設けることにより、外部配管がなくなり圧力損失もないので装置全体がコンパクトになった射出成形機の型締め装置。
			実登2526339	B22D 17/ 26 B B29C 33/ 24 B29C 45/ 67	重量のある型締めシリンダを最下位の固定ダイプレート内に形成し、移動ダイプレートを上下方向に移動させるブーストシリンダをその側部に配置して全体高さを低くし、可動部重量を低減して重心位置を低下させた竪形型締め装置。
			実登2593415	B22D 17/ 26 J B29C 33/ 24 B29C 45/ 67	方向切換弁のパイロットラインと、複動型プレフィル弁が閉鎖する側の油室とを連通させた射出成形機の型締め油圧回路。
	安全性向上	溶湯飛散防止	特開平9-192816	G01B 11/ 3 Z B22D 17/ 26 J B22D 17/ 32 J	型締めのさい固定ダイに対する移動ダイの距離および角度を測定して金型間に隙間が生じたことを検知する成形機の型締め不良検知方法。

表2.1.3-1 東芝機械の保有特許の概要（18/24）

技術要素	課題		特許番号	特許分類	抄録
型締め装置	安全性向上	溶湯飛散防止	特開平10-118754	B22D 17/ 26 J B29C 33/ 22 B29C 45/ 64	金型合わせ面に開口する流体通路に圧力流体を充填し、金型を型締めして圧力流体の漏洩量を計測して型締め不良を検出する成形機の型締め不良検知方法。
		メンテナンス改善	特開平10-29231	B22D 17/ 26 J B29C 45/ 67 B29C 45/ 82	メンテナンス作業の着手にさいし、油圧ポンプを停止して所定時間経過後の型締めシリンダ内の圧力を検知し、圧力が残っている場合には警報が出るようにした射出成形機の型締め用油圧回路。
	コスト低減	構造合理化	特開平5-237625	B22D 17/ 26 B B22D 17/ 26 Z B29C 33/ 24	型締めシリンダの内径加工を不要とし、プレフィルバルブを型締めシリンダの後方側面に設けることにより装置をコンパクトにした型締め装置。
			特開平8-309757	B22D 17/ 26 H B29C 33/ 22 B29C 45/ 68	全長にわたって同一径で切り欠きや段差のないタイバーの一端にフランジ付きタイバーナットをねじ結合して固定するようにした型締め装置のタイバーナット固定方法。
		部品の破損防止	特許2649583	B22D 17/ 26 H B29C 45/ 64	複数に分割されたカラーをアクチュエータにより固定ダイプレート側の環状溝に係合させて結合することで構造の簡単な着脱機構が実現し、損傷事故を防止するタイバー着脱機構。
制御装置	品質向上	ひけ・巣発生防止	特開平7-148564	B22D 17/ 32 A B29C 45/ 53	射出スリーブに充填する溶湯量によって求められる充填率を求め、溶湯面上に発生すべき微小高さの長波の理論的波速を求めこの長波の理論的波速の0.9～1.2倍の値を低速射出速度として、一定速で溶湯を低速射出する。
			特開平8-281414	B22D 17/ 32 F B29C 45/ 77 G06F 15/ 60, 601D	CADによる金型のキャビティなどの幾何学的データを利用してその水平断面積を求め、ついで必要な給湯量を求め、キャビティに充填される溶湯の湯面上昇速度を一定になるよう射出ストローク、射出速度を設定してプランジャの位置、速度を制御する。

表2.1.3-1 東芝機械の保有特許の概要（19/24）

技術要素	課題		特許番号	特許分類	抄録
制御装置	品質向上	ひけ・巣発生防止	特開平8-323460	B22D 17/ 32 A B22D 17/ 32 J B29C 45/ 53	キャビティ内溶湯の湯面上昇速度がほぼ一定になるように射出プランジャ直径から射出プランジャの射出ストローク、射出速度をそれぞれ設定して射出制御する。
		湯漏防止	特開平9-239515	B22D 17/ 32 B B22D 17/ 32 E B22D 17/ 32 F	増圧用シリンダに与える油圧を鋳造圧力の最高到達圧力に対応する圧力に圧力調整弁によって定量的に設定し、この油圧増圧用シリンダの流量を可変流量絞り弁でり定量的にプログラム制御し、鋳造圧力をバリ臨界昇圧曲線に従って昇圧させる。
			特開平10-146664	B22D 17/ 32 B B22D 17/ 32 G B22D 17/ 32 H	昇圧制御部に昇圧動作時の時間経過と圧力との対応をバリ臨界曲線に応じた圧力制御設定曲線として設定しておき、圧力センサで射出シリンダの昇圧動作時の圧力を検出してフィードバックさせる。
		製品の破損防止	特開平9-122880	B22D 17/ 32 B B22D 17/ 32 H B22D 17/ 32 J	射出シリンダの圧油の圧力を検出する圧力センサと、射出プランジャが型開き開始時点で鋳造品のビスケット部に及ぼす押出圧力の値を設定する圧力設定器と、押出圧力が設定値になるように圧油の圧力、流量を制御する油圧制御装置とから構成する。
	操作性向上	設定の自動化	特許2985137	B22D 17/ 32 H G05B 15/ 2 Z B29C 45/ 76	ダイカスト機に金型の種別に応じた運転制御データを入力し、金型種別を自動的に検出して入力し、金型種別に対応する運転制御データをダイカスト機制御装置に出力して、ダイカスト機を制御するように構成する。
			特公平8-13410	B22D 17/ 32 A B22D 17/ 32 B B22D 17/ 32 F	操作者がダイカスト機の諸元など複数のファクタを固定設定値として入力するだけで、最適射出データにもとづいて暫定的な鋳造条件を演算出力し、この出力に対応する射出速度制御弁、時間調整弁の開度を自動設定する。

表2.1.3-1 東芝機械の保有特許の概要（20/24）

技術要素	課題	特許番号	特許分類	抄録
制御装置	操作性向上	設定の自動化	特開平9-271925	B22D 17/ 32 J B29C 45/ 76	良品が得られたショットの1ショット分の計測値をメモリに記憶し、それを画面表示装置に時間軸波形として表示し、時間軸波形に重ねて現ショットの計測値による時間軸波形を表示し、この時間軸波形の表示倍率を最大または最大に近い倍率に自動設定する。
		操作の容易化	特許3061312	B22D 17/ 32 Z B29C 45/ 76	捨打ち運転を行うさいに、マシンの状態データを測定し、記録された捨打ち用鋳造データ群から対応するものを選択してマシンを制御し、これらの測定、選択、制御をマシンが本運転の状態に回復するまで繰り返す。
			特開平7-256721	B22D 17/ 32 J B29C 45/ 76 G05B 23/ 2,301T	表示部に表示される画面のデータが図形データ、数値データ、文字データに分けて記憶され、文字データは1つの図形データに対して日本語および必要とする外国語の種類の数だけ用意されて構成され、言語指定入力によって合成して表示される。
			特開平9-244811	B29C 45/ 76 G06F 3/ 14,330A G06F 3/ 33,360C	成形条件の設定項目についてデータの入力をステップスイッチ、テンキーのいずれか一方をタッチ入力により選択できるようにしたタッチ入力表示装置における設定画面の表示方法。
			特開平10-52749	B22D 17/ 32 F B29C 45/ 76 G06F 9/ 6410S	ダイカスト機の動作プログラムをダイカスト機本体とその周辺自動機の各動作ごとにブロック化し、各動作のブロックについて鋳造条件などをマンマシンインターフェース部で変更可能に設定し、当該ブロックの動作終了で次ブロックの動作を開始する。
	生産性向上	トラブル対応	特開平10-85918	B22D 17/ 32 B B29C 45/ 77	射出前進限位置を原点として増圧発進位置と増圧発進圧力計測開始位置とを設定し、プランジャ位置が増圧発進位置に達するか、あるいは増圧発進圧力計測位置に達した以降において射出圧力が所定の増圧発進圧力に達すれば増圧発進を行う。
	性能向上	高機能化	特許2994511	B22D 17/ 32 A B29C 45/ 53 B29C 45/ 77	ダイカスト機の射出シリンダへの作動流体流量を制御する射出速度制御弁を所定開度に維持したまま、射出速度制御弁に加えられる弁差圧を切り換えることにより、射出シリンダの射出速度を制御する。

表2.1.3-1 東芝機械の保有特許の概要（21/24）

技術要素	課題		特許番号	特許分類	抄録
制御装置	性能向上	高機能化	特開平7-214282	B22D 17/ 32 E B29C 45/ 53 B29C 45/ 76	高速充填から増圧に切り換える位置の基準点を充填完了時のプランジャチップの予測位置とし、この位置から所定の区間を射出後退側に戻った時点で射出シリンダのロッド側の圧油をタンク側に排出して増圧を開始する。
			特開平9-52164	F15B 13/ 43 E F15B 15/ 14, 380A B22D 17/ 32 H	ピストンロッド側から圧油が流出される射出シリンダと、この射出シリンダから流出される圧油を流量制御して射出シリンダ装置の射出速度を制御するサーボ弁とを備え、この射出シリンダのシリンダ本体にサーボ弁を直接取り付け、連結管路を短くする。
			特開平10-329187	F04B 51/ 00 B22D 17/ 32 J B29C 45/ 82	射出成形機の油圧制御を行うための定吐出型または可変吐出型油圧ポンプの吸込み側と吐出側にそれぞれ磁気センサを取り付け、これら磁気センサで検出される磁気量を比較して異常状態を判定し、この異常状態を数値表示または警報表示する。
			特開平11-105095	B22D 17/ 32 H B29C 45/ 50 B29C 45/ 82	吐出量の異なる定吐出量油圧ポンプを複数組み合わせて駆動し、必要な吐出量を得るように設定して、モータの回転数を50％～100％の範囲で制御し、すべてのポンプの最大吐出量に対し0～100％の範囲で直線的な吐出量の制御を行う。
			特開平11-327615	B22D 17/ 32 J B29C 45/ 76 G05B 19/ 5 F	カウンタ部がプログラマブルコントローラ内に設けられるとともに、制御設定部で記述された制御指令設定にもとづいて位置センサからの位置出力信号を論理回路用信号に処理して制御指令部に送り、制御プログラムと位置出力制御データの設定を同時に行う。
			特開2000-33472	B22D 17/ 32 B B22D 17/ 32 A B29C 45/ 46	射出用電動サーボモータの回転エネルギーをフライホイールに蓄積するとともに、金型キャビティへの可塑状の金属の充填加圧時における高速射出運転および昇圧・保圧運転時に、射出用電動サーボモータへ回転エネルギーとして動力補給する。

表2.1.3-1 東芝機械の保有特許の概要（22/24）

技術要素	課題		特許番号	特許分類	抄　　録
制御装置	性能向上	高機能化	特許3064282	B22D 17/ 32 A B22D 17/ 32 C B22D 17/ 32 B	射出用電動サーボモータに動力補給クラッチを介して連係されアキュムレータの圧力を回転エネルギーに変換、または回転エネルギーをアキュムレータの蓄圧に変換するエネルギー変換機構と動力補給クラッチをオン・オフ制御する制御機構とで構成する。
			特開2001-1126	B22D 17/ 32 H B29C 45/ 53 B29C 45/ 82	電動サーボモータの回転を直線運動に変換する運動変換機構とこの運動変換機構により前進移動されるプランジャチップに動力を補給する動力補給機構とを設けて、電動サーボモータだけでは不足する出力を動力補給機構によって補う。
			特開2001-205418	B22D 17/ 32 B B29C 45/ 53 B29C 45/ 77	位置検出手段で充填時のプランジャの位置を検出し、昇圧量開始位置算出手段で充填完了位置と移動量設定手段で昇圧開始位置を算出し、到達必要時間算出手段で昇圧開始位置への到達必要時間を算出し、タイマ手段で判断して昇圧手段を起動する。
			実公平7-26091	G05B 11/01 G05D 23/19 D G05D 23/19 M	設定データを集合式に表示できる表示器と、データ設定器と、選択キーによりデータの設定変更を直接かつ簡便に達成するとともに、カレントメモリおよびデータメモリを設けてすべての温度設定値を記憶保持し、転送、表示することのできるデータ保持機能を有する温度指示調節計。
			特許2985136	B22D 17/ 32 H G05B 15/ 2 Z G05B 19/ 417 P	ダイカスト機を制御するダイカスト機制御装置ごとに制御データを送受信するダイカスト機通信装置を設けて、ダイカスト機の制御データ設定装置を介してオンラインデータ通信を行うように構成する。

表2.1.3-1 東芝機械の保有特許の概要（23/24）

技術要素	課題		特許番号	特許分類	抄録
制御装置	性能向上	高機能化	特開平3-219108	F15B 21/ 4 A B22D 17/ 32 Z B29C 45/ 3	作動油の温度を検出して昇温値とその許容値を設定表示し、射出成形機の運転開始の電源立ち上げを検出して、作動油温度と許容下限値（＝昇温値－許容値）とを比較し、許容下限値より低いときに昇温動作を行う。
			特許2975198	B22D 17/ 32 A B29C 45/ 77 G09G 5/ 00 A	射出プランジャの充填完了時点を原点とし、この原点と高速射出ストロークとで高速射出切換位置を演算し、この演算された高速射出切換位置にて射出速度を低速から高速に切換制御する。
			特開平9-253824	B22D 17/ 32 A B22D 17/ 32 J B29C 45/ 53	低速や高速の各速度段の射出速度および高速射出開始位置などの速度切換プランジャ位置などの設定値をあらかじめメモリに格納し、実鋳造での射出速度、速度切換プランジャ位置を計測して平均値を求め、設定値との差がなくなるよう次回の制御値を補正する。
		構造合理化	特開平8-257736	B22D 17/ 32 A B22D 17/ 32 F B22D 17/ 32 J	溶湯の充填に必要な射出プランジャの押圧力を検出し、押圧力が所定値に達したら溶湯が金型の入り口であるゲート部に到達したとして、その位置を制御の基点として射出速度を制御する。
		動作の安定化	特許2863024	B22D 17/ 32 H B29C 45/ 53 B29C 45/ 82	射出速度制御弁の上流側に閉鎖時リーク式の圧力補償弁を設け、射出速度制御弁を閉鎖時ノーリーク式とすることで、また射出速度制御弁のパイロットピストンに緩衝用の間隔を設けることにより、作動油の急激な導通を防止する。
			特開平11-156524	B22D 17/ 32 B B22D 17/ 32 H B29C 45/ 76	昇圧シリンダからの作動油排出管路を開閉する開閉弁と、その流量を制御する昇圧シリンダ用流量制御弁と、射出シリンダの射出ピストンを制御する射出シリンダ用流量制御弁とで構成され、昇圧動作にさいして不適切な射出速度の変化を抑制する。
			特開平11-239859	B22D 17/ 32 B B22D 17/ 32 H B29C 45/ 46	アキュムレータのピストン上下限位置でのガス圧力を測定して圧力ドロップ率を算出し、あらかじめ設計値として求められている体積ドロップ率と比較して、圧力ドロップ率が体積ドロップ率より小さい場合は異常と判定し、アキュムレータにガスを追加補充する。
	省力化	設定の自動化	特許2979124	B22D 17/ 32 B B29C 45/ 77	キャビティに充填された溶湯の状態を射出シリンダの押圧油圧で検出して増圧を開始し、増圧立上り時間を計測して、設定した増圧立上り時間と比較して制御し、許容範囲内に保持して鋳造製品の品質を安定させる。
			特許3112813	B22D 17/ 32 J B29C 45/ 50 B29C 45/ 76	表示画面における波形の表示原点が、ダイカスト機が右勝手であるか左勝手であるかに応じて右側設定と左側設定のいずれかに画面表示設定パラメータによって選択設定し、波形の進行方向を射出プランジャの進行方向に対応させて表示する。
	安全性向上	監視機能	特許3061189	B22D 17/ 32 J B29C 45/ 76	ダイカスト機制御装置は動作状態を記憶する入力・記憶手段と、連続的に制御する制御手段と、伝送手段とからなり、ダイカスト機製品製造監視装置は記憶手段と警報条件設定手段とデータ入力手段と警報出力手段とから構成される。

表2.1.3-1 東芝機械の保有特許の概要（24/24）

技術要素	課題	特許番号	特許分類	抄録
制御装置	安全性向上 トラブル対応	実公平8-3683	F15B 11/ 4 Z F15B 11/ 16 Z B22D 17/ 32 A	流体源と、この流体源とここに駆動される複数のアクチュエータとの間を接続する配管と、この配管に配置されアクチュエータにそれぞれ異なる流量の流体を流通させる流量制御弁と、アクチュエータの駆動前に配管内の流体を排出する流体排出機構とを備える。

2.1.4 開発拠点

金属射出成形技術の開発を行っていると思われる事業所、研究所などを特許情報に記載された発明者住所をもとに紹介する。（但し、組織変更などによって現時点の名称などとは異なる場合もあります。）

　　静岡県　：沼津工場
　　神奈川県：相模工場

2.1.5 研究開発者

図2.1.5-1には、特許情報から得られる東芝機械の発明者数と出願件数との推移を示す。この図から発明者数と出願件数のピークである1996年前後が研究開発は最も活発であったが、99年は発明者数と出願件数が大幅に減っている。

図2.1.5-1 東芝機械の発明者数と出願件数との推移

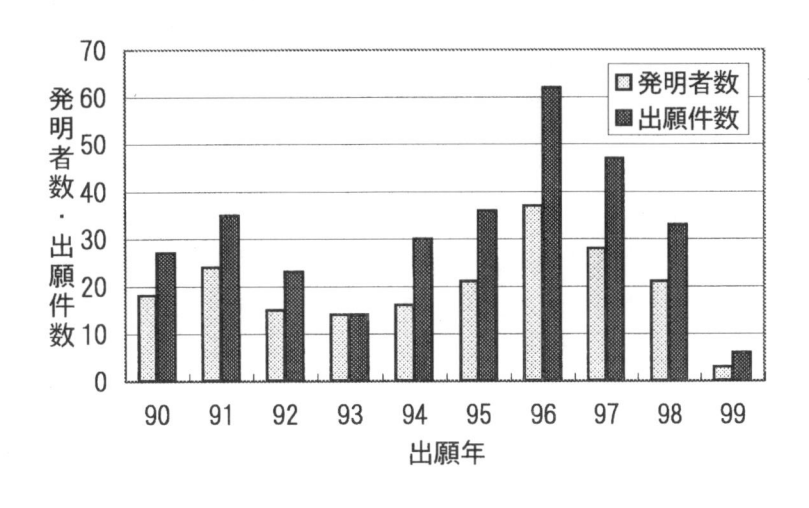

2.2 日本製鋼所

2.2.1 企業の概要

表2.2.1-1 日本製鋼所の概要

1) 商　　　　　号	株式会社　日本製鋼所			
2) 設 立 年 月 日	1950年12月			
3) 資　　本　　金	19,694百万円			
4) 従　　業　　員	2,176 人			
5) 事 業 内 容	素形材、産業機械、樹脂機械、防衛関連、エンジニアリング、地域開発、マグネシウム			
6) 技術・資本提携関係	技術：ラインメタル（ドイツ）			
	資本：三井生命保険、中央三井信託銀行、三井住友銀行			
7) 事　　業　　所	本社／東京、事業所／室蘭、広島、横浜			
8) 関　連　会　社	ニップラ、日鋼システムエンジニアリング、エムジープレシジョン			
9) 業 績 推 移	年度	1998	1999	2000
	売上げ　百万円	122,436	108,718	103,907
	損益　百万円	61	-2,759	-2,012
10) 主　要　製　品	プラスチック加工機械、大型油圧機械、有機性廃棄物処理、射出成形機、クラッド鋼板、バイオガス、風力発電			
11) 主 な 取 引 先	防衛庁 、東芝、日鋼特機、石川島播磨重工業、日立製作所			
12) 技 術 移 転 窓 口	〒183-8503　東京都府中市日鋼町1番1　Jタワー　TEL042-330-7302　経営管理部 知的財産グループ			

　鋳鍛鋼に実績のあるメーカーだが、半溶融金属射出成形技術のトップ企業でもある。1992年にThixomatより技術導入して1994年にチクソモールディング機として製造販売を開始。Mg合金成形機として売上げを伸ばしている。またMg部品成形会社「エムシープレシジョン」を1996年に設立、2000年十王と共同開発、2001年花野商事と共同開発など積極的に事業を展開している。
　金属射出成形機の開発拠点は広島事業所である。
　金属射出成形技術の技術移転を希望する企業には、対応を取る。そのさい、公的支援機関（日本テクノマートなど）の仲介などを介することが好ましい。ライセンスに関しての、直接技術部門への問合せはお断りします。知的財産グループで一度受け、判断したあと、必要に応じて取り次ぎさせていただきます。

2.2.2 溶融金属射出成形技術に関連する製品・技術

表2.2.2-1 日本製鋼所の溶融金属射出成形技術に関連する製品・技術

技術要素	製品	製品名	備考	出典
半溶融	射出成形機	小型マグネシウム合金射出成形機	発売中	http://www.jsw.co.jp/
半溶融	射出成形機	大型マグネシウム合金射出成形機	発売中 特許 2979461	http://www.jsw.co.jp/
半溶融	射出成形機	チクソモールディング機	技術論文	機械技術、Vol.47、NO.3、P59 (1999)
半溶融	マグネシウム部品	電子通信機器、自動車部品	技術論文	軽金属学会シンポジウム、Vol.57、P42 (1999)

　半溶融スラリーの射出成形技術であるチクソモールディング法を開発、Mg合金用に成形機を販売。

　半溶融成形技術に関しては品質向上から操作性向上まであらゆる課題に対処しており、運転条件、装置の面から解決を図っている。また成形装置、型締め装置に関しても品質向上に対して溶湯制御、位置制御あるいは型に関しての開発が行われている。

図2.2.2-1 チクソモールディング機の特徴

チップ状で供給されたMg合金原料を成形機のシリンダー内で加熱し、大気と触れることなく流動性の良い半溶融スラリー（チクソトロピー状態）にして、そのまま金型内に射出成形できる。チクソモールディング(Thixomolding®)法と言う。

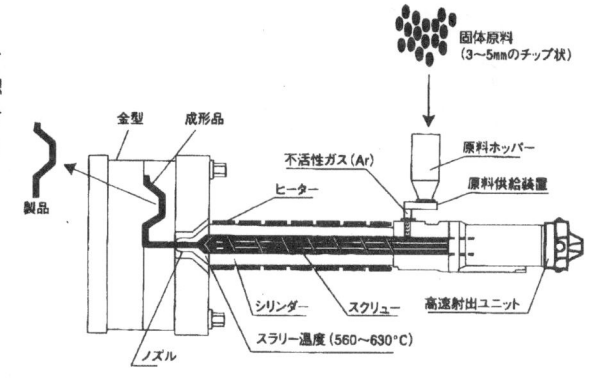

2.2.3 技術開発課題対応保有特許の概要（溶融金属射出成形技術）

　日本製鋼所は各技術要素の中で型締め装置に関する特許件数は多いが、半溶融成形のに関する特許件数がもっとも多い。前述したように1990年前半に米国から半溶融成形に関する技術を導入したことと合わせて、日本製鋼所の技術開発戦略の一端を垣間見ることができる。半溶融成形、型締め装置、成形装置の技術要素に関する技術開発課題と解決手段対応図を図2.2.3-1〜図2.2.3-3に示す。

　半溶融成形に関しては、品質向上にかかわる寸法・形状の精度向上に対する解決手段が多い。スクリュ、射出部での溶湯量制御、温度制御、素材の予備調整、雰囲気制御、および射出装置の改良による解決手段が挙げられる。また、解決手段である射出部装置改良は性能向上、操作性向上の課題にも対応している。すなわち、射出部の逆流防止ノズル、雰囲気の制御、後退速度制御、油圧による射出圧力の制御が挙げられる。

　型締め装置に関しては、トグル機構の型締め装置を主体としているが、品質向上の寸法・形状の精度向上、生産性向上にかかわる型開閉時間および金型寿命延長の課題に対応する特許件数が多く、位置制御および型構造を解決手段としている。この傾向は東芝機械と類似している。例えば油圧シリンダとの連結による速度制御方法、平行型締め機構の改良が挙げられる。

　成形装置に関しては、寸法・形状の精度向上に対して溶湯制御、温度制御および射出部装置の改良により対応している。また、コスト低減および操作性向上の課題に対しては、射出部装置の改良の解決手段で対応し、具体的には溶湯逆流防止弁、油圧作動油の温度制御が挙げられる。

　制御装置に関しては、ひけ・巣発生防止の課題に対して、油圧装置の油流量制御、射出シリンダ部の温度制御（制御機能の改善）により対応している。また、性能向上に対して、複数の制御ユニットを集中制御すること（機能的要素の改善）により対応している。

　日本製鋼所は金属粉末射出成形技術に関する特許も6件保有しているが、溶融金属射出成形技術に関する特許件数に比べ少ないので保有リストから省略した。

図2.2.3-1 技術開発課題と解決手段対応図（半溶融成形、日本製鋼所）

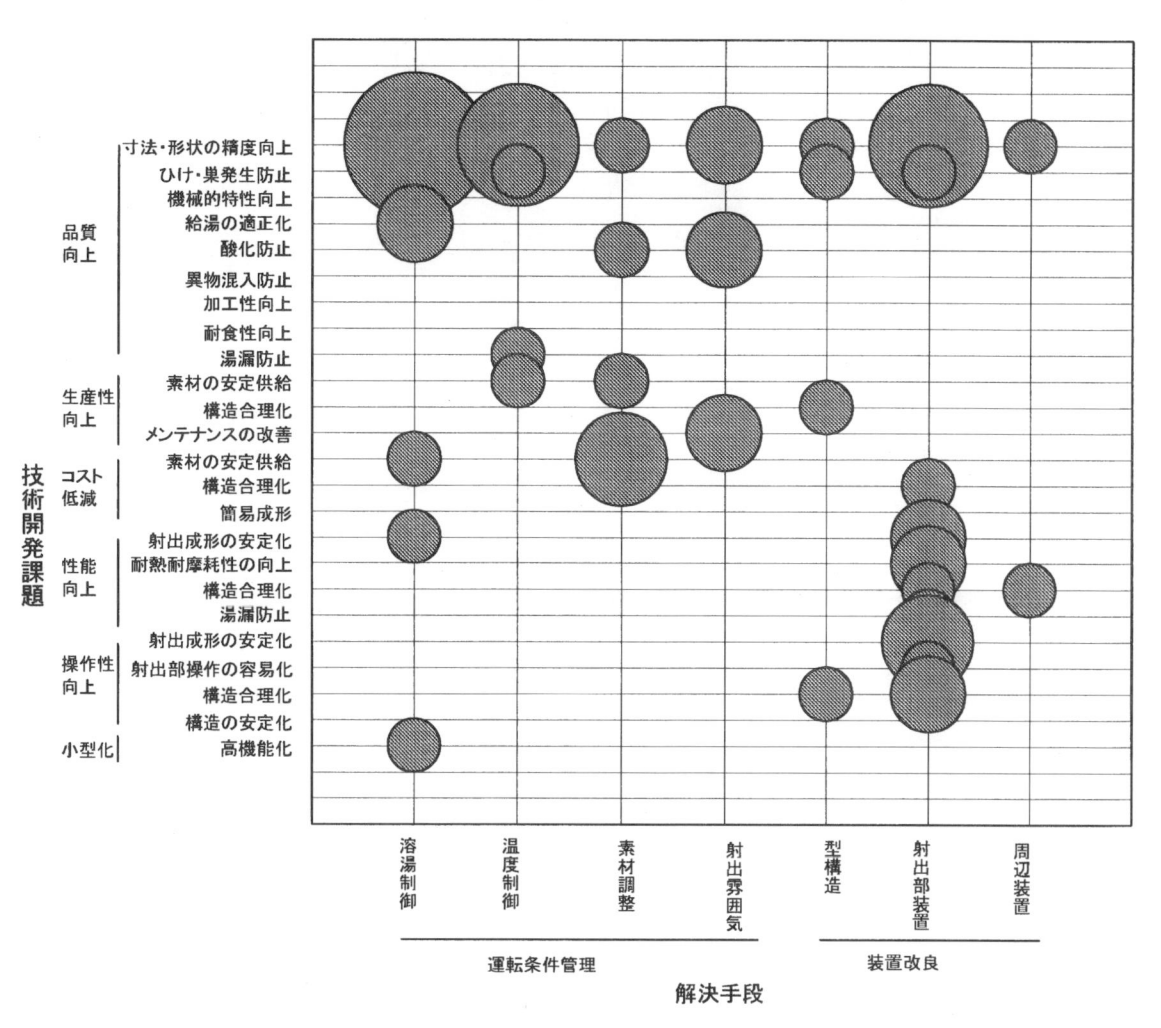

図2.2.3-2 技術開発課題と解決手段対応図（型締め装置、日本製鋼所）

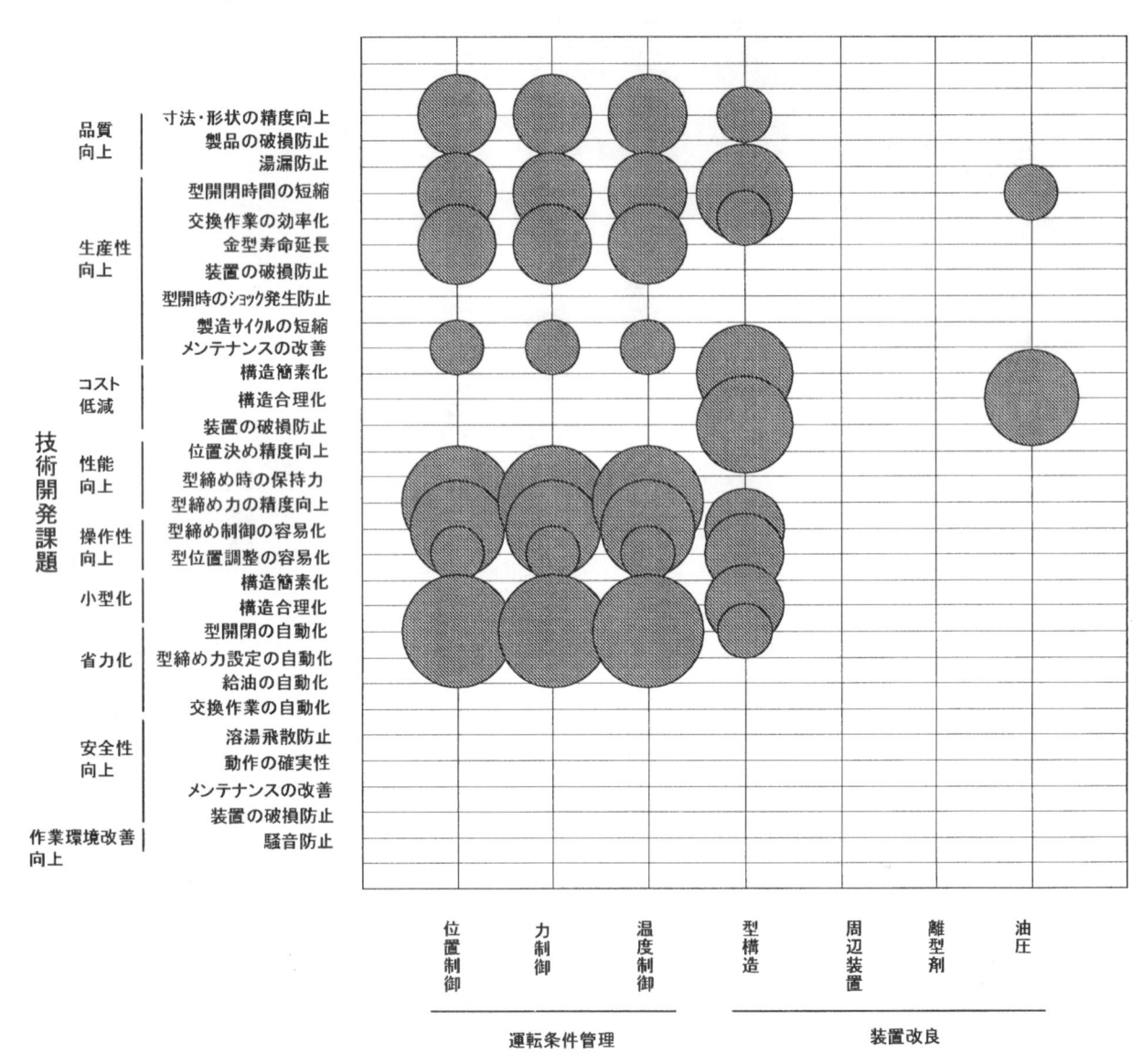

図2.2.3-3 技術開発課題と解決手段対応図（成形装置、日本製鋼所）

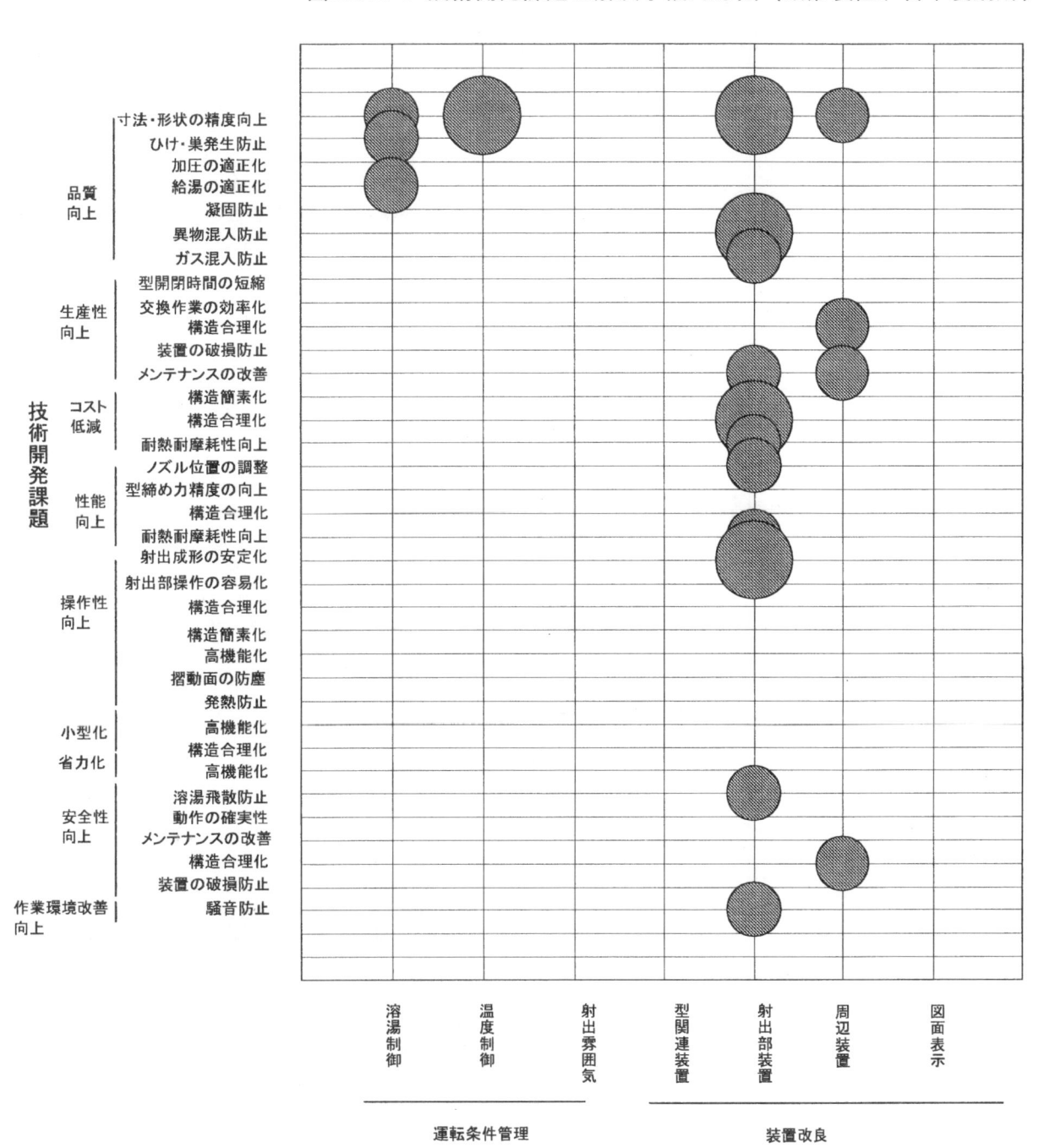

表2.2.3-1 日本製鋼所の保有特許の概要（1/23）

技術要素	課題		特許番号	特許分類	抄録
成形装置	品質向上	寸法・形状の精度向上	特開2000-218674	B22D 17/ 20 J B29C 45/ 74 B29C 45/ 78	射出成形機の加熱シリンダヒータに与えた操作量と熱電対での測定値から射出成形機加熱シリンダの伝達関数パラメータを推定し、その推定した伝達関数パラメータによりPID制御系のPID常数を更新する射出機加熱シリンダの温度制御方法。

表2.2.3-1 日本製鋼所の保有特許の概要（2/23）

技術要素	課題		特許番号	特許分類	抄録
成形装置	品質向上	寸法・形状の精度向上	特開2001-79653	B22D 17/ 20 J B22D 17/ 2 E B29C 45/ 20	射出ユニットの先端部に配設されたノズルの外周面に加熱手段を設け、加熱手段の先端側および後端側にそれぞれ測温体を取付け、ノズルタッチからノズル後退までの時間は先端側の測温体で、その他の時間はノズル後端側の測温体で温度を検知して加熱手段を制御する射出成形機のノズル温度制御方法。
			特開平9-11291	B22D 17/ 20 G B22D 17/ 20 Z B29C 45/ 52	スクリュヘッド先端には後端面へ貫通する複数の貫通孔が有り、軸部には計量時に開く逆流防止弁が進退自在に嵌遊され、頭部には複数の転動体を回転自在に保持する環状のホールドデスクが環状のリテーナリングを介して取付けられている射出成形機の逆流防止装置。
			特開平11-267816	B22D 17/ 20 G B29C 45/ 52 B29C 45/ 60	後方側から順次供給部、圧縮部、計量部を備え、圧縮部の前方側には計量部および圧縮部よりもスクリュ溝の深さが深くなった深溝部が設けられている軽合金射出成形機用のスクリュ。
			特開2001-138026	B22D 17/30 Z B22D 17/20 Z	材料供給装置の供給スクリュと金属射出成形機のスクリュの回転速度の調整を容易に行うため、本金属射出成形機の材料供給方法は加熱シリンダ内の搬送ゾーンのスクリュとこのスクリュに材料を供給する供給用スクリュの形状を同等とすることを特徴とする。
		給湯の適正化	特開平8-300426	B22D 17/ 20 G B22D 17/ 32 J B29C 45/ 47	固体状の射出材料をシリンダバレル内で加熱溶融させ、シリンダバレル前方の蓄積室に蓄積・計量するにさいし、スクリュを所定位置まで後退させてから、蓄積・計量される射出材料の圧力が設定圧力になるまで計量する射出成形機の計量方法。
		ガス混入防止	特開2000-61605	F16K 24/ 4 J B22D 17/ 00 Z B22D 17/ 20 Z	金属加熱シリンダ内の溶融金属材料に混在する気体を除去する装置であって、加熱シリンダの脱気口、脱気配管および排気機構を備えた、金属射出成形機の脱気装置。
	操作性向上	射出成形の安定化	特開平10-202689	B22D 17/ 2 E B22D 17/ 32 Z B29C 45/ 7	射出ベット上に、上下および水平方向に旋回可能な射出ユニットを有し、固定盤と射出ユニットが3本の油圧シリンダで結合されており、ノズルの座標位置を演算し、スプルーブブッシュの座標位置に合うように油圧シリンダで調整する射出ノズルの芯合わせ方法。

表2.2.3-1 日本製鋼所の保有特許の概要（3/23）

技術要素	課題	特許番号	特許分類	抄録
成形装置	操作性向上	射出成形の安定化	特開2000-868	B22D 17/ 2 E B22D 17/ 32 Z B29C 45/ 20	射出成形機において、射出ユニット移動モータにより送りネジ、稼働ナット、圧縮バネを介して射出ユニットを前進させ、射出ノズルが金型にタッチしたあとの圧縮バネのたわみ量を検知し、設定されたタイマの経過後に送りネジの回転を停止させる射出成形機のノズルタッチ力調整方法。
			特開平11-342523	B22D 17/ 2 E B22D 17/ 20 Z B29C 45/ 20	射出成形機でスプルーブッシュに射出ノズルの芯を合わせる作業おいて、固定金型の固定盤にノズル芯合わせ治具を取付け、その中心部からレーザ光を発光させ、射出ノズルの先端部を芯合わせ治具中心部の鏡面部に映してレーザ光とのずれを見ながら調整する射出成形機の芯合わせ治具。
			実開平3-39523	B22D 17/ 2 E B29C 45/ 7 B29C 45/ 17	金型のスプルーブッシュに対し、射出ユニットをX軸Y軸方向に移動して芯合せを行うにさいし、金型スプルーブッシュを映像としてとらえる撮影機と、映像信号を入力するためのノズル芯合せ部および表示部と、射出ユニットのX軸Y軸位置を検出する位置センサとを有し、映像信号と基準位置との偏差信号をもとにアクチュエータを制御する射出成形機のノズル芯合わせ装置。
			特開2001-191167	B22D 17/30 Z B22D 17/20 E	ノズル高さの異なる複数の金型を使用することができる金属射出成形機を提供することを目的として、本装置は固定盤に設けられているノズル挿入穴と位置決め溝を上下の半円を2本の直線で形に形成することを特徴とする。

表2.2.3-1 日本製鋼所の保有特許の概要（4/23）

技術要素	課題		特許番号	特許分類	抄録
成形装置	操作性向上	構造合理化	特開平8-281760	F15B 21/ 4 A B22D 17/ 20 Z B22D 17/ 32 Z	可変吐出量ポンプ、アクチュエータ、アクチュエータ切替弁、オイルクーラを有する油圧回路において、作動油温度が所定温度より低くなった場合には、冷却水は供給せずに大流量の作動油をオイルクーラに流し、油温度が所定温度より高くなった場合には冷却水を供給しながら少量の作動油を流す射出成形機の油回路の作動油制御方法。
			特開平10-180833	B22D 17/ 2 E B29C 45/ 20 B29C 45/ 74	熱電対の先端部が射出ノズル先端部の測温部から離脱することを防止するため、熱電対取付け部材を圧接させた1対の半円状の環状部材の対向する突出部材をボルトナットで固定する熱電対取付け用補助金具。
			実登2548147	B22D 17/ 12 Z B22D 17/ 26 B B29C 45/ 3	型締中は、型開閉用切替弁を中立位置に位置させるとともに、型開用管路をタンクに連通可能とし、2つのパイロット式チェック弁により型締力を解除した場合に可動盤などの移動による衝撃振動を防止する竪型型締装置の油圧回路。
			特開平8-197579	B22D 17/ 20 Z B22D 17/ 32 Z B29C 45/ 17	箱状体であって、開閉扉は、両側部に蝶番により開閉自在に取付けられている横方向あるいは幅方向に広狭のある2個の第1、第2の扉体からなり、少なくても広い方の第1の扉体は、縦方向に分割された複数個の扉から構成され、それらの扉はそれぞれ蝶番によって接続されている、射出成形機における制御盤の開閉機構。
			特開平8-252850	F16P 3/ 8 B22D 17/ 20 Z B22D 17/ 26 K	安全ドアが、安全ドア本体と、安全ドア本体の上部に開閉可能に取付けられている上部カバーからなる射出成形機の安全ドア構造。上部に折畳み式として取付けられていることが好ましい。
			特開平8-300411	B22D 17/ 20 Z B29C 31/ 2 B29C 45/ 18	下端部にフランジ部を有するホッパ本体と、フランジ部の下方に突出部を有する筒部材とを備え、突出部の外周面が射出成形機のシリンダフランジに設けられた供給口にガタ無く勘合できる形状である射出成形機用ホッパ。
			特開平11-751	B22D 17/ 20 F B29C 45/ 62	射出シリンダをスクリュを前進させた状態で逆流防止装置が露出する長さとし、シリンダの頭部に先端シリンダを取付け、その先端部にノズルを有するシリンダヘッドを取付けた軽金属射出機用シリンダ。先端シリンダを外すだけでシリンダ内の逆流防止装置の保守点検ができる。
			特開2001-205685	B22D 17/ 26 K B29C 45/ 84 F16P 3/ 8	止め板やストッパを取外すことなく開けることができる安全扉を提供する目的で、本安全扉は可動盤と安全扉の間にストッパを当てることにより制御する止め板を配設し、止め板を安全扉に当たる位置と当たらない位置に切替可能にしたことが特徴。

表2.2.3-1 日本製鋼所の保有特許の概要（5/23）

技術要素	課題		特許番号	特許分類	抄録
成形装置	生産性向上	構造合理化	実公平5-39863	B22D 17/ 20 Z B29C 45/ 17	複数台の射出成形機と、それぞれに設けられた取出し機からの製品を複数個からなる1列のコンベアで搬送する設備において、各コンベア間に横行機能を有する複数個のストックコンベアを備えた射出成形機におけるコンベア製品搬送装置。ストックコンベア上の製品は上流からの製品の流れが無いことを確認してから搬送コンベアに送られる。
		メンテナンス改善	特開2001-62555	B22D 17/30 Z B22D 17/20 G	スクリュに半凝固軽合金材料が付着しても成形を中断することがない軽合金射出成形機の材料供給装置において、本装置は通常フィーダの他に異常時に投入する大き目の異常時フィーダを設置することを特徴とする。
			特開2001-170749	B22D 17/20 E	材料替えやスクリュメンテナンスのさいに行うシリンダ内部の材料パージを簡便に行うために、本装置はノズル受け装置とパージ材受け装置を配置することにより、両方を取外し付け直す必要はない。
			特開2001-62553	B22D 17/00 Z B22D 17/30 Z	スクリュ溝やシリンダ内に付着する付着物を容易に除去することを目的として、本スクリュおよびシリンダの清掃方法は成形材料よりも融点が低い金属間化合物のパージ材をシリンダ内に投入することを特徴とする。
	性能向上	ノズル位置の調整	特開平8-318545	B22D 17/ 2 B B22D 17/ 32 Z B29C 45/ 7	ノズルを金型に近づけるさいには電動機の動力機構およびスプリングを介して射出装置を駆動し、遠ざけるさいにはスプリングを介することなく駆動する電動式射出成形機において、射出ノズルが金型にタッチする力を検知し制御する射出装置移動制御装置。
		耐熱耐摩耗性の向上	特許2872571	B22D 17/ 20 F B22D 13/ 10,502Z B22C 3/ 00 B	WC:30〜45％、Ni+Co:35〜50％、Mo:1％以下、Cr:10％以下、B:1〜3％、Si:1〜3％、Mn:2％以下、Fe:8〜25％、C:1％以下を含有する遠心鋳造用炭化タングステン複合ライニング材。
	作業環境改善	騒音	特開2001-249451	B22D 17/20 Z B22D 17/20 F	射出ピストンの射出ハウジングへの衝突を和らげ、騒音の低減や装置の耐久性の向上を目的として、本金属用射出成形機の射出装置は射出ピストンの最前進位置に至る前にピストンの前端を当接させる弾性部材を設置することを特徴とする。
	安全性向上	構造合理化	特許2794131	B22D 17/ 26 K B29C 45/ 84	安全ドアの閉鎖したことを確認する射出成形機において、振動などによりロックが解除されることがなく確実なロック装置を提供することを目的とし、当ロック装置は永久磁石および直流磁石を用いた二重ロックとすることが特徴。
			特開平8-332660	F16P 3/ 8 B22D 17/ 26 K B29C 33/ 20	型開閉装置の安全扉が開かれているとき型開閉シリンダが作動しないようにするため、本方法は複数の型開用油室の圧力センサからの圧力を読み取り、比較し、これが等しくないときには異常発生の警報を出力し、電源を遮断することを特徴とする。

表2.2.3-1 日本製鋼所の保有特許の概要（6/23）

技術要素	課題		特許番号	特許分類	抄録
成形装置	安全性向上	構造合理化	特開平10-670	B22D 17/ 26 K B29C 45/ 64 B29C 45/ 84	金型を交換するとき作業者に不安感を与えない機械式安全装置を提供する目的で、本装置は金型の交換にさいして変更される型開閉ストロークに連動させて、歯溝付軸の歯溝が受け具の案内溝に位置するように歯溝付軸の固定端をタイバー軸方向に移動する。
			特開平10-128815	B22D 17/ 26 B B22D 17/ 26 K B29C 33/ 24	電源のオン、オフに関係なく作動する直圧機の型締安全装置において、本装置は金型に取り付けられる固定盤と可動盤との間に配置され、可動盤が固定盤に対してそれ以上接近することを阻止する柱状部材を有することを特徴とする。
			実開平5-63818	B22D 17/ 26 K B29C 45/ 84 F16P 3/ 8	本射出成形機の安全扉装置は射出成形機の安全扉装置に関し、特に型締装置内へ金型を装着する時の作業の安全性および作業効率を向上させることを特徴とする。
		溶湯飛散防止	特開2000-141013	B22D 17/ 26 K B29C 45/ 64 B29C 45/ 84	安全扉を開けて作業を行うさいに射出ノズルから溶融軽合金が噴出することに対処するため、本安全装置は型締装置の操作側の安全扉とタイロッドとの間に遮蔽板を設けた構造を特徴とする。
	コスト低減	構造合理化	実開平6-42135	B22D 17/ 2 B B29C 45/ 13 B29C 45/ 20	それぞれがスクリュを有する1対のシリンダと、各シリンダに連通する独立した案内孔を有するシリンダヘッドと、各案内孔と連通するノズルを有するT形ノズル体を有し、射出材料はT型ノズルで合流し射出する2頭式射出成形機の合流ノズル装置。
		耐熱耐摩耗性の向上	特開平8-244082	F16J 10/ 00 C B22D 17/ 20 F B29K101/ 00 I	内面に耐摩耗性材料から成る被覆層を有するシリンダが2個以上連結され、連結部では端部が嵌め込まれて螺合されており、外表面同士は固着されている成形用長尺シリンダ。
半溶融成形	品質向上	給湯の適正化	特開平11-47901	B22D 17/ 20 G B22D 17/ 32 J B29C 45/ 47	あらかじめ試成形で設定スクリュ後退速度を求め、容積式フィダで所定の供給量の金属成形材料を加熱シリンダに供給し、スクリュを回転させつつ計量完了位置へ設定スクリュ後退速度に一致するようにスクリュの強制後退速度の速度制御を行う。

表2.2.3-1 日本製鋼所の保有特許の概要（7/23）

技術要素	課題		特許番号	特許分類	抄録
半溶融成形	品質向上	給湯の適正化	特開2001-47214	B22D 17/ 32 Z B22D 17/ 20 G B22D 17/ 30 Z	計量時に材料フィーダから供給される成形材料の体積状態を監視器で監視して表示装置に画像表示するとともに比較器に取り込み、安定計量時の成形材料の堆積状態の画像と比較し、演算処理された補正値により材料フィーダを制御し、供給量を調整する。
		酸化防止	特許2971287	B22D 17/ 10 B22D 17/ 20 Z B29C 45/ 00	射出成型にさいし、計量時に金属材料の未溶解個所にArガスを供給し、計量工程時または計量工程に続く射出ユニット後退工程時に、Arガス供給個所とは異なるシリンダバレル内の金属材料未溶解個所からArガスを強制排気する金属材料の射出成形法。
			特開平9-10910	B22D 17/ 00 A B22D 17/ 20 J B22D 17/ 20 Z	固体の軽金属射出材料が収納されているホッパと、先端部に射出ノズルが設けられているシリンダバレルと、回転するスクリュを備えた射出成形方法において、ホッパ内部を不活性ガス雰囲気とする軽合金射出材料の射出成形方法。
			特開2001-107171	B22D 21/ 4 B C22C 23/ 2	Al、Ca、Mn、Bなどの合金組成を選ぶことにより、溶湯状態での燃焼防止効果が高く、耐熱性および鋳造性の優れたダイカスト、スクイズカストおよび射出成形用のマグネシウム合金。
		寸法・形状の精度向上	特開平11-300463	B22D 17/ 20 G B22D 17/ 22 B B22D 17/ 22 F	固定型と、キャビティの一部が形成されている中間型と、キャビテイの残部が形成される可動型から構成され、固定型には、型開き時に中間型から中間型に成形される2次スプルーとランナーを引き剥がすランナーロックピンを設け、2次スプルーを介して連通したピンゲートは型開閉方向からキャビテイ中心部に開口させた金属の射出成形用金型装置。
			特許3011885	B22D 19/ 14 C B22C 23/ 00 B B22F 3/ 20 A	マトリックス金属材と強化材とを均一に分散させた金属基複合材料の製造方法において、本方法はマトリックス金属材と強化材とをボールミルにより混合して、これを原料に用いて半溶融もしくは溶融状態にて射出成形することを特徴とする。
			特開平9-239512	B22D 17/ 2 E B22D 17/ 20 J B22D 17/ 20 Z	金属の射出成形時、固体栓の生成による射出の不安定操業を防止するため、シリンダヘッドに装着されたヘッドを自己閉鎖型ノズルとし、これを加熱してノズル内の金属を液相に保つ金属の射出成形法。
			特開平9-285857	B22D 17/ 14 B22D 17/ 22 G	キャビティ内の空気、溶融金属中のガス、離形剤の気化によるガスを除去するため、キャビティ内のガスを吸引するために気流を作り、溶融金属を気流にしたがって流動させる金属の射出成形方法。

表2.2.3-1 日本製鋼所の保有特許の概要（8/23）

技術要素	課題		特許番号	特許分類	抄録
半溶融成形	品質向上	寸法・形状の精度向上	特開平11-300462	B22D 17/ 2 E B22D 17/ 20 J B22D 17/ 32 J	金属射出成形機のノズル内の固体栓が噴出容易な温度となるように、ノズルに誘導加熱手段を設け、射出保圧工程に入る所定時間より前から急速加熱し、射出保圧工程終了と同時に加熱を終了する金属射出成形機のノズル温度制御方法。
			特許3192345	B22D 17/ 00 Z B22D 17/ 20 G B22D 17/ 30 Z	金属射出成形機のスクリュを背圧をかけながら計量方向に回転させるにさいし、計量ストロークを3段以上に分割し、各段に最大背圧と最小背圧を交互に加えたパルス状の背圧を加える金属射出成形機の計量方法。
			特開平9-10908	B22D 17/ 20 Z B29C 45/ 63	シリンダおよびシリンダ内に設けられたスクリュにより固体金属を溶融し、かつシリンダ内に不活性ガスを供給するようにした金属射出成形機において、計量工程中に真空源を用いて不活性ガスを外部に強制排気する、金属射出成形機における不活性ガス除去方法。
			特開平9-10907	B22D 17/ 20 J B22D 17/ 20 Z B29C 33/ 38	金型のノズルタッチ部に接合するノズル本体の先端部として、熱伝導度が20kcal/m・hr・℃以下の材料を用い、ノズルタッチ時の先端温度降下を防止する金属射出成形におけるノズル先端部の断熱方法。
			特開平9-10909	B22D 17/ 20 G B22D 17/ 20 Z B29C 45/ 00	金属射出成形機のシリンダバレル内の固体搬送区間、相遷移区間および流体輸送区間は各スクリュ軸径およびピッチを同一とし、先端に設けた脱気リング部の材料通過面積を他の部分より小さくし、圧力差により後方に脱気する金属射出成形方法。
			特開平9-155525	B22D 17/ 00 C B22D 17/ 20 Z B22D 17/ 32 H	固体の軽金属射出材料が収納されているホッパと、先端部に射出ノズルが設けられているシリンダバレルと、回転するスクリュを備えた射出成形方法において、ノズル先端温度が設定温度範囲内にあることを確認して金型内に材料を射出する軽金属射出成形機の制御方法。

表2.2.3-1 日本製鋼所の保有特許の概要（9/23）

技術要素	課題		特許番号	特許分類	抄録
半溶融成形	品質向上	寸法・形状の精度向上	特開平9-155527	B22D 17/ 20 J B22D 17/ 20 Z	固体の金属材料を加熱、溶融して射出する射出成形法において、シリンダバレル内で加熱、溶融した軽金属材料を、スクリュにより複数のノズルより金型に射出する軽金属材料の射出成形法。
			特許3104060	B22D 17/ 20 G B22D 17/ 32 B B29C 45/ 50	射出成形機のシリンダバレルに固体金属を投入し、スクリュを回転させながら溶融して射出成形するにさいし、アキュムレータが射出終了時に発生する作動油圧を予測して、その油圧力が要求保圧切替圧力となるように、あらかじめアキュムレータに蓄圧する油圧力を変化させる軽金属材料の射出成形方法。
			特開2000-334556	B22D 17/ 20 J B22D 17/ 00 Z B22D 17/ 2 E	シリンダ内スクリュの回転により成形材料を計量および溶融し射出するインラインスクリュ方式の金属射出成形機において、ノズル内先端部に形成されるプラグの排出圧力を検出し、その排出圧力に応じてノズルの加熱温度設定値を変更する金属射出成形機のノズル温度制御方法。
			特許3197109	C22C 1/ 2,501B B22D 27/ 15	合金材料の酸化が防止されるとともに気泡がない合金製品を安価に製造することを目的として、本製造方法はホッパ内部、シリンダ内部および成形型のキャビティを同一真空源により同一真空圧に保つことを特徴としている。
			特開平8-252661	B22D 17/ 14 B22D 17/ 22 G	金属射出成形機において、ベント流路に連通した曲折流路を介して真空引を行い、溶融金属の引込を防止し、金型内の真空度を上げ高品質の製品を製造する金属射出成形方法。
			特開平11-123518	B22D 17/ 2 B B29C 45/ 20 B29C 45/ 74	射出ノズル先端の外周には加熱ヒータが設けられ、ノズル孔の先端部には内面には半径方向に突出した突起物が設けられている軽金属射出成形機用射出ノズル。
			特開2000-141009	B22D 17/ 2 B B22D 17/ 20 Z B29C 45/ 52	加熱シリンダ内に配設されたスクリュと一体のスクリュヘッド軸芯部に弁座および弁室を設け、弁室の内部には遊動自在な弁体があり、この弁体は溶融金属よりは比重が大きく、弁体が自重によって弁座に着座することで溶融金属材料の逆流を防止する金属射出成形機の逆流防止装置。

表2.2.3-1 日本製鋼所の保有特許の概要（10/23）

技術要素	課題			特許番号	特許分類	抄録
半溶融成形	品質向上	寸法・形状の精度向上		特開2001-71105	B22D 17/ 2 E	内筒と外筒の間に発熱線が絶縁体で包囲されているヒータを挿入して形成された発熱体を、ノズル本体の先端側から同心に形成された円筒状の凹部に圧入してなる軽金属射出成形機の射出ノズル。
				特許2979461	B22D 17/ 20 G B22D 17/ 20 Z B29C 45/ 47	計量するときは油圧ピストン・シリンダ機構の他方の油室に作動油を供給してサックバックし、射出時には油圧ピストン・シリンダ機構の油圧室に第1アキュムレータからの圧油も供給し、他方の油室の作動油を第2アキュムレータに蓄積する軽金属の射出成形方法および装置。
				特開2000-94110	B22D 17/ 20 G B22D 17/ 30 Z B29C 45/ 18	金属射出成形機の加熱筒におけるフィード穴の上方に材料フィーダを設け、フィード穴内のスクリュ上方に成形材料の堆積貯留レベルを検出するレベルセンサを設けた金属射出成形機の材料供給装置。また堆積貯留量を一定に保つように材料送り量を制御する金属射出成形機の材料供給制御方法。
				特開2000-343195	B22D 17/ 20 F B22D 17/ 20 J B22D 17/ 30 Z	加熱シリンダ内に回転および進退可能なスクリュを有し、スクリュの前方に射出ノズルを設け、ノズル孔の先端部にコールドプラグが形成され計量されるようになっている金属射出成形機において、射出ノズルの先端部周辺近傍に断熱層を設けた金属用射出成形機。金型への熱の伝導を防止してコールドプラグの状態を安定させる。
				特開2000-343197	B22D 17/ 20 J B22D 17/ 20 F	加熱シリンダ内に回転および進退可能なスクリュを有し、金属材料を加熱シリンダに送り溶融して射出成形するにさいし、金属材料供給口の近傍に加熱気体を供給する設備を設け、金属材料を直接加熱することにより温度制御が安定し、生産性を向上させる金属材料射出成形装置および方法。
		ひけ・巣発生防止		特開2001-9562	B22D 17/ 22 F B22D 17/ 00 Z B22C 9/ 6 C	ひけ、巣のない高品質の金属成形品を得ることができ、ゲートが変更な成形用金型を提供することを目的として、本金型のゲートはキャビティの幅と厚さを略カバーする大きさのサイドゲートとし、複数本の制御ピンはサイドゲートに臨むように設けることが特徴。
				特開2000-218356	B22D 17/ 22 D	成形品の欠陥が少ない軽金属射出成形方法において、本方法は固定型と可動型の間に誘導加熱用のコイルを装入し、コイルを固定型と可動型のキャビティ表面に接近させた状態で通電し、表面温度だけを短時間で上昇させることを特徴とする。
		湯漏防止		特開2001-71107	B22D 17/ 20 F	金型内に射出した溶融金属材料が冷却固化したあと、第1の金型を開いて金属成形品を取出し、そして第2の金型を開いて湯道の金属を取出すにさいし、充填した製品キャビティ中の溶融金属材料の設定された時間が過ぎると、第1の金型を開き、次いで第2の金型を開く金属成形品の射出成形方法。

表2.2.3-1 日本製鋼所の保有特許の概要（11/23）

技術要素	課題		特許番号	特許分類	抄録
半溶融成形	操作性向上	構造合理化	特開2001-62554	B22D 17/ 20 D B22C 9/ 6 D B22C 23/ 2 C	粉体離型剤導入孔とスライドプレートスプルー孔とを有し、スライドプレートが第1の位置にある時はノズルとの連通を遮断し、粉体離型剤導入孔をスプルー孔と導通させて粉体離型剤を吹込み装置に接続させ、第2のスライド位置にある時はノズルキャビティに連通させる金属射出成形用金型。
			特開平8-281413	B22D 17/ 20 G B22D 17/ 32 B B29C 45/ 50	金属射出成形機のスクリュ回転工程において、スクリュ回転の許容最大トルクを越えない範囲では定出力制御で行い、それ以上では許容最大トルクによる定トルク制御で行う金属射出成形機のスクリュ回転制御方法。
			特開平9-155526	B22D 17/ 00 C B22D 17/ 20 Z B22D 17/ 30 Z	金属材料を混練、熔解するスクリュ付きの押出しシリンダと計量および射出する射出ピストンを持ち、押し出しシリンダ先端部と射出ピストン部を鋳湯ピストンで連結した金属材料の射出装置。
		射出成形の安定化	特開2000-246418	B22D 17/ 20 J B29C 45/ 74	金属材料を溶融するシリンダ外表面に取り付けられる加熱部と被加熱部とを有する2個以上のリング状のヒータを、シリンダ断面における加熱部と非加熱部とによる加熱の強弱分布がシリンダ軸心に対して点対称になるように配置して加熱する金属射出成形機のシリンダ加熱方法。
			特許3198071	B22D 17/ 2 E B22D 17/ 20 Z B29C 45/ 20	固定盤にノズル芯位置を割出したノズル受け装置が設けられ、このノズル受け装置は金型スプルーブッシュの前方にあって同じ芯位置に金型スプルーブッシュと同じ形状をしたノズル受けを配した軽金属射出成形機用ノズル芯調整装置。
			特開2001-18046	B22D 17/ 2 E B22D 17/ 20 G B22D 17/ 22 B	射出成形機でスプルーブッシュに射出ノズルの芯を合わせる作業おいて、固定金型の固定盤にノズル芯合わせ治具を取付けるにさいし、ノズルの進行方向に弾性支持することにより、ノズルの押しすぎによるノズル受け板の破損を防止する軽金属射出成形機用ノズル芯調整方法。
		射出部の操作容易化	特開2001-105119	B22D 17/ 30 Z B22D 17/ 20 G B22D 17/ 20 Z	スクリュを駆動軸に対して容易に、しかも安全に脱着できるスクリュ軸連結装置において、本装置はスクリュ軸と駆動軸との間に介在されている複数個の拘束球と拘束球を保持するスリーブを含む構成を特徴としている。
	生産性向上	構造合理化	特開平9-85416	B22D 17/ 22 D B22D 17/ 22 F B22C 9/ 6 B	ゲートから溶融した金属材料の洩れが発生しない射出成形用ホットランナ金型を実現するため、本金型は固定側金型に埋設された流路に連通されたホットランナノズルを備え、ホットランナノズルのゲートを通る溶融金属材料の流動抵抗が高いことを特徴としている。
		素材の安定供給	特許3220072	B22D 11/01 B B22D 17/30 Z B29B 9/06	計量不安定などがない金属射出成形用ペレットの製造方法において、本方法は低融点金属のビレットを半溶融体にし、押出し孔を持つダイスより連続的に押出し、ストランドを所定の長さに切断し、不活性ガスによって冷却固化させることを特徴とする。

表2.2.3-1 日本製鋼所の保有特許の概要（12/23）

技術要素	課題		特許番号	特許分類	抄録
半溶融成形	生産性向上	素材の安定供給	特開2001-150119	B22D 39/ 2 Z B22D 17/ 30 Z B22D 17/ 30 E	低融点金属材料を安定して計量できるとともにスクリュの回転トルクも安定した計量方法において、本方法は金属材料をシリンダバレル内に投入し、スクリュの回転によりこれを移動しつつ、外部熱とせん断力で金属を溶融し、蓄熱室に蓄積、計量する。
		メンテナンス改善	特開2001-138025	B22D 17/ 30 Z B22D 17/ 22 B B29C 45/ 26	ホットランナ金型を分解することなく、ホットランナユニット内の金属原料を排出する方法において、本方法はホットランナユニットを加熱して内部の金属原料を溶融し、不活性ガスにより加熱シリンダ側に排出する。
			特開2001-138024	B22D 39/ 00 B22D 17/ 30 E B29C 45/ 18	短時間で水分や油などの付着物を除去でき、温度むらを防止できる材料予備加熱方法において、本方法は金属材料を加熱シリンダに予備加熱し、保温することを特徴とする。
	性能向上	構造合理化	特開2001-150120	B22D 17/ 32 C B29C 45/ 82	油圧源によって加圧されて送り込まれる圧油を貯留する第1のアキュムレータとは別に第2のアキュムレータを設けて、別の油圧源で第1のアキュムレータよりも高い圧油を貯留し、射出動作の開始時に第2のアキュムレータの圧油のみをピストンに送り込む。
			特許3193664	B22D 17/ 20 G B22D 17/ 30 Z B29C 31/ 4	軽金属射出成形機のシリンダに穿設されてた材料投入口に仕切板を設け、仕切板は垂直方向にしかも材料移送方向とは直交させ、その先端は円弧状でスクリュに当接しており、材料は後方投入口から投入することによりスクリュへの過大な喰い込みを防止する軽合金射出成形機の材料投入装置。
		射出成形の安定化	特許2997198	F15B 1/ 2 Z B22D 17/ 32 A B22D 17/ 32 C	射出の最終工程で射出ラムの高速前進に対してロジック弁で瞬時にブレーキをかけ、発生するサージ圧力をアキュムレータで吸収して射出ラムの慣性力を最小限にする。

表2.2.3-1 日本製鋼所の保有特許の概要（13/23）

技術要素	課題		特許番号	特許分類	抄録
半溶融成形	性能向上	射出成形の安定化	特開平10-230352	B22D 17/ 20 F B22D 17/ 32 J B22D 17/ 32 Z	シリンダバレル先端に反射鏡を、後端部にレーザ受光部を取付け、レーザ光の受光部のずれからシリンダバレルの熱による歪み量を演算し、演算値をもとにシリンダバレル先端の射出ノズルが所定位置になるように制御する軽合金用射出成形機。
			特開2000-135553	B22D 17/ 20 Z B22D 17/ 30 Z B29C 31/ 00	射出成形機に金属材料チップを供給するホッパ、供給フィーダ、材料タンク、減圧時に材料タンクから金属チップを吸引して供給フィーダに供給するローダタンクとを備え、圧縮空気の噴流でローダタンク内を吸引減圧させて、材料タンクより金属チップをローダタンクに吸引する金属射出成形機の材料供給装置。
		耐熱耐摩耗性の向上	特許2862799	B29C 45/ 60 B29C 45/ 62 C23C 4/ 6	低融点金属を射出成形する射出成型機用部材であって、基材をNi基耐熱合金で構成するとともに、射出用溶融金属との接触部表面にCo基耐熱性合金を被覆した射出成形機用部材。
			特許3113234	B22D 17/ 20 F B29C 45/ 60 C23C 4/ 6	芯材をNi基またはFe基の耐熱材料とし、芯材のスクリュフライト山部表面にCo基耐熱性材料をライニングし、芯材の谷間表面には、硬質金属皮膜を形成した射出成形機用スクリュ。Mg射出成形機用スクリュとして要求される耐溶損性、耐摩耗性、高温強度のいずれもを満足する性能が得られる。
		湯漏防止	特開平11-320612	B22D 17/ 2 E B22D 17/ 20 G B29C 45/ 23	溶融物を射出する射出ノズルと2つの接続孔を備えたロータリバルブと、これを回転自在に収容する円筒穴を備えたバルブブロックと、ロータリバルブを回転駆動する手段を有し、射出ノズルに連通する第1の湯道と、一端が円筒穴に開口し他端が外部に解放されている金属射出成形機のロータリシャットオフノズル。
	小型化	多機能化	特開2001-38458	B22D 39/ 2 Z B22D 17/ 20 J B22D 17/ 30 Z	コンパクトで安価、寸法および重量精度の優れる金属製品の射出成形方法を提供することを目的として、本方法においては射出シリンダ内で金属原料を溶解し、同じシリンダ内で計量し、さらに同じシリンダから射出することを特徴とする。
	安全性向上	酸化防止	特開平9-155524	B22D 17/ 20 Z B29C 45/ 17	軽金属材料の射出成形機のスクリュ取出し方法において、射出成形機のシリンダバレル先端部に取付けら、内部を不活性ガス雰囲気とした筒状金属容器内に、スクリュを挿入しながら取出す射出成形機のスクリュ取出し方法。

表2.2.3-1 日本製鋼所の保有特許の概要（14/23）

技術要素	課題		特許番号	特許分類	抄録
半溶融成形	安全性向上	溶湯飛散防止	特開平11-254120	B22D 17/ 26 K B29C 45/ 84	溶融金属材料の飛散による災害を防止するとともに遮蔽板の取外し忘れにより金型のを損傷する危険を防止する安全装置において、本装置は金型を閉鎖した状態でも金型と干渉しない遮蔽板を有することを特徴とする。
	コスト低減	構造合理化	特開2000-263207	B22D 17/ 20 E B22D 17/ 20 Z	基端から先端まで連続する湯道を有し、基端部と先端部では異なる軸心上に配置されており、基部を射出シリンダの中心軸心上に配置したとき、先端部がダイカスト成形機用金型の溶融金属注口の中心軸上に位置する金属射出成形機のノズル。ダイカスト用金型と金属射出成形用金型では溶湯注入口の高さが異なる。
		素材の安定供給	特開2000-33279	B26D 1/ 38 R B09B 3/ 00ZAB B09B 3/ 00,301F	金属合金成形時の廃棄物および金属製品廃棄物を切断、破砕した1次破砕物を、固定刃と回転刃およびスクリーンを有する製造装置に投入する工程と、スクリーンを通過して外方へ飛ばしてチップを得る工程と、チップに混入する粉体を空気で強制排出する工程とからなるチクソモールデング法射出成形機用チップ製造方法および装置。
			特許2967385	B22D 17/ 00 B B22D 17/ 10 B22D 17/ 20 G	融点が450℃以下の合金を粒径5mm以下、長さ15mm以下に機械加工した切片を射出成型機に挿入し、この合金の融点のプラスマイナス15℃以内に加熱して金型に射出する射出成形品の製造方法および製造品。
			特許3121181	B22D 1/ 00 Z B22D 11/ 00 R B22D 17/ 00 Z	棒状または粒状の低融点金属原料を真空中または不活性雰囲気中で溶解して不純物を除去し、溶融状態でスクリュシリンダ装置に供給するとともに添加物を供給し、固液共存状態にしたあと金型に射出する低融点金属製品の製造方法。
			特許2976274	B22D 17/ 20 Z B22D 17/ 30 Z B29C 45/ 47	射出装置支持台上に互いに平行に配置されかつ同時に旋回できる1対の射出装置を使用して、低融点金属をそれぞれの射出装置で溶融し、計量し、射出するときは、それぞれの射出ノズルから金型の2本のスプルー孔を介して金型内の1個のキャビティに射出する低融点金属材料の射出成形方法。

表2.2.3-1 日本製鋼所の保有特許の概要（15/23）

技術要素	課題		特許番号	特許分類	抄録
金型	品質向上	ひけ・巣発生防止	特開2000-79459	B22D 17/ 22 F B22D 17/ 22 G B29C 45/ 34	湯まわり不良、湯じわ、未充填、ブリスタを防止するため、本金型内ガス排出装置は金型内のガスが充填路を流れる半溶融状態を含む溶融金属に押されて製品部内に巻き込まれないでガス排出路から容易に出て行くことを特徴としている。
		異物混入防止	特許2878077	B22D 17/ 20 G B22D 17/ 22 F B29C 45/ 26	固定金型にスプルーが形成され、可動金型にコールドキャチャが突設されると共に、スプルーは固定金型の一端面に充填口を有し、他端側がキャビティにつながり、コールドキャチャはスプルーの中心軸方向の中間部に先端があり、射出成形機のノズルに形成されるコールドプラグを受入れる凹部を有する射出成形用金型。
			特開平7-16720	B22D 17/ 20 G B22D 17/ 22 F B29C 45/ 26	可動金型と固定金型との間のキャビティの周囲に形成され、ゲートからキャビティ内に流入し、キャビティの前側面に衝突後に反射される低融点金属材料を捕捉するスラグ溜りを有する射出成形用金型のオーバーフロー装置。
		寸法・形状の精度向上	特許3130725	B29C 45/ 52 B22D 17/ 30 Z	逆流を防止し成形品の精度を向上することを目的とし、本装置はスクリュ本体側と大径部と逆流リングの短筒部とが遊嵌して溶融材料流路面積を速やかに減少し射出保圧工程時の逆流を防止することを特徴とする。
	生産性向上	トラブル対応	特開2001-47208	B22D 17/02 E B22D 17/20 Z	スプルーブッシュとノズル間から漏れた溶融金属のヒータおよび熱電対への飛散および付着を防止するため、本金属射出成形機のノズルカバーはノズル部、ノズル基部、ヒータおよび熱電対を覆うことを特徴とする。
		離型性向上	特開2001-113352	B22D 17/20 D B22D 17/22 B B29C 33/58	射出ユニットを離型剤を塗布するごとに移動させる必要がなく、成形サイクルが短い離型剤の塗布方法を提供する目的で、本金属射出成形機金型は可動側金型に凹部を設け、この凹部から離型剤を供給することを特徴とする。

表2.2.3-1 日本製鋼所の保有特許の概要（16/23）

技術要素	課題		特許番号	特許分類	抄録
金型	性能向上	構造合理化	特開2001-212861	B22D 17/ 22 D B29C 45/ 73 B29C 45/ 78	金型の温度を制御する成形機用金型の温度制御方法において、本方法は金型のキャビティの表層温度が設定温度になるように赤外線の照射により調節することを特徴とする。
			実開平3-118622	B22D 17/ 22 D B29C 45/ 73 B29C 45/ 78	本金型調温装置は射出成形機の金型に対し熱交換器を経た液体を循環させ金型の温度を所定レベルに保つことを特徴としている。
	安全性向上	溶湯飛散防止	特開2000-351055	B22D 17/32 H B22D 17/02 E B22D 17/20 F	ノズルタッチ面からの溶湯の漏出やシリンダ側への逆流がない金属射出成形機の制御方法において、本方法は金型のノズルに熱電対を設置し温度を検出し、異常があれば射出動作を停止する。
型締め装置	品質向上	寸法・形状の精度向上	特公平6-71753	B29C 45/ 64 B29C 45/ 80 B29C 45/ 82	製造された成形品の寸法を一定のものとするために簡単に金型寸法調整作業を行う事を目標とし、本装置はサーボ弁を含む制御機により金型締付け力を調整することを特徴とする。
			特開平5-124074	B22D 17/ 26 A B29C 45/ 64 B29C 45/ 76	射出成形時に高温となった金型に均一な型締力を加えることを目的とし、本調整方法は固定金型および可動金型を温調機により調温し、射出成形時の温度とし型締めを行うことを特徴とする。
			特開平8-309815	B22D 17/ 26 D B22D 17/ 26 J B29C 33/ 22	電動射出成形機の位置制御方法において、本方法は位置制御を行うサーボモータの速度のオーバーシュートをなくし、電動射出成形機の動作の信頼性を向上することを特徴としている。
			特開平9-262884	B22D 17/ 22 A B22D 17/ 26 D B29C 45/ 68	金型に片よった射出圧力が作用しても可動盤と固定盤との間の平行度が保たれる射出成形装置を提供することを目的とし、本装置は固定盤は射出ヘッドあるいはトラックレールに固定され、可動盤は型締ハウジングの型締機構に結合されていることを特徴とする。
			特開平10-286852	B22D 17/ 26 D B22D 17/ 26 J B29C 45/ 66	金型取付け面間の並行精度を容易に出すことができるトグル式型締装置において、本装置はトグル機構の長リングの一方を取り付けるためのリンク受部を移動調節可能テーパ状のスペーサを介在させ可動盤を取付けることを特徴としている。

表2.2.3-1 日本製鋼所の保有特許の概要（17/23）

技術要素	課題		特許番号	特許分類	抄録
型締め装置	操作性向上	型位置調整の容易化	特開2000-52353	B22D 17/ 26 H B29C 33/ 22 B29C 33/ 30	タイバーの引抜き方法において、本方法はタイバーと固定盤側のナットの連結を解き、エンドハウジングに装着された型厚調整ナットとその駆動装置のナットを解き、上側の型厚調整ナットのみを回転させてタイバーを引抜く。
			特開平6-91713	B22D 17/ 26 B B22D 17/ 26 D B29C 33/ 24	型厚の異なる金型に交換するさいのシャッタのストローク調整を省略することを目的として、本設備はシャッタの代わりにハウジングおよび可動盤間の軸心部にクランプ機構と型締めシリンダを設けることを特徴としている。
			特許3156814	B22D 17/ 26 D B22D 17/ 26 J B29C 45/ 66	操作方法が容易で短時間で実施できる型締め装置の操作方法を提供することを目的とし、本方法はあらかじめ金型取付け間隔量と移動型盤と可動盤の距離を一致させ型厚を調整することを特徴とする。
		型締制御の容易化	特開平4-197714	B22D 17/ 26 J B29C 33/ 24 B29C 45/ 64	従来の型締め完了検知方法および装置にはその信号の信頼性が不足する問題があった。本検知装置においては型締め装置の弾性変形による部材の変異速度を検知し信号を出すことにより問題を解決した。
			特公平7-110510	B22D 17/ 26 J B29C 33/ 22 B29C 45/ 66	ばね付き3枚金型など金型同士を引き離す力が作用する金型組立て体では締付け力設定機構が複雑になる。本方法ではトグル機構が力を伝達するときの特性を利用して大型化を避けた。
			特開平8-244083	B22D 17/ 26 D B22D 17/ 26 J B29C 45/ 66	停電などの電源遮断時に型締ロック状態をアンロック状態とする型締選択方法において、本方法はオフセット量を設定器で設定して電源遮断時に型締装置がロック状態またはアンロック状態の何れかになるよう選択できる。
			特許3037580	B22D 17/ 26 D B22D 17/ 26 J B29C 45/ 68	単純な型締制御方法を目的として、本方法は初期型締力の設定領域を型締シリンダの出力と型締力とがほぼ比例関係にある型締シリンダ出力のほぼ3分の2の範囲に限定することを特徴としている。
			特開平9-300416	B22D 17/ 26 D B22D 17/ 26 J B29C 45/ 68	型締条件の設定時や変更時に、適正な移動時間の設定を容易とする型締調整方法を提供することを目的として、本方法は各段間の最短移動時間を算出し、各段間の移動時間の設定時間が各段間の最短移動時間より短くなった場合警報を発する。
			特開平10-305464	B22D 17/ 26 D B22D 17/ 26 J B29C 45/ 66	金型内に圧縮バネが配置された金型で、型締力の調整を容易に行うことができる型締力調整方法において、本方法はトグル式成形機のクロスヘッドの位置により可動盤の押し力が一定になるようクロスヘッドの押し力を可変としている。

表2.2.3-1 日本製鋼所の保有特許の概要（18/23）

技術要素	課題		特許番号	特許分類	抄録
型締め装置	操作性向上	型締制御の容易化	特開平11-129303	B22D 17/ 22 H B29C 33/ 22 B29C 45/ 67	タイバーロック装置のハーフナットのタイバーねじに対するかみ込み不良を防止するタイバーロック方法において、本方法は装置が有する1対のハーフナットをタイバーに対してその直径方向に同期して開閉させることを特徴とする。
			特開平11-198204	B22D 17/ 26 D B22D 17/ 26 J B22D 17/ 32 Z	型締中に停電が発生した場合でも、型開き可能な型締油圧回路を提供することを目的として、本回路はアキュムレータを有する型弛め回路を付加し、停電時アキュムレータから高圧油を流し金型を弛める。
	生産性向上	型開閉時間の短縮	特公平6-65485	B22D 17/ 22 Z B22D 17/ 32 Z B29C 33/ 20	金型の開閉速度を容易に変更することを目的として、当金型開閉方法、装置は金型を駆動する加速度を許容される範囲で大きく、自動的に変更し開閉時間を短くすることを特徴とする。
			特開平7-117090	B22D 17/ 26 H B29C 33/ 24 B29C 45/ 67	構造が簡単で安価であるにもかかわらず高速で可動盤を駆動できる型締装置を提供することを目的に、本装置は油圧シリンダ・ピストン機構をタイロッドとこれらのタイロッドを囲むように配置するシリンダを有することを特徴とする。
			特開平8-294950	B22D 17/ 26 B B29C 33/ 24 B29C 45/ 67	オーバーパックなどの現象が生じても型開きできる金型駆動方法を提供することを目標として、本方法は型開閉ピストンシリンダ装置により金型タッチ位置から型を開くときピストンシリンダ装置に型開き方向に供給する時間または位置を設定する。
			特開平9-254213	B22D 17/ 26 D B29C 33/ 22 B29C 45/ 68	所要時間の短縮を目的とし、本装置はトグルリンク機構をロッキングするためのパイロット操作チェック弁を介在させ、トグルリンク機構が完全に伸びきらない弛んだ状態で型締するように構成したことを特徴とする。
			特開2000-185345	B22D 17/ 26 G B29C 45/ 68	1対のハーフナットの開閉動作時間を短縮できるタイバーロック装置の提供を目的として、本装置のハーフナットはそれぞれラックを備え、ラックは逆方向に直線移動するピニオンに噛合されていることを特徴とする。
			実公平8-1847	B22D 17/ 26 B B29C 33/ 22 B29C 45/ 66	型締と型開閉を独立の電動機で作動させるようにした電動射出成形機の型締装置において、本装置は可動型の第1ボールナットを回転させるための型締用電動機と第2ボールねじ部を回転させるための型開閉用電動機はそれぞれ独立している。

表2.2.3-1 日本製鋼所の保有特許の概要（19/23）

技術要素	課題		特許番号	特許分類	抄録
型締め装置	生産性向上	金型寿命延長	特許2659322	B22D 17/ 26 D B22D 17/ 26 H B22D 17/ 26 J	設定値以上に大きい型締め力が作用し型締め装置や金型を損傷することを防止することを目的として、本装置はタイバーの伸びをあらかじめ測定し、設定値以上に伸びないように設定することを特徴とする。
			特開平9-267370	B22D 17/ 26 J B22D 17/ 26 K B29C 45/ 66	金型が異物を挟んだ場合、短時間で警報を発して型閉じ動作を停止し金型の損傷を防止する金型保護方法を提供する目的で、本方法は金型保護時間を金型タッチ開始時点から金型タッチ完了時点までの時間に余裕を加えて時間とすることを特徴とする。
		交換作業の効率化	特公平7-55504	B22D 17/ 26 J B29C 33/ 22 B29C 45/ 67	金型交換による金型の型厚の変化に対応できる締付け方法を得ることを目的とし、締付けに用いられるハーフナットの係合突起とタイバーの係合突起とをあらかじめ設定した距離だけオーバーラップさせることを特徴とした型締め方法。
		メンテナンス改善	特公平6-45141	B22D 17/ 26 L B29C 33/ 24 B29C 45/ 67	射出成形機の型締め装置に摩擦クランプ装置が用いられスリーブ寿命が短くなる問題があった。本摩擦クランプ装置はスリーブに働く力を電気量に変換し、それに対応した圧力を加えることで問題を解決した。
			特開平9-254210	B22D 17/ 26 D B22D 17/ 26 J B29C 45/ 66	再現性のある安定した原点復帰可能な型締モータ制御方法において、制御モータの原点復帰を金型タッチ位置付近の通過を位置検出手段で検出し、検出直後のモータエンコーダのZ相位置で位置カウンタをクリアすることにより実施することを特徴とする。
			特開平9-300415	B22D 17/ 26 B B22D 17/ 26 J B29C 45/ 67	射出成形機の置かれた環境変化に追従して調節が可能な型締装置の提供を目的として、本装置は油圧発生シリンダ装置のピストン位置で型締力の制御を行うことを特徴としている。
	性能向上	型締力精度の向上	特公平8-25212	B22D 17/ 26 J B29C 33/ 22 B29C 45/ 66	型締め制御方法において型締め完了位置の正確性など制御精度の向上を目的とし、本方法は型締め開始工程の締め速度を型締め完了工程の速度より大きくすることにより目的を達成する。
			特開平6-155477	B22D 17/ 26 J B29C 33/ 24 B29C 45/ 64	型締め装置の精度が良い金型接触位置設定方法を提供することを目的とし、本方法は型締め用アクチュエータの発生した力が設定力と等しくなったときの可動部の位置を型締め工程開始とすることを特徴としている。
			特開平6-304983	B22D 17/ 26 D B22D 17/ 26 J B29C 45/ 66	トグル式型締装置で高精度の型締め調整を行うことを目的として、本方法は圧縮開始から圧縮終了まで型締めシリンダのピストンストローク範囲を設定圧縮力と設定圧縮量により決定する。
			特開平7-156233	B22D 17/ 26 J B29C 45/ 68 B29C 45/ 70	圧縮成形を高品位に行う型締制御方法を提供することを目的として、本方法は型締シリンダのストローク位置を位置センサからの位置データにより検出し、演算処理することを特徴とする。

表2.2.3-1 日本製鋼所の保有特許の概要（20/23）

技術要素	課題		特許番号	特許分類	抄録
型締め装置	性能向上	型締力精度の向上	特開平8-34043	B22D 17/ 26 D B22D 17/ 26 J B29C 45/ 68	型締力の調整範囲の広いトグル式射出成形機の型締付け力調整において、本方法は型厚調整ナットにかかる負荷に応じて型締シリンダに供給する油圧力を調整するように構成されている。
			特開平10-278084	B22D 17/ 26 D B22D 17/ 26 J B29C 33/ 22	型締力の誤差が少ない型締力設定方法において、本方法は初期金型タッチ工程において発生する型締力によるハウジングの後退量を検出し設定型締力発生のために必要な位置へのハウジングの移動量を補正することを特徴とする。
			特開平11-198202	B22D 17/ 26 D B22D 17/ 26 J B29C 45/ 66	型締の反力を安全に解放することができる可動盤制御方法を提供するため、本制御方法は操作モードを入りから切りに選択した場合には、可動盤を金型タッチ位置または型締力の反力を受けない位置まで開くことを特徴とする。
	省力化	型開閉の自動化	特許2832626	B22D 17/ 26 J B29C 33/ 22 B29C 45/ 66	正確な型締力を得ることができる電動式トグル式射出成形機の型締め力調整方法を提供することを目的とし、クロスヘッドが所定の位置に到達したとき、開閉モータを停止させるとともに逆回転させることを特徴とする。
			特開平4-163016	B22D 17/ 26 J B21D 37/ 4 U B29C 33/ 20	射出成形機の型開閉制御は操作量がオペレータにより設定されており、個人差が能率、品質に影響した。本制御装置ではファジィ演算理論を操作量の演算理論として使うことを特徴としている。
			特開平5-309707	B22D 17/ 26 D B29C 45/ 66 B29C 45/ 76	射出成形機の自動型締力調整方法の提供を目的とし、本方法はトグルリンクの角度と型締めハウジングの位置より金型厚さを算出し、金型厚さに応じた必要型締め力を得て自動的に型締めを行う。
			特開平7-32435	B22D 17/ 26 J B29C 33/ 22 B29C 45/ 66	金型タッチ位置および型締完了位置が所定以上の場合自動成形運転を中断して再度手動によって型締力調整を行う必要がある。本方法は自動成形サイクル間に型厚補正を行いこの問題を解決する。
			特開平7-156277	B22D 18/ 2 B22D 17/ 26 D B22D 17/ 26 J	量産性を得るため型締を自動的に開始させることを目標として、本方法は金型タッチ位置を所定量手前の位置に変更し型閉じ工程中設定位置に達した時、射出を行うと同時に型締を開始することを特徴とする。

表2.2.3-1 日本製鋼所の保有特許の概要 (21/23)

技術要素	課題	特許番号	特許分類	抄録
型締め装置	省力化 型開閉の自動化	特開2000-15677	B22D 17/ 26 D B22D 17/ 26 J B29C 33/ 22	型締力の調整範囲の広い自動型締力調整方法を提供することを目的として、本方法は固定盤と可動盤との間の型厚が固定金型と可動金型との金型厚より大きい状態で、所定の型締力を得るためのクロスヘッドの位置を決めることを特徴としている。
	小型化 構造合理化	特開平5-301264	B22D 17/ 26 B B29C 33/ 22 B29C 45/ 66	型締め装置の駆動部を小型化および騒音防止を目的として、本装置は型開閉用モータとこれとは別の型締め用モータとをクラッチ機構を介して別々に駆動できるようにしたことを特徴とする。
		特開平8-169040	B22D 17/ 26 B B29C 33/ 22 B29C 45/ 64	安価で小型化が可能な型締装置を実現することを目的として、本装置は固定盤および可動盤を電磁力により型締を行う電磁石と、型閉じと型開きを行う型開閉用駆動手段を備えていることを特徴とする。
	コスト低減 構造簡素化	特開平3-173612	B22D 17/ 26 H B29C 33/ 24 B29C 45/ 67	型締め装置における型厚調整は型締めシリンダのストロークのみにより行われ装置の大型化が課題となっていた。その課題を解決するためタイバーの移動ねじと型締めピストンの相対移動を可能にすることを特徴とした。
		特許2527514	B22D 17/ 26 H B22D 17/ 26 L B29C 33/ 20	タイバーの強度を確保するためタイバーにねじ加工を施すことなく型盤とタイバーを締結した型締め装置を提供することを目的とし、本装置は弾性体により型盤とタイバーを締結することを特徴としている。
		実開平3-1020	B22D 17/ 26 D B29C 33/ 22 B29C 45/ 66	射出成形機に使用されるトグル装置において、本トグル装置はリンクピンの摺動面が長リンク側となるように短リンクとリンクピンを相互に固定することを特徴とする。
	構造合理化	特開平7-256720	B22D 17/ 26 B B22D 17/ 26 H B29C 33/ 24	逆止弁が設けられているにもかかわらず圧損の小さい油圧式型締装置を提供することを目的として、本装置はパイロット操作逆止弁が型締用のピストンシリンダ機構の型締シリンダに内蔵されていることを特徴とする。
		特許2920732	B22D 17/ 26 B B22D 17/ 26 H B29C 33/ 24	作動油の昇温回路を格別に設けなくとも作動油を加熱できるなど高能率の型締装置を提供することを目的として、本装置は作動油を加温するとき型締管路と戻管路の開閉弁と連絡管路の開閉機構を開放できる機構を含むことが特徴である。
		特開2000-127215	B22D 17/ 26 J B29C 45/ 67 B29C 45/ 82	油量を削減し省エネを実現する型締装置の油圧制御装置において、本装置はロッド室から排出された作動油をヘッド室に補充する補充手段を備え、補充手段は型閉め動作開始後所定時間が経過したのち作動油の補充を行うことを特徴とする。
	部品の破損防止	特開平10-305465	B22D 17/ 26 D B29C 45/ 66	可動盤および固定盤の傾きによる金型の破損を防止できる型締装置を提供することを目標として、本型締装置はクロスヘッドのぐらつきを押さえるとともに、タイバー、型締ハウジング、タイバー支えにて箱体構造を形成し、型締ハウジング自体のぐらつきを押さえる。

表2.2.3-1 日本製鋼所の保有特許の概要（22/23）

技術要素	課題		特許番号	特許分類	抄録
型締め成形	コスト低減	部品の破損防止	特開平10-296811	B22D 17/ 26 B B22D 17/ 26 H B29C 33/ 22	連結盤に歪が発生してハーフナットの開閉ができないトラブルが発生しない複合直圧式型締装置の型締方法において、本方法はすべてのハーフナットがロック状態となった後型締工程に進むことを特徴としている。
			特開平9-254158	B22D 17/ 26 D B22D 17/ 26 H B29C 33/ 22	タイバーに過負荷が加わったときにも応力が集中する段差部がないトグル式型締装置におけるタイバーのプリテンション機構を実現するため、本設備は固定盤と型締ハウジングが複数のタイバーにより連結される機構を含んでいる。
制御装置	品質向上	ひけ，巣発生防止	特許3013226	B22D 17/ 20 G B22D 17/ 20 J B22D 17/ 30 Z	固液の温度幅が狭い合金に容易に適用できる金属成形品の製造方法において、本方法は供給部、圧縮部、貯留部などからなる射出成形機のシリンダバレル内で金属原料を外部から加える熱で液相線以上の溶融状態にしたあと射出することを特徴とする。
			特開2000-177643	B22D 17/ 32 Z	シリンダ温度の設定ミスを防止し、温度設定の容易な表示方法の提供を目的とし、本方法は温度の設定値と測定値を金属成形材料の状態遷移図から各相ごとに色分けして表示することを特徴とする。
	操作性向上	操作の容易化	特開平9-225984	B22D 17/ 32 H B22D 17/ 32 Z B29C 45/ 76	1台のモータ制御装置と1台のモータアンプとモータ切替スイッチを順次接続し、サーボモータとこのサーボモータと射出機の動作上同時に動作しない可変速モータを、モータ切替スイッチを切り替えて動作させる。
			特開平10-24467	B22D 17/ 32 B B29C 45/ 46 B29C 45/ 53	射出シリンダの後退側油室内の油の放出を止めてピストンを静止した状態で、射出シリンダの前進側油室に加圧油の導入を開始して加圧油を充満させて前進側油室内の油圧力を上昇した状態で後退側油室内の油の放出を開始する。
			特開平10-128811	B22D 17/ 32 A B22D 17/ 32 B B22D 17/ 32 H	射出用電動モータをスクリュの速度設定値に検出速度を加え合わせた速度のフィードバック制御し、スクリュの検出圧力値が圧力制限値を超えた時には圧力制限値に検出圧力値を加え合わせた圧力のフィードバック制御により制御する。
	性能向上	高機能化	特開平5-228973	B22D 17/ 32 Z B29C 45/ 50 B29C 45/ 78	射出装置のスクリュの各ゾーンに対応させてシリンダにゾーン数の2倍以上の数のヒータを軸心方向に向けることにより温度制御ゾーンを区分し、各温度制御ゾーンごとに設定温度と測定温度を比較し、比較値にもとづいてヒータをオン・オフ制御する。

表2.2.3-1 日本製鋼所の保有特許の概要（23/23）

技術要素	課題		特許番号	特許分類	抄録
制御装置	性能向上	高機能化	実公平5-44115	B22D 17/ 32 A B29C 45/ 77	切換手段が速度設定器およびオープンループ用圧力設定器の設定値にもとづいて指令を出すとオープンループ制御で動作し、他方、切換手段が速度設定器びクローズドループ用圧力設定器の設定値にもとづいて指令を出すとクローズドループ制御で動作する。
	省力化	設定の自動化	特許2834611	B22D 17/ 32 Z B29C 45/ 20 B29C 45/ 40	射出成形機の可動部材が原点位置から任意の位置に達したときに信号を発信し、その位置を検出して演算器で自動読み取りし、記憶部に信号に対する位置読み取り値を対として記憶し、変換器によって制御位置設定値として変換する。
	安全性向上	製品の破損防止	特開平3-262620	B22D 17/ 22 N B29C 45/ 17	複数の取り出し機からの成形品を互いに衝突することなくコンベア上に供給することを目的とし、複数のエリア識別体とそれに対応する識別センサを備えることを特徴とした製品搬送制御装置。
	コスト低減	構造合理化	特開平5-250028	B22D 17/ 32 Z B29C 45/ 76 G05B 19/ 417 Q	射出成形機の制御装置は複数の制御ユニットで構成され、これら制御ユニットにシリアルデータ通信用の通信インタフェースモジュールを設け、各通信インタフェースモジュールを通信ケーブルによりループ状に接続する。
			特開平6-254934	B22D 17/ 32 C B22D 17/ 32 Z B29C 45/ 82	1台のモータによって複数のポンプを駆動するさいに、モータの能力範囲内で、吐出圧力に対する吐出流量が最大になるように、圧力センサで吐出管路の圧力を検出して制御器に入力して、その検出信号に応じて制御器は切換弁の切換位置を指令する。

2.2.4 開発拠点

金属射出成形技術の開発を行っていると思われる事業所、研究所などを特許情報に記載された発明者住所をもとに紹介する。（但し、組織変更などによって現時点の名称などとは異なる場合もあります。）

　　広島県：広島製作所

2.2.5 研究開発者

図2.2.5-1には、特許情報から得られる日本製鋼所の発明者数と出願件数との推移を示す。発明者数と出願件数は1995年にピークを示し、いったん減少しているが、97年から増加傾向にある。

図2.2.5-1　日本製鋼所の発明者数と出願件数との推移

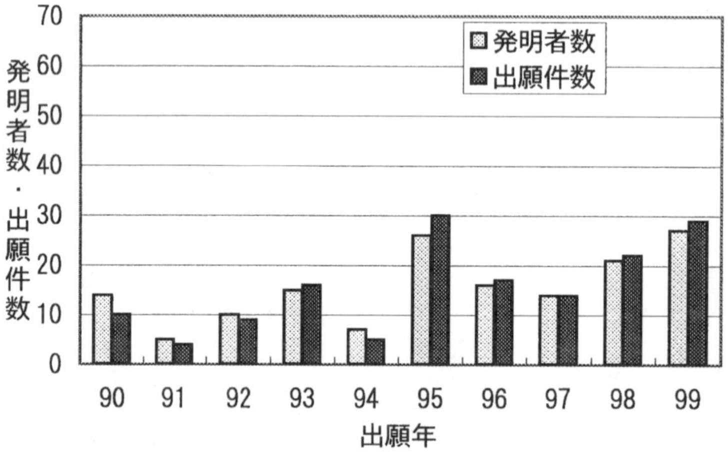

2.3 宇部興産

2.3.1 企業の概要

表2.3.1-1 宇部興産の企業概要

1)	商号	宇部興産　株式会社		
2)	設立年月日	1942年3月		
3)	資本金	43,564百万円		
4)	従業員	3,629 人		
5)	事業内容	石油化学系基礎製品製造業、セメント製造業		
6)	技術・資本提携関係	技術：ノードバーク日本、スルザーケムテック(スイス)、三井化学、新潟鐵工所		
		資本：モルガン信託銀行、日本トラスティサービス信託、三和銀行		
7)	事業所	本社／東京、宇部、工場／宇部、堺、市原、伊佐、苅田、 研究所／宇部、市原		
8)	関連会社	国内：グランドポリマー、宇部三菱セメント、宇部マテリアルズ、 　　　宇部興産機械、富士車輌、海外：欧米、東南アジア		
9)	業績推移	年　度	1998	1999	2000
		売　上　げ　百万円	314,392	276,325	242,547
		損　　益　　百万円	1,507	3,259	3,216
10)	主要製品	基礎化学品、精密化学品、機能性材料、各種プラスチック、射出成形機、運搬機器、粉砕機器、橋梁・鉄構、軽金属成形品、セメント、建材、マグネシウム、石炭、電力事業、セラミックス、メディカル		
11)	主な取引先	ユニチカ、日商岩井		
12)	技術移転窓口			

　主力は化学、セメント。射出成形技術ではダイカストマシンに関する出願が多い。レオキャスト法も開発。近年金属Mg成形品も自動車部品への応用などで新局面を展開。2000年度の成果としては世界最大の1,400トン電動射出成形機の開発が挙げられる。
　金属射出成形技術の開発拠点は本社のある宇部である。

2.3.2 溶融金属射出成形技術に関連する製品・技術

表2.3.2-1 宇部興産の溶融金属射出成形技術に関連する製品・技術

技術要素	製　品	製品名	備考	出　典
成形装置	射出成形機	UBE MDシリーズ	発売中	http://www.ube-ind.co.jp/japanese/index.htm
成形装置	ダイカストマシン	UB350NXC	発売中	http://www.ube-ind.co.jp/japanese/index.htm
半溶融	レオキャスト成形機	ニューレオキャストマシン	パンフレット	パンフレット宇部興産
半溶融	レオキャスト成形機	ニューレオキャストプロセス	技術論文	1998日本ダイガスト会議論文集、P123 (1998)
半溶融	レオキャストマシン	―	技術論文	軽金属、Vol.51, P568 (2001.10)

　ダイカストマシンならびに半溶融金属射出成形技術であるニューレオキャストマシンを開発、販売している。ニューレオキャストマシンはアルミニウム合金が対象。
　成形装置関連で品質向上のために溶湯制御に注力、操作性向上では射出部装置に注力している。また半溶融成形に対しても品質向上のための溶湯制御やコスト低減のために射出部装置の開発を行っている。

図2.3.2-1 ニューレオキャストマシンとスラリー製造装置のレイアウト

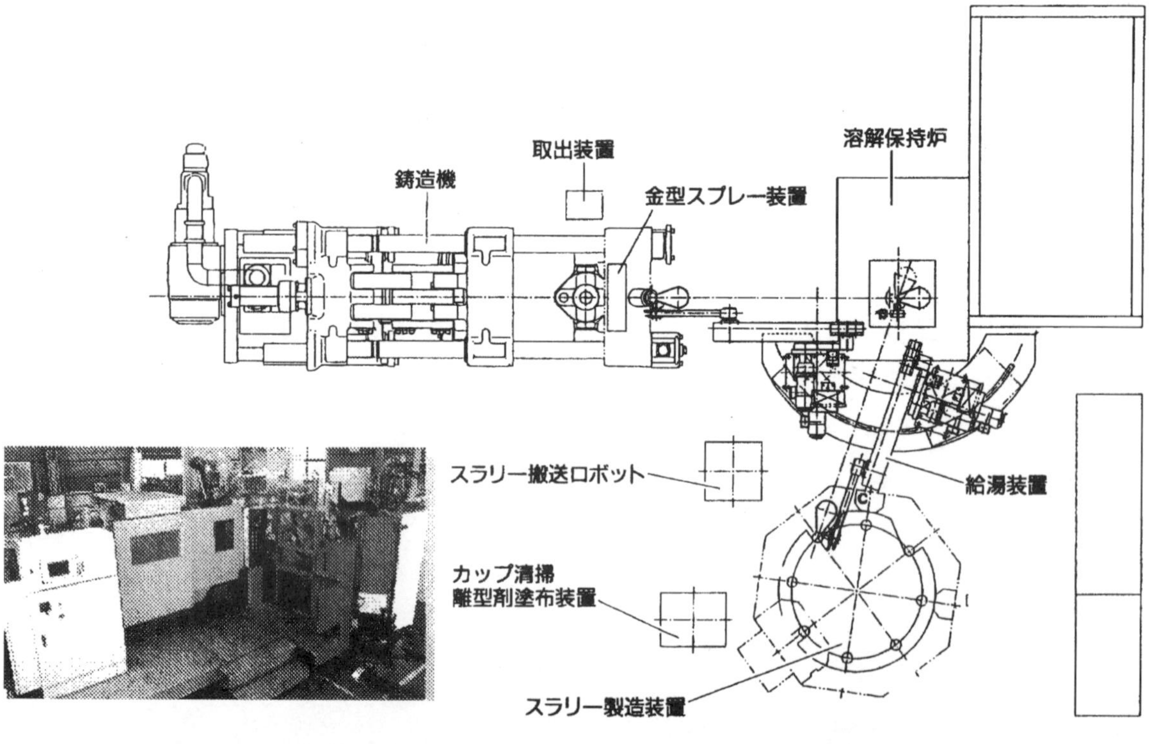

2.3.3 技術開発課題対応保有特許の概要（溶融金属射出成形技術）

　宇部興産は、成形装置の技術要素に関する特許件数が溶融金属射出成形技術の主要12社中もっとも多い。また、型締め装置の技術要素に関する特許件数も多い。さらに、半溶融成形の技術要素関する特許件数も比較的多い。成形装置、半溶融成形、制御装置の技術要素について技術開発課題と解決手段対応図を図2.3.3-1～図2.3.3-3に示す。

　成形装置に関しては、品質向上にかかわる寸法・形状の精度向上に対して溶湯制御の解決手段で対応し、ガス混入防止に対して型関連装置の改良で対応している。また、型関連装置の解決手段で、コスト低減、性能向上、操作性の向上の課題に対応している。具体的な解決手段として油圧あるいはモータ駆動ボールねじ方式の構造改良、金型接合面の間隙計測による方法、潤滑材噴霧装置の自動化などが挙げられる。

　型締め装置に関しては、型構造に関連する解決手段が多い。寸法・形状の精度向上に対しては、金型の湾曲を防止する方法が挙げられる。さらに、型開閉時間の短縮、金型寿命改善、コスト低減、操作性の向上の課題も型構造に関連する解決手段で対応している。具体的な解決手段としては油圧シリンダ、トグル機構、ダイバー構造の改良などが挙げられる。さらに、小型化の課題に対応する解決手段も多い。例えば、クロスヘッドシリンダと型締めシリンダを連結させた構造にして小型化している。

　半溶融に関しては、寸法・形状の精度向上の課題に対応する解決手段が比較的多く、断熱容器中で温度制御、固液共存状態の液相量の制御（溶湯制御）を解決手段としている。さらに、コスト低減にかかわる素材の安定供給の課題に対応する解決手段も比較的多く、溶湯の温度制御、射出部装置の改善の解決手段で対応している。

　制御装置に関しては、ひけ・巣発生防止に対して制御系の改善、制御機能の改善の解決手段で対応している。油圧作動の射出プランジャの位置制御と速度制御が挙げられる。さらに、油圧作動弁の改善による射出速度、圧力制御を高精度化（制御機能の改善）することにより、性能向上、操作性向上の課題に対応している。

　金型に関しては、金型、金型交換および固定法の構造改良により、ひけ・巣発生防止、金型寿命改善、予熱自動化、メンテナンス改善を図っている。

図2.3.3-1 技術開発課題と解決手段対応図（成形装置、宇部興産）

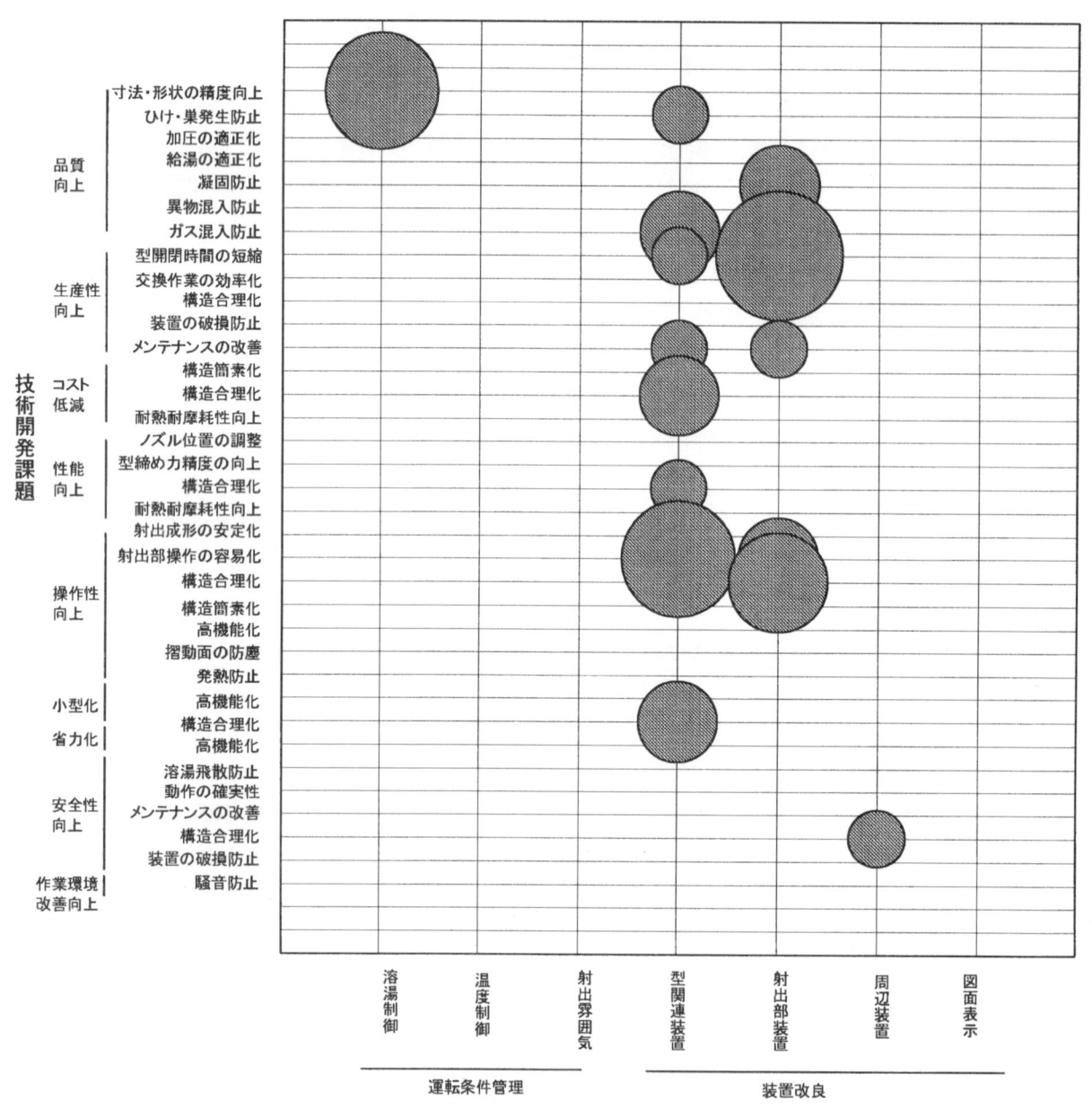

図2.3.3-2 技術開発課題と解決手段対応図（半溶融成形、宇部興産）

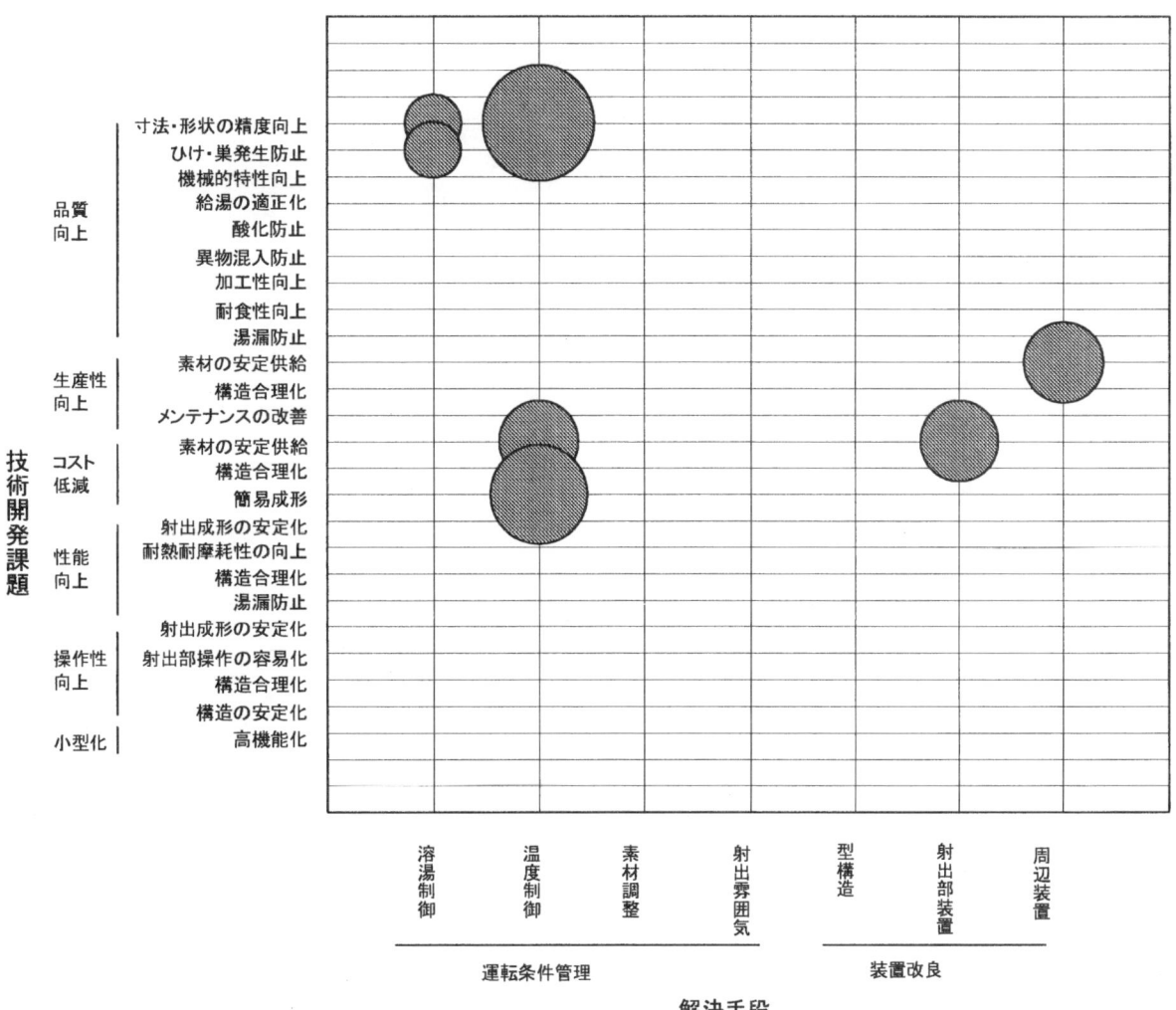

図2.3.3-3 技術開発課題と解決手段対応図（制御装置、宇部興産）

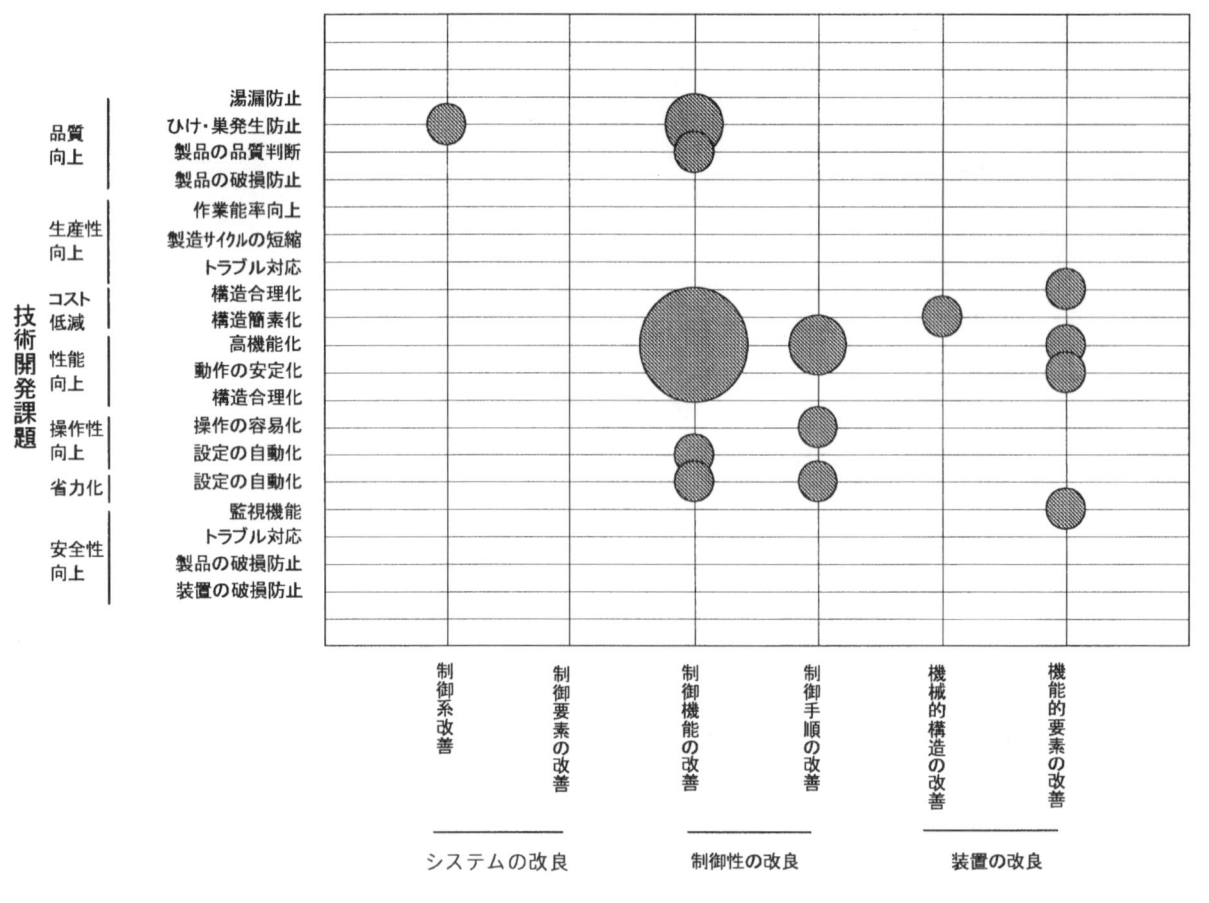

（縦軸）技術開発課題：
- 品質向上：湯漏防止／ひけ・巣発生防止／製品の品質判断／製品の破損防止
- 生産性向上：作業能率向上／製造サイクルの短縮／トラブル対応
- コスト低減：構造合理化／構造簡素化
- 性能向上：高機能化／動作の安定化／構造合理化
- 操作性向上：操作の容易化／設定の自動化
- 省力化：設定の自動化／監視機能
- 安全性向上：トラブル対応／製品の破損防止／装置の破損防止

（横軸）解決手段：
- システムの改良：制御系改善／制御要素の改善
- 制御性の改良：制御機能の改善／制御手順の改善
- 装置の改良：機械的構造の改善／機能的要素の改善

表2.3.3-1 宇部興産の保有特許の概要（1/18）

技術要素	課題		特許番号	特許分類	抄　　録
成形装置	品質向上	ガス混入防止	特開平10-225757	B22D 17/ 2 E B29C 45/ 26	低融点金属の加熱保持炉、横型締竪鋳込型の金型、射出装置、射出装置と保持炉とを連結する溶湯管路および戻り管路、溶湯管路からゲートへ溶湯を連通・遮断するゲートバルブからなる低融点合金鋳造装置。Sn-Biなどの合金が対象。
			特開平10-225754	B22D 17/ 2 B B22D 17/ 2 E B29C 45/ 26	低融点金属の加熱保持炉、横型締竪鋳込型の金型、射出装置、射出装置と保持炉とを連結する溶湯管路および戻り管路とを有し、金型キャビティにランナー部を2箇所設け、それぞれに射出ポンプと溶湯を連通・遮断を行うゲートバルブを有する低融点合金鋳造装置。

表2.3.3-1 宇部興産の保有特許の概要（2/18）

技術要素	課題		特許番号	特許分類	抄録
成形装置	品質向上	ガス混入防止	実公平7-7012	B22D 17/ 22 B B22D 17/ 22 G B29C 45/ 34	竪型締型射出成形機の金型用ガス抜き装置であって、隣接する中子の境界部に形成されるキャビティの上端外周部と連通するガス抜き溝と、ガス抜き溝と連通し中子の下端部に設けられた半割穴とを備え、上下動する中子に設けた半割穴内に下方向に開弁し得るように弁体を支持するガス抜き装置を固定金型に上向きに取付けた金型用ガス抜き装置。
		凝固防止	特開平3-254348	B22D 17/ 12 B B22D 17/ 20 F B29C 45/ 62	射出スリーブ内にセラミック製の内筒と、この内筒と焼きばめまたは冷やしばめされた中間筒と、中間筒を数箇所でのみ保持する外筒と、中間筒と内筒の一端面を押圧するスペーサからなる射出スリーブを有する射出装置。
			特開平10-225755	B22D 17/ 2 B B22D 17/ 32 C B22D 17/ 32 J	低融点金属の加熱保持炉、横型締竪鋳込型の金型、射出装置、射出装置と保持炉とを連結する溶湯管路および戻り管路、溶湯管路からゲートへ溶湯を連通・遮断を行うゲートバルブからなる装置に関し、ゲートバブル部を熱媒体を通過循環させて温度調整を行う低融点合金鋳造装置。
		寸法・形状の精度向上	特開平7-204823	B22D 17/ 12 Z B22D 17/ 20 E B22D 17/ 32 B	モータでボールネジを駆動させ、プランジャチップを前進させて金型キャビティ内に溶湯を充満させ、加圧用シリンダを作動させてボールネジ装置全体を前進させて加圧動作に移るにさいし、射出充填から加圧動作への切替指令をロードセルなどで検知して所定の圧力になってから行う射出方法。
			特公平7-41394	B22D 17/ 22 E B22D 17/ 22 F B29C 45/ 27	キャビティに溶湯を充填したのち、溶湯が凝固する前に押湯棒を押し込んで連通口を塞ぎ、ランナ部とビスケット部との連通が遮断され、ランナ部の溶湯がビスケット部に逃げずキャビティへ押湯効果を与える成形方法。
			特許2593110	B22D 17/ 26 J B22D 17/ 32 B B22D 17/ 32 H	射出が終了したのち、型締力と射出力のうち先に解除される圧力を少しずつ下げ、後から解除される圧力との差を小さく押えるようにした型締力、射出力解除方法。

表2.3.3-1 宇部興産の保有特許の概要 (3/18)

技術要素	課題		特許番号	特許分類	抄録
成形装置	品質向上	寸法・形状の精度向上	特許3033884	B22D 17/ 26 J B22D 17/ 32 J B29C 45/ 64	金型の接合面の間隙を計測し、間隙が設定された許容範囲を越えた時は金型の型締力を修正して再型締めし、間隙が許容範囲に収まることを確認したあと、射出工程を行う成形方法。
		ひけ・巣発生防止	特許2592703	B22D 17/ 22 E B29C 45/ 26 B29C 45/ 73	押湯用のピンを金型キャビティの一面から金型キャビティ内に出し入れ自在に設けることにより、ピンの突出路の溶湯を排し、溶湯をキャビティのすみずみに行きわたらせ、内部にガスを含有しない成形品を得る成形装置。
	操作性向上	構造合理化	特公平7-90351	B22D 17/ 12 B B22D 17/ 26 B B29C 33/ 24	固定盤に固定型が保持される成形機において、可動型を固定型から離反させる型開き時に、型開き方向に押圧する型開き用押圧装置を設けた成形機の型締め装置。樹脂製品の射出成形機、金属製品のダイカスト機等々の金型用型締め装置。
			実公平7-39481	B22D 17/ 12 B B29C 45/ 26 B29C 45/ 53	上下方向に貫通する貫通孔状のゲートを有する下金型本体と、固定スリーブ装着用開口が上下方向に貫通する支持盤と、固定スリーブおよび射出スリーブを有する溶湯射出装置と、下金型を上方に押圧移動させる押上げシリンダと、上金型本体および押湯用のピンを備え、ゲートの内径は射出スリーブ内径より小で、固定スリーブ上端部内周面を上方に向って内径が小さくなるテーパ面とした縦型射出成形装置。
			実公平7-10842	B22D 17/ 12 B B22D 17/ 26 B B29C 33/ 24	シリンダプラテンと可動盤とをロッドエンド側を下方に指向させた型開閉シリンダで連結し、型開閉シリンダのロックエンド室下部に給油孔とピストンで順次閉塞される複数個の排油孔を設け、型開閉シリンダのヘッドエンド室を油分離タンクを介して大気に解放した竪型型締装置。
			特公平7-22814	B22D 17/ 20 E B22D 17/ 20 Z B29C 45/ 53	モータと支持フレームとの間に設けれらたネジ軸を有する回転ー直線伝達機構、ネジ軸の軸線方向に移動可能な中間押出し部、支持フレーム中心部に支持され昇降自在に取付けられたプランジャ先端のプランジャチップを内孔に進退自在に嵌合された射出スリーブを持つ射出装置。
			特開平11-10303	B22D 17/ 20 D B29C 33/ 58 B29C 45/ 83	離型剤供給室に供給された離型剤をスプレイ液用パイプから噴出させるさいに、スプレイエア供給室に供給されたエアをスプレイエア用パイプから噴出させることによって霧化させ、また噴霧終了時には、隔膜押圧エア供給室にエアを導入してスプレイ液供給室への液の供給路を遮断する溶湯接触面への液状剤噴霧方法及び装置。

表2.3.3-1 宇部興産の保有特許の概要（4/18）

技術要素	課題	特許番号	特許分類	抄録
成形装置	操作性向上	射出成形の安定化 特開平7-132543	B22D 17/ 20 J B29C 45/ 62 B29C 45/ 74	バレルの外周に加熱用ヒータを設けバレル温度を自動制御する射出成形機において、バレル温度の実測値が設定値を超えたときと設定値以下のときのPID定数を異なる値に設定する射出成形機のバレル温度制御方法。
		特許2554962	B22D 17/ 00 C B22D 17/ 24 Z B22D 19/ 8 E	自動車エンジンブロックなどの鋳造にさいし、シリンダーライナなどの筒状インサートを保持するため、保持部の外周面に螺旋状の溝を軸線方向に複数ピッチ連続して設けてコイルバネを挿入し、コイルバネの端部の外径をインサート内径よりも小径とし、残りの部分の外径をインサート内径より大きくした筒状インサート保持装置。
		特開平6-246418	B05B 3/ 2 B B22D 17/ 20 H B29C 45/ 17	ダイカストのスリーブ内に潤滑剤を噴霧する装置であって、潤滑剤貯留容器とスプレイ間に必要量の潤滑剤を吸入し加圧排出を行う潤滑剤直接加圧室を設け、スプレイ先端部をスリーブ内に出入れと回転させる手段を備えたアームとからなる潤滑剤噴霧装置。
		特許2980223	B22D 17/ 20 H B05B 1/ 32 B29C 45/ 83	ダイカスト機の射出スリーブやプランジャチップに潤滑剤を噴霧塗布するための、先端に回転自在なスプレヘッドを設け、スプレヘッドの射出スリーブの内面およびプランジャチップに対向した面にはスプレイノズルを配し、ノズル直前に潤滑剤の供給を制御する弁機構を備えた潤滑剤スプレイ装置。
		特開平9-29410	B22D 17/ 12 C B22D 17/ 20 E B22D 17/ 30 Z	金型分割面直下より移動自在な走行台車に搭載された昇降自在の射出スリーブと、射出スリーブ内に嵌合された軸方向進退自在なプランジャ下および2個の射出シリンダを備えた射出機構を持つ竪鋳込型ダイカスト機。
		実開平6-77960	B22D 17/ 12 A B22D 17/ 20 J B22D 17/ 32 Z	型締めされた金型キャビティ内に真下方向から溶湯を鋳込むようにしたスリーブであって、鋳込みスリーブ軸方向の外周部に複数に区画した冷却ジャケットを設け、鋳込みスリーブの温度が軸方向で均一になるようにした垂直状鋳込みスリーブの冷却装置。
		実登2574195	B22D 17/ 12 A B22D 17/ 20 J B22D 17/ 32 Z	型締めされた金型キャビティ内に真下方向から溶湯を鋳込むようにしたスリーブであって、鋳込みスリーブ軸方向の外周部に複数に区画した冷却ジャケットと加熱用ヒータを交互に設けた、垂直状鋳込みスリーブの温度制御装置。

表2.3.3-1 宇部興産の保有特許の概要（5/18）

技術要素	課題		特許番号	特許分類	抄録
成形装置	操作性向上	射出成形の安定化	特許2686845	B22D 17/ 12 B B22D 17/ 20 Z B22D 17/ 22 E	押湯シリンダ内部に摺動自在に嵌合されたピストンを押し湯ロッドに結合した押湯ロッド装置において、ピストンロッドと平行に磁歪線ロッドを付け、この磁歪線ロッドとの間に間隔を置いて埋設された磁石と、シリンダ底板に固定された変位センサにより押し湯ロッドの位置を検出する押湯装置の押湯ロッド装置。
		射出部の操作容易化	特開平11-305820	B25J 9/ 22 Z B05D 1/ 2 B B22D 17/ 20 D	金型スプレイロボットの手首先端部に、これとは別に自由自在に動作可能な小型姿勢制御機構を備え、金型形状およびスプレイ条件などを入力し、小型姿勢制御機構の動作プログラムを作成し、ついで金型スプレイノズルロボットの手首先端部の動作プログラムを作成したのち、金型スプレイロボットを単独動作させ、動作プログラムを再度演算させて金型スプレイロボットと小型姿勢制御機構を同期させる金型スプレイロボットの教示方法。
			特公平7-83919	B22D 17/ 12 A B22D 17/ 20 E B29C 45/ 8	可動盤の下面にL字形の支持脚を固定するとともに、この下面に駆動ラックを配置し、駆動ラックに対向して射出装置の受湯装置から射出位置までの移動に連動して左右に移動可能な伝達ラックを噛合し、可動盤の左右の動きを射出装置に伝える伝達歯車を設けた横型締式成形機。
			特許2626929	B22D 17/ 12 A B22D 17/ 26 H B22D 17/ 26 K	大型金型の交換でタイバーを抜くさいし、可動金型を支持するタイバーのうち上側の1本または2本を抜く横型締式成形機において、タイバー支持部と、タイバーと平行してのびるビームと、上下に敷設されたレールと、安全ドアーなどを一体的に移動させる横型締式成形機のタイバー抜き装置。
			特開平6-297525	B22D 17/ 12 Z B22D 17/ 26 B B22D 17/ 26 J	竪型射出成形機において、上型を下型から離間させる位置まで可動プラテンを移動させ、複数のレベリング調整ロッドを送り出して型締動作を行うさいに、レベリング調整ロッドをロッド受け側にすべて接触させることにより、可動プラテンと固定プラテン間のレベリングを行う装置。

表2.3.3-1 宇部興産の保有特許の概要（6/18）

技術要素	課題	特許番号	特許分類	抄録
成形装置	操作性向上 / 射出部の操作容易化	実登2529291	B22D 17/ 10 B22D 17/ 20 E B29C 45/ 7	射出シリンダ保持用の保持板を垂直状態で設け、この保持板と固定金型取付用固定板を数本のタイロッドで連結し、保持板よりも前面に出ている部分を取外し可能に設け、射出シリンダの重心部下側にシリンダ昇降用の油圧シリンダ、後端部に昇降用のガイド部材を設けた射出成形装置の射出装置。
		特許2914543	B22D 17/ 26 D B22D 17/ 26 J B29C 33/ 22	停止指令発信距離を計測し、停止発信位置からオーバーランした後退位置から、前進起動し所定距離と停止指令発信距離を加算した距離だけ前進した位置にきたとき、指令を発信して停止させる成形機のダイハイト調整方法。
	生産性向上 / 型開閉時間の短縮	特開平10-225758	B22D 17/ 2 B B22D 17/ 30 Z	低融点金属の加熱保持炉、横型締竪鋳込型の金型、射出装置、射出装置と保持炉とを連結する溶湯管路および戻り管路とを有する装置の操業にさいし、冷却工程とゲート遮断工程との間に射出装置により溶湯の逆流吸引作用を働かせて金型キャビティ内に残存する未凝固溶湯を回収する低融点合金鋳造方法。
		特開平10-225756	B22D 17/ 2 B B22D 17/ 32 B B22D 17/ 32 J	加熱保持炉、横型締竪鋳込型の金型、射出装置、射出装置と保持炉とを連結する溶湯管路および戻り管路、溶湯管路からゲートへ溶湯を連通・遮断を行うゲートバルブからなる装置に関し、溶湯が金型キャビティに充満後加圧プランジャを前進させて溶湯を加圧し、凝固時間を短縮する低融点合金鋳造方法。
		特許2652582	B22D 17/ 12 B B22D 17/ 26 B B29C 45/ 7	固定盤の横で鋳込みスリーブに溶湯を供給し、可動金型と固定金型の型合わせ動作と同時に鋳込みスリーブと射出プランジャを上昇させ、鋳込みスリーブを下部固定金型の下面に押しつけて一体化したあと射出するようにした縦型ダイカスト機。
		特公平7-87977	B22D 17/ 12 B B22D 17/ 20 E B29C 45/ 7	固定盤の横で鋳込みスリーブに溶湯を供給し、可動金型と固定金型の型合わせ動作と同時に射出装置は受湯の傾転位置から起立した射出位置まで移動し、可動盤の上下に伴って射出装置を受湯位置と射出位置間で傾転自在に配した縦型ダイカスト機。
		特許2681835	B22D 17/ 12 A B22D 17/ 20 E B29C 45/ 7	固定盤の横で鋳込みスリーブに溶湯を供給し、可動金型と固定金型の型合わせ動作と同時に、射出装置は受湯の傾転位置から起立した射出位置まで移動し、可動盤の上下に伴って駆動歯車を介して射出装置を受湯位置と射出位置間で傾転自在に配した横型締式成形機。
		特許2609557	B22D 17/ 22 K B22D 17/ 32 F B22D 17/ 32 J	射出シリンダにおける射出圧力を検出し、射出速度制御弁の開度を調整することにより、成形品を押し出すプランジャチップの前進を、可動金型の後退と同調させる型開き時の成形品突出し方法。

表2.3.3-1 宇部興産の保有特許の概要（7/18）

技術要素	課題	特許番号	特許分類	抄録
成形装置	生産性向上 / メンテナンス改善	特許2794870	B22D 17/ 26 D B22D 17/ 32 J B29C 33/ 20	トグルピンのかじりで発生する弾性波を検出してセンサ信号を出力する超音波センサと、センサ信号が基準信号より大きい場合にパルス信号を出力する比較手段と、パルス信号のパルス数が設定値を超えときにかじり検出信号を出力する検出手段を備えたトグル式成形機。
		特開平10-216916	B22D 39/ 2 A B22D 17/ 2 B B22D 17/ 2 E	溶湯の保持炉と、射出ポンプと、ゲートバルブと、溶湯管路と、ゲートバルブとサーボモータを制御する制御装置および大気と連通・遮断自在なストップバルブまたはプラグを配置した低融点合金の成形機。
	性能向上 / 構造合理化	特開平4-274856	B22D 17/ 12 A B29C 45/ 3 B29C 45/ 64	マシンベース上に金型を直接固定し、可動金型取付け用の可動盤をコラムとマシンベースに摺動自在に取付け、可動盤に型開閉装置を直接取付け、固定金型と可動金型の分離面部に下方より射出装置の先端部を脱着可能とした横型締竪鋳込型射出成形装置。
	小型化 / 構造合理化	特開平11-10306	B22D 17/ 26 H B29C 33/ 24 B29C 45/ 67	一端を回転自在に軸支し、他端はタイバーに対して開閉自在な2つ割りナットと、2つ割りナットの上端部と常時係合した状態で上下自在に配設されたロッキングピストンから構成したタイバーナット分割装置。
		実登2557653	B22D 17/ 22 K B29C 45/ 40	押出板が凹陥部の底面にほぼ接するまで前進するように凹陥部の深さを設定し、ロッドと押出板を各ロッドごとに、ここに設けたエジェクタカプラで着脱自在に接合した成形品押出装置。
	安全性向上 / 構造合理化	特開平4-371357	B08B 15/ 00 B22D 17/ 20 D B29C 33/ 58	可動盤の上部に設置され、固定盤上の吸気ダクトに向って吐出する横長広幅の押込みファンと、固定盤状に設置され、吐出口よりも横長広幅の吸気ダクトと吸気ファンとからなるダイカスト機からのミスト回収装置。
	コスト低減 / 構造合理化	特公平7-94060	B22D 17/ 12 B B22D 17/ 22 E B29C 45/ 26	金型に固定されたシリンダ部とその内部に摺動自在に嵌合されたピストンを押し湯ロッドに結合し、その内部を水冷とした射出成形装置の押湯装置の押湯ロッド装置。ダイカスト機やプラスチック用射出成形機の押湯ロッド装置として使用。
		特許2789802	B22D 17/ 12 B B22D 17/ 22 E B29C 45/ 26	押湯ロッド装置が押湯シリンダ内に一体的に組込まれ、装置の金型の孔内に収納することが可能で、射出力と押付け力およびその反力は、金型に形成した凹孔内に収納したシリンダ部の両端面が金型と金型取付盤とで受ける構造となっている射出成形装置の押湯ロッド装置。

表2.3.3-1 宇部興産の保有特許の概要（8/18）

技術要素	課題		特許番号	特許分類	抄録
半溶融成形	品質向上	寸法・形状の精度向上	特開平11-347702	B22D 17/ 00 Z B22D 17/ 22 F B22D 17/ 22 G	固相率が20～70％の半溶融金属を縦型スリーブ内に挿入し、射出時金型用ガス抜き弁を用いて減圧しながら高圧鋳造することにより、湯境などの欠陥発生を防止する半溶融金属の成形法。
			特開平9-249923	B22D 17/ 00 Z B22D 27/ 4 F C22C 1/ 2,501B	過冷度（X：℃）10℃以下の溶湯を断熱性の容器に入れ、所定の固相率まで冷却する時間（Y：分）を式（Y=10-X）によって計算された時間より短くし、微細な初晶粒を生成させ、金型に供給して加圧成形する半凝固金属の成形法。
			特開平9-279266	B22D 17/ 00 Z B22D 17/ 30 Z B22D 27/ 4 F	結晶核を有する溶湯または半凝固金属を熱伝導率が1.0kcal/mh℃以上の材質の容器に入れ、この容器をより低熱伝導率の材質でできた容器に挿入して保持し、容器内の金属温度が均一になったのち、金型に供給して加圧成形する半凝固金属の成形法。
			特開平10-140260	B22D 17/ 00 Z C22C 1/ 2,501B	結晶核を有する溶湯または半凝固金属を熱伝導率が1.0kcal/mh℃以上の材質の容器に入れ、0.01～3.0℃の平均冷却速度で冷却するとともに、誘導加熱によって容器内各部の温度を均一にしたのち、容器から取り出し金型に供給して加圧成形する半凝固金属の成形法。
			特開平10-158756	B22D 21/ 4 B22D 17/ 00 C22C 1/ 2,501B	結晶粒微細化材を添加したAlまたはMg合金溶湯を冷却制御し、微細な初晶を合金液中に析出させたのち成形金型に供給して加圧成形する半凝固金属の成形方法。
		ひけ・巣発生防止	特許2613481	B22D 17/ 00 Z B22D 17/ 22 K B29C 45/ 00	金型内の溶融物を冷却するさいに、引け巣や割れなどが発生しやすい部分に押し出しピンを挿入し、これを通じて溶融物に機械的振動や超音波振動を与えて気泡を除去し引け巣や割れなどの欠陥発生を抑止する射出成形方法。
			特開平10-152731	B22D 17/ 00 Z C22C 1/ 2,501B C22C 1/ 2,503J	Pを0.005～0.03％含有する過共晶Al-Si合金を熱伝導率が1.0kcal/mh℃以上の材質の容器に入れ、0.01～3.0℃の平均冷却速度で冷却することにより微細な初晶Siを析出させ、容器から取り出し金型に供給して加圧成形する半凝固金属の成形法。
	生産性向上	素材の安定供給	特開平9-168852	B22D 17/ 00 Z B22D 17/ 30 Z	溶湯を保持する容器、容器の温度制御部、半凝固金属冷却部、半凝固金属徐冷炉からなり、これらの間を金属保持容器を移動搬送するためのロボットおよびコンベヤなどで構成される半凝固金属スラリーの温度管理装置。

表2.3.3-1 宇部興産の保有特許の概要（9/18）

技術要素	課題		特許番号	特許分類	抄録
半溶融成形	生産性向上	素材の安定供給	特開平8-117947	B22D 11/ 00 R B22D 41/ 12 B22D 17/ 00 Z	進退動自在でかつ昇降自在な架台の上に脱着自在に設置されたセラミック容器に固体状態の金属素材を挿入し、誘導加熱で所定の固相率まで加熱し、架台を移動して金属材料をダイカストスリーブに注湯する半溶融金属の加熱・搬送方法。
	コスト低減	簡易成形	特開平8-325652	B22D 45/ 00 B B22D 17/ 00 Z C22C 1/ 2,501B	液体状態または固液共存状態の合金を、断熱容器中で成形温度まで冷却しつつ5秒～60分間保持し、合金液中に微細な初晶を晶出させ、合金を成形用金型に供給して加圧成形する半凝固金属の成形方法。
			特開平9-87772	B22D 18/ 2 A B22D 17/ 00 Z B22D 17/ 20 D	液体状態または固液共存状態の合金を、断熱容器中で成形温度まで冷却しつつ5秒～60分間保持し、合金液中に微細な初晶を晶出させ、合金を押出機のコンテナ内に挿入し加圧成形する半凝固金属の成形方法。
			特開平9-137239	B22D 41/ 5 B22D 17/ 00 Z B22D 17/ 30 Z	液体または固液共存状態の合金を容器内に注湯して、非樹枝状晶の微細な初晶を晶出させ、合金の冷却温度分布が均一になるようにして急冷し、合金を成形用金型に供給して加圧成形する半凝固金属の成形方法。
		素材の安定供給	特開平9-87767	B22D 17/ 00 Z B22D 17/ 20 D C22C 1/ 2,501B	結晶核を有する液相線温度以上の液状亜鉛合金、または結晶核を有する固液共存状態の亜鉛合金を断熱容器の中で所定の温度領域まで冷却し、5秒～60分の間保持したあと成形金型に供給して加圧成形する半凝固亜鉛合金の成形方法。
			特開平9-87771	B22D 1/ 00 Z B22D 17/ 00 Z B22D 17/ 20 D	結晶核を有する液相線温度以上のAl-Mg合金、または結晶核を有する固液共存状態のAl-Mg合金を断熱容器の中で所定の温度領域まで冷却し、5秒～60分の間保持したあと成形金型に供給して加圧成形する半溶融Al-Mg合金の成形方法。

表2.3.3-1 宇部興産の保有特許の概要（10/18）

技術要素	課題		特許番号	特許分類	抄録
半溶融成形	コスト低減	素材の安定供給	特開平10-305363	B22D 45/ 00 B B22D 17/ 00 Z B22D 17/ 30 Z	保持容器内で生成された微細な初晶が液相中に分散した半溶融金属の円柱体を、軸芯が水平な射出スリーブへ収納するための円柱体搬送器および多関節ロボットよりなる移送手段を備えた成形機。
			特開平9-192811	B22D 17/ 00 Z B22D 17/ 12 Z B22D 17/ 20 F	半凝固金属射出成形用の横型ダイカスト成形機であって、射出スリーブは垂直と水平状態の間を傾動可能とした射出シリンダの前方に嵌装されており、シリンダを立てた状態で溶湯の冷却を行い、所定の固相率になったら横にして金型に射出する半凝固金属のダイカスト成形機。
金型	品質向上	ひけ・巣発生防止	特公平7-90345	B22D 17/ 22 G B22C 9/ 6 P B29C 33/ 10	ガス抜き用の弁と、ガス抜き用通路で発生する弾性波を検出する検出装置と、検出信号レベルが基準レベルより大きい場合に、電気信号により弁を閉じる弁閉機構を備えた金型用ガス抜き装置。
			特公平7-90346	B22D 17/ 22 G B22C 9/ 6 P B29C 33/ 10	ガス抜き溝にソレノイドの作用によって閉じる弁を有するガス抜き装置を設け、ガス抜き用通路で発生する弾性波を検出する検出装置と、弁開閉を制御する弁開閉制御装置を備えた金型用ガス抜き装置。
			特公平7-34983	B22D 17/ 22 G B29C 33/ 10 B29C 45/ 34	駆動装置によりプランジャを前進させるとスリーブの弁孔をふさぎ、プランジャを後退させると弁孔がキャビティと連通し、ガス抜き通路を通してキャビティからガスを抜く金型用ガス抜き装置。
			特公平7-90347	B22D 17/ 22 G B29C 33/ 10 B29C 45/ 34	ガス抜き用通路内にガス抜き用弁と、弾性波検出手段と、パルス信号発生手段と、設定された計数値に達すると電気信号を発生するパルスカウンタと、弁閉機構を備えた金型用ガス抜き装置。
			実開平6-66857	B22D 17/ 22 G B29C 45/ 34	金型の分離面にガス抜き装置を設け、吸引シリンダを射出シリンダと平行に設け、ガス抜き装置のガス排出口を吸引シリンダに配管で連結し、配管の途中に、射出速度で開閉する切替弁を設けた金型用ガス抜き装置。

表2.3.3-1 宇部興産の保有特許の概要（11/18）

技術要素	課　題		特許番号	特許分類	抄　　録
金型	生産性向上	金型寿命延長	実登2529290	B22D 17/ 00 C B22D 17/ 24 Z B22D 19/ 8 E	インサート保持具のインサート外周面に複数の溝を設け、溝の中に弓状のスプリングを配置し、スプリングの端部の折曲げ片を穴の中に固定し、スプリング中央部をインサートの押圧で溝に押込ませるインサート保持装置。
			実登2518372	B22D 17/ 00 C B22D 17/ 24 Z B22D 19/ 8 E	インサート保持具のインサート外周面に第1溝と浅い第2溝を設け、第1溝にスプリングを第2溝にスプリング押えの止めリングを配置し、スプリング中央部をインサートの押圧で第1溝に押込ませるインサート保持装置。
		メンテナンス改善	特許2697241	B22D 17/ 22 G B29C 33/ 10 B29C 45/ 34	ガス抜用の通路、弁座、弁体、作動子、リンク、作動子を移動させて弁体を弁座から離反させる作動子駆動装置および作動子を支承する支承部材を備えた金型用ガス抜き装置。
	省力化	予熱自動化	特公平7-87979	B22D 17/ 22 B22C 9/ 6 B B29C 33/ 2	金型加熱用の高温流体の流路と電気ヒータを有し、金型の搬送装置と、位置決め装置と、高温流体給排用カプラと、通電用コネクタとを備えた金型の自動予熱装置。
	安全性向上	構造合理化	特許2969304	B22D 17/ 22 A B29C 45/ 26	固定盤側と可動盤側に両金型受け台の下方に着脱自在に取付けられた連結ロッドと、金型を移動させる着脱自在の複数のローラを設け、金型交換時に連結ロッドで両金型受け台を連結可能に構成した金型交換装置。
	コスト低減	構造合理化	特公平7-45101	F16B 2/ 4 B B22D 17/ 22 A B29C 33/ 30	金型をクランプする押え爪を回動自在に設け、押え爪の後部に油圧シリンダを配し、シリンダに嵌合して、かつ、摺動部材をケーシングと押え爪との間に配設した金型クランプ装置。
		構造簡素化	特開平8-267213	F16B 2/ 10 Z B22D 17/ 22 A B22D 17/ 26 L	金型をクランプする先端部と、押え爪を基台に回転自在に設け、球面接触部を介してラムピストンと、押え爪と基台間を係合状態で前後進して押え爪を回動させる摺動部材を設けた金型のクランプ装置。
型締め装置	品質向上	寸法・形状の精度向上	特許2806058	B22D 17/ 26 A B29C 33/ 24 B29C 33/ 30	金型保持用プラテンに、油圧源に接続されて金型側へ開口するシリンダ孔を設け、このシリンダ孔内に流体圧でシリンダ孔から突出するラムを備えた流体圧シリンダを埋設した型締装置。
			特許2770655	B22D 17/ 26 B B22D 17/ 26 H B29C 45/ 67	固定プラテンに金型取付板を重ね合わせて支持させ、複数のシリンダ孔を固定プラテンを中心とする位置に等分に設け、各シリンダ孔に摺動自在に嵌合するラムを金型取付け板に一体的に設けた型締め装置。
			特許2956871	B22D 17/ 26 B B29C 33/ 24 B29C 45/ 68	外周リング部と内周リング部からなる断面L字リング状の型締用ラムを、固定盤内の金型取付側に、型締方向に摺動自在に埋め込んで設けた型締装置。

表2.3.3-1 宇部興産の保有特許の概要（12/18）

技術要素	課題		特許番号	特許分類	抄録
型締め装置	品質向上	寸法・形状の精度向上	特許3067123	B22D 17/ 26 H B29C 33/ 24 B29C 45/ 67	移動シリンダと、着脱装置と、タイバー抜き装置と、多重溝部を把持する2個1対のハーフナットとハーフナット把持手段からなるタイバー固着装置と、ラムタイプのピストンを備えた型締シリンダからなる型締装置。
			特開平10-94864	B22D 17/ 26 A B22D 17/ 26 J B29C 45/ 67	金型の型締めで湾曲した固定金型を矯正する複数の密閉袋を固定プラテン内の金型対向面に設け、隙間センサで両金型間の隙間値を測定し、隙間値の大きさに応じて複数の密閉袋に送給する圧油を変化させる型締方法。
	操作性向上	型位置調整の容易化	特公平7-90349	B22D 17/ 26 B B29C 33/ 24 B29C 45/ 64	型厚調整時の負荷を軽減し油圧配管を簡素化する型締め装置の提供を目的とし、本装置は油圧シリンダの貫通孔を経て油を油圧装置に供給すると複数のナットが同期回転し型厚に対応することを特徴とする。
			特許2798171	B22D 17/ 26 J B29C 33/ 22 B29C 45/ 67	型開閉センサを介して、トグル機構のトグルリンクが延伸完了したときの無負荷時ならびに負荷時の、それぞれリンクハウジングと可動盤との距離の差異に基づいて算出する型締装置の型締力検出方法。
			特開平9-1608	B22D 17/ 26 D B22D 17/ 26 G B29C 45/ 68	トグルリンクとリンクハウジングを連結するトグルピンを、トグルリンク貫通部を可動盤貫通部に対して偏心させた偏心軸とし、偏心軸を回動する駆動手段を備えた型締装置。
	生産性向上	型開閉時間の短縮	特公平7-59369	B22D 17/ 26 A B29C 33/ 24 B29C 45/ 67	可動盤を固定盤へ前後進させる移動シリンダを連結板に配置させ、該シリンダの前後進により半割ナットとタイバ上のねじ部を嚙合わせる嚙合調整装置を、連結板の反可動盤側に設けた成形機の型締装置。

表2.3.3-1 宇部興産の保有特許の概要（13/18）

技術要素	課題		特許番号	特許分類	抄録
型締め装置	生産性向上	型開閉時間の短縮	特許2738094	B22D 17/ 26 H B29C 33/ 22 B29C 45/ 67	型締用装置の可動盤に設けた半割ナットをタイバー中央ネジ部に押当てて、噛合せ固定する装置であって、型締めするさいに一体的に前後進できる型締め装置。
			特許2773332	B22D 17/ 26 H B29C 33/ 22 B29C 45/ 67	流体圧で動く型締装置の可動盤に設けた半割ナットをタイバーの中央ネジ部に押当てて、噛合せ固定する装置であって、型締めするさいに、タイバーの中央ネジ部の噛合位置に移動できる型締装置。
			特開平8-215826	B22D 17/ 26 B B22D 17/ 26 J B30B 15/ 6 D	シリンダプラテンと固定盤間を上下1対のフレームを対角線状に掛架し、シリンダプラテン内に可動可能な加圧ラムと加圧シリンダを螺合して配置し、加圧ラムでゲートロック板を前後進させて型厚調整する型厚調整装置。
			特開平4-224910	B22D 17/ 26 B B22D 17/ 26 J B29C 33/ 24	移動ダイプレートのタイロッド貫通部にシリンダを一体的に設けてタイロッドを貫通させ、タイロッドに設けたピストン部により区画される液圧室に作動流体を給排して、移動シリンダを駆動して型の開閉を行う型締装置。
		金型寿命延長	特許2943964	B22D 17/ 26 G B22D 17/ 26 H B22D 17/ 26 J	可動盤と固定盤方向に移動させ金型を比較的小さい力で締めて型締力作用面の隙間を実質的に0とし、可動盤と固定盤の相対的動きをロックしたのち、型締シリンダを作動させて所定の力で金型を型締めする型締方法。
			特開平9-109206	B22D 17/ 26 A B22D 17/ 26 B B29C 45/ 67	固定プラテンに開口したシリンダ孔に摺動自在に嵌合するラムを設け、油圧を封入した密閉袋を内蔵させ、密閉袋内の油圧の増圧により、ラムを介して押圧力を付加するようにした型締装置。
			特開平8-230003	B22D 17/ 26 D B29C 45/ 68	トグル機構の1対のトグルリンクと、可動盤からリンクハウジングに向かって突設したトグルブラケット部のそれぞれの連結部間に、可動盤矯正手段を架設した型締装置。
	性能向上	位置決め精度の向上	特開平7-290535	B22D 17/ 26 D B29C 45/ 68	小径シリンダと大型シリンダを同軸上に組合せ、大径ピストンとピストンロッドに固着された小径ピストンを前後摺動自在に設け、小径ピストンと大径ピストン間にピストンロッドに固着したストッパを有する型締装置。
			特開平7-329135	B22D 17/ 26 D B29C 45/ 66	ロータにナットを直結した直動モータをリンクハウジングに配置し、回転駆動されるナットに螺合した連結ボルトを介して、トグル機構のクロスヘッドを前後進自在とするボールネジ機構を備えた型締装置。
		型締力精度の向上	特開平8-57624	B22D 17/ 26 A B22D 17/ 26 B B22D 17/ 26 D	型締シリンダの空胴部内にピストンを前進させる作動油を供給する給油管を嵌装し、ピストンが前進限近傍に達したさいに、給油管内の作動油がピストンヘッド側に連通する透孔を給油管の側壁に穿設した型締装置。
			特開平8-99165	B22D 17/ 26 A B22D 17/ 26 J B29C 45/ 67	型締シリンダの小ピストンと大ピストンが摺動自在に配置され、かつ一体化された両ピストンが前進限に近づいた時、小径ピストンは小径部を離脱して大径部へ移動するように構成された型締装置。

表2.3.3-1 宇部興産の保有特許の概要（14/18）

技術要素	課題		特許番号	特許分類	抄録
型締め装置	小型化	構造合理化	特許2536645	B22D 17/ 26 B B29C 33/ 24 B29C 45/ 67	メインラムの大径部はシリンダ孔内に小ストロークだけ移動可能に保持され、小径部は固定盤に向かって延在され、かつ可動盤に穿設されたラム挿入孔内に挿入され、ラム挿入孔内に係合部材を設けた型締装置。
			特公平7-90350	B22D 17/ 26 B B21D 37/ 14 B B29C 33/ 24	メインラムの押圧力を可動盤に伝達する突出姿勢と、メインラム挿入孔内への侵入を許容する退避姿勢をとる係合部材を設け、可動盤の側面部分に係合部材の進退用駆動装置を備えた型締装置。
			特開平8-238557	B22D 17/ 26 D B29C 45/ 68 B29C 45/ 76	トグル機構のクロスヘッドに内蔵されるクロスヘッドシリンダを配設するとともに、クロスヘッドシリンダのピストンと型締シリンダのピストンロッドを連結した型締装置。
			特開2000-5863	B22D 17/ 26 H B29C 33/ 24 B29C 45/ 67	ピストンヘッド側に複数個のラムシリンダを設け、ラムシリンダに対向するようにラムシリンダと摺動自在に係合する複数個のラムを、型締シリンダ内に設けた型締装置。
			実登2520802	B22D 17/ 26 A B29C 33/ 24 B29C 43/ 32	メインラムの後端部の大径部はシリンダ孔内に小ストロークだけ移動可能に保持され、平面形状を楕円状となし、先端部分の小径部はラム挿入孔内に挿入され、突出姿勢と避難姿勢をとる係合部材が設けられた型締装置。
	安全性向上	構造合理化	特公平8-11286	B22D 17/ 26 J B29C 33/ 24 B29C 45/ 67	可動型を型締作動させる油圧シリンダの近傍に、高圧力設定用の油圧制御装置と低圧力設定用の油圧制御装置を設けることにより、型締時に可動型の低い圧力で型合せを行う型締装置。
			特開平11-10307	B22D 17/ 26 K B29C 45/ 84	事前に型締装置および両金型から構成される型締部の操作側または反操作側に開放または覆うことが可能な安全ドアを配設した安全ドア装置。
			実開平3-1017	B22D 17/ 26 H B30B 15/ 4 A B29C 33/ 24	安全装置用溝をタイバーのねじ部の後側に設け、安全装置用溝に出入可能なフックを有した安全装置を可動盤に取付けた型締装置。
	コスト低減	構造簡素化	特開平8-39639	B22D 17/ 26 A B22D 17/ 26 D B29C 45/ 68	ロータにボールネジナットを直結した直動モータを可動盤に配設し、タイボルトを介して可動盤を前後進自在なボールネジ機構を備え、固定盤に移動自在な固定盤用可動盤と移動油圧手段を備えた型締装置。

表2.3.3-1 宇部興産の保有特許の概要（15/18）

技術要素	課題		特許番号	特許分類	抄録
型締め装置	コスト低減	構造簡素化	特開平8-243717	B22D 17/ 26 D B29C 45/ 67	タイバーが挿通する可動盤の貫通孔をテーパ孔とし、貫通孔にタイバーの外周回りに複数個の鋼球を嵌装し、型締完了後に鋼球を押圧するスリーブとスリーブ駆動用シリンダを配設した型締装置。
			実公平7-11944	B22D 17/ 26 H B29C 33/ 22 B29C 45/ 67	型厚の大小にかかわらず可動盤の移動はすべて移動シリンダで行い、最後の型締めのみを型締シリンダで行う型締装置。
			実公平7-30336	B22D 17/ 26 H B21D 37/ 14 A B30B 1/ 34 Z	型締シリンダの油圧室端部にシリンダ径より小径のラムシリンダを設け、ラムシリンダにラムを摺動自在に挿入し、ラムシリンダへの圧油供給によりラムを介して型締シリンダのピストンを摺動移動可能とした型締装置。
			特開平8-267212	B22D 17/ 26 B B22D 17/ 26 D B22D 17/ 26 H	型締力の作動中心位置と、キャビティの中心位置におよぼす型締力の作用位置が偏心している場合、偏心量によって生じた偏心荷重を是正する偏心バランス装置を、固定盤と可動盤に配設した型締装置。
		動力源の併用	特開2000-271979	B22D 17/ 26 J B29C 45/ 68 B29C 45/ 76	サーボモータで駆動する油圧発生機構から油圧回路を経由して型締装置内の伸縮構造の液圧室に作動油を導き、サーボモータの出力上昇により液圧室内に封入された作動油を加圧して型締力を制御する型締装置の制御方法。
制御装置	品質向上	製品の品質判断	特許2704470	B22D 17/ 32 Z B29C 45/ 76 G07C 3/ 14	偏差が正の場合、負の場合、それぞれ偏差の2乗の総和を求め、それらの総和とそれぞれあらかじめ設定された管理値に対する大小に従って、加圧プランジャの実際のストローク動作が適正であるか否かの判別を行い、加圧鋳造品の良否判定を行う。
		ひけ・巣発生防止	特開平8-117963	B22D 17/ 32 A B22D 17/ 32 F B22D 17/ 32 J	射出速度パターンを曲線で形成された滑らかな連続波形として設定してグラフ表示し、射出速度パターンに応じて射出ピストンの射出速度をサーボ駆動式流量調整装置で可変速に制御し、その実測波形をグラフ表示する。

表2.3.3-1 宇部興産の保有特許の概要（16/18）

技術要素	課題		特許番号	特許分類	抄録
制御装置	品質向上	ひけ・巣発生防止	特許3067124	B22D 17/ 32 A B22D 17/ 32 F B22C 9/ 00 E	あらかじめ平板鋳造試験片を用いて成形テストや湯流れテストを行い、層流充填が進行するに必要な許容限界充填量を肉厚ごとに求めておき、操業時に許容限界充填量になるまではゲート速度は0.1～0.5m/sの超低速射出充填を実施する。
			特許3067126	B22D 17/ 32 A B22D 17/ 32 F B22D 17/ 32 J	あらかじめ湯流れ解析手法でキャビティ内の流動挙動をシミュレーションし、層流充填が進行するに必要な許容充填量の限界値を肉厚ごとに求めておき、操業時に許容限界充填量になるまでゲート速度が0.1～0.5m/sの超低速射出充填を実施する。
	操作性向上	設定の自動化	特開平8-1744	B22D 17/ 32 A B22D 17/ 32 J B29C 45/ 77	金型キャビティ形状に大きく左右される金型内における溶融物の動的挙動をコンピュータ計算による金型内流動解析から得られる結果を用いて正確に表現することにより、制御装置から出力される指令値を正確に計算し制御に使うことができる。
		操作の容易化	特許2806100	B22D 17/ 32 A B22D 17/ 32 B B22D 17/ 32 H	油圧シリンダへの圧油の供給通路に方向流量制御弁を配置し、この弁の開度および流油方向を調整するモータの回転角度を回転角度検出器で検出することにより、射出速度制御から射出力制御へまたその逆の切り換えが可能になる。
			特公平7-90352	G01F 17/ 00 B B22D 17/ 32 Z B29C 45/ 77	液体を満杯にした容器に製品を浸して溢れる液量を測定して水平断面積を変化させた場合の容積を検出し、この水平断面積または容積の変化状態にもとづいて射出成形時の射出ストロークに応じた射出条件を設定し、その設定に基づいて射出成形を行う。
	性能向上	高機能化	特開平3-114647	B22D 17/ 32 J B29C 45/ 76	ガス抜き弁の作動信号と位置検出センサ・圧力センサからの信号をモニタ装置に取り込み、ガス抜き弁からの閉信号が入力された時点で、基準軸である横軸に垂直な線を表示することで、パラメータの切り替わりを判断する。
			特開平3-114648	B22D 17/ 32 J B29C 45/ 76	モニタ情報としてガス抜き弁の作動信号を取り込み、この情報を軌跡表示における基準軸である横軸に垂直でかつ軌跡に交差する2本の線として比較表示する。
			特許2806099	B22D 17/ 32 A B22D 17/ 32 H B29C 45/ 53	流量制御弁の開度を調整するモータの回転角度を検出し、この回転角度と設定速度値と射出プランジャの位置とにもとづき、流量制御弁までの伝達特性を考慮した所定の演算ルールに従い、モータへの回転制御指令を演算する。

表2.3.3-1 宇部興産の保有特許の概要（17/18）

技術要素	課題		特許番号	特許分類	抄録
制御装置	性能向上	高機能化	特許2798170	B22D 17/ 32 A B22D 17/ 32 F B22D 17/ 32 J	制御装置へ射出プランジャの位置、加速度、各圧力の検出器からの信号を入力して、順次射出プランジャ速度を目標値に一致させるように推定目標値を算出し、これに適合する流量制御弁開度目標値を出力し、サーボモータへ指令を発信する。
			特許2998149	B22D 17/ 32 F B22D 17/ 32 Z B29C 45/ 76	金型内流体の流れ解析データをもとに成形装置制御目標を設定するとき、金型内キャビティを可視モデル化して検証を行い、必要に応じて補正を加えて成形装置制御目標を設定して制御するようにする。
			特開平10-58114	F16K 31/ 4 K F15B 11/ 2 L B22D 17/ 32 D	充填完了までは油圧源からの流入量とランアラウンド回路からの流入量を制御して速度制御し、充填完了後はランアラウンドバルブによってランアラウンド回路を遮断し、充填完了信号で油タンクへの流量を調整し、ロッド圧の降下時間と保持圧を制御する。
			特開平10-80760	F16K 3/ 26 B22D 17/ 32 B B22D 17/ 32 F	位置センサまたは速度センサからの検出信号を受信して、充填完了手段に基づいて充填完了検知を行とともに、あらかじめ入力したプログラムに基づいて制御弁に操作指令を与える。
			特開平10-249510	B22D 17/ 32 A B22D 17/ 32 B B22D 17/ 32 D	溶湯が金型キャビティを充填完了する直前に、第1制御弁を設定した開度に動かしてヘッド圧の昇圧時間を制御し、充填完了とともに第1制御弁と第2制御弁をともに制御することで金型キャビティ内の溶湯圧力の圧力制御と昇圧時間制御を実施する。
			特開平9-168854	B22D 17/ 32 J B29C 45/ 76	あらかじめ金型キャビティの形状・容積や金型キャビティへ到る溶湯通路の体積などの金型条件を演算装置に入力し、金型条件より射出装置の射出プランジャの前進位置とキャビティ充填率との相関を計算して横軸を無次元の溶湯充填率として射出波形を表示する。
			特開平10-52748	B22D 17/ 32 D B22D 17/ 32 H B29C 45/ 76	ランアラウンド回路を有する射出シリンダを備え、この射出シリンダのヘッド側に接続される制御弁によって充填完了信号でランアラウンド回路を遮断し、かつ射出シリンダのロッド側室の作動油を油タンクへ開放する回路を連通する機能を合わせて有する。

表2.3.3-1 宇部興産の保有特許の概要（18/18）

技術要素	課題		特許番号	特許分類	抄録
制御装置	性能向上	動作の安定化	特開平9-277339	F16K 3/ 26 A B22D 17/ 32 A B22D 17/ 32 D	ランアラウンド回路を備えた油圧シリンダへの作動油の油圧源からの流入量とランアラウンド回路から油圧シリンダへの戻り作動油の流入量を合流させた後の経路に設けた単一のスプールを保有した単一の流量制御弁を介して作動油の流量を制御する。
	省力化	設定の自動化	特開平6-79432	B22D 17/ 32 A B22D 17/ 32 H B29C 45/ 53	射出工程ごとに射出速度を計測して記憶し、平均値を算出し、あらかじめ入力された設定値と平均値との偏差を算出したあと、あらかじめ設定された補正計数を乗算して得られた補正量だけ射出速度-射出バルブ開度曲線を修正する。
			特開平8-309507	B22D 17/ 32 F B22D 17/ 32 Z B29C 45/ 76	金型基本条件と射出速度条件を制御装置に入力するとともに、あらかじめ制御装置へ入力された過去の運転実績から選択された良品成形に好適な複数個の切替射出パターンから希望する射出パターンを選定し、条件値を算出・表示させる。
	安全性向上	監視機能	特開平3-204155	G01N 29/ 14 B22D 17/ 32 J B30B 15/ 00 B	タイバーの2分割ナット部に超音波センサを取り付け、超音波センサで検出した信号を周波数フィルタでノイズを除去し、増幅器で増幅して比較器で基準信号レベルと比較し、基準信号レベル以上の場合は破損したとして警報発生器に出力する。
	コスト低減	構造簡素化	特開平10-52747	B22D 17/ 32 B B22D 17/ 32 D B22D 17/ 32 J	スプールタイプの制御弁を用い、溶湯が金型キャビティ内を充填完了するまでは流量制御によって射出シリンダのストロークの速度制御を行い、溶湯が金型キャビティ内を充填完了する直前に射出シリンダのヘッド側圧力の増圧時間と保持圧の制御を行う。
			特開2000-28023	F16K 31/ 4 A B22D 17/ 32 H B29C 45/ 82	サーボモータまたはパルスモータとボールねじ機構の組合せによって前後進駆動されるスプールの移動位置により流体圧力または流量を制御する油圧制御弁の弁ケーシングに連通孔を形成し、スプールを前後進摺動自在に配設する。
		構造合理化	特公平7-94061	B22D 17/ 32 B B29C 45/ 53 B29C 45/ 57	充填工程の初期では流量調節弁の開度を絞って低速、低圧で充填するようにして蓄圧室に作動油を蓄え、充填工程の後期では流量調節弁の開度を大きくして蓄圧室から作動油をシリンダに供給し、高速、高圧で充填する。

2.3.4 開発拠点

金属射出成形技術の開発を行っていると思われる事業所、研究所などを特許情報に記載された発明者住所をもとに紹介する。(但し、組織変更などによって現時点の名称などとは異なる場合もあります。)

　　　山口県：機械エンジニアリング事業本部

2.3.5 研究開発者

図2.3.5-1には、特許情報から得られる宇部興産の発明者数と出願件数との推移を示す。この図からは、1990年ごろに出願件数が最も多くあったが、92年には大幅に減少し、93年から96年に増加に転じている。しかし、最近は出願が大きく減っている。

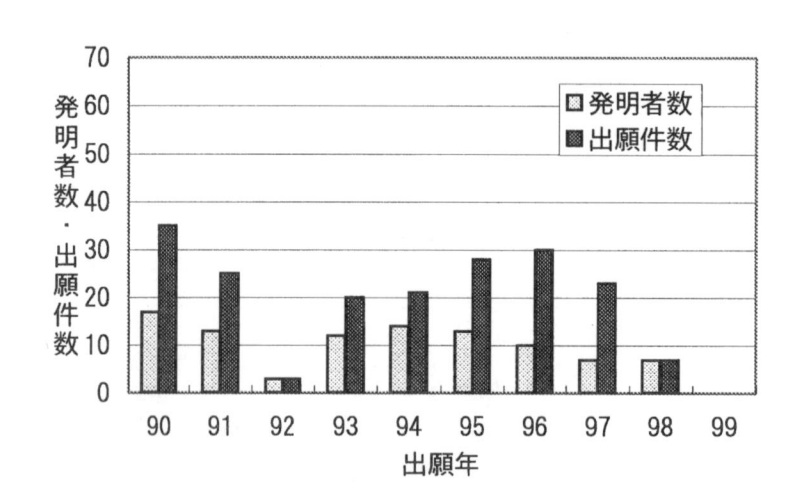

図2.3.5-1 宇部興産の発明者数と出願件数との推移

2.4 東洋機械金属

2.4.1 企業の概要

表2.4.1-1 東洋機械金属の企業概要

1) 商　　　　　号	東洋機械金属　株式会社				
2) 設 立 年 月 日	1925年5月				
3) 資　　本　　金	1,100百万円				
4) 従　業　員	324 人				
5) 事　業　内　容	プラスチック加工機械・同付属装置製造業、鋳造装置製造業				
6) 技術・資本提携関係	技術：－				
	資本：日立製作所、中央商事、新明和工業、三和銀行				
7) 事　業　所	本社、工場／明石				
8) 関　連　会　社	東洋工機、東洋機械エンジニアリング				
9) 業　績　推　移	年　度		1998	1999	2000
	売　上　げ	百万円	9,555	12,102	12,805
	損　益	百万円	-592	345	26
10) 主　要　製　品	アルミニウムダイカストマシン、プラスチック射出成形機、発泡スチロール成形機				
11) 主　な　取　引　先	日立製作所、東洋プラスチックス、大西コルク工業所、ＪＳＰ、カニングジャパン				
12) 技 術 移 転 窓 口					

　日立系企業。ダイカストマシン、射出成形機が主力。近年ダイカストマシンでは携帯通信機器や自動車用のMg成形品対応が好調になってきている。産学協同研究や日立生産技研との共同研究を実施。ダイカストマシンの開発拠点は本社のある明石である。

2.4.2 溶融金属射出成形技術に関連する製品・技術

表2.4.2-1 東洋機械金属の溶融金属射出成形技術に関連する製品・技術

技術要素	製　品	製　品　名	備考	出　　典
成形装置	ダイカストマシン	BD-V3-Nシリーズ	発売中	http://www.toyo-mm.co.jp/cpr_index.html
金　型	オートバイ関連部品	－	技術論文	2000日本ダイカスト会議論文集、P89 (2000.11)
成形装置	TOYO高精度マグネシウム鋳造システム		技術論文	アルトピア、Vol.31、No.6、P27(2001)

　ダイカストマシン、射出成形機販売中。マグネシウム合金成形機もある。
　品質向上や生産性向上などの課題に対して型締め装置の位置制御や力制御に注力し、かつこれら制御の制御性改善を行っている。

2.4.3 技術開発課題対応保有特許の概要（溶融金属射出成形技術）

　東洋機械金属は型締め装置の技術要素に関する特許件数が多い。また、半溶融成形の技術要素に関する特許の出願はない。型締め装置に関する技術開発課題と解決手段対応図を図2.4.3-1に示す。

　型締め装置に関しては、品質向上および生産性向上の課題に対する解決手段が多い。例えば、寸法・形状の精度向上の課題に対してはラックに対してピニオンが押圧されるとともにピニオンがラック軸に沿って一定方向に押圧される構造の装置が挙げられる。型開閉時間の短縮の課題に対しては保圧工程の完了時点にクロスヘッドを型開方向に引き戻すという型開方法が挙げられる。またメンテナンス改善の課題に対しては、トグルピンの温度を検知し上限温度に到達したら潤滑剤を補充するとの表示機能を備えた装置がある。位置制御の解決手段で寸法・形状の精度向上、また力制御により型開閉時間の短縮、金型寿命延長、装置の破損防止に対応している。型締め力、ダイバの伸び量で制御するトグル式型締め装置（位置制御）が挙げられる。

　成形装置に関しては、操作性の向上、安全性向上の課題に対する解決手段が多い。操作性向上の課題に対しては、金型の形状に応じて型締め量を演算し、トグル装置を進退させ、増し締量を制御し構造の合理化を図っている。動作確実性に対しては、金型変更にともなうストップバーの未調整を検知する機構を備えた安全装置が挙げられる。

　制御装置に関しては、油圧装置の比例電磁弁の改良により、射出速度や圧力を制御し、射出機の温度制御の改良により性能向上を図っている。

　東洋機械金属は金属粉末射出成形技術に関する特許も5件保有しているが、溶融金属射出成形技術に関する特許件数に比べ少ないので保有リストから省略した。

図2.4.3-1 技術開発課題と解決手段対応図（型締め装置、東洋機械金属）

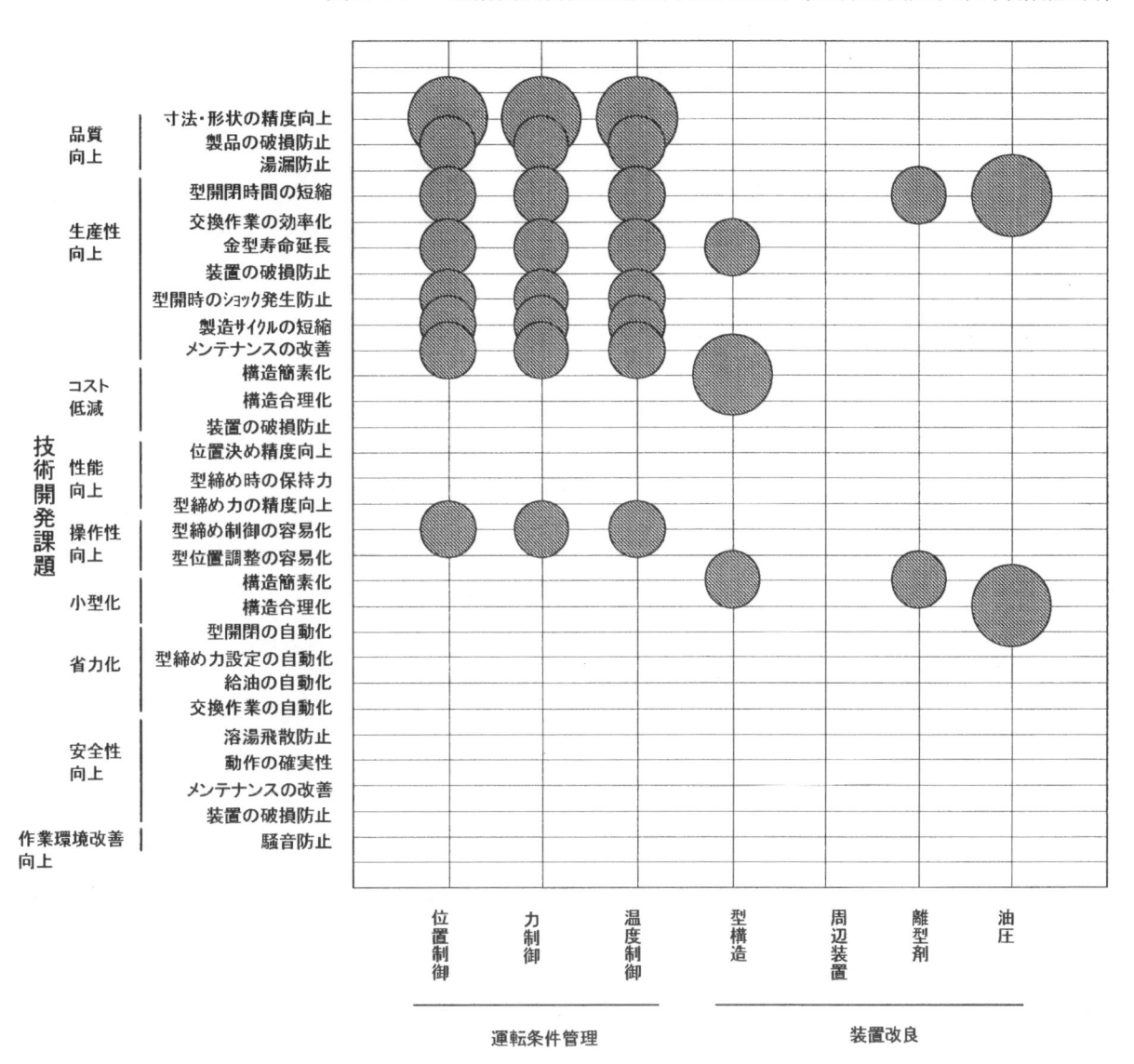

表2.4.3-1 東洋機械金属の保有特許の概要(1/9)

技術要素	課題	特許番号	特許分類	抄録
成形装置	操作性向上 高機能化	特許2978624	B22D 17/ 20 Z B22D 17/ 32 J B29C 45/ 13	１つの金型に対して複数の射出ユニットを有し、これらがほぼ同時に射出する射出成形機において、複数の射出ユニットの射出工程の実測データを同一時間軸に沿って表示する射出成形機の射出グラフィック画像表示方法。
	構造合理化	特許2796759	B22D 17/ 12 A B22D 17/ 26 D B29C 33/ 22	金型の形状によってダイプレートの撓み量が変化するので、これに起因するトルグ効率を算出し、これからタイバーの撓み量すなわち型締量を演算し、トルグ装置を進退させて増し締量を規制する射出成形機のトルグ型締方法。

表2.4.3-1 東洋機械金属の保有特許の概要(2/9)

技術要素	課題		特許番号	特許分類	抄録
成形装置	操作性向上	構造合理化	特許3167519	B22D 17/ 20 Z B22D 17/ 22 K B29C 45/ 40	移動プレートに装着したエジェクトシリンダ並びに移動側配管ホルダと、テールストックに装着された配管中間ホルダと、架台に装着されたエジェクトシリンダへの供給圧油切替え用の切替弁と、移動配管ホルダと配管中間ホルダを経由して切替弁とイジェクトシリンダを結ぶエジェクト配管で構成された射出成形機のエジェクト配管構造。
			特開平9-155924	B22D 17/ 20 E B22D 17/ 20 Z B29C 45/ 7	台座部材にローラを取り付け、通常状態ではスライドプレート部材によってローラとともに台座部材を台座受けプレートから浮上がらせた状態で保持し、スライドプレート部材を抜去った状態ではローラのみを台座受けプレートに着地させ、手動で移動可能とした射出成形機の射出ユニット旋回装置。
			特開平10-156913	B22D 17/ 20 H B29C 45/ 83	ボールナットの回転でボールネジとともに前後進する被駆動体を備えた成形機において、成形機のコントローラにボールナットへの潤滑油の補給を行うモードを指示することにより、所定の回転後に潤滑油注入を自動的に行うようにした成形機。射出成形機の実施例有り。
			実開平7-40120	B22D 17/ 20 Z B29C 45/ 17	回転軸の周りに水平面内で旋回可能な架台上に設置した射出部を覆うカバーにおいて、架台上に突起しているマニホールドの部分に対応する位置に開閉扉を設置した射出成形機のカバー構造。
			特開平7-198094	F16P 3/ 10 B22D 17/ 26 K B29C 45/ 84	安全ドアの開閉時に作動する作動ボタンが、安全ドア用油圧弁から突出、没入自在に配設されているボタン基部と、これにねじ止めされているボタン頭部とで構成されている安全ドア用油圧弁の調整機構。
	生産性向上	装置の破損防止	特許3178963	B22D 17/ 22 K B22D 17/ 32 Z B29C 45/ 40	エジェクタピンの取り付け部分が水平、垂直および回転方向において弾性体によって緩衝され、エジェクタプレート引き戻しのさいの衝撃が減衰されるエジェクト機構の位置検出機構を備えた射出成形機。
	性能向上	構造合理化	特開平10-323861	B22D 17/ 20 E B22D 17/ 20 Z B29C 45/ 17	マシンベース上に後端部を回転中心として回転可能な保持台座部位と、保持台座前端部側を微少量だけ上下動させて高さを調整する高さ調整機構と、保持台座部材上に前後にスライド可能なガイドバー部材と、ガイドバー部材に取付けられた射出ユニットからなる射出成形機の射出ユニット支持機構。

146

表2.4.3-1 東洋機械金属の保有特許の概要(3/9)

技術要素	課題		特許番号	特許分類	抄録
成形装置	性能向上	構造合理化	特開2000-84979	B22D 17/ 20 E B29C 45/ 17	並列に配置された縦部材と、両縦部材の上に固定され、その上に射出成形機が搭載されるベース用平板部材と、縦部材の底面に配設され、両縦部材に固定された底部用平板部材とからなる射出成形機の高強度フレーム。
	省力化	高機能化	特開平6-210582	B22D 17/ 22 L B25J 13/ 6 B25J 19/ 00 J	それぞれマイコンを内蔵したダイカスト機の制御盤とロボット制御盤とをダイレクトに接続し、マシン制御盤の操作によってロボット制御盤に格納されている多数の動作プログラムを指定できるようにした成形機における周辺ロボットとの通信方式。
	安全性向上	動作の確実性	特許2519535	B22D 17/ 26 K B22D 17/ 32 J B29C 45/ 66	金型変更にともなうストップバーの未調整を検知して金型のはさみ込み事故を回避する成形機の機械的安全装置。
			特開平7-148810	B22D 17/ 26 K B29C 45/ 76 B29C 45/ 84	電気系安全装置もしくは油圧系安全装置のいずれか一方が故障したことを検知し、点検、補修を促すことによって事故の発生を回避する成形機の安全ドア装置。
			特開平7-195474	B22D 17/ 26 K B29C 45/ 64 B29C 45/ 84	安全ドアを開いた状態で型開きを行った場合に、安全レバーにストッパ上を走行するコロが取付けられており、金属接触による磨耗金属粉や摩擦音の発生を防止する安全装置のストッパ構造。
			特開平9-239800	B22D 17/ 26 K B22D 17/ 32 J B29C 45/ 84	D/Aコンバータと電磁アクチュエータとの間にスイッチ手段を設け、CPUが正常に動作しているときのみ、このスイッチ手段をオンさせるようにした成形機の誤動作防止装置。
		メンテナンス作業	特開平11-291316	B22D 17/ 26 K B29C 45/ 84	ロック用バーが出没可能であるように固定ダイプレートから突出する保護スリーブを固定ダイプレートの奥方側の上隅部に配置した成形機の安全装置。
	コスト低減	構造簡素化	特開平9-193225	B22D 17/ 20 J B22D 17/ 22 D B22D 17/ 32 Z	PID制御で駆動されるヒータによる温度制御において、設定温度と検出温度との偏差の所定期間における積分値が、判定値を越えている場合は、制御周期が短くなるように制御し、判定値以下の場合は制御周期が長くなるように制御する成形機の温度制御方法。
			特開平9-141716	F16P 3/ 8 B22D 17/ 26 K B29C 45/ 64	安全ドアの裏面に設けた突起にワイヤケーブルの一端を係止し、他端をストッパに接続し、型開閉機構の可動部に取付けたロック用バーの切り込み部にストッパが係合するようにした成形機の安全装置。
		構造合理化	特公平8-2488	B22D 17/ 14 B22D 17/ 22 F B22D 17/ 22 D	溶湯押し込み手段とキャビティとの間に設けられた溶湯供給路と、真空ポートとキャビティとの間に連結した真空メインベントとに2個のシャットオフピンを設け、交番的に一方をシャットオフ、他方をオープンにする構成の真空ダイカスト機。ウオーミング時に低速射出が可能になるので、金型の急速加熱が避けれられ寿命が延びる。

表2.4.3-1 東洋機械金属の保有特許の概要(4/9)

技術要素	課題	特許番号	特許分類	抄録
金型	品質向上	高品質成形	特許2883968	B22D 17/ 22 F B22D 17/ 32 J B29C 33/ 00	キャビティと金型外面に開口するプリズム収納空間内に可動プリズムを収納し、キャビティに対して平行方向に押圧してキャビティ内を直接観察することのできるダイカスト金型のキャビティ内観察構造。
	生産性向上	金型寿命延長	特許3075938	B65G 43/ 8 F B22G 17/ 22 P B29C 45/ 40	振動チェックタイマにより製品が待機位置に停止してからの一定時間をチェック時間として設け、チェック時間経過後も製品確認センサがオン状態を続けているかどうかをチェックして製品確認センサの動作不良を検出する成形機の製品確認センサのチェック方法。
			特開2000-6218	B22D 17/ 26 J B22D 17/ 32 J B29C 33/ 20	異物検知のための低圧型締め行程において、型締め圧力からピーク圧力を検出し表示装置の画面上に表示する成形機における型締め条件モニター装置。
		交換作業の効率化	特許3162228	B22D 17/ 22 A B22D 17/ 32 Z B29C 33/ 30	表示装置上に呼び出した成形スケジュール設定モード画面によって成形スケジュールの設定を行い、無人化状態で金型の自動交換を行いながら異なる製品を順次所定ショット数づつ成形することのできる射出成形機の制御方式。
		製造サイクルの短縮	特開平4-146113	B22D 17/ 22 K B29C 45/ 40	型開き後、製品突き出し装置の前進後退を複数回反復し、製品突き出しが確認されたら設定反復回数が残っていても突き出し操作を完了する射出成形機の製品突き出し方法。
		メンテナンス改善	特開平6-328458	B22D 17/ 32 Z B29C 33/ 70 B29C 45/ 26	少なくとも情報の書き込み読み出しができ、外部装置と接続してデータ処理ができる記憶装置と、太陽電池と蓄電池とで構成された2次電源とで構成される金型メンテナンス装置を金型に断熱材を介して取付ける。
			特開平7-124796	B23Q 11/ 00 F B22D 17/ 22 Z B21D 37/ 00 B	金型交換のつど、成形条件、回数、日付、時間、品質などを記憶装置に記憶し、最適の金型を選定できるようにした金型使用履歴記憶装置付き成形機。
	コスト低減	構造合理化	特許2978646	B22D 17/ 26 B B29C 33/ 22 B29C 33/ 44	小容量のサーボモータで型開閉とエジェクト動作とを行わせるようにした成形機の型開閉装置。可動ダイプレート側にはサーボモータを搭載しないので安全性やメンテナンス性にも優れている。

表2.4.3-1 東洋機械金属の保有特許の概要(5/9)

技術要素	課題	特許番号	特許分類	抄録
型締め装置	品質向上 / 製品の破損防止	特許2750928	B22D 17/ 24 Z B29C 45/ 36 B29C 45/ 14	ダミーシャフトの一端を中間型に嵌合させた後押し出しロッドを突き出し、未加工物を中間型に押しつけ、中間型を固定型に押しつけてダミーシャフトの芯出しを行い、この状態のまま可動型を移動させて型閉じを行うダイカスト機におけるインサートの位置決め方法。
	寸法・形状の精度	特開平6-226803	B22D 17/ 26 A B22D 17/ 26 D B29C 45/ 64	ラックに対してピニオンが押圧されるとともに、ピニオンがラック軸に沿って一定方向に押圧されるので、近接、離間のいずれにおいても噛み合いが外れることがなくバックラッシュも発生しない成形機の位置決め装置。
		特開平11-123522	B22D 17/ 26 D B29C 45/ 66	クロスヘッドの位置を検出する位置検出手段と、検出位置から近似2次式にクロスヘッド位置を代入してダイプレートストロークを演算する制御部とを有するトグル式型締め装置。
	操作性向上 / 型締め制御の容易化	特開平7-205248	B29C 45/ 64 B29C 45/ 76	設定画面において指示することにより、マイコンが成形機全体の設定値を自動変更するようにした成形機の型開閉位置調整方法。
	生産性向上 / 金型寿命延長	特開平7-75864	B22D 17/ 26 J B22D 17/ 26 K B22D 17/ 32 J	複数ショットにおける型閉時間を記憶し、次に複数回の実測型閉時間の平均値を演算し、これに余裕時間を加えて次のショットの型閉監視時間とする金型低圧型閉監視方法。
		特開平7-299852	B22D 17/ 26 J B29C 45/ 68 B29C 45/ 76	システムコントローラにより冷却時間の終了前に増し締めシリンダの圧抜きを行い、それから型抜きを開始するとともに、増し締めシリンダの圧抜き時間を設定し、圧抜きスタートのタイミングを自動設定する成形機の型開閉制御方法。
		特開平8-169041	B22D 17/ 26 B B29C 33/ 22 B29C 45/ 66	型締め用サーボモータの回転力を直線運動に変えるボールねじのリードを外径よりも大きくした成形機の型締め装置。
		特開平10-305463	B22D 17/ 26 D B22D 17/ 26 J B29C 33/ 22	トグルリンク機構で駆動される可動ダイプレートの位置を算出し、この値と、型締め駆動源の圧力またはトルクの検出値とにもとづいて、低圧型締め行程における最低出力圧またはトルクを、トグルリンク機構による拡大率特性に応じた最低型締め力として算出するようにした成形機。

2.4.3-1 東洋機械金属の保有特許の概要(6/9)

技術要素	課題		特許番号	特許分類	抄録
型締め装置	生産性向上	型開時のショック発生防止	特開平10-668	B22D 17/ 26 D B22D 17/ 26 J B29C 33/ 22	型開き行程の高速領域における設定速度のいかんにかかわらず、減速開始から型開き完了までの時間が一定になるように制御する成形機の型開き制御方法。
		型開閉時間の短縮	特開平10-58505	B22D 17/ 26 A B22D 17/ 26 J B29C 45/ 67	型締めシリンダの前進用油室と後退用油室とを接続し、切り離し可能な電磁制御弁と、前進用油室に逆止弁を介して接続される低圧作動油供給源とを備えた成形機の型閉め制御用油圧回路。
			特開平10-305468	B22D 17/ 26 J B29C 33/ 22 B29C 45/ 64	試験型締め運転において、所定低圧型締め力値まで圧力降下した時点の位置があらかじめ定めた所定位置に来たさいの低圧型締め行程の開始位置を、成形運転における低圧型締め行程の開始位置とする成形機の型締め条件設定方法。
			特開平11-291310	B22D 17/ 26 D B22D 17/ 26 J B29C 45/ 66	保圧行程の完了時点、あるいはその前後からクロスヘッドを徐々に型締め時の最前進位置であるデッドポイントから型開方向に引き戻すトグル式型締め装置の型開方法。
			特開平11-291312	B22D 17/ 26 D B22D 17/ 26 J B29C 33/ 22	制御回路内で、方向、流量制御弁の非線形特性を線形特性に変換して型開閉における加減速パターンどおりにクロスヘッドをフィードバック制御してサーボモータと同様に油圧制御するトグル式型締め装置の型開閉方法。
			特開2000-263609	B22D 17/ 26 H B29C 45/ 40 B29C 45/ 64	回転によりボールねじ軸を前後進させるボールナット体を保持するベアリングを、ボールナット体の筒状ケースと、取り付け用リングと、転動子とによって構成した成形機の前後進駆動装置。
		製造サイクルの短縮	特開2000-141012	B22D 17/ 26 D B22D 17/ 26 J B22D 17/ 32 Z	連続運転を再開させるさい、運転停止後から再開までの時間を計測して支持盤の位置を自動的に調整する成形機の型締め力調整方法。

2.4.3-1 東洋機械金属の保有特許の概要(7/9)

技術要素	課題		特許番号	特許分類	抄録
型締め装置	生産性向上	装置の破損防止	特開平8-86706	G01L 5/ 00,103Z B22D 17/ 26 J B22D 17/ 32 J	型締め力の検出に使用するタイバーの検出データが所定範囲を外れた場合にタイバーセンサの異常と判断する型締め力測定センサの故障検出方法。
			特開平11-235744	B22D 17/ 26 J B29C 45/ 66 B29C 45/ 76	電源供給が断たれた場合、電源内の残存電圧によって電動サーボモータを緊急停止させ、出力電圧が所定値以下に低下したらサーボアンプ部の動作を停止させ、ダイナミックブレーキ制御部を起動させて電動サーボモータを緊急停止制御させる成形機における型開閉機構の制御方法。
		メンテナンス改善	特許2851940	B22D 17/ 26 A B22D 17/ 26 D B29C 33/ 22	トグルピンの温度を検知し、摩擦係数から求められる上限温度を超えるとトグルピンとブッシュとの間に潤滑剤の補充を促す表示を行うトグル式型締め装置を備えた成形機。
			特開平10-249901	B22D 17/ 26 D B22D 17/ 26 J B30B 1/ 10 Z	トグル機構の2つのリンクが一直線のデッドポイントになったことをセンサで検知したら、型開き開始時点まで電動サーボモータへの電流供給を遮断する成形機の型閉め制御方法。
	性能向上	型締力精度の向上	特許2779082	B22D 17/ 26 J B29C 45/ 66 B29C 45/ 76	金型の形状によって変化するダイプレートのたわみを反映するトグル効率によってタイバー伸び量を演算する成形機における型締め力の調整方法。
	小型化	構造簡素化	特開平11-28747	B22D 17/ 26 H B29C 33/ 22 B29C 45/ 66	サーボモータによって可動ダイプレートを前後進させる型締め装置において、ナット体を回転駆動するサーボモータと、ボールねじ軸を回転駆動するサーボモータとを設けた成形機の型締め装置。
			特開平11-77692	B22D 17/ 26 D B29C 33/ 22 B29C 45/ 66	型締め時に発生する圧力を分散させてトグル機構を伸縮させるねじ棒を小型化し、外方への突出をなくして成形機の寸法を小さくした型締め装置のトグル金型作動機構。
		構造合理化	特許2849223	B22D 17/ 26 B B29C 33/ 24 B29C 45/ 67	同一の可変ポンプで型締めシリンダならびに射出シリンダに選択的に圧油を供給するとともに、型締めシリンダにアキュムレータを付設することで型締め力低下を防止する直圧式型締め装置をもつ射出成形機。
			特開平6-91714	B22D 17/ 26 D B29C 33/ 24 B29C 45/ 68	テールストックと可動ダイプレートの間に配置する油圧シリンダのロッド先端をテールストックに固定し、シリンダ本体を前後動可能にダイプレートに保持させ、シリンダ本体をクロスヘッドに固定した成形機のトグル式型締め装置。
	コスト低減	構造簡素化	特開平7-132517	B22D 17/ 26 B B22D 17/ 26 H B29C 33/ 22	細径ボールねじと小容量サーボモータで高速型開閉を行い、油圧シリンダで増圧型締めを行うことにより構造を簡素化し停止位置精度の向上を図る成形機の型締め装置。
			特開平7-290536	B30B 1/ 16 B29C 45/ 68 B29C 45/ 82	電磁切換え弁と型締めシリンダとの間に圧力保持回路を設け、これを型開き時のブレーキ回路としても機能させ、圧力保持回路のロジック弁にチェック弁とリリーフ弁機能とを持たせたトグル式型締め装置の油圧回路。

2.4.3-1 東洋機械金属の保有特許の概要(8/9)

技術要素	課 題		特許番号	特許分類	抄 録
制御装置	生産性向上	トラブル対応	特開2000-202886	B22D 17/ 32 Z B29C 45/ 76 G05B 9/ 2 K	商用電源で駆動され射出成形機をシーケンス制御する主制御装置と、主制御装置の制御データをリアルタイムで取り込んで記憶を更新し、停電時にストップしたシーケンスの最終ステップを表示するサブ制御装置と、サブ制御装置を作動する2次電源とで構成する。
	性能向上	高機能化	特許2919128	B22D 17/ 32 F B29C 45/ 82	比例電磁制御弁の特性自動修正要求が指示されたさい、比例電磁制御弁のほぼ全範囲にわたる指令値とこれに対応する出力値との関係を演算して、これに基づき非線形の補正特性曲線データをもつ補正特性テーブルを作成して運転制御する。
			特開平6-270222	B22D 17/ 32 Z B29C 45/ 73 B29C 45/ 74	実測温度値が比例設定範囲に入った時点から過渡的期間は比例設定範囲に入った時点の実測温度値を起点とし、成形運転時のコンスタントな設定温度値を終点とする所定の傾斜角度をもつ温度勾配直線を、過渡的目標設定温度条件とする。
			特開平8-80554	B22D 17/ 32 B B29C 45/ 82	あらかじめ設定されたオープン制御用の出力値とPID演算によって得られるフィードバック制御用の出力値とを加算して、その加算結果によって速度制御用電磁弁のドライバ回路または圧力制御用電磁弁のドライバ回路を駆動制御する。
			特許3155742	B22D 17/ 32 J B29C 45/ 76 B29C 45/ 17	接続されたプリンタにそれぞれ対応したプリント出力フォーマットでデータをプリンタに送信可能とするように、接続されたプリンタの機種に適合した送信データ形式をユーザが選択設定できるようにし、設定されていない場合はオペレータに注意の表示をする。
			特許2665087	B22D 17/ 32 F B22D 17/ 32 Z B29C 45/ 20	チャージ動作、ノズルバック動作、ノズルチェック弁閉じ動作をそれぞれ入力することによって、チャージオプション動作順序を設定するとともに、少なくともそれらの各動作に対応する各動作項目表示欄を指定された動作順序に従って並べた形で表示する。

2.4.3-1 東洋機械金属の保有特許の概要(9/9)

技術要素	課題		特許番号	特許分類	抄録
制御装置	性能向上	動作の安定化	特開平10-58510	B22D 17/ 32 B B22D 17/ 32 F B29C 45/ 77	比例電磁制御弁の入力側と出力側との実測差圧値と基準差圧値での既知のバルブ駆動指令値-流量値特性線データとから、実測差圧に対応するバルブ駆動指令値-流量値特性線データを求め、算出された駆動指令値に基づいて速度制御を行う。
	省力化	設定の自動化	特許3034234	B22D 17/ 32 F B29C 45/ 82	搭載される比例電磁制御弁と同形式の比例電磁制御弁の非線形の基準特性テーブルをあらかじめ格納しておき、比例電磁制御弁の特性自動修正に応じて非線形の補正特性曲線データをもつ補正特性テーブルを作成する。
	安全性向上	トラブル対応	特許2723713	B22D 17/ 32 Z B29C 45/ 76 G01H 17/ 00 Z	射出成形機の近傍に振動センサを取り付け、その計測情報によってコントローラが振動の大きさを判定し、そのレベルに応じてアラームメッセージの表示と成形品の良・不良の判定、自動成形運転の継続・中断・停止などの処置を行う。

2.4.4 開発拠点

金属射出成形技術の開発を行っていると思われる事業所、研究所などを特許情報に記載された発明者住所をもとに紹介する。(但し、組織変更などによって現時点の名称などとは異なる場合もあります。)

　　兵庫県：東洋機械金属株式会社

2.4.5 研究開発者

図2.4.5-1には、特許情報から得られる東洋機械金属の発明者数と出願件数との推移を示す。この図からは1993年ごろが開発のピークであるが、大幅な増減はなく、発明者数と出願件数は少ないながら最近でも研究開発を継続している。

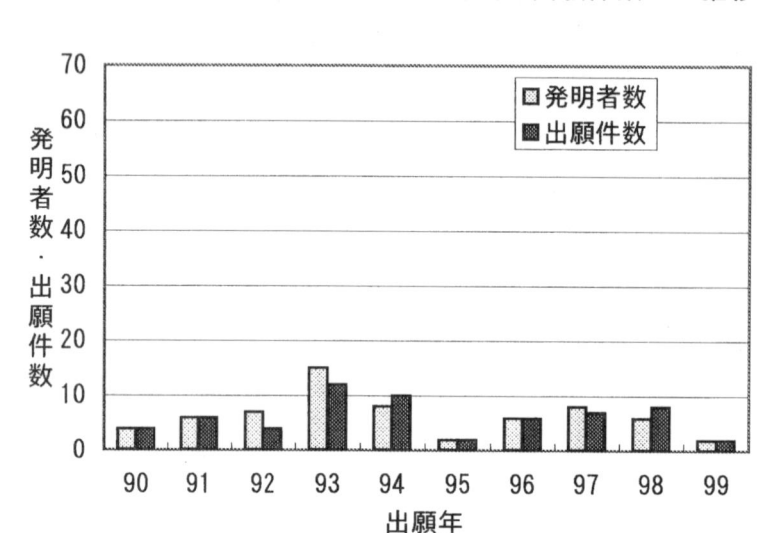

図2.4.5-1 東洋機械金属の発明者数と出願件数との推移

2.5 日精樹脂工業

2.5.1 企業の概要

表2.5.1-1 日精樹脂工業の企業概要

1) 商　　　　　号	日精樹脂工業　株式会社			
2) 設 立 年 月 日	1957年 5月			
3) 資　　本　　金	5,362百万円			
4) 従　業　員	742 人			
5) 事　業　内　容	プラスチック加工機械・同付属装置製造業			
6) 技術・資本提携関係	技術：FAMA（メキシコ）			
	資本：八十二銀行			
7) 事　業　所	本社、工場、技術研究所／長野県坂城町			
8) 関　連　会　社	日精テクニカ、ニッセイアメリカ、ニッセイプラスチックシンガポール、ニッセイメキシコ、ニッセイプラスチックホンコン			
9) 業　績　推　移	年　度	1998	1999	2000
	売　上　げ　百万円	31,234	37,968	40,686
	損　　益　　百万円	531	965	1,397
10) 主　要　製　品	射出成形機、各種成形機（ディスク、レンズ、異材質他）			
11) 主　な　取　引　先	ニッセイアメリカ、松下グループ、トヨタグループ、セイコーグループ、テルモ、住友電装、ミノルタ、矢崎総業、五洋商事			
12) 技 術 移 転 窓 口				

　プラスチック射出成形機の最大手で金型、CADなどの周辺機器にも力を入れている。近年、低融点金属（Mg）を対象に開発に力を入れ、独自にMg成形機を開発、2000年より販売を開始した。開発拠点は本社のある長野県坂城町である。

2.5.2 溶融金属射出成形技術に関連する製品・技術

表2.5.2-1 日精樹脂工業の溶融金属射出成形技術に関連する製品・技術

技術要素	製　品	製　品　名	備　考	出　　典
成形装置	射出成形機	高機能・精密射出成形機PSシリーズ	発売中	http://www.nisseijushi.co.jp/company/index.html
半溶融	マグネシウム合金用成形機		技術論文	素形材、Vol.42、No.11、P1(2001)

　プラスチック用射出成形機主体であるが、低融点金属用にも開発、販売。
　品質向上の課題に対して溶湯制御、射出部装置の開発で対応、型締め装置では型構造の改良により生産性向上や小型化に対応している。

2.5.3 技術開発課題対応保有特許の概要（溶融金属射出成形技術）

　日精樹脂工業は型締め装置、成形装置の技術要素に関する特許件数が多い。また、半溶融成形の技術要素の課題に対する特許件数が少ないのが意外である。半溶融成形に関する成形機の製造および技術論文の発表からみて、今後増えてくることが推察される。型締め装置の技術要素に関する技術開発課題と解決手段対応図を図2.5.3-1に示す。

　型締め装置に関しては、型構造の改良により寸法・形状の精度向上および型開閉時間の短縮、メンテナンスの改善の課題に対応している。型開閉時間の短縮に対する解決手段も多く、型構造の改良で対応している。例えばチャックがピストンと一緒に移動する構造、カムやリンクを用いずに型閉め板を駆動する方法がある。また、型締め構造、油圧装置の改良により生産性向上、性能向上の課題に対応している。さらに、小型化の課題に対する解決手段も比較的多い。

　成形装置に関しては、給湯の適正化の課題に対する解決手段が多く、溶湯量制御、および射出部装置の改良により対応している。また、安全性向上の課題に対する解決手段も多く、型関連装置および射出部装置の改良により対応している。例えば、射出部装置に関しては射出スクリュ部の構造改良が挙げられる。

　制御装置に関しては、コスト低減、性能向上の課題に対応する解決手段が多い。例えば、油圧回路の流量制御弁の改良による高応答性を追及し性能向上を図っている。

図2.5.3-1 技術開発課題と解決手段対応図（型締め装置、日精樹脂工業）

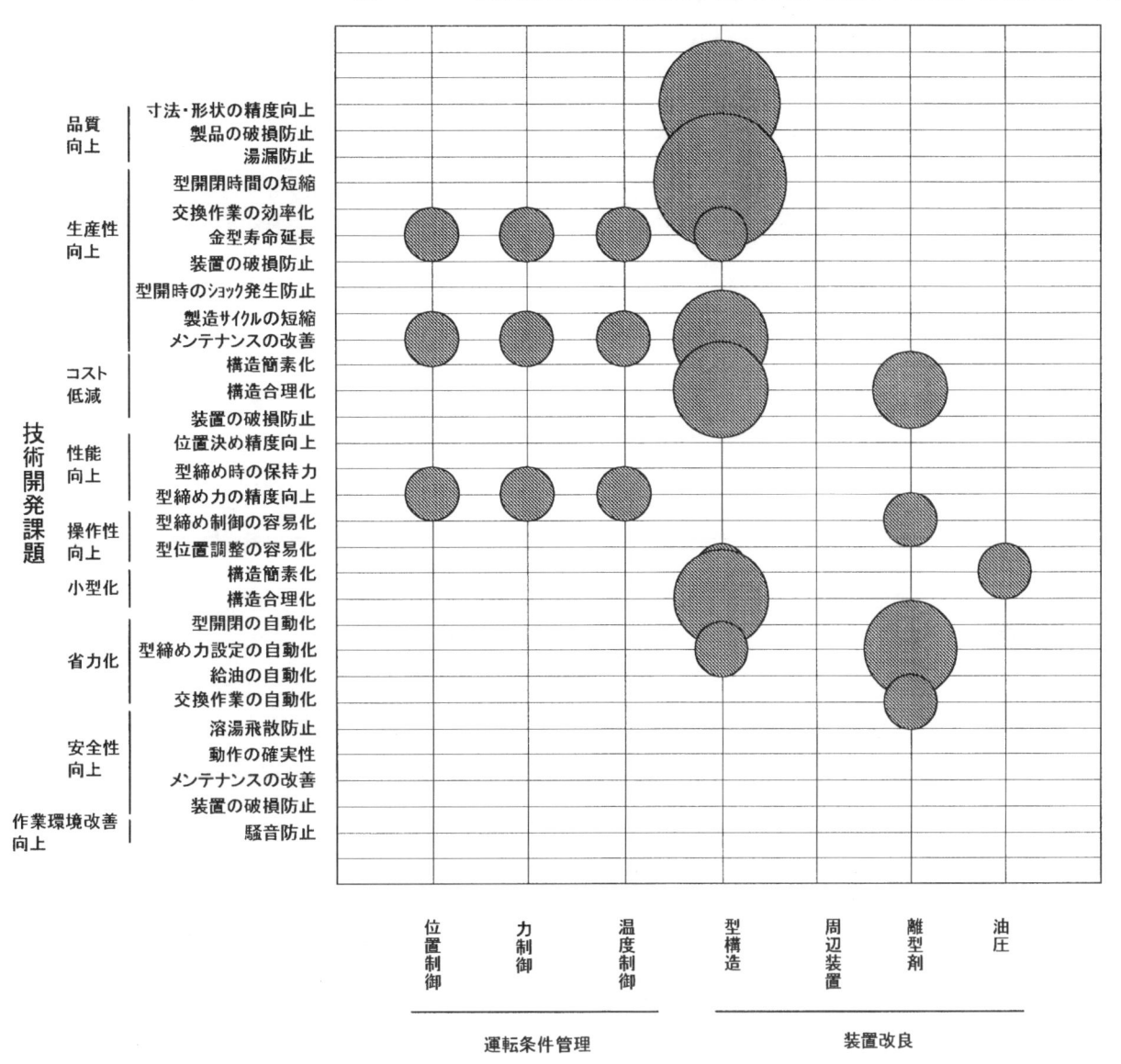

表2.5.3-1 日精樹脂工業の保有特許の概要 (1/10)

技術要素	課題		特許番号	特許分類	抄録
成形装置	品質向上	給湯の適正化	特開2001-105113	B22D 17/ 20 J B22D 17/ 20 G B22D 17/ 30 Z	射出完了後、先進位置でスクリュを回転し、スクリュと加熱筒間に入り込んだ金属による後退抵抗を取除き、その後スクリュを所定距離後退させ、後退位置でスクリュに背圧をかけて材料を移送し溶融材料を蓄積させ、次いでスクリュを前進させて蓄積材料を押圧し、材料圧が予め定めたスクリュの前進距離内で所定の圧力に達したときのみ射出する金属材料の射出成形方法。
			特開2001-105114	B22D 17/ 20 J B22D 17/ 20 G B22D 17/ 30 Z	加熱シリンダ内に回転および進退可能なスクリュを有し、金属材料を溶融して射出成形するにさいし、材料蓄積後の射出開始位置から射出圧が設定圧に達するまでは所定の速度・圧力でスクリュを前進させ、所定圧に達した位置を射出プロセス制御基点として記憶し、その位置以降の幾つかの速度・圧力切替え位置を計算し、その計算結果が射出ストロークを越える場合は射出を中止する金属材料の射出成形方法。
			特開平11-347703	B22D 17/ 20 J B22D 17/ 30 Z B29C 45/ 54	水平に配置したプランジャ内装の射出装置と、その側部に先端側を下向きに傾斜させて併設したスクリュ内装の溶融金属供給装置を用い、溶融金属を射出装置のプランジャ前面に供給計量し、プランジャの前進により金型に射出する金属材料の溶融射出装置。
			特開2000-202876	B22D 17/ 20 G B29C 45/ 50 B29C 45/ 60	加熱筒を有する先端部材の内部に回転かつ進退自在なスクリュを設け、スクリュには先端部が円錐形で流通溝を有するプランジャを連接し、先端部材の内部中央を所定長さにわたり加熱内筒に対し8〜15％縮径して計量室を形成し、計量室の後方に射出ストロークよりも長い可塑化促進部を設けた射出装置。
			特開2001-179417	B22D 17/ 20 G B22D 17/ 30 Z	ノズル部材と連通する先端部内を縮径により所用長さの計量室を成形した加熱筒と、内部に回転かつ進退自在な射出スクリュを有し、射出スクリュの先端部は計量室と略同径にしてプランジャとし、プランジャと軸部周囲にスクリュフライトを有する供給部との間に軸部のみによる貯留部を設けた溶融金属の射出成形機。

表2.5.3-1 日精樹脂工業の保有特許の概要（2/10）

技術要素	課題		特許番号	特許分類	抄録
成形装置	品質向上	寸法・形状の精度向上	特許3028281	B22D 17/ 20 J B22D 17/ 32 Z B29C 45/ 20	加熱ヒータをオン、オフしたさいの被加熱部の温度上昇特性および温度降下特性の実測値を記憶しておき、温度制御時に、一定のサンプリング時間ごとに現在温度を検出し、一定時間後に所定の温度になるためのヒータのオン、オフ時間を温度上昇特性、温度降下特性から予測し制御する射出成形機の温度制御方法。
	操作性向上	構造簡素化	特許2571499	B22D 17/ 12 B B22D 17/ 26 B B29C 33/ 24	門型フレームを構成する横フレームを利用し、竪締めシリンダの油圧回路の形成と、プレフィルムバルブとの接続を行う高速型開閉の応答性がよい竪型成形機の型締装置。
		構造合理化	特開平11-314257	F04B 21/ 00 E B22D 17/ 20 Z B22D 17/ 26 A	油圧ポンプを駆動する電動モータと、電動モータをモータ支持部に取付けるブラケットからなる油圧発生装置において、ブラケットに冷媒を通す通路を設け、このブラケットをモータハウジングに接触させてモータの発熱をブラケットに伝導させるようにした射出成形機の油圧装置。
	生産性向上	型開閉時間の短縮	特公平7-73784	B22D 17/ 26 B B30B 1/ 36 Z B29C 33/ 24	型締めラムのピストンにより区画された型締めシリンダ内の前部油室と後部油室を流路により連結し、流路と補給油用のタンクの両方を後部油室の開口部に接続し、バルブ部材の前進移動により後部油圧室の圧油の圧縮を行える型締め装置。射出成形機、ダイカスト機、油圧プレスなどに用いる型締め装置。
		構造合理化	特公平6-6313	B22D 17/ 20 F B29L 9/00 I B29C 45/ 16	ノズル外筒部とノズル内筒部間に樹脂側通路を設け、ノズル内筒部の進退により樹脂側通路を開閉するバルブ部を設け、ノズル内筒部とストッパロッド間に金属通路およびストッパロッドの進退により金属流路の開閉をするバルブ部を設けた射出成形機の射出ノズル装置。
	性能向上	構造合理化	特公平6-69705	B22D 17/ 12 B B29C 45/ 50 B29C 45/ 76	射出用電動機および計量用電動機を射出装置から分離して縦型射出成形機の上部盤体上に設置し、射出装置の射出駆動部および計量駆動部にわたり回転駆動軸を配設して電動機の回転力を駆動部に伝達する電動式竪型射出成形機。
	安全性向上	動作の確実性	特公平6-11511	F16P 3/ 10 B22D 17/ 26 K B29C 33/ 20	安全扉を開くとエアが放出されてストッパ部材が下降し、可動盤とともに安全棒が前進移動するのを阻止する型締め装置における安全装置。
			特公平6-45167	F16P 3/ 10 B22D 17/ 26 K B29C 33/ 20	安全扉の開閉にともないエアシリンダが作動してストッパ部材との係合または解除がなされ、安全棒が前後いずれかに移動し、ストッパ部材が落下して駆動装置が停止して係合装置の調整が完了する型締め装置における安全装置。
			特開平4-278322	B22D 17/ 26 K B29C 33/ 20 B29C 45/ 76	制御手段がセンサの異常を検知したら所定時間経過後に再びセンサの出力信号を読み込み、再び異常が検知されたら警報を発する射出成形機の安全ドア。

表2.5.3-1 日精樹脂工業の保有特許の概要 (3/10)

技術要素	課題		特許番号	特許分類	抄 録
成形装置	安全性向上	動作の確実性	特許3076249	F16P 3/ 8 B22D 17/ 26 K B29C 45/ 64	後端を可動盤に固定し受圧盤に向けて設けられた安全棒と、受圧盤側部でこの安全棒を支持する支持ブロックと、これらを係合、解放するレバー部材、ストッパ、リンクバーなどから構成され、型厚調整が行われて受圧盤が移動しても関係なく作動する成形機の型締め機構における安全装置。
		メンテナンス作業	特公平6-98661	F16P 3/ 8 B22D 17/ 26 K B29C 45/ 84	型締め装置の安全扉を型締め装置の上部支持枠に対し上下に開閉可能に取り付け、安全扉の内側上縁付近に安全油圧路の切替えバルブを作動させるカム部材を取付けた射出成形機。
			特公平6-6321	F16P 3/ 8 B22D 17/ 26 K B29C 45/ 84	可動盤上に突出する安全棒の受入口を開閉するストッパを取付けた安全ブロックを固定盤上に設け、上下に開閉する安全扉の内側にストッパを押す部材を取付けた射出成形機。
			特許2521623	B22D 17/ 26 K B29C 33/ 22 B29C 45/ 64	ボールねじ軸を可動盤の移動方向と平行に安全扉内側に設置し、ボールナットを可動盤に取付けるとともに、安全扉が閉鎖しているときにカム部材により解放作動する位置にストッパを設け、可動盤の前進移動をこのストッパで停止させるようにした型締め装置における安全装置。
半溶融成形	品質向上	給湯の適正化	特開2001-105115	B22D 17/ 20 J B22D 17/ 20 G B22D 17/ 00 Z	加熱シリンダ内に回転および進退可能なスクリュを有し、金属材料を加熱シリンダに送り溶融して射出成形する装置において、加熱筒内の金属材料が液相状態で自重により加熱筒の前室に流下し、かつノズルと金型内のスプルーブッシュとが同一直線上に位置するように金型側を下位にして機台上に傾斜設置した金属材料射出成形装置および方法。
	操作性向上	構造安定化	特開2000-117792	B22D 17/ 00 Z B29C 45/ 66 B29C 45/ 50	機台にスクリュ回転用、スクリュ進退用および型締用の大型モータを収容し、これらを機台の左右方向Xの中央に配置するとともに、射出装置および型締め装置における被回転伝達部と大型モータを回転伝達ベルトを用いて連結した電動式射出成形機。
	コスト低減	素材の安定供給	特開2001-191168	B22D 21/ 4 A B22D 17/ 30 Z B22D 17/ 00 Z	チクソダイカスト時、ビレットよりも小径の成形穴を有する加熱スリーブで半溶融状態にし、押し出しにより小径に整形し、必要長さに切断後ダイカストスリーブに移送して整形する成形方法。

160

表2.5.3-1 日精樹脂工業の保有特許の概要 (4/10)

技術要素	課題		特許番号	特許分類	抄　録
金型	品質向上	湯漏防止	特公平6-88290	B22D 17/ 22 C C22C 19/ 3 A B29C 45/ 26	可動入子を形状記憶合金で形成し、型締め力により入子が圧縮変形して他方の入子と密着することによりバリの発生が防止される射出成形機用金型。
		ひけ・巣発生防止	特許2922436	B22D 17/ 22 B B22D 17/ 26 A B22D 17/ 32 J	それぞれの移動型に認識表示を設け、固定型との型締め前に成形条件を固有成形条件に変更してから型締めするようにした固定型を共用する複数の移動型による射出成形方法。
	操作性向上	構造合理化	特公平6-4250	B22D 17/ 26 B C22C 19/ 3 A B29C 33/ 20	型締め部材に形状記憶合金を使用し、これを温度制御することによって型締め力を発生させる型締め装置。油圧装置などが不用で大幅な省エネルギー、省スペースが達成できる。
	生産性向上	交換作業の効率化	特公平7-35072	B22D 17/ 22 A B29C 33/ 2 B29C 33/ 30	金型を2個載置可能で、待機位置にある金型を予備加熱することができる金型交換装置。
			特公平7-96227	B22D 17/ 26 L B29C 33/ 30 B29C 45/ 17	上下のタイバーに取り付け部材を嵌め、仮クランプ装置を金型の側部に縦に設置しハンドルをねじ込んで固定金型を押圧し位置決めする金型の仮クランプ装置。
			特公平6-41140	F16B 2/ 6 A B29C 33/ 30 B29C 45/ 26	型取り付け板の両側に凹所を設け、クランプ爪をガイドボルトで支持して開閉自在とし、2箇所の作業で4箇所の型締めができるようにした成形機の金型取付装置。
			特許2770138	B22D 17/ 22 A B29C 33/ 30 B29C 45/ 26	固定盤と可動盤との下端に取付けた位置決めブロックの下端をL形状に外側に突出させて係合板の収まる溝に形成し、高さレベルの位置決めと横方向の位置決めとが同時に行われるようにした金型交換台車の位置決め装置。
		メンテナンス改善	特公平8-5089	B22D 17/ 22 A B22D 17/ 26 A B29C 45/ 12	機台上方の上部受圧板と機台内の下部受圧板とを機台に固定したタイバーにより一体に結合し、下部受圧板に型締めラムを設けて主型締め機構とし、上部受圧板に射出装置を下向きに設けた交互式射出成形機。
型締め装置	品質向上	寸法・形状の精度	特公平6-20633	B22D 17/ 26 A B29C 33/ 22 B29C 45/ 64	可動盤と各ガイドレールの間にスライダを設け、そのスライダの一方に両上板の回動中心となるピンを貫通させる成形機の型締め装置。

表2.5.3-1 日精樹脂工業の保有特許の概要（5/10）

技術要素	課題		特許番号	特許分類	抄録
型締め装置	品質向上	寸法・形状の精度	特開平11-129302	B22D 17/ 26 H B29C 45/ 66	ガイドレールにガイドされるスライダを有するガイド機構部と、ガイドレールの直角方向の可動型の変位を許容する支持機構部と、タイバーに係合しつつ移動するタイバー係合機構部とを有する可動型支持機構を備えた射出成形機の型締め装置。
			特許2514873	B22D 17/ 26 B B29C 33/ 24 B29C 45/ 67	バルブ解放油室と型開油室とを連通する一方、バルブ閉鎖油室を油圧制御装置と切換弁とを設けた油圧路で駆動油圧回路に直結する成形機の型締め装置。
			特許2640709	B22D 17/ 26 H B29C 33/ 22 B29C 45/ 66	ボールねじ軸の移動によりタイバーを固着した可動盤がガイド部材上をまっすぐに固定盤に対して前進、後退して金型の開閉ならびに型締めを行う成形機の電動式型締め装置。
			特許2571500	B22D 17/ 26 H B29C 33/ 22 B29C 45/ 66	ボールねじ軸の移動によりタイバーを固着した可動盤がスプライン軸によりまっすぐに固定盤に対して前進、後退して金型の開閉ならびに型締めを行う成形機の電動式型締め装置。
	操作性向上	型締め制御の容易化	特公平7-118984	B22D 17/ 26 J B30B 15/ 14 C B29C 33/ 22	型締め力を実測し、設定値と一致するクロスヘッド位置を型締めクランプ位置となるようにトグル機構を介して可動盤を移動させるトグル式型締め装置の自動型締め力補正方法。
			特開2001-88182	B22D 17/ 30 Z B29C 45/ 66	ボールねじ機構のねじ部またはナット部に設けた規制部材および規制機構と、可動部側に設け、可動部材に対して回動変位自在に結合した結合部材とを有する応力分断機構を備える射出成形機の駆動装置。
	生産性向上	型開閉時間の短縮	特公平6-45140	B22D 17/ 26 A B29C 33/ 24 B29C 45/ 67	主ピストンの先端にバルブ本体を設け、その油圧シリンダに、主ピストンを押す短ストロークの副ピストンを備えた油圧シリンダを連接する型締め装置のプレフィルバルブ。
			特公平6-45139	B22D 17/ 26 H B21D 37/ 14 Z B29C 33/ 24	型締めシリンダの固定盤側の開口内にはめ込まれたスリーブと、型締めピストン受け孔の内部に形成した受け壁とによりチャックがピストンと一緒に移動するようにした成形機の型締め装置。
			特公平7-4816	B22D 17/ 26 J B29C 33/ 22 B29C 45/ 66	駆動モータにより圧受け盤を移動させるさい、駆動モータの慣性によってオーバーランする移動距離を相殺する補正値で補正する型締め装置の位置調整方法。
			特公平7-63999	B22D 17/ 26 C B29C 33/ 22 B29C 45/ 66	2枚の非円形歯車とクランク板とを組み合わせ、カムやリンクを用いずに型閉め板を駆動するクランク式駆動装置。
			特公平7-330	B22D 17/ 26 C B29C 33/ 22 B29C 45/ 66	2枚の偏心歯車とボールねじとを組み合わせ、クラッチを用いずに型閉め板の移動速度を変化させる駆動装置。

表2.5.3-1 日精樹脂工業の保有特許の概要（6/10）

技術要素	課題	特許番号	特許分類	抄録
型締め装置	生産性向上 型開閉時間の短縮	特公平7-53401	B22D 17/ 26 B B29C 45/ 67	係止盤と型締めロッドとが複数の異なった位置で係合できるようにして異なった位置で複数回型開閉を可能にする射出成形機の型開閉装置。
		特公平4-70128	B22D 17/ 26 B B22D 17/ 26 J B29C 33/ 22	型締め装置における回転部材とねじ軸の間にボールを介在させるとともに、回転電動機をサーボモータとし、回転量検出機により金型位置を検出する電動式成形機の型締め装置。
		特公平6-22740	B22D 17/ 26 H B29C 33/ 24 B29C 45/ 67	可動盤の外側に各タイバーの回転部材を回転する駆動チェーンを設け、タイバーを移動して型厚調整を行うことにより型閉じ時間を短縮する成形機の型締め装置。
		特許2808246	B22D 17/ 26 B B29C 33/ 24 B29C 45/ 67	型開閉移動時におけるピストン前後の圧油がピストン周囲の流通間隙からいずれか一方に押出されるように流入するようにして、高速度、高応答性加減速特性を得ることのできる成形機の型締め装置。
		特開平11-58397	B22D 17/ 26 B B22D 17/ 26 J B29C 33/ 24	後部油室の負圧を圧油の供給により型閉め終了時に解消し、型閉め終了と同時に型締め力の昇圧を自動的に開始する直圧式型締め装置の型締め方法。
	金型寿命延長	特許3002811	B22D 17/ 26 J B29C 45/ 66 B29C 45/ 50	停止目標位置の手前の減速区間に制御切換位置を設定し、はじめは速度のフィードバック制御を行い、ついで位置のフィードバック制御を行うようにした射出成形機の制御方法。
		特公平6-84014	B22D 17/ 26 H B29C 33/ 22 B29C 45/ 67	型締めシリンダの胴部の前側部四方にタイバー連結部を設けるとともに胴部下側に支持部材を一体形成し、これを介してシリンダの胴部のみを機台に固定する成形機の型締め装置。
		特許2515204	B22D 17/ 26 C B29C 33/ 24 B29C 45/ 68	クランクアームが伸び切る前に金型相互が接触するのでモータやクランクに大きな負荷がかからず、金型が損傷することもない複合式型締め装置における型締め方法。
	メンテナンス改善	特公平6-51294	B22D 17/ 26 A B29C 33/ 24 B29C 45/ 67	ピストンの外周に圧油の流通間隙を設けるとともに、ピストン外周面にシールリングを嵌め、シールリング内とシリンダ後室とを連通する油路をピストン内に設けた型締め装置。

表2.5.3-1 日精樹脂工業の保有特許の概要（7/10）

技術要素	課題		特許番号	特許分類	抄録
型締め装置	生産性向上	メンテナンス改善	特開2000-108184	B22D 17/ 26 D B29C 45/ 66 B29C 33/ 22	回転運動を直線運動に変換するねじ軸を常時支持ロッドにより垂直に支持するようにした電動トグル式縦型型締め装置。
			特許2798113	B22D 17/ 26 J B22D 17/ 32 Z B29C 45/ 64	可動部材の移動速度と減速所要時間とによりオーバーラン距離を求め、制動開始位置を設定し、この位置に可動部材が到達した時点で制動制御を開始する成形機における可動部材の制御方法。
			実公平6-18686	B22D 17/ 26 H B29C 33/ 24 B29C 45/ 67	チャックの端部間にタイバーに対する両チャックの移動量を規制して正規のチャッキングをする所要幅の制限部材を、型締めピストンの壁面に止着して設けた成形機の型締め装置。
	性能向上	型締力精度の向上	特公平7-12612	B22D 17/ 26 D B22D 17/ 26 J B29C 33/ 22	クロスヘッドを移動させるサーボモータにセンサを設け、センサによりクロスヘッドの位置を検出するとともにその位置ごとにサーボモータのトルクを制御するトグル式型締め装置の型締め異常検出方法。
			特公平7-2335	B22D 17/ 26 D B22D 17/ 26 H B29C 33/ 22	クロスヘッドを移動させるサーボモータにセンサを設けてクロスヘッドの位置を検出するとともに、位置ごとにトルクリミット指令によって型締め力を修正するトグル式型締め装置の型締め力修正方法。
			特許2653754	B22D 17/ 26 J B29C 33/ 20 B29C 45/ 67	サーボ弁による速度制御の前半をオープン制御によって行い、ついで、金型の速度情報をフィードバック信号としてデジタルサーボによりクローズド制御する成形機の型開閉制御方法。
	省力化	型締力設定の自動化	特公平7-2334	B22D 17/ 26 H B22D 17/ 26 J B29C 33/ 22	金型の厚さと型締め力とを設定し、設定型締め力を発生させる圧受盤の設定位置を算出し、圧受盤の移動を行うトグル式型締め装置の自動型締め力設定方法。
			特公平6-61806	B22D 17/ 26 D B29C 33/ 22 B29C 45/ 66	クロスヘッドを移動させるサーボモータにセンサを設けてクロスヘッドの位置を検出するとともに、圧受盤の位置修正値を算出して型締め力の設定を行うトグル式型締め装置の自動型締め力設定方法。
			特公平6-61807	B22D 17/ 26 D B29C 33/ 22 B29C 45/ 66	クロスヘッドを移動させるサーボモータにセンサを設けてクロスヘッドの位置を検出するとともに、所定個所に型締め力測定装置を設け、測定結果により次回以降のクロスヘッドのクランプ位置を設定するトグル式型締め装置の自動型締め力修正方法。
			特公平7-329	B22D 17/ 26 J B29C 33/ 22 B29C 45/ 66	汎用モータによりトグル機構全体を移動して停止させたのち、汎用モータをあらかじめ設定した所定の修正時間だけ作動させて前進させるトグル式型締め装置の型締め力設定方法。
		交換作業の自動化	特公平7-102580	B22D 17/ 22 A B29C 33/ 20 B29C 33/ 30	成形作業中は金型受台を吊り下げ状態とし、必要時には引き起こして移動させるので可動盤の位置決めに関係なく金型交換の準備ができる型締め装置の金型交換装置。

表2.5.3-1 日精樹脂工業の保有特許の概要（8/10）

技術要素	課題		特許番号	特許分類	抄　録
型締め装置	小型化	構造簡素化	特許2727500	B22D 17/ 26 B B29C 33/ 22 B29C 45/ 67	型締めラムが複動する型締め装置に内ラムと型閉めシリンダを採用し、型締めシリンダの後室を開放し、吸い込みタンクと付帯装置を省略した型締め装置。
			特公平7-73787	B22D 17/ 26 H B29C 33/ 24 B29C 45/ 67	型の開閉にさいして作動油の供給、排出を差動回路を経由するようにして昇圧特性の向上と油圧システムのコンパクト化を図る成形機の型締め装置。
		構造合理化	特公平6-24750	B22D 17/ 26 B B29C 33/ 24 B29C 45/ 67	連絡孔を有するピストンにより型締めラム内を圧力室と補給油室とに区画し、その連絡孔をプレフィルバルブにより開閉して型締めラムの進退時に両室の油を入れ換えるようにした射出成形機の型締め装置。
			特開2001-88181	B22D 17/ 26 Z B29C 45/ 66 B29C 33/ 22	モータとボールねじの組み合わせにより可動盤を進退移動させて高速型開閉を行う第1駆動機構部と、同じくモータとボールねじの組合せにより高圧型締めを行う第2駆動機構部と、係止機構部と、クラッチ機構部とを有する射出成形機の型締め装置。
			特許2704572	B22D 17/26 H B29C 33/24	型締めシリンダに前部油室と後部油室とを連通する差動回路を設けて小定格の油圧システムによる昇圧特性の向上を図った成形機の型締め装置。
	コスト低減	構造合理化	特公平7-115396	B22D 17/ 26 A B29C 33/ 20 B29C 45/ 67	鋳造により一体成形した本体フレームの下部に基盤を配置し、両者を鋼製の支柱で結合した射出成形機の型締め用C型フレーム。
			特公平7-115397	B22D 17/ 26 A B29C 33/ 20 B29C 45/ 67	鋳造により一体成形した本体フレームの下部に基盤を配置し、両者を鋼製の支柱で結合し、この支柱に締めつけ手段を設けた射出成形機の型締め用C型フレーム。
			特公平7-110509	B22D 17/ 26 H B29C 33/ 24 B29C 45/ 67	異なるシリンダにおけるピストン部を異径に形成し、全タイバーにおける全位置を同径に形成して1種類のタイバーで構成する射出成形機の型締め装置。
			特許2527126	B22D 17/ 26 J B29C 45/ 67 B29C 45/ 82	パイロットリリーフ弁のパイロットポートをチェック弁の一次側に接続するとともに、油圧ポンプに射出時型締め圧および圧縮時型締め圧を設定した射出成形機の圧縮型締め装置。

表2.5.3-1 日精樹脂工業の保有特許の概要（9/10）

技術要素	課題		特許番号	特許分類	抄録
型締め装置	コスト低減	構造合理化	特公平7-102579	B22D 17/ 26 A B29C 33/ 24 B29C 45/ 67	型締めラムを前後が閉塞された円筒体の両側の閉塞部材内に油の流路を形成するとともに、これらの流路をパイプでそれぞれ接続して2つの油圧路を構成した成形機の型締め装置。
		装置の破損防止	特許2595450	B22D 17/ 26 J B22D 17/ 32 Z B29C 45/ 82	可動部材の非作動時に、制御弁を中立に保持して1対の圧力室の圧力を設定値と比較し、少なくとも一方が設定範囲から離脱したさいに異常信号を出力する成形機における油圧系の異常検出方法。
制御装置	操作性向上	操作の容易化	特許2598746	B22D 17/ 32 B B22D 17/ 32 F B29C 45/ 50	初期条件として少なくとも射出圧力を低圧側の値、望ましくはさらに射出速度を高速側の値に、スクリュの射出開始位置を最後退位置に設定して成形を行い、充填不良に対応して補正された射出圧力を成形条件として設定する。
	生産性向上	製造サイクルの短縮	特公平7-85906	B22D 17/ 32 A B22D 17/ 32 C B29C 45/ 77	オイルポンプと射出シリンダの油圧路に後退側油室のオイル給排と前進側油室のオイル排出を行う方向切換弁と、前進側油室にオイル供給する方向切換弁とを配設して順次切換操作することにより、ピストンの前進移動を速やかに行うことができる。
	性能向上	高機能化	特許2652321	B22D 17/ 32 B B29C 45/ 50 B29C 45/ 82	可変容量形油圧ポンプと油圧アクチュエータとの間に流量制御弁を接続し、それに並列にチェック弁、リリーフ弁を接続し、小流量制御時と大流量制御時とに応じて油路を切り換える方向制御弁をリリーフ弁と油タンクの間に接続する。
			特許2522876	B22D 17/ 32 Z B29C 45/ 17 B29C 45/ 78	作動油の現在温度と、昇温目標温度と、昇温上限温度と、可変ポンプからの送出油量を最大送出油量に対する百分率とを表示するようにして、作動油の昇温時、機械装置、作動油の種類などの条件によって送出油量の変更を行う。
		動作の安定化	特公平8-18361	B22D 17/ 32 H B29C 45/ 82 F16H 33/ 2	油圧ポンプのポンプシャフトとモータシャフトを結合するカップリングの間に所定重量以上のフライホイールをはさんで結合することにより、蓄積された回転エネルギーによって高速制御が実現できる。
			特許2736753	B22D 17/ 32 A B22D 17/ 32 C B29C 45/ 50	速度制御時は切換弁制御部の制御で容量大の第1切換弁と容量小の第2切換弁を共に開放して大流量を制御し、圧力制御時は切換弁制御部の制御で容量大の第1切換弁を閉じて容量小の第2切換弁で小流量を制御して圧力を安定制御する。

表2.5.3-1 日精樹脂工業の保有特許の概要（10/10）

技術要素	課題		特許番号	特許分類	抄録
制御装置	性能向上	動作の安定化	特開平11-77785	F15B 21/ 4 A B22D 17/ 32 Z B29C 45/ 17	油圧駆動源として油圧ポンプおよびこの油圧ポンプを駆動する駆動モータを備えるとともに、油圧ポンプにより循環する作動油を冷却するオイルクーラを備え、作動油と駆動モータとの間に作動油と駆動モータ間の熱交換を行う熱交換器を設ける。
			特開平11-105094	B22D 17/ 32 H B29C 45/ 82	圧力制御時における油圧ポンプの回転数が常に油圧ポンプにおける回転抵抗の不安定領域を外れる回転数以上になるように、油圧ポンプから吐出する作動油をオイルタンクにリリーフするリリーフ回路を設ける。
	コスト低減	構造合理化	特許2649008	B22D 17/ 32 C B22D 17/ 32 H B29C 45/ 50	射出シリンダと油圧源の間に取付けられるサーボ弁に4ポートサーボ弁を複数個用いて、同一ポート同士を共通接続することにより並列接続とし、各サーボ弁の制御形態をフィードバック制御に優先して制御可能なサーボ弁制御機能を備えてなる。
			特開2000-211006	B22D 17/ 32 C B29C 45/ 50 B29C 45/ 82	射出シリンダの後油室をサーボ弁を介して油圧駆動源側に接続するとともに、射出シリンダの前油室を開閉弁を介してオイルタンクに接続し、かつ前油室をロジック弁を介してサーボ弁のPポートに接続する。

2.5.4 開発拠点

　金属射出成形技術の開発を行っていると思われる事業所、研究所などを特許情報に記載された発明者住所をもとに紹介する。（但し、組織変更などによって現時点の名称などとは異なる場合もあります。）

　　長野県：日精樹脂工業株式会社

2.5.5 研究開発者

　図2.5.5-1には、特許情報から得られる日精樹脂工業の発明者数と出願件数との推移を示す。研究開発は1990年ごろ活発であった。その後は衰退していたが、97年からは研究開発は活発化している。

図2.5.5-1 日精樹脂工業の発明者数と出願件数との推移

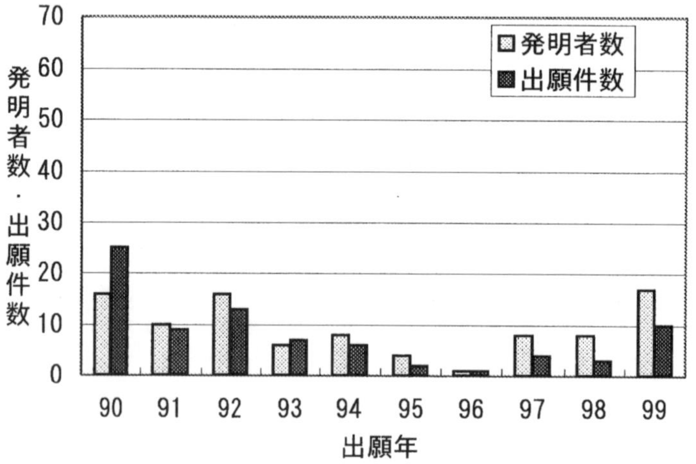

2.6 本田技研工業

2.6.1 企業の概要

表2.6.1-1 本田技研工業の企業概要

1) 商　　　　　号	本田技研工業　株式会社				
2) 設 立 年 月 日	1948年9月				
3) 資　　本　　金	86,067百万円				
4) 従　　業　　員	28,513 人				
5) 事　業　内　容	自動車製造業（二輪自動車を含む）、自動車用内燃機関製造業				
6) 技術・資本提携関係	技術：－				
	資本：三菱信託銀行、東京三菱銀行、東京海上火災保険				
7) 事　　業　　所	本社／東京、研究所／和光、朝霞、栃木、製作所／埼玉、鈴鹿、浜松、熊本、栃木				
8) 関　連　会　社	ホンダエンジニアリング、本田金属技術、ユタカ技研、浅間技研工業、ホンダロック、ホンダ太陽、本田航空				
9) 業　績　推　移	年　度		1998	1999	2000
	売　上　げ	百万円	2,962,170	2,919,840	3,042,022
	損　　益	百万円	135,944	135,322	1,132
10) 主　要　製　品	エンジン、自動車、二輪車、耕うん機、小型発電機、船外機、ポンプ、芝刈機、除雪機、電動クルマいす				
11) 主　な　取　引　先	ホンダ系列販売店、アメリカンホンダモーター、ホンダ代理店				
12) 技 術 移 転 窓 口					

　自動二輪の世界的なトップメーカー。四輪も好調で国内2位。射出成形技術は半溶融分野で積極展開。開発の本体は半溶融金属の射出成形技術を中心に埼玉製作所にあるが、鈴鹿、熊本、浜松にも拠点あり。

2.6.2 溶融金属射出成形技術に関連する製品・技術

表2.6.2-1 本田技研工業の溶融金属射出成形技術に関連する製品・技術

技術要素	製　品	製　品　名	備　考	出　　典
半溶融	自動車付属品	エアコン用部品	技術論文	塑性と加工、Vol41,NO479,P1201 (2000)
		エンジンオイルパン	技術論文	アルトピア、Vol30,N08, P9 (2000)

半溶融技術で各種自動車付属品を製造
　半溶融成形の品質向上と操作性向上に注力している。それらの課題には溶湯制御や射出部装置の開発で対応している。

2.6.3 技術開発課題対応保有特許の概要（溶融金属射出成形技術）

　本田技研工業は半溶融成形の技術課題および金型の技術課題に対応する特許が多い。また、成形装置、型締め装置および制御の技術要素に対応する特許は非常に少ない。東芝機械から日精樹脂工業までは装置メーカであり、本田技研工業は成形機のユーザであるとの違いが現れている。半溶融成形の技術要素に関する技術開発課題と解決手段対応図を図2.6.3-1に示す。

　半溶融に関しては、全出願の約80%を占める。Mg合金やAl合金のチクソ成形が可能な金属材料部品の自動車への積極的な適用が推察される。ひけ・巣の発生防止の課題に対して半溶融素材の共晶成分の晶出量を抑制するという解決手段（溶湯制御）や温度制御、素材調整の解決手段で対応している。機械的特性向上の課題に対しては、溶湯の温度制御、素材の調整の解決手段で対応している。また、生産性向上の素材の安定供給の課題に対する解決手段も多く、溶湯制御、射出部装置の改良によりそれらの課題に対応している。さらに、操作性向上の課題に対しては射出部装置の改良により対応している。

　金型に関しては、湯漏防止、金型交換の効率化、メンテナンス改善およびコスト低減の課題に対して型構造の改善により対応している。

　本田技研工業は金属粉末射出成形技術に関する特許も4件保有しているが、溶融金属射出成形技術に関する特許件数に比べ少ないので保有リストから省略した。

図2.6.3-1 技術開発課題と解決手段対応図（半溶融成形、本田技研工業）

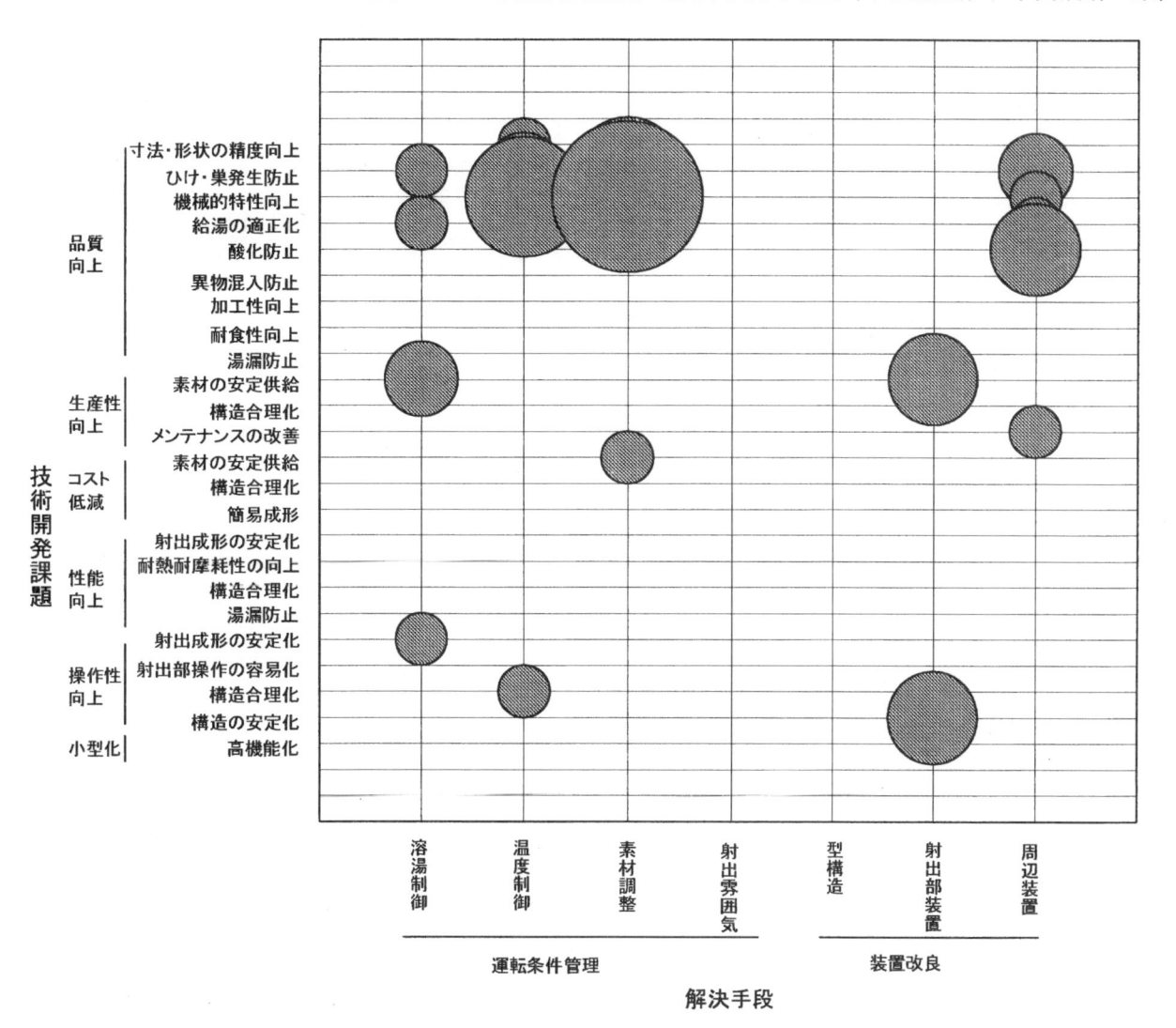

表2.6.3-1 本田技研工業の保有特許の概要（1/9）

技術要素	課題		特許番号	特許分類	抄録
成形装置	操作性向上	構造合理化	実公平7-10840	B22D 17/ 20 J	射出スリーブの鋳湯口付近に着脱自在な冷却装置を設け、この装置を断面半円弧状の冷却水通路を設けた冷却部と、冷却部を射出スリーブに取付けるベルト状の取付け部で構成した射出スリーブのための冷却構造。
半溶融成形	品質向上	寸法・形状の精度向上	特許2772765	B22D 18/ 2 J B22D 17/ 00 Z B22D 27/ 9 A	鋳造材料の半熔融状態までの加熱にさいし、外層部を主体部よりも優先的に昇温させることによりデントライトを球状固相に変換するチクソキャスティング用鋳造材料の加熱方法。
			特開2000-144304	B22D 17/ 00 Z C22C 37/ 00 Z C22C 38/ 00,301Z	凝固収縮時の割れが無い薄肉や細形状の製品が製造できるC:1.8～2.5%、Si:1.0～3.0%で共晶量が10～50%、Mn:0.8～1.5%であるチクソキャスティング用Fe系合金材料。

表2.6.3-1 本田技研工業の保有特許の概要（2/9）

技術要素	課題			特許番号	特許分類	抄　　録
半溶融成形	品質向上	酸化防止		特許3139570	B22D 17/ 00 Z B22D 17/ 20 Z B22D 17/ 30 Z	射出機と金型間に材料流路を開閉するための弁本体を設け、弁本体を回転軸周りに回動させる回動機構を備え、射出機先端と金型側の材料流路を練通した貫通孔を備えた球面形状をした金属射出成形装置のノズル閉塞弁。
				特許3164723	B22D 17/ 00 Z B22D 17/ 30 Z B29C 45/ 60	金属の射出成形機での酸化防止のため、混練スクリュのシャフト部端部に外周を囲って内部に空間部を設けたシールホルダを取付け、この内部にフローテング状に支持したシール部材を取り付けた金属射出成形機のシール装置。
				特開平8-257735	B22D 17/ 00 Z B22D 17/ 20 Z B22D 17/ 30 Z	不活性ガスまたは真空中でインゴットを半溶融状態に加熱する加熱室に酸素濃度を検知するセンサを設置し、インゴット加熱前の酸素濃度を検出し、酸素濃度が所定の値以下になってから加熱を開始する金属インゴットの加熱装置。
		給湯の適正化		特許2832691	B22D 17/ 00 Z B22D 17/ 22 E B22D 17/ 32 B	合金を加熱し半溶融状態にして加圧下でキャビティに充填し凝固させるチクソキャステング法において、加圧過程を1次加圧過程と2次加圧過程に分け、それぞれの加圧タイミングを、成形金属材料の示差熱分析吸熱曲線チャートから決定した温度で成形するチクソキャステング法。
				特開平8-257725	H05B 6/ 10,331 B22D 17/ 00 Z B22D 17/ 20 Z	不活性ガスまたは真空中でインゴットを半溶融状態に誘導加熱するにさいし、AlまたはMg合金インゴットを収納する耐熱性および非酸化性セラミックホルダと、このホルダを支持し位置決めをする高強度セラミック製の上部および下部サポートを設けた金属成形体インゴットの誘導加熱装置。
		機械的特性向上		特開平11-50140	B22D 17/ 00 Z C21D 5/ 00 Q C22C 37/ 00 F	樹枝状セメンタイトおよび網目状セメンタイトを有するFe系鋳物を、共析変態開始温度をこえ共析変態終了温度未満の温度に1～10時間保持するFe系鋳物の熱処理方法。チクソキャステングの鋳物も対象。
				特許3044519	B22D 18/ 2 J B22D 17/ 00 ZB 22D 27/ 9 A	表面領域における共晶組織域の面積を内方の主領域におけるそれよりも大きくし、表面領域と主領域との金属組織を変えることにより鋳造体の高強度化と高延性化を達成した鋳造体およびその鋳造方法。
				特許2794544	B22D 17/ 00 Z C22C 1/ 2,501B C22C 21/ 00 Z	合金を加熱し半溶融状態にして加圧下でキャビティに充填し凝固させるチクソキャスティング法において、金属材料として、示差熱分析吸熱曲線チャートから共晶組成による第1吸熱部、共晶点より高融点の第2成分による第2吸熱部の他に第1と第2の吸熱部の間に第3の吸熱部を持つ合金を用いるチクソキャスティング法。

表2.6.3-1 本田技研工業の保有特許の概要 (3/9)

技術要素	課題			特許番号	特許分類	抄録
半溶融成形	品質向上	機械的特性向上		特許2981977	B22D 17/ 00 Z B22D 17/ 22 F C22C 1/ 2,501B	Srを含有するAl合金材料をチクソキャスティングするにさいし、Srの添加量を0ppm以上100ppm以下に設定し、鋳型キャビティでの剪断歪み速度を50/s以上に設定して行う靱性に優れた射出製品を製造する。
				特許2876392	B22D 17/ 00 Z C22C 21/ 00 Z B22D 18/ 2 Z	合金を加熱し半溶融状態にして加圧下でキャビティに充填し凝固させるチクソキャスティング法において、所定の示差熱曲線の条件を満たす材料を用るチクソキャスティング法。
				特開平10-76356	B22D 1/ 00 Z B22D 17/ 00 Z C22C 1/ 2,501B	デンドライトを有する素材のチクソキャスティングをするにさいし、合金成分の最大固容量と最小固容量が所定の条件を満たす素材を用い、これを固液共存温度まで加熱するにさいし、加熱速度をデンドライトアームスペーシングから決定するチクソキャテング鋳造材の加熱方法。
				特開平10-152745	B22D 17/ 00 C22C 37/ 00 Z C22C 38/ 2	潜熱分布曲線において、共晶溶解による山形吸熱部が存在し、かつ共晶量が10〜50%であるチクソキャスティング用Fe-C-Si合金。
				特開平10-195586	B22D 17/ 00 Z C22C 37/ 00 Z	鋳造後の黒鉛の面積率が5%以下であるFe-C-Si系合金鋳物。材料を加熱して溶融材料または半凝固材料を調整し、ついで加圧鋳造装置で加圧プランジャを作動させキャビティに充填させ、離形後熱処理をして部材を製造。
				特開2000-34535	B22D 17/ 00 Z C22C 37/ 00 F	製品全体にわたり均一な機械的特性を有する鋳物が製造できるC:1.8〜2.5%、Si:1.0〜3.0%、Mn:0.1〜1.5%、Ni:0.5〜3.0%で共晶量が50%以上であるチクソキャステング用Fe系合金材料。
				特開2000-84649	B22D 17/ 00 Z	チル組織を有するFe系合金材料を常温から固液共存温度まで加熱するにさいし、Fe-C系平衡状態図のA1点までの平均加熱速度を0.5〜6.0℃/s、材料単位距離あたりの温度勾配を7℃/mm以下で加熱するチクソキャスティング用材料の加熱方法。

表2.6.3-1 本田技研工業の保有特許の概要 (4/9)

技術要素	課題			特許番号	特許分類	抄録
半溶融成形	品質向上	機械的特性向上		特開2001-123242	B22D 17/ 00 Z C22C 37/ 6 Z C22C 37/ 8 Z	製品の靭性が向上する、C:1.8～2.5%、Si:1.0～3.0%で共晶量が10～50%、Mn:0.1～1.5%、Cr:01～1.0%含有のチクソキャスティング用Fe系合金材料。
				特許2767531	B22D 17/ 00 Z B22D 18/ 2 B22D 27/ 9 A	セミソリッド金属のダイカスト時、鋳造初期に流動性のよい液相だけがゲートを通過し偏析が生じるのを防止するため、液相の粘度を高める粒子を所定の量添加して鋳造する鋳造法。
				特許2869889	B22D 46/ 00 B22D 17/ 00 Z B22D 17/ 32 Z	半溶融合金材料の鋳造温度を、共晶溶解による第1の山形吸熱部の上昇開始点温度と、下降終了点温度の中間に設定してβ相を微細晶出させるチクソキャスティング法。
				特開平11-197815	B22D 45/ 00 A B22D 1/ 00 C B22D 17/ 00 Z	断熱性坩堝と、その中の溶湯を冷却する複数の冷やし金と、これらを一体的に撹拌駆動する着脱可能な駆動機構とを備えた半凝固金属の製造装置。
		ひけ・巣発生防止		特許2794536	B22D 17/ 00 Z B22D 17/ 30 Z C22C 21/ 00 N	合金を加熱し半溶融状態にして加圧下でキャビティに充填し凝固させるチクソキャステング法において、素材の示差熱分析を行い、その吸熱曲線チャートから吸熱増加時の面積と吸熱減少時の面積を計算し、この比が2.5以上の金属材料を素材として用いるチクソキャステング法。
				特許2794539	B22D 17/ 00 Z B22D 17/ 30 Z C22C 21/ 12	合金を加熱して半溶融状態にし、加圧下でキャビティに充填して凝固させるチクソキャステング法において、金属材料として示差熱分析の吸熱曲線チャートから吸熱増加開始時の温度およびピーク時の温度を求め、これらが所定の条件を満たす合金材料を用いるチクソキャステング法。
				特許2794540	B22D 17/ 00 Z B22D 17/ 30 Z C22C 21/ 12	示差熱分析で共晶$CuAl_2$の溶解および初晶Alの示差熱分析曲線が現出するチクソキャスティング用Al-Cu-Si系合金で、Si:0.01～1.5%、Mg:0.1%以下、Cu:8～12%のチクソキャスティング用Al-Cu-Si合金材料。
				特許2841029	B22D 17/ 00 Z C22C 1/ 2,501B C22C 21/ 00 Z	合金を加熱し半溶融状態にして加圧下でキャビティに充填し凝固させるチクソキャスティング法において、金属材料として示差熱分析吸熱曲線チャートから吸熱の面積を求め、これが所定の値となる合金を用い、示差熱分析から得られた所定の温度で鋳造するチクソキャスティング法。
				特許2794545	B22D 17/ 00 Z B22D 17/ 30 Z B22D 17/ 32 Z	合金を加熱し半溶融状態にして加圧下でキャビティに充填し凝固させるチクソキャスティング法において、金属材料として示差熱分析吸熱曲線チャートから共晶組成による第1吸熱部、共晶点より高融点の第2成分による第2吸熱部を持つ素材を用い、第1吸熱部ならびに第2吸熱部の加熱速度をそれぞれ所定の値で加熱するチクソキャスティング法。

表2.6.3-1 本田技研工業の保有特許の概要（5/9）

技術要素	課題			特許番号	特許分類	抄録
半溶融成形	品質向上	ひけ・巣発生防止		特開平9-170036	B22D 17/ 00 Z C22C 1/ 2,501B C22C 21/ 6	Al合金のチクソキャスティングにおいて、Mg_2Si含有量が2～11％のAl合金素材を用いるチクソキャスティング法ならびにその材料。これにより引け巣およびブローホールなどの鋳造欠陥のない鋳物ができる。
				特許3192301	B22D 17/ 00 Z B22D 17/ 32 J B22D 17/ 32 Z	金属材料をインラインスクリュ式射出成形機で成形する場合、スクリュシャフトの反力または後退力を検出し、この信号によりスクリュシャフトを後退移動させる駆動源を制御する手段を備えた金属の射出成形装置。
				特開平8-99166	B22D 17/ 00 Z B22D 17/ 30 Z B22D 17/ 32 J	金属材料を半凝固破砕材にして、これを射出機で加熱しスラリーとして金型に射出する装置で、破砕手段と射出機の間に破砕材蓄積室を設け、破砕材の上面レベルの制御を可能とした金属成形体射出成形装置。
				特開平8-257724	B22D 17/ 00 Z B22D 17/ 20 Z B22D 17/ 30 Z	不活性ガスまたは真空中でインゴットを半溶融状態に加熱する加熱室の下部に、回転軸を有してこの回転軸の回りに開閉する片開き扉を設け、扉の開時にはインゴットの案内部材として働くインゴット加熱装置の下部機構。
				特開平9-108805	B22D 17/ 00 Z B22D 17/ 20 E B22D 17/ 30 Z	横向きの混練スクリュ射出機で半溶融の成形材料を作り、これと密封構造で連結した縦向きのプランジャ射出機に半凝固金属スラリーを供給する構造とした金属射出成形装置において、射出部の先端を下方にして傾斜させ気泡などの巻き込みを防止した射出成形装置および方法。

2.6.3-1 本田技研工業の保有特許の概要（6/9）

技術要素	課題		特許番号	特許分類	抄　　録
半溶融成形	操作性向上	構造合理化	特許3176121	B22D 17/ 00 Z B22D 17/ 20 Z B22D 17/ 30 Z	横向きの混練スクリュ射出機で半溶融の成形材料を作り、これと密封構造で連結した縦向きのプランジャ射出機に半凝固金属スラリーを供給する構造とした金属射出成形装置。
			特開平8-257730	B22D 17/ 00 Z B22D 17/ 20 F B22D 17/ 28 A	横向きの混練スクリュ射出機で半溶融の成形材料を作るにさいし、加熱された金属インゴットの導入部とこれに続く保温室の間を密封可撓材で連結し接続した金属成形体用射出成形装置。
			特開平8-257726	B22D 17/ 00 Z B22D 17/ 20 F B22D 17/ 28 A	横向きの混練スクリュ射出機で半溶融の成形材料を作るにさいし、金属インゴットを加熱する加熱室と加熱材料供給室との間を、気密式ジョイントを介して連結し、メンテナンス性を改良した金属成形体用射出成形装置。
			特開平11-47899	B22D 11/ 00 R B22D 17/ 00 Z	Fe系金属材料を非磁性金属製の容器に入れ、キューリー点温度までは周波数が0.85kHz未満の高周波加熱を行い、次いで、半凝固温度までは0.85kHz以上の周波数で加熱するチクソキャスティング用素材の加熱方法。
		射出成形の安定化	特許3000442	B22D 17/ 00 Z B22D 17/ 30 Z B22D 17/ 32 J	チクソキャスティング法において、キャビティにいたる前の流路に内径3mm以上の通孔を設け、材料が通孔を通過するときの材料変形圧からキャビティへの充填不良を判定する方法。
			特開平8-257733	B22D 17/ 00 Z B22D 17/ 30 Z B22D 17/ 32 J	横向きの混練スクリュ射出機で半溶融の成形材料を作り、これと密封構造で連結した縦向きのプランジャ射出機に半凝固金属スラリーを供給する構造とした金属射出成形装置に、射出部材の量を計量する検出装置を設けた金属成形体用射出装置。
			特開平8-257734	B22D 17/ 00 A B22D 17/ 00 Z B22D 17/ 30 Z	横向きの混練スクリュ射出機で半溶融の成形材料を作るにさいし、加熱された金属インゴットの収納室の外側に光通路および不活性ガス通路を兼ねた通路部材を設け、インゴットの有無を確認する金属成形体用射出成形装置。
			特開平8-257723	B22D 17/ 00 Z B22D 17/ 20 F B22D 17/ 20 J	横向きの混練スクリュ射出機で半溶融の成形材料を作るにさいし、スクリュシャフトのスパイラル溝の少なくても最後退位置までシリンダの加熱装置を設置した金属成形体用射出成形装置。

2.6.3-1 本田技研工業の保有特許の概要（7/9）

技術要素	課題		特許番号	特許分類	抄録
半溶融成形	生産性向上	素材の安定供給	特許2832625	B22D 17/ 30 Z B22D 27/ 11 B22D 27/ 20 Z	金属成形体の製造能率を向上させることを目的として、インゴット形金属材料を使用し、またその金属材料より半溶融状態の破片を形成し、その破片を加熱シリンダに供給することを特徴とする射出成形装置。
			特許3133262	B22D 19/ 14 A B22D 19/ 14 B B22D 17/ 00 Z	セラミックス強化材とアルミニウム合金の母材からなる複合材料のビレットを形状を保持し得る温度に加熱し、金型キャビティ内で成形する複合材の成形方法。
			特開2000-317613	B22D 17/ 30 E B22D 17/ 30 Z B22D 17/ 00 Z	半凝固状の金属材料と熔融状の金属マトリックス複合材料とを後者がゲート側になるように射出シリンダ内に充填して射出する金属マトリックス複合材料の射出成形方法。
			特許3184294	B22D 17/ 00 Z B22D 17/ 30 Z B22D 27/ 4 Z	金型と連通し、横向きに配置した射出機に、縦向きに配置した材料供給室を備え、この材料供給室は上から順にインゴット導入室、加熱室、保持室となっており、これらの室間にはそれぞれ開閉できるシャッタを備えた金属成形体用射出成形装置。
			特開平8-300126	B22D 18/ 2 J B22D 18/ 2 P B22D 17/ 00 Z	半溶融鋳造材料を搬送孔と閉鎖板とによる密閉状態の空間内に収容することにより、固相率が低くても搬送孔外への流出が防止され、表面酸化も抑制されるチクソキャスティング用鋳造装置。
		メンテナンスの改善	特開平9-108804	B22D 43/ 00 F B22D 17/ 00 Z B22D 17/ 20 E	射出機の材料供給口よりも後方の位置に、射出機内と連通する材料排出口を設けることによりシリンダ、シャフト間への金属スラリーの回り込みを防止した半凝固金属射出成形装置。
	コスト低減	素材の安定供給	特許2794542	B22D 17/ 00 Z C22C 1/ 2501B C22C 21/ 00 Z	半溶融状態に加熱した時の凝固組織を観察し、内部に液相を内蔵する固相について液相の面積率を計算し、この値が20％以上になるようにしたチクソキャスティング用半溶融鋳造材料。この値が20％以下になると加熱時液体の流出が多く、材料のロスが大となる。
金型	品質向上	製品の破損防止	実登2508116	B22D 17/ 22 B B22D 17/ 22 K B22C 9/ 6 A	成形物取り出しのさい、押出し板に支持した複数のシリンダの出力部材を固定プラテンに当接させて押出し機構を作動させるダイカストマシン用金型。
		湯漏防止	特開平7-314115	G01B 7/ 00 E G01B 7/ 14 Z B22D 17/ 00 C	開閉可能な金型の可動型に摺動型を設け、これに摺動可能な鋳抜きピンをキャビティ内に突き出したピン嵌合部に嵌合させ、固定型と摺動型の間隔をギャップセンサで検出し、鋳抜きピンの位置を制御する鋳造用金型装置。
			特開2000-218358	B22D 17/ 22 F B22C 23/ 00 E B29C 33/ 42	一方のキャビティ型からの鋳抜きピンの突出を所定量に規制するとともに、このキャビティ型を金型本体に取り付けると同時に鋳抜きピンを付勢するスプリングを所定のセット荷重が得られるまで圧縮する鋳ばり防止金型構造。

2.6.3-1 本田技研工業の保有特許の概要（8/9）

技術要素	課題		特許番号	特許分類	抄録
金型	品質向上	湯漏防止	実公平7-44371	B22D 17/ 22 K B29C 45/ 40	可動金型側のリターンピンを固定金型側のリターンピンとの間に挿入した楔部材によって付勢し、注湯による熱膨張で両リターンピン間に間隙が発生することを防止した鋳造金型における押出しピンの位置決め機構。
	操作性向上	構造合理化	特許3174430	B22D 17/ 20 H B29C 45/ 53 B29C 45/ 62	ダイカスト機の射出シリンダの潤滑にさいし、流動性潤滑剤からなる芯部と熱崩壊性のスキン層からなる球形潤滑剤を形成し、これを溶湯によって加熱された摺動部に供給し、そのスキン層を崩壊せしめる潤滑剤供給方法。
	生産性向上	交換作業の効率化	特許3082125	B29C 33/ 30 B29C 33/ 76 B29C 45/ 26	入り駒頂面にめくら栓挿入孔を形成し、入り駒を金型に取付ける取付けボルト孔をめくら栓でふさぐようにした成形金型の入り駒固定構造。
		トラブル対応	特開平6-63717	B22D 17/ 22 K B22D 17/ 32 Z B29C 33/ 44	型開き直後に押出しピンをわずかに突出させ、鋳物を移動金型から分離させるようにしたダイカスト機。
		メンテナンス改善	特許2585935	B22D 17/ 22 F B22D 17/ 22 H B29C 45/ 26	中子の湯口側に対向する取付け面に板状体を取り外し自在に固着し、溶融金属の付着があったら取り外して機械加工により除去するようにしたダイカスト金型。
			特許2966545	B22C 9/ 6 B B22D 17/ 22 D B29C 33/ 4	金型内の冷却に純水を使用し、温度コントロールすることで冷却水供給通路に溶解析出物の付着を防止する鋳造装置。
	性能向上	漏洩防止	特開2000-651	B22D 17/ 26 J B29C 45/ 64 B29C 45/ 84	金型の合わせ面に高圧エアを供給してエア漏れによる圧力低下を測定し、型締め状態の良否を判定する金型の型締め判定装置。
	コスト低減	構造合理化	特開平9-150256	B22D 17/ 22 B B22D 17/ 22 D B22D 17/ 22 Q	上下型の枠部材の内部に複数の線材を隙間なく充填し、軸線方向に適宜変位させてキャビティを形成し、その後方を樹脂などで固定し、残る枠内空間に水を充填して固定部の支持および冷却を行うようにした金型。

2.6.3-1 本田技研工業の保有特許の概要（9/9）

技術要素	課題		特許番号	特許分類	抄録
金型	コスト低減	構造合理化	特開平11-221657	B22D 17/ 22 H B29C 33/ 44 B29C 33/ 76	摺動中子をガイドし、位置ずれを防止するため突き当て面とキャビティ成形型の受け面との間に位置ずれ防止機構を設けて型締め状態における摺動中子の位置決め精度の向上を図り、後行程の加工代を少なくした摺動中子の位置決め装置。
型締め装置	生産性向上	メンテナンス改善	特開平9-122875	B22D 17/ 26 A B22D 17/ 26 B B22D 17/ 26 H	可動金型の移動方向に延びるガイドレール上を移動するキャリアに可動金型の重量を減殺するバランスシリンダを取り付け、これによって可動金型を上下方向に自由に動けるようにしたダイカスト装置。
			特開平4-198832	G01M 13/ 00 G01M 3/ 4 N B22D 17/ 26 A	検査装置を被検査金型に接続し、圧油供給手段を制御しながら成形時と同様の動作をさせて油圧機器の状態を事前に検査する成形機の油圧機器検査装置。
	性能向上	型締力精度の向上	特開平11-320069	B22D 17/ 26 J B22D 17/ 32 J B29C 45/ 64	金型の開閉に連動するガイドロッドに被検出部材を取付け、その移動経路に渦電流式の変位センサを配置して型締め状態における金型の位置を検出する金型の型締め判定装置。
	コスト低減	構造簡素化	特許3145502	B22D 17/ 22 G B22D 17/ 32 Z B29C 45/ 53	射出シリンダ内のプランジャを作動させるさいに同じ駆動源で油圧室の2つのピストンを作動させ、第2ピストンの作動でキャビティ内のエアを吸引するようにしたダイカスト装置。
制御装置	生産性向上	作業能率向上	特許3207938	B22C 9/ 6 B B22D 17/ 22 D B22D 17/ 32 C	バルブの開閉状態に対応してリミットスイッチから開閉信号を発生し、制御回路がこの開閉信号と射出行程条件とに応じてバルブを駆動して、金型が冷却を必要とする場合はバルブを開、冷却を必要としない場合はバルブを閉とする。

2.6.4 開発拠点

　金属射出成形技術の開発を行っていると思われる事業所、研究所などを特許情報に記載された発明者住所をもとに紹介する。（但し、組織変更などによって現時点の名称などとは異なる場合もあります。）

　　　　埼玉県：埼玉製作所
　　　　三重県：鈴鹿製作所
　　　　熊本県：熊本製作所
　　　　静岡県：浜松製作所

2.6.5 研究開発者

　図2.6.5-1には、特許情報から得られる本田技研工業の発明者数と出願件数との推移を示す。1994年、95年は研究開発が活発化していたが、96年には減少に転じている。さらに98年以降は発明者数が大きく増加している。

図2.6.5-1 本田技研工業の発明者数と出願件数との推移

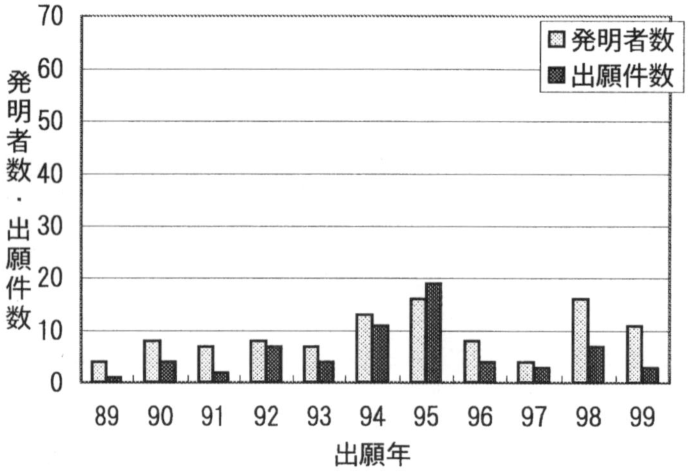

2.7 名機製作所

2.7.1 企業の概要

表2.7.1-1 名機製作所の企業概要

1) 商 号	株式会社　名機製作所				
2) 設 立 年 月 日	1938年12月				
3) 資 本 金	2,687百万				
4) 従 業 員	405 人				
5) 事 業 内 容	プラスチック加工機械・同付属装置製造業、金型・同部分品・付属品製造業				
6) 技術・資本提携関係	技術：－				
	資本：(株)慶、富士銀行、中部証券金融				
7) 事 業 所	本社・工場／大府、事業部／東京、大阪				
8) 関 連 会 社	名高製作所、メイキアメリカ、メイキシンガポール				
9) 業 績 推 移	年度		1998	1,999	2000
	売上げ	百万円	15,804	24,602	17,231
	損益	百万円	326	842	39
10) 主 要 製 品	射出成形機、プレス機、ディスク成形機、金型・周辺機器				
11) 主 な 取 引 先	チャイリースリソーストレーディ、丸紅テクノシステム、極東貿易、シングラステクノロジー、ＳＫＣジャパン				
12) 技術移転窓口					

　プラスチック射出成形機の主力企業。近年ディスク成形機に伸びを示し、CD専用機では世界最大の企業である。金属射出成形技術に関しては開発中で、開発拠点は本社のある愛知県大府市にある。

2.7.2 溶融金属射出成形技術に関連する製品・技術

表2.7.2-1 名機製作所の溶融金属射出成形技術に関連する製品・技術

技術要素	製品	製品名	備考	出典
成形装置	射出成形機	直圧式電動成形機	販売中	http://www.meiki-ss.co.jp/

　ただし金属向け成形機は開発中。
　金属射出成形技術では型締め装置で、品質向上、構造簡素化、操作性向上に対し、位置制御や型構造の開発に注力。成形装置では装置の操作性や安全性の課題に取組み、主として射出部装置の開発で対応している。

2.7.3 技術開発課題対応保有特許の概要（溶融金属射出成形技術）

　名機製作所は型締め装置の技術要素の課題に対応する特許が、保有する特許の約70%を占める。半溶融成形の技術要素の課題に対応する特許はなく、また金型、制御の技術要素に対応する特許も比較的少ない。型締め装置の技術要素に関する技術開発課題と解決手段対応図を図2.7.3-1に示す。

　型締め装置に関しては、型構造関連の解決手段が多く、型締め装置に関連する解決手段の約70%を占めている。品質向上に関わる寸法・形状の精度向上の課題に対しては東芝機械、宇部興産、日精樹脂工業と数的に同等であるが、コスト低減の構造簡素化に対する本解決手段の数は上記3社よりもかなり多い。例えば、寸法・形状の精度向上に対しては、タイバの型締盤側に螺子を、固定盤側に係合部を設けた構造にし、コスト低減の構造簡素化に対しては、複数本のダイバを可動盤に挿し通し、挿し通し方向に往復運動する構造、クランプ棹の円弧状パッキンとタイバ外周を摩擦係合させる構造が挙げられる。また、装置の破損防止の課題に対しては油圧管路を切換え可能な2系統（切換え弁と減圧弁）とし、射出時減圧弁側に切換え圧力制御する解決手段で対応している。さらに、位置制御の解決手段により型開閉時間の短縮、金型寿命延長、型締め力設定の自動化の課題に対応している。

　成形装置に関しては、給湯の適正化の課題に対して加熱ヒータ部分に電圧調整器を持った迂回路を設けるという温度制御方法の解決手段で対応している。また、操作性向上、安全性向上の課題に対しても多くの解決手段がある。例えば、操作性向上に対しては射出装置を旋回できるようにした機構、射出装置の加速度値を検出することによりノズルタッチを検出する方法がある。安全性向上に対しては安全扉の機構を改良し動作の確実性を図っている。

　制御に関しては、流量マッチ制御および圧力マッチ制御の多段制御法（制御系の改善）により性能向上の高機能化の課題に対応し、射出時湯漏防止の課題に対して加熱ヒータのシリンダへの取付け部の機構改善移動位置を多段制御したり、磁場で溶湯流を制御して性能向上を図っている。

　金型に関しては、大型油圧装置を使用しないで金型を固定するために金型の内部構造の改良を行っている。

図2.7.3-1 技術開発課題と解決手段対応図（型締め装置、名機製作所）

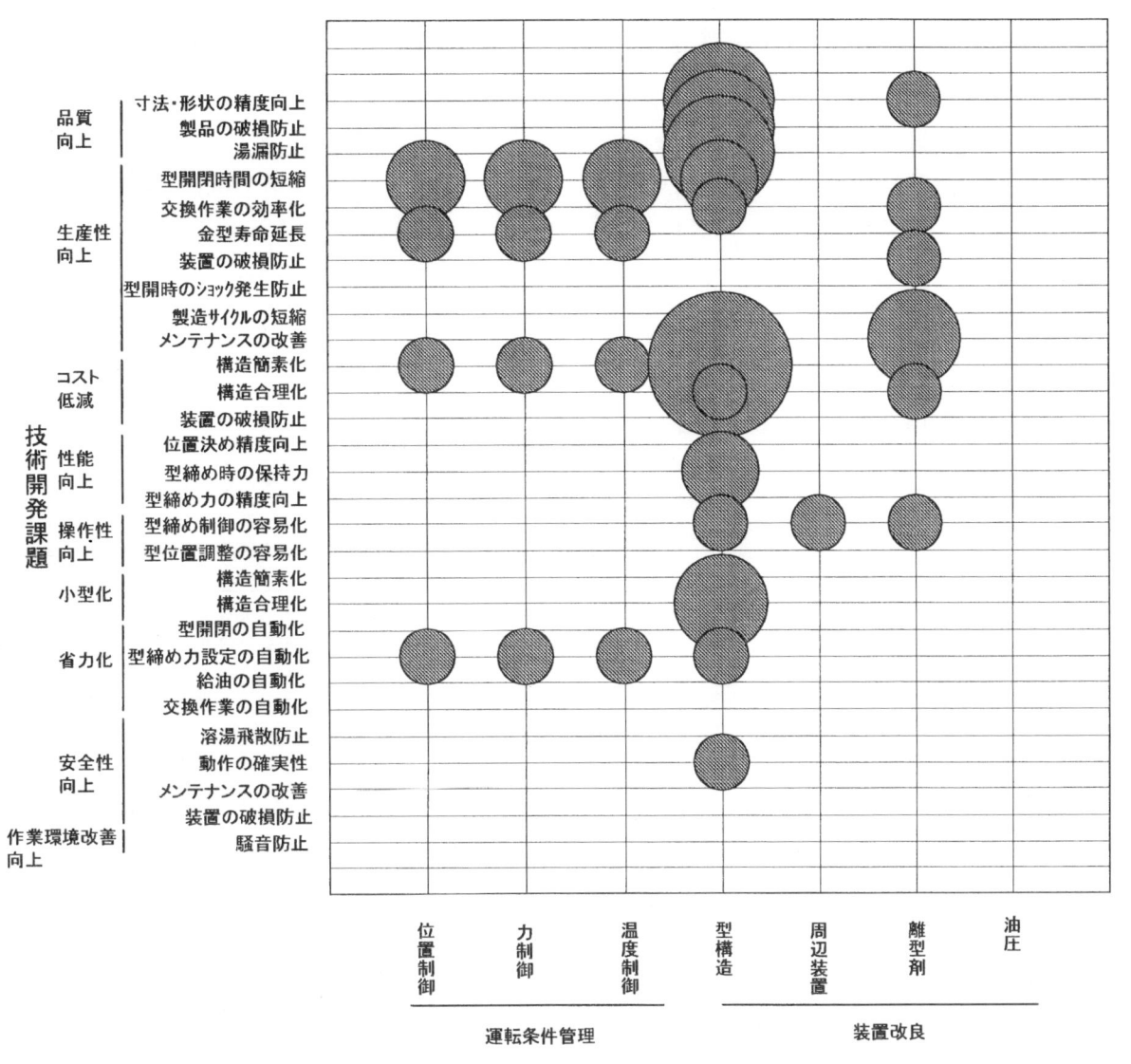

表2.7.3-1 名機製作所の保有特許の概要（1/8）

技術要素	課題		特許番号	特許分類	抄　録
成形装置	品質向上	給湯の適正化	特公平7-25117	B22D 17/ 20 J B30B 15/ 34 A B29C 45/ 73	複数の加熱ヒータの間に基準サーモカップルを設け、ヒータの通電を制御するにさいし、対となったサーモカップルの検出値の差を設定値と比較して相対的に温度の高い部分のヒータには電圧調整器をともなった迂回路を通して電力を減少せしめる加熱ゾーンの温度制御装置。
	操作性向上	高機能化	特開平5-131515	B22D 17/ 20 Z B22D 17/ 32 Z B29C 45/ 17	所定の型締め回数信号により潤滑油注出信号を発する回路と、この信号により所定の位置に所定の時間潤滑油を注出する回路と、潤滑油注出後の最初の片開き信号により型締回数を0復帰する回路とを有する射出成形機の集中潤滑油供給装置。

表2.7.3-1 名機製作所の保有特許の概要（2/8）

技術要素	課題		特許番号	特許分類	抄録
成形装置	操作性向上	高機能化	実登3001017	B22D 17/ 20 Z B29C 45/ 7 B29C 45/ 17	射出装置を往復動および旋回させる直線案内具と曲線案内具とを備え、旋回するときには射出装置を曲線案内具に連結し、射出成形機の反加熱筒側に設けた反復駆動装置の先端に取付けたフリージョイントを中心にして旋回する射出装置の旋回機構。
		構造合理化	特公平7-77746	B22D 17/ 26 Z B29C 33/ 22 B29C 45/ 64	横型射出成形機の車輪部のシールにおいて、車輪の高さが変動してもシール部材を調整する必要がない車輪装置を提供することを目的とし、取付け軸の中心に対し偏心させた車軸部を設けることを特徴とする。
		射出部の操作容易化	特許3130190	B22D 17/ 2 E B22D 17/ 32 J B29C 45/ 7	射出装置のノズルが金型のスプルーブッシュにタッチしたことを確認して射出開始信号を得る方法において、射出装置の前進移動の加速度値を求め、その値が負側において所定の設定値を越える時点を検出してノズルタッチ信号とするノズルタッチ検出法。
			実登3048818	B22D 17/ 20 Z B22D 17/ 32 J B29C 45/ 17	画面表示器を備え、設定する項目を設けた索引画面を有し、索引画面で項目を選択すると項目に直接関連する設定画面に切り替えるとともに、設定画面の最初に設定すべき欄にカーソルが移動する射出成形機の制御装置。
		摺動面の防塵	実登3021235	B22D 17/ 20 Z B22D 17/ 26 H B29C 45/ 64	射出成形機の可動盤と可動金型の重量を支えている摺動板の滑り板上に、一端は可動盤に固定し他端は機台に固定したバネを複数本並べ可動盤の移動にともない伸縮するようにし、バネ上にはシートに複数の丸棒を並べて固定したカバーをバネと直交する向きに載せ、一端を可動型に固定し、他端を機台に固定した保護カバー付摺動装置。
	生産性向上	交換作業の効率化	特開平9-57803	B22D 17/ 26 H B29C 45/ 26 B29C 45/ 64	金型交換作業にともなうタイバの抜取りを簡単かつ容易に行うことを目的として、本装置は可動盤に被抜取りタイバを掴持するクランプ装置を設けて可動盤の後退とともに被抜取りタイバを固定盤より引抜き型締装置に移動することができることを特徴とする。
			特開平9-70830	B22D 17/ 26 H B29C 33/ 22 B29C 45/ 68	金型交換作業にともなうタイバの抜取りを簡単かつ容易に行うことを目的として、本方法は固定盤および型締装置側固定部における被抜取りタイバの固定部を解除してタイバを挿通可能に保持する手順を含むことを特徴とする。
	性能向上	耐熱耐摩耗の向上	実登2506995	B22D 17/ 20 G B28B 1/ 24 B28B 17/ 00 Z	スクリュヘッドの後端部をTaCまたはWCからなる耐摩耗性金属溶着層によって構成するとともに、スクリュヘッド後端部と当接するリングバルブ前端部をTaCからなる耐摩耗合金溶着層によって構成したスクリュヘッドおよびリングバルブの摺動部の構造。

表2.7.3-1 名機製作所の保有特許の概要（3/8）

技術要素	課題		特許番号	特許分類	抄録
成形装置	安全性向上	装置の破損防止	実登3050104	B22D 17/ 32 A B22D 17/ 32 C B29C 45/ 50	サーボ弁の出口から射出シリンダ前進室への2系統の油圧管路を切換え弁により選択的に切換え可能とし、一方の管路には減圧弁を配設し、他方の管路は切換え弁に接続し、射出充填時に切換え弁を減圧弁側に切換えて圧力制御する。
			実登3042298	B22D 17/ 12 B B22D 17/ 22 A B29C 45/ 6	ロータリーテーブルの円形従動部からベルトが脱落することを防止するため、複数のベルトガイドをロータリーテーブルの下面周端に列設した竪型ロータリー式射出成形機のロータリーテーブルを駆動させる機構。
		動作の確実性	特許2659846	F16P 3/ 8 B22D 17/ 26 K B29C 45/ 84	型締め、型開きにさいして迅速に可動盤を進退移動できる安全装置を提案することを目的とし、本装置はケース本体内の空間と揺動シリンダ内の複数の空間を圧入・排気を司る管路を介して連結することを特徴とする。
			特開平11-198209	B22D 17/ 26 K B29C 45/ 84	安全扉がレールから外れることがない安全扉装置において、本装置は上側レールを型締シリンダ側に固定される後部固定レール部と固定盤側に着脱自在に取付けられた後部固定レールに沿って後退可能な前部可動レール部にて構成される。
			実公平6-21702	F16P 3/ 8 B22D 17/ 26 K B29C 45/ 84	開閉操作が確実な射出成形機の安全装置の提供を目的として、本装置は安全扉の車輪が乗り越え可能な乗り上げ部と、乗り上げ部よりも開鎖方向前方に位置し、乗り上げ部を乗り越えた車輪が当接自在な扉開鎖位置設定とをレールに設けた構成としている。
金型	生産性向上	離型性向上	実開平3-50415	B22D 17/ 22 B B22D 17/ 22 K B28B 1/ 24	傾斜流路を介し成形型キャビティに溶融材料を注入する金型において、本金型は傾斜流路の傾斜と近似した傾斜を有する突出した凹所をランナー部と連接する型内部に設けることを特徴とする。
	コスト低減	構造合理化	特許2807107	B22D 17/ 22 A B29C 33/ 30 B29C 45/ 26	従来金型交換装置は横入れまたは縦入れいずれかの専用になっていた。本交換装置はプレートを着脱するだけで金型を横入れ式、縦入れ式いずれでも簡単に台盤間に挿入、搬出できる。
			特開平8-112839	B22D 17/ 26 A B29C 45/ 26 B29C 45/ 36	カセットモールドをモールドベースに簡単かつ確実に固定することを目的に、本固定装置はクランパ爪を有する締付け部材を含む固定装置と締付け部材を押圧してクランパ爪の角溝への係合を解除する押圧手段をもつことを特徴としている。
型締め装置	品質向上	寸法・形状の精度	特開2000-176979	B22D 17/ 26 B29C 45/ 64 B29C 45/ 76	タイバの損傷防止、成形品の寸法精度向上のため型締装置のタイバ抜差し機構において、本機構はタイバの型締盤側に螺子を設け固定盤側端部に係合部を設け、モータを制御する制御装置を備えたことを特徴とする。

表2.7.3-1 名機製作所の保有特許の概要 (4/8)

技術要素	課題		特許番号	特許分類	抄録
型締め装置	品質向上	寸法・形状の精度	特許3175806	B22D 17/ 26 Z B29C 33/ 20 B29C 33/ 30	型締装置の据付不良が長期にわたり発生しない型締装置の据付方法において、本方法は型締装置の荷重負荷によって固定盤と受圧盤の平行度に影響を与えない剛性をもつセットプレートを用い、セットプレートをベッドに設けた3支持点上に載置することを特徴とする。
			特開平9-24520	B22D 17/ 26 H B21D 37/ 00 Z B29C 33/ 24	固定盤と可動盤との平行度を保つことにより精度のよい成形品を得る型締装置を提供することを目的として、本装置は近接離間移動される可稼動盤と可動盤に挿通された固定盤に対する近接離間移動をガイドする複数のタイバを設けることを特徴とする。
			実登2546646	B22D 17/ 26 H B29C 45/ 67	可動盤と固定盤との芯ずれを防止するとともに型締機構を簡素化することを目的として、本装置は可動盤に一端が固定され、増圧プレートを貫通して型締装置の中心軸上に延在するロックバーと増圧プレートに固定された割りナット締付け装置を備えることを特徴とする。
	操作性向上	型締め制御の容易化	特開平8-156058	B22D 17/ 12 B B22D 17/ 26 K B29C 33/ 22	固定盤に取付けられた下金型はスライドプレートを介して水平方向に移動可能で、上金型は回転装置によって垂直方向に回転自在に構成されている竪型型締装置。
			特開2000-246777	B22D 17/ 26 A B22D 17/ 26 B B29C 45/ 66	第1および第2電動モータの型開閉力および型締力への伝達特性を互いに独立して容易に設定することができる型締装置において、本装置はねじ送り機構と駆動力変換手段を各別に調整できる機構を特徴とする。
			実登2505626	B29C 33/ 22 B29C 45/ 64 B22D 17/ 26 H	タイバを簡単に高精度の取付け角度で固定盤に固定するため、本タイバ固定構造はタイバがタイバガイドによりガイドされながら固定盤のボルト部誘導孔内に挿入されることを特徴としている。
	生産性向上	型開閉時間の短縮	実公平5-47611	B22D 17/ 26 B B29C 33/ 2 4B29C 45/ 67	プレフィルバブルを閉作動させる駆動シリンダ室を型締シリンダ室と外部油タンクを連結する油通路に接続し、プレフィルバルブの閉作動時において、プレフィルバルブの作動時間を短縮したブースタラム式型締装置。
			特開平10-52841	B22D 17/ 26 B B29C 33/ 24 B29C 45/ 67	型締装置の結合手段を簡単な構成とし、伝達部材を短時間で結合固定することを目的として、本装置の結合手段は複数の係合部材と、複数の係合部材のうち1つを移動させる単一の移動手段と、係合部材と連動して係合および解除移動させる連動手段を含む構造としている。

表2.7.3-1 名機製作所の保有特許の概要（5/8）

技術要素	課題	特許番号	特許分類	抄録
型締め装置	生産性向上 型開閉時間の短縮	特許2887118	B22D 17/ 26 B B22D 17/ 26 J B29C 45/ 64	可動盤の開閉動作を滑らかに行う制御方法を目的として、本方法は高速から低速への切換えを可動金型の慣性力に関係なく低速区間が略一定となるようにするとともに、指数関数による滑らかな設定値の変化で、息継ぎ現象を防止する。
		実開平6-557	B22D 17/ 26 B B22D 17/ 26 J B29C 33/ 22	本成形機の型開閉制御装置は型開閉速度の切換えタイミングの基準位置と実切換え位置をロータリーエンコーダで検出し、基準位置と実切換え位置とのずれを演算手段により補正することを特徴とする。
	金型寿命延長	特許2990400	B22D 17/ 26 D B22D 17/ 26 J B29C 45/ 66	金型の雄型と雌型の間に異物をはさんだ場合に金型の破損を防止することを目的として、本制御方法は電動機の位置割り出し検出器によってボールねじに対するクロスヘッドの位置から型締め力を検出することを特徴とする。
		実開平4-102829	B22D 17/ 26 J B22D 17/ 26 K B29C 33/ 24	金型の損傷を防止するため、本金型保護装置は可動盤の閉鎖速度に応じたパルスを出力し、パルスに応じた信号と異常検知用速度にもとづく基準信号とを連続して比較演算せしめることを特徴とする。
	交換作業の効率化	特開平8-309812	B22D 17/ 26 B B22D 17/ 26 H B29C 33/ 22	型厚調整時間を短縮し生産性を向上することを目的として、本型締装置はロッキング盤の中央にディスタンスシリンダを取付け、シリンダのピストンを回転盤の中央に係合する構造を特徴とする。
		特開2000-238101	B22D 17/ 26 H B29C 33/ 24 B29C 45/ 64	タイバナットの締付け、取外しの改善を目的とし、本装置はタイバナットより突出したタイバのねじ部と螺合する引張り用ナットなどを有し、均一な力によるタイバナットの締付けおよび取外しが可能である。
	装置の破損防止	特開2001-212828	B22D 17/ 26 A B30B 15/ 32 B29C 33/ 22	エジェクタ機構の配設および作動に起因する可動盤と固定盤の平行度の低下を防止し所望の形状寸法の成形品を得るための型締装置において、本装置はエジェクタ部材を間に挟みかつ移動を許容する間隔を隔てて可動盤の対向位置に補助盤を有する機構が特徴。
	メンテナンス改善	特開平8-21403	F15B 1/ 6 B22D 17/ 26 A B22D 17/ 26 B	外部からの作動油の汚染を防ぐ密封された油圧装置の提供を目的として、本装置はアクチュエータの作動油を貯留するための密閉式タンクと空気溜とをたがいにガス交換が自在となる連結し密閉された系を形成する。

表2.7.3-1 名機製作所の保有特許の概要（6/8）

技術要素	課題		特許番号	特許分類	抄録
型締め装置	生産性向上	メンテナンス改善	特開平10-286859	B22D 17/ 26 A B22D 17/ 32 Z B29C 45/ 82	戻り作動油を浄油器に一定量流すとともにフィルタの目詰まりを感知する浄油回路において、本回路は戻し通路に配置したチェック弁とこれと並列な分岐通路に配置した流量制御弁とフィルタとその間に圧力検出手段を配置することを特徴とする。
			特開2000-167893	B22D 17/ 26 B B29C 45/ 67	シールが不安定のため、負圧時に空気を吸入したり、高圧時には作動油が漏洩する問題に対処するため、本装置は作動油の油圧が所定クラッキング圧異常になると閉鎖する下弁と、作動油に混入したエアを上弁から排出するエア抜き弁を有する。
	性能向上	型締力精度の向上	特許2838329	B22D 17/ 26 J B29C 33/ 24 B29C 45/ 67	成形時における加圧力に起因した型の圧縮代、タイバの伸び代などに影響を受けることがない型締め制御を目的として、本装置は型の原点位置を正確に設定し精度の高い制御をすることができる。
			特許2878509	B22D 17/ 26 J B29C 45/ 67 B29C 45/ 76	可動盤を精度良く停止させることができる型開停止制御装置の提供を目的とし、本制御装置は可動盤の移動速度を高速または低速に切換える型開速度切換え手段を有することを特徴とする。
			特許2790745	B22D 17/ 26 D B22D 17/ 26 J B29C 45/ 67	可動盤の移動ストロークが調節可能で、可動盤が精度良く停止する型締め装置の提供を目的とし、本装置はリンク部材を回動させる機構を含むことを特徴とする。
			特許2909337	B22D 17/ 26 J B22D 17/ 32 A B29C 45/ 82	油圧作動装置の作動を高精度に制御することを目的とし、本方法は油圧制御機に入力される制御信号と油圧作動装置における実際の作動量の誤差を適切に補正することを特徴とする。
		型締め時の保持力	実登2553619	B22D 17/ 26 J B29C 45/ 67 B29C 45/ 82	型締動作時には十分な型締力を発揮でき、省エネおよび省スペース化を目的とし、本装置は型開閉動作と型締動作を分担するメインおよびサイドシリンダを備えることを特徴とする。
			実登2551413	B22D 17/ 26 B B22D 17/ 26 H B29C 33/ 24	型締動作時には十分な型締力を発揮でき、省エネおよび省スペース化を目的とし、本装置は固定盤に複数個の複動シリンダを平行に配置しタイバーをシリンダロッドで連結してテレスコープ式増圧シリンダとする。
	省力化	型締力設定の自動化	実登3014792	B22D 17/ 26 B B29C 33/ 22 B29C 45/ 68	油圧と機械的構成を併用する本ハイドロメカニカル機構による型締装置は回転盤の隙間確保を容易にし、また確保された隙間内での回転盤の位置出しがスプリングの付勢力により自動的に行えることを特徴とする。
		調整作業の自動化	特許2919250	B22D 17/ 26 J B29C 33/ 20 B29C 45/ 64	高精度な可動盤の位置検出値に基づく作動制御を行うため、本型締装置は適当な型締作動回数ごとに熱膨張による型厚増大量が検出され、その検出値にもとづいて型厚設定値が自動的に補正されることを特徴とする。
	小型化	構造合理化	特許2996815	B22D 17/ 26 B B22D 17/ 26 H B29C 33/ 24	小型形状の型締め装置を提供することを目的として、本装置は可動盤の背部に型締めシリンダを設けることを特徴とする。

表2.7.3-1 名機製作所の保有特許の概要（7/8）

技術要素	課題		特許番号	特許分類	抄録
型締め装置	小型化	構造合理化	特開平7-214567	B22D 17/ 26 B B22D 17/ 26 H B29C 33/ 24	主シリンダ機構の小型化や作動油量が低減された型締装置を提供することを目的として、本装置は主シリンダ機構による作動ストロークを型開閉ストロークに比して充分小さく設定できることを特徴とする。
			実登2560986	B22D 17/ 26 H B22D 17/ 26 L B29C 33/ 20	ロッド上のどの位置においても確実に係止できるロッド案内装置におけるロック機構を提供することを目的として、本機構は鼓形で胴部で多条の捩れ溝を有するフリクションパイプを係止力を出すために使用することを特徴とする。
	安全性向上	動作の確実性	実登3025275	B22D 17/ 26 H B22D 17/ 26 K B29C 33/ 20	本型締装置の保護カバー兼作業ステップは固定盤に固定した固定ステップによって駆動される同期プーリで複数の移動ステップをその移動距離に応じて同期的に搬送することを特徴としている。
			特開平7-232360	B22D 17/ 26 G B22D 17/ 26 K B29C 45/ 64	開閉操作が容易でかつ開放時に大きく開口させることができる安全扉を備えたロータリー式型締装置を提供することを目的として、本装置は複数枚の扉を全閉位置から全開位置まで連動させスライド移動させることを特徴とする。
	コスト低減	構造簡素化	特公平7-67697	B22D 17/ 26 A B29C 33/ 24 B29C 45/ 67	簡単な構成でスペース的にも有利な機構を得ることを目的とし、複数本のタイバを可動盤に挿通するとともに挿通方向に往復運動するシリンダを設けることを特徴とする射出成形用型締め装置。
			特許2746739	B22D 17/ 26 H B29C 33/ 22 B29C 45/ 64	構造が単純でかつ操作が容易なタイバ着脱装置を備えた型締め装置の提供を目的とし、本型締め装置はクランプ桿の円弧状パッキンとタイバ外周が摩擦係合することを特徴とするタイバ着脱装置を備える。
			特開平5-329614	B22D 17/ 26 G B29C 33/ 22 B29C 45/ 64	ロッド式案内装置におけるロック機構をコンパクトで簡単な構造をすることを目的とし、本機構は取付け部材の挿通孔内に配されたコイルばねが螺旋溝に入り込んで軸方向に係止することを特徴としている。
			特許2951140	B22D 17/ 26 B B22D 17/ 26 H B29C 45/ 68	大型化、複雑化することなく充分な圧縮力を得られるサーボモータ駆動方式の型締め装置を提供することを目的として、本装置は液圧作動盤などねじ送り機構に改良を加えてことを特徴とする。
			特許2884051	B22D 17/ 26 B B22D 17/ 26 L B29C 45/ 67	固定盤と可動盤と型締め装置をタイバで連結し、固定盤に固設した液圧シリンダで可動盤を進退させて型開閉を行い、液圧式型締め装置に固定可能なメカニカルラムで可動盤を押して高圧圧締めする型締め装置。
			特許2884052	B22D 17/ 26 B B22D 17/ 26 L B29C 45/ 67	固定盤と可動盤をタイバで連結し、固定盤に固設した液圧シリンダと液圧式型締め装置に固設した液圧シリンダとで可動盤を進退させて型開閉を行い、型締め装置に固定可能なメカニカルラムで可動盤を押して高圧圧締めする型締め装置。

表2.7.3-1 名機製作所の保有特許の概要（8/8）

技術要素	課題		特許番号	特許分類	抄録
型締め装置	コスト低減	構造簡素化	実登2546645	B22D 17/ 26 B B29C 33/ 24 B29C 45/ 67	型締機構の構成を簡略化し、作業の高速化、型締力の増大を目的として、本型締機構は固定された4本の開閉シリンダの一方の面に増圧シリンダを取付け、増圧シリンダの中央部に増圧室を形成することを特徴とする。
			実登3023709	B22D 17/ 26 A B22D 17/ 26 B B29C 45/ 67	本型閉停止装置は可動盤の型閉前進運動を阻止するため、当て板と締着材と受け板とスプリングと連結ボルトからなる型閉停止装置を型締装置のステーに着脱自在に設け、その作動には油圧装置や電気制御を一切必要としないことを特徴とする。
		構造合理化	実開平3-57017	B22D 17/ 26 B B29C 45/ 26 B29C 45/ 64	射出成形用カセットモールドの型締構造において、構造はクランプの先端部分の傾斜面に接触してクランプの移動と交差する向きにカセットモールドを移動させる役目をもったテーパ部分を有することを特徴とする。
			実登2524531	B22D 17/ 26 B B29C 33/ 24 B29C 45/ 67	高価なアンプを使用せず、可動盤の加減速をスムーズに行う目的で、本型開閉回路はブースタラムおよび副シリンダ室に接続した配管とタンクの間に各シリンダの負圧に応じてタンクから作動油を供給するためのチェックバルブを設けることを特徴とする。
制御装置	品質向上	湯漏防止	特開2000-190061	B22D 17/ 02 E B22D 17/ 22 B B22D 17/ 32 Z	軽合金溶融材料の成形品のバリを防止するために、ノズル通路の溶融材の流動面に垂直に磁束密度を制御した磁場を印加して、流動を制御する方法および装置。
	性能向上	高機能化	特開平11-105092	B22D 17/ 32 Z B29C 45/ 76	エンコーダのパルスをカウンタで計数積算した計数積算値を比較器で切換位置設定値と比較して一致したとき、CPUへ割り込み信号を発信し、CPUは実行中のプログラム処理を中断してその計数積算値を読み込み記憶し、多段制御の切換えを実行する。
	安全性向上	装置の破損防止	実登3050104	B22D 17/ 32 A B22D 17/ 32 C B29C 45/ 50	サーボ弁の出口から射出シリンダ前進室への2系統の油圧管路を切換え弁により選択的に切換え可能とし、一方の管路には減圧弁を配設し、他方の管路は切換え弁に接続し、射出充填時に切換え弁を減圧弁側に切換えて圧力制御する。

2.7.4 開発拠点

金属射出成形技術の開発を行っていると思われる事業所、研究所などを特許情報に記載された発明者住所をもとに紹介する。（但し、組織変更などによって現時点の名称などとは異なる場合もあります。）

　　愛知県：株式会社名機製作所

2.7.5 研究開発者

図2.7.5-1には特許情報から得られる名機製作所の発明者数と出願件数との推移を示す。大きな増減はないが、1990年代前半の方が発明者数と出願件数ともに90年代後半より多い。

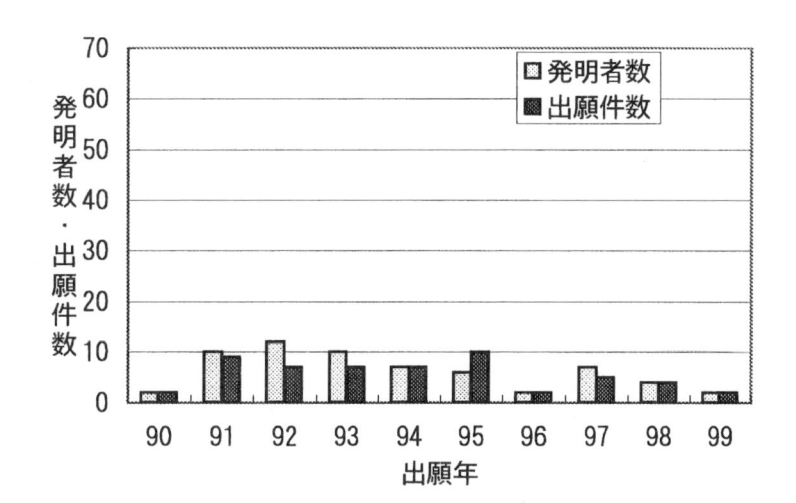

図2.7.5-1 名機製作所の発明者数と出願件数との推移

2.8 ファナック

2.8.1 企業の概要

表2.8.1-1 ファナックの企業概要

1) 商　　　　　号	ファナック　株式会社				
2) 設　立　年　月　日	1972年5月				
3) 資　　本　　金	69,014百万円				
4) 従　　業　　員	2,006人（平成13年9月末現在）				
5) 事　業　内　容	FA商品、ロボット				
6) 技術・資本提携関係	--				
	--				
7) 事　　業　　所	本社・工場／忍野、事業所／日野				
8) 関　連　会　社	ファナックロボティックスノースアメリカ、他欧州、アジア				
9) 業　績　推　移	年　度		1998	1999	2000
	売　上　げ	百万円	174,787	163,393	214,071
	損　　益	百万円	36,778	34,009	40,150
10) 主　要　製　品	FA商品：CNC、パワーメイト、サーボモータ、レーザ、シンプリシティロボ マシン：ロボショット（電動射出成形機）、ロボカット（ワイヤ放電加工機）、ロボドリル（CNCドリル）、ロボナノUi（超精密複合ナノ加工機）				
11) 主　な　取　引　先	工作機械メーカ、ユーザー				
12) 技　術　移　転　窓　口	--				

　工作機精密制御、ロボットの主力企業。工作機械のNC装置では世界シェア50％のトップ企業である。ロボット技術を生かして射出成形機分野にも進出。2000年に三菱重工業と電動射出成形機販売で協業開始。開発拠点は本社のある山梨県忍野村と東京の日野。

2.8.2 溶融金属射出成形技術に関連する製品・技術

表2.8.2-1 ファナックの溶融金属射出成形技術に関連する製品・技術

技術要素	製品	製品名	備考	出　典
成形装置	射出成形機	FANUC ROBOSHOT S-2000i	発売中	http://www.fanuc.co.jp/ja/product/roboshot/index.htm
成形装置	Alダイカスト	全自動生産システム	技術論文	素形材、Vol.38,NO.6,P15（1997）

　自動制御技術を生かしてロボショット、アルミニウムダイカストシステムを開発、販売。成形装置や型締め装置の生産性向上、コスト低減、操作性向上に関し各種制御や型構造、射出部装置、周辺装置の開発を精力的に行っている。

2.8.3 技術開発課題対応保有特許の概要（溶融金属射出成形技術）

　ファナックは成形装置および型締め装置の技術要素の課題に対応する特許が多い。金型の技術要素の課題に対応する特許も比較的多いが、大部分は金型関連の周辺装置の改良に関するものである。成形装置の技術要素に関する技術開発課題と解決手段対応図を図2.8.3-1に示す。

　成形装置に関しては、射出部装置およびその周辺装置に関する解決手段で操作性向上、生産性向上、性能向上の課題に対応している。例えば、操作性向上の射出部の操作容易化に対してはデータ記憶手段、データ入力手段および制御手段を備えた構造、型開閉時間の短縮に対しては位相進め制御機能を備えた構造、性能向上の構造合理化に対してはアジャストプラテンがガイドにより横方向の移動が阻止される構造にするという解決手段で対応している。

　型締め装置に関しては、生産性向上、コスト低減、性能向上、操作性向上の課題に対して、運転条件管理の位置制御と型構造の改良の解決手段が多い。例えば、操作性向上の型締め制御の容易化に対しては必要となる型締め力に対応する係合位置を算出し、リニアスケールでその位置を定める機構で対応し、生産性向上の製造サイクルの短縮に対しては第1、第2、第3プラテンを重合配備した構造で対応し、性能向上の型締め力精度向上に対しては、各種プラテンをボールねじ構造の型厚調整ナットで結合し、転がり軸受け構造のトグルリンク機構で連結した構造で対応している。また、安全性向上の装置破損防止の課題に対応する解決手段も多く、例えば配管ホース、各種ケーブルが保護可撓管に収容され適切な位置に配置された構造とすることにより対応している。

　金型に関しては、サーボモータのトグル制御により金型内の異物検出や位置検出を行い、金型の固定・交換装置の自動化などにより、生産性向上、操作性向上、省力化を図っている。

　ファナックは金属粉末射出成形技術に関する特許も1件保有しているが、溶融金属射出成形技術に関する特許件数に比べ少ないので保有リストから省略した。

図2.8.3-1 技術開発課題と解決手段対応図（成形装置、ファナック）

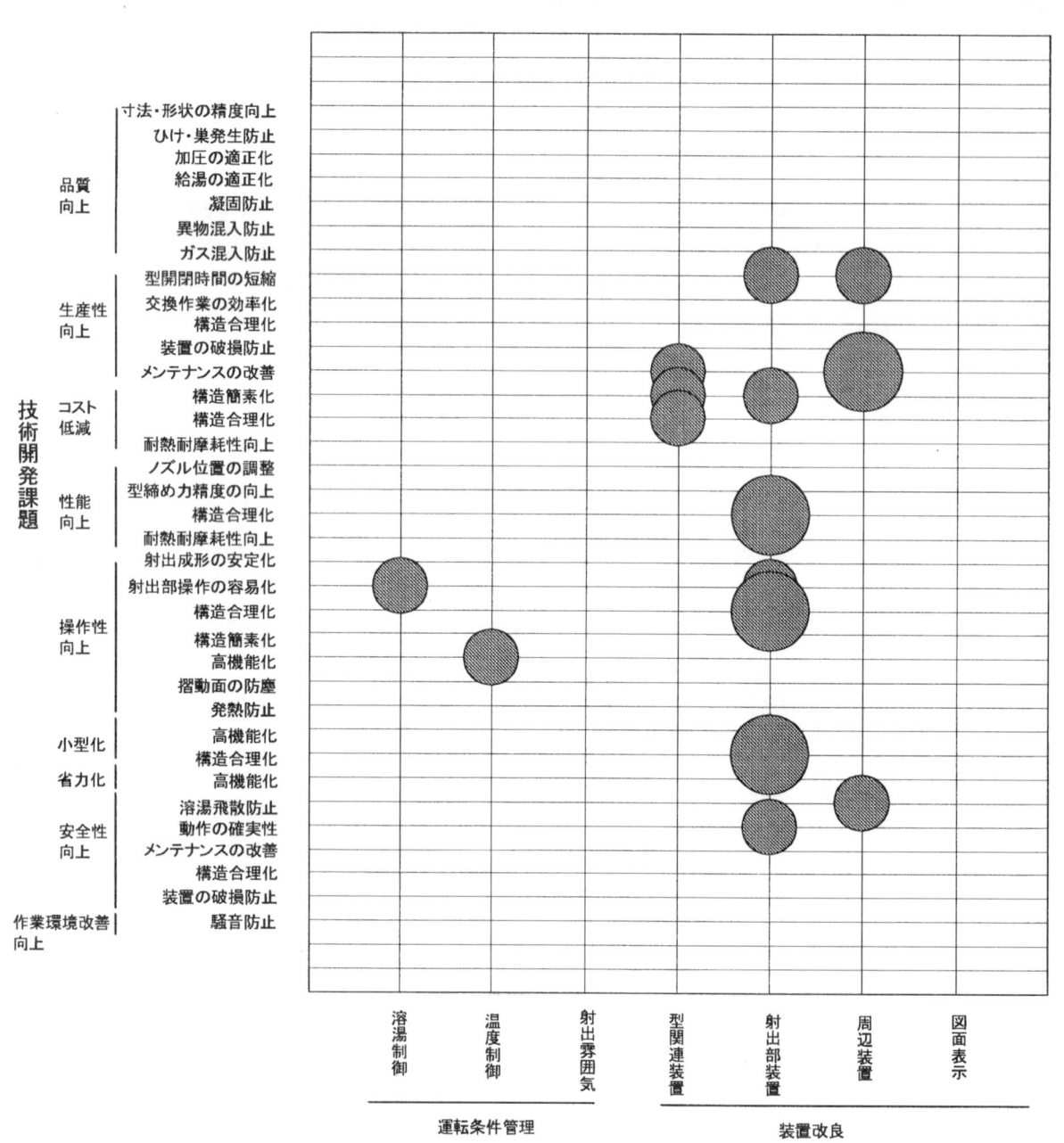

194

表2.8.3-1 ファナックの保有特許の概要（1/7）

技術要素	課題		特許番号	特許分類	抄　　録
成形装置	操作性向上	構造合理化	特開平10-193420	B22D 17/ 12 Z B22D 17/ 26 H B29C 45/ 68	ムービングプラテンとリアープラテンとを締結するタイバーの有効長を調節する型厚調整機構をムービングプラテンの上部に設けた竪型射出成形機。
			特許3098440	B22D 17/ 12 Z B22D 17/ 20 Z B29C 45/ 6	ターンテーブルを駆動させるための中空減速機構をタイバーの外周部近傍に凝集して配置し、出力軸をターンテーブルに接続した縦型射出成形機のターンテーブル機構。
			特開平10-217301	B22D 17/ 12 Z B22D 17/ 26 D B29C 45/ 66	エジェクタ機構を中心とする円周上に複数のボールネジおよびナット機構を等間隔に配備し、これらを同期駆動して型締型開き動作を行わせる竪型射出成形機の型締機構。
			特公平7-121540	B22D 17/ 20 Z B29C 45/ 46 B29C 45/ 50	フロントプレートとリアープレートが複数本のタイロッドで連結され、プレッシャープレートとリアープレートがプレッシャープレートを前後に移動するクランク機構で連結され、全体が型締機構に対し前後移動可能とされているクランク式射出機構。
			特許2719867	B22D 17/ 20 Z B29C 45/ 3 B29C 45/ 17	型締めユニットのクランク部とゲート部を作業者から隔離するカバーを備え、ゲートカバーはベースに固定した上レールから吊架されると共に、ガイドレールに案内され、ゲート部からクランクカバーの外側に移動可能な射出成形機のベース構造体。
			特開平9-174628	B22D 17/ 20 Z B29C 45/ 50 B29C 45/ 58	プッシャープレートを押圧して射出スクリュを移動させる射出成形機において、プッシャープレートに回転自在かつ軸方向移動不能にボールネジを軸支して設け、ガイドロットと一体のリアープレートにボールナットを固設し、ボールナットにボールネジを螺合させ、ボールネジを回転駆動して射出スクリュを移動させる射出成形機の射出機構。
		射出部の操作容易化	特開平5-253989	B22D 17/ 26 D B22D 17/ 26 Z B29C 45/ 3	竪型の型締めユニットを備え、ダイハイトプラテンとタイバー間にダイハイト調整機構を設け、ダイハイトプラテンとタイバー間にドグとリミットスイッチによるオーバートラベル検出機構を設けた竪型成形機。
			特許2895688	B22D 17/ 26 J B22D 17/ 32 J B29C 33/ 22	金型タッチ位置と型締力との関係を記憶した記憶手段と、グラフィックディスプレイと、データ入力手段と、金型タッチ位置と型締力の関係をグラフ表示する表示制御手段を備えた射出成形機。
			実公平7-42690	B22D 17/ 26 J B29C 33/ 22 B29C 45/ 50	型締および射出機構の駆動源のサーボモータに取付けられたパルスコーダにより、検出された位置が目標位置と一致するようサーボモータの位置制御を行い、型締および射出機構の位置制御を行う成形機。

表2.8.3-1 ファナックの保有特許の概要（2/7）

技術要素	課題		特許番号	特許分類	抄録
成形装置	生産性向上	型開閉時間の短縮	特許3121561	B22D 17/ 26 J B22D 17/ 32 H B29C 45/ 64	可動部を駆動させるACサーボモータのトルク指令が磁気飽和を発生する電流値以上の場合、q相電流の位相を進める位相進め制御を行うことにより、最大トルクを増大させる成形機。
			特開2000-25079	B25J 15/ 6 B B25J 15/ 6 K B22D 17/ 22 L	成形品取出しハンド本体の一面に開口部を設けて成形品吸引部を形成し、吸引部に空気の流通を許容して成形品の通過を阻止する素材によって形成された成形品吸着部を設けた取出しハンドを備えた成形品回収装置。
		メンテナンス改善	特許2886002	B22D 17/ 26 H B29C 33/ 22 B29C 45/ 64	金型取付け面の下部に、側方へ傾斜しクランプ空間を外れた箇所に位置する下端に出口を有するグリース逃げ溝を設けた成形機。
			特開平7-276430	B22D 17/ 20 Z B29C 45/ 17 B29C 45/ 84	パネル上端と係合して脱着自在な係止部と、係止部により係合保持される被係止部を設け、パネル下端は開口部に螺合部材により脱着自在に取付けられるようにした成形機のパネル取付け構造。
			特開2001-170316	B22D 17/ 22 K B29C 45/ 40 B29C 45/ 4	ムービングプラテンに穿設されたエジェクタ突出穴に内嵌される栓を設け、前記突出穴と栓との間に栓を着脱可能に装着する係合部を配備し、前記突出穴に栓を取付けて突出穴を塞ぐようにした方法。
	性能向上	構造合理化	特許2733884	B22D 17/ 26 C B29C 33/ 22 B29C 45/ 17	シングルトグルまたはクランク機構によって上下移動されるアジャストプラテンが、ベースとの間に設けたガイドによって横方向への移動が阻止される堅型成形機。
			特許2633226	B22D 17/ 22 K B22D 17/ 26 B B22D 17/ 32 H	射出駆動装置、クランプ装置およびエジェクタ装置をそれぞれ駆動する電動サーボモータをおのおの独立に設け、各装置に独立して設定された座標系に基づきサーボモータにより各装置が駆動制御される成形機。
	小型化	構造合理化	特開平8-57896	B22D 17/ 26 D B29C 45/ 26 B29C 45/ 66	ムービングプラテンとリアープラテンをタイバーで結合しステイショナリープラテンに対して前後に移動可能とし、射出ユニットのシリンダ移動可能とし、射出ユニットのシリンダアセンブリをリアープラテンの貫通孔を介して、ステイショナリープラテンのロケート口から金型に接触されるようにした成形機。
			特開平9-309135	B22D 17/ 26 D B22D 17/ 26 H B29C 45/ 66	ムービングプラテンの延出部にステイショナリープラテンの延出部を貫通するタイバーを固設し、ステイショナリープラテンの延出部にタイバーの端部に接続した型締ユニットを配備した成形機。
	安全性向上	動作の確実性	特許2820928	B22D 17/ 22 K B22D 17/ 26 B B22D 17/ 26 J	原点決定動作開始前に、射出駆動装置、クランプ装置およびエジェクタ装置のうち少なくとも1つの装置において、動作確認手段により安全確認を行った後、原点決定動作を開始する電動サーボモータで駆動する成形機。

表2.8.3-1 ファナックの保有特許の概要（3/7）

技術要素	課題		特許番号	特許分類	抄録
成形装置	安全性向上	溶湯飛散防止	特開平8-216202	B22D 17/ 22 N B29C 45/ 40 B29C 45/ 84	成形機の金型から離型された成形品を取出し位置まで滑落する傾斜面を備え、傾斜面の先端部に成形品取出し口を残して、金型稼動部と傾斜面との間の空間を遮蔽板で囲んだ成形品取出し構造。
	コスト低減	構造簡素化	特開平10-6359	B22D 17/ 26 D B29C 45/ 26 B29C 45/ 66	トグル式型締機構のクロスヘッドをガイドするガイドロッドをムービングプラテンの裏面から突設してクロスヘッドを摺動自在に取付け、ガイドロッドを介して射出ユニットをムービングプラテンに接離可能に取付けた成形機。
			実公平6-12910	B22D 17/ 26 J B29C 33/ 20 B29C 45/ 46	成形機の型締機構と射出機構の駆動源をおのおのサーボモータとし、該サーボモータの駆動制御回路を1つの駆動制御回路で共用して使用する成形機。
		構造合理化	特開平10-58504	B22D 17/ 26 B B22D 17/ 26 J B29C 45/ 66	サーボモータを駆動して型締装置のロックアップが完了したとき、サーボモータへの駆動電流を遮断する成形機の型締め方法。
金型	操作性向上	型締め制御の容易化	特許2757073	B22D 17/ 22 A B29C 33/ 30 B29C 45/ 26	可動プラテンの外側面から挿通した取付けボルトで可動側金型を可動プラテンに固定するとともに、これを通した工具で固定側金型を固定プラテンに取付ける金型の固定方法。
	生産性向上	交換作業の効率化	特開平4-110120	B22D 17/ 22 A B29C 33/ 30 B29C 45/ 26	金型搬送、送り込み装置を有し、型厚検出手段と制御手段を設けて、新金型の型厚を検出して固定プラテンと可動プラテン間の間隔を調整する型厚調整機構を用いた金型交換方式。
			特開平4-115909	B22D 17/ 22 A B22D 17/ 22 D B21D 37/ 4 B	成形機の型締部下部タイバーの上方にレールと、金型を載置、移動する搬送体を備えた金型交換装置。
		交換作業の自動化	特許2772587	B22D 17/ 26 K B29C 33/ 22 B29C 45/ 66	異物が介在せず正常な型締が行われた時の負荷を記憶しておき、型閉じを開始して検出された負荷が記憶負荷より所定値以上のときに、金型保護異常検出手段を作動させ、運転を停止する金型保護制御方法。
			特許2707167	B22D 17/ 26 D B22D 17/ 26 K B29C 45/ 64	サーボモータを駆動制御する外乱推定オブザーバを組込み、推定外乱トルクの値が設定値以上になったとき、金型内に異物が存在しているとしてアラーム出力し、サーボモータを停止させる金型保護方法。
	省力化	交換作業の自動化	特開平4-115910	B22D 17/ 22 A B29C 33/ 30 B29C 45/ 26	予備温調手段を備えたレールと、金型を載置、移動する搬送体よりなり、搬送体に金型を選択する手段、搬送体を移動する金型を選択する手段、搬送体を移動する手段および金型温度および金型選択を行う制御手段を設けた金型交換装置。
			特許2673839	B22D 17/ 22 A B22D 17/ 22 H B21D 37/ 4 A	母型に先端が鉤状部の仮固定桿と位置決めピンを設け、中子に係合孔と位置決め孔を設け、さらに母型に鉤状部を回転させる手段を装着した中子を固定する手段を備えた金型。
			特許2673841	B29C 33/ 30 B29C 33/ 76 B29C 45/ 17	母型と交換可能に装着される複数の中子からなり、母型に複数の中子の収納部が形成された金型。
			特許2652276	B22D 17/ 24 A B29C 33/ 30 B29C 45/ 17	プラテン上に固定された機台と、移動可能なアームおよびその先端に設けたハンドを備え、機台の定位置に交換用中子を収容する中子収容部が形成された中子交換ロボット。

表2.8.3-1 ファナックの保有特許の概要（4/7）

技術要素	課 題		特 許 番 号	特 許 分 類	抄 録
金型	省力化	交換作業の自動化	特許2816907	B22D 17/ 24 Z B29C 33/ 30 B29C 33/ 76	中子挟持ツールを装置したロボットにおいて、2個の隆条と位置決め突部を設けた中子挟持ツールと、嵌合溝と位置決め溝を有する把持部を備えた中子により、自動的に中子を交換する中子把持装置。
		調整作業の自動化	特許2668599	B22D 17/ 26 D B22D 17/ 26 J B29C 33/ 22	金型にかかる圧力を金型圧力検出手段により検出し、指令値と検出手段の出力との差を型締用サーボモータのトルク制限値としてフィードバック制御しながら、リアープラテンを移動させる型厚調整方法。
			特許2794224	B22D 17/ 26 H B22D 17/ 26 J B29C 33/ 22	タイバーナットを回動して型厚調整を行う型締装置で、タイバーナットの回動量を実測しながら交換した金型の追込み量に相当するタイバーナットの回動量を得た時点で、タイバーナットの回動を停止する型厚調整方法。
型締め装置	操作性向上	型締め制御の容易化	特許2663362	B22D 17/ 26 J B30B 15/ 6 C B29C 33/ 22	クランク機構をサーボモータで駆動して型締を行い、クランク機構によって移動する金型の死点近傍に回転位置を位置決めし、サーボモータの駆動電流が最小になる位置を型締機構の原点とする型締装置の原点出し方法。
			特許2652820	B22D 17/ 26 J B29C 33/ 22 B29C 45/ 66	成形機に入力された型締高圧復帰位置が、求めた最大金型タッチ位置を超えないときのみ、その入力した型締高圧復帰位置を型締高圧復帰位置として設定する型締高圧復帰設定方法。
			特許2709868	B22D 17/ 26 H B29C 45/ 3 B29C 45/ 66	リアープラテンとベース間に前後方向の変位を測定するリニアスケールを設け、金型に必要な型締力に対応する追込み量を算出し、リアープラテンとタイバーの係合位置を実効長となる位置に定めて固定する型締装置。
			特許2741559	B22D 17/ 26 D B22D 17/ 26 J B29C 33/ 22	オーバートラベル検出スイッチをクロスヘッドから離れた保守点検の自由な個所に設置し、クロスヘッドにオーバートラベル検出スイッチの操作桿の先端を固定し、操作桿の先端を検出スイッチの操作部となす型締装置。
			特許2992168	B22D 17/ 26 J B29C 45/ 66 B29C 45/ 76	無負荷と負荷をかけた時のトグルリンクの伸び切った状態での型締機構の位置の差を測定しておき、原点が失われた時点で、無負荷での型締装置の位置に前記差を補正して原点を割り出すトグル式型締装置の原点調整方法。
			特開平8-258102	B22D 17/ 26 H B22D 17/ 26 J B29C 45/ 64	各タイバーの張力または伸びを検出する検出手段を設け、型締状態で各タイバーの張力または伸びが等しくなるようにダイハイト調整ナットを回転させ、各タイバーの型締反力のバランスを維持する型締力バランス調整方法。
			特開平9-57804	B22D 17/ 26 J B29C 33/ 22 B29C 45/ 66	バネ入り金型が閉じたとき発生する反力を求め、ムービングプラテンの推力が反力を上回るように、ムービングプラテンが停止するトグル機構の位置を求め、この位置に基づいて自動型厚調整を行う自動型厚調整方法。
			特開平4-103311	B22D 17/ 26 J B29C 33/ 20 B29C 45/ 64	型締装置に金型温度を検出する型温検出手段を設け、型厚調整時の金型温度を記憶させ、成形サイクルごとに検出した金型温度と調整時の記憶温度を比較し、型厚調整を行う型締力調整方式。

表2.8.3-1 ファナックの保有特許の概要（5/7）

技術要素	課題		特許番号	特許分類	抄録
型締め装置	生産性向上	製造サイクルの短縮	特開平8-103927	B22D 17/ 26 C B29C 45/ 66	第1リンクを一体に形成するとともに、第1リンクにおける第2リンク側の枢着部を少なくとも3列以上に重合して構成し、ムービングプラテン側の枢着部をそれよりも1列少なく構成した型締機構。
			特開平10-286851	B22D 17/ 26 D B29C 45/ 66	第1プラテン、第2プラテン、第3プラテンの順で重合配備し、第1プラテンに枢着するリンクの長さを第2プラテンに枢着するリンクの長さよりも長く構成した型締装置。
		メンテナンス改善	特許2816673	B22D 17/ 26 A B22D 17/ 26 D B29C 33/ 22	プラテンに設けられた中央のステーブルに、左右トグルピンの端面を間隔をとって対面させ、この間隔による空間をグリース溜めとして密閉し、グリースを圧入した型締装置の給脂構造。
			特許2741560	B22D 17/ 26 A B22D 17/ 26 Z B29C 33/ 22	軸受けの蓋状ベアリングリテーナとボールねじ端面との間隙によるグリース溜めに、ボールねじを軸方向に貫通して形成されたグリース孔が連通された型締ユニット。
	性能向上	位置決め精度の向上	特開平9-66549	B22D 17/ 26 D B22D 17/ 26 J B29C 33/ 22	一直線上に並ぶクロスヘッド基準位置と、クロスヘッド位置補正量をあらかじめ記憶しておき、型締力に応じてクロスヘッドの位置補正量を加えてクロスヘッドの突出完了位置として、型締動作を行わせる型締装置のリンク姿勢調整方法。
		型締力精度の向上	特許2584325	B22D 17/ 26 C B29C 33/ 22 B29C 45/ 66	固定プラテン、リアープラテンおよび可動プラテンをボールねじ構造の型厚調整ナットで螺着されたタイバーで結合するとともに、転がり軸受構造のトグルリンク機構で連結した型締装置。
			特許2767316	B22D 17/ 26 J B29C 33/ 22 B29C 45/ 64	ステイショナリープラテンとリアープラテンの間にムービングプラテンを備え、ムービングプラテンはベース上を転動するローラを備えたプラテンサポートで支持されている型締装置。
			特許2652467	B22D 17/ 26 D B22D 17/ 26 H B29C 33/ 22	固定プラテンとリアープラテンをタイバーで結合し、タイバーに可動プラテンを型開閉用モータで伸縮するリンク機構で結合し、型締め用モータで駆動回転するタイバーナットでリアープラテンとタイバーを結合した成形型締め部。
			特開平8-258103	B22D 17/ 22 H B22D 17/ 26 D B29C 33/ 22	タイバーの端部を離間させて相互に固定する第1要素と、ステイショナリープラテンの平面と角度をなして連絡するタイバーごとの第2要素を備えた支持機構をタイバーの端部に固設し、支持機構を介してタイバーにステイショナリープラテンを取付けた型締装置。

表2.8.3-1 ファナックの保有特許の概要（6/7）

技術要素	課題		特許番号	特許分類	抄録
型締め装置	省力化	交換作業の自動化	特公平8-286	B22D 17/ 26 D B22D 17/ 26 J B29C 45/ 66	トグルリンクが伸び切った状態で金型が接触する位置にリアープラテンを移動させ、金型接触位置により設定型締力に対応する移動量だけ位置検出手段で検出されるまで、サーボモータを駆動してリアープラテンを位置決めする型締力自動調整方法。
	小型化	構造合理化	特開平9-57805	B22D 17/ 26 D B29C 33/ 22 B29C 45/ 66	トグルリンクとクロスヘッドリンクとの枢着点をクロスヘッドとトグルリンクとの間の領域よりも外側に設けた型締装置。
	作業環境改善	騒音防止	特許3161850	B22D 17/ 26 D B22D 17/ 26 J B29C 45/ 66	型開き時のクロスヘッドの速度を、クロスヘッドが金型タッチ位置付近にある時は、その直前の型開き速度から、スプリングバック音が消失する低速にする型開き方法。
	安全性向上	装置の破損防止	特許2877786	B22D 17/ 20 Z B22D 17/ 26 D B29C 33/ 22	金型配管用ホース、可動プラテンに関する電気ケーブル、リアープラテンに関する電気ケーブルがそれぞれの保護可撓管に収容されており、電気ケーブル関係の保護可撓管は型締機構とベース上面の間に、ホース関係の保護可撓管は型締装置の側面に沿って垂直に配置されている型締装置。
			特開平7-24837	B22D 17/ 12 Z B22D 17/ 26 D B29C 33/ 22	ムービングプラテンとダイハイトプラテンおよびタイバーとから成る可動体が、トルグ機構で機枠に固定され、トルグ機構を伸縮駆動する竪型の型締め機。型解放時のブレーキ装置故障時でも金型の落下を防止。
			特開平7-88922	B22D 17/ 26 K B29C 45/ 64 B29C 45/ 84	型締め用モータの回転を伝達するベルトの破断を検知する破断検知手段と、破断検知信号に基づいて回転制御用ブレーキ手段の付勢する手段を備えた竪型締め機構部の安全装置。
			特開平6-143380	B22D 17/ 12 Z B22D 17/ 26 K B29C 33/ 22	可動体の自然落下を防止する安全ブレーキが設けられた竪形型締め装置において、停止から所定の時間後にブレーキが作動し、可動体への新たな移動指令によって解除される縦型形締装置の安全ブレーキ装置の作動方法。
	コスト低減	構造簡素化	特開平9-187851	B22D 17/ 26 D B29C 33/ 22 B29C 45/ 66	サーボモータの回転位置を検出する位置検出器から、サーボモータの回転位置と金型の厚みおよびトグル機構のリンクを伸ばしロックアップしたときの距離より、ステイショナリープラテンとリアープラテン間の距離を求める方法。
		構造合理化	特開平8-39638	B22D 17/ 22 A B22D 17/ 26 H B29C 33/ 22	基盤上にリアープラテンと固定プラテンを間隔を開けて対向させて配置し、リアープラテンと固定プラテンの間に、可動プラテンを摺動可能とするダイバーを可動プラテンの移動方向と平行に2本設けた型締装置。

表2.8.3-1 ファナックの保有特許の概要（7/7）

技術要素	課題	特許番号	特許分類	抄録
型締め装置	コスト低減	構造合理化	特開平8-52776	B22D 17/ 26 D B22D 17/ 26 J B29C 45/ 66	ノズルタッチ用モータの出力軸を一部のねじ山のないボールねじとし、ねじ山のない部分に射出ユニット側のナットを位置決めすることにより、型厚調整時にノズルタッチ駆動を停止する型厚調整装置。

2.8.4 開発拠点

　金属射出成形技術の開発を行っていると思われる事業所、研究所などを特許情報に記載された発明者住所をもとに紹介する。（但し、組織変更などによって現時点の名称などとは異なる場合もあります。）

　　　山梨県：ファナック株式会社
　　　東京都：日野事業所

2.8.5 研究開発者

　図2.8.5-1には特許情報から得られるファナックの発明者数と出願件数との推移を示す。1990年ごろが研究開発のピークであったが、出願件数に比べて発明者数が極めて少ないのが特徴的である。98年以降は発明者数と出願件数ともに大きく減少している。

図2.8.5-1 ファナックの発明者数と出願件数との推移

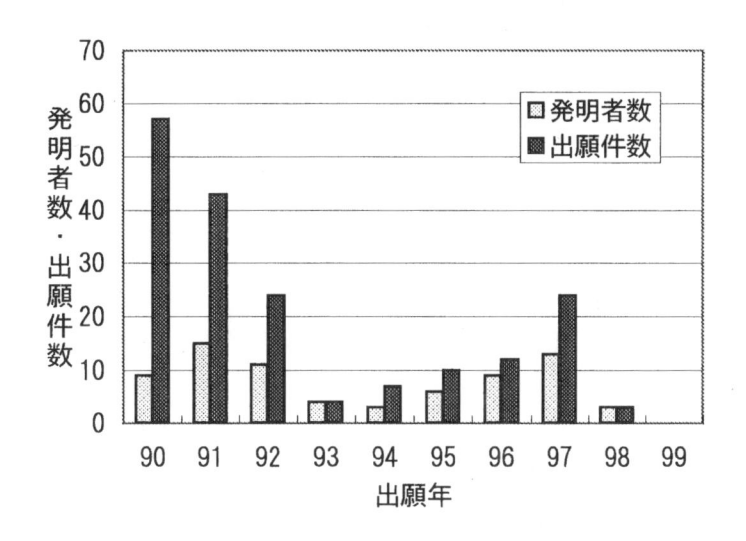

2.9 新潟鐵工所

2.9.1 企業の概要

表2.9.1-1 新潟鐵工所の企業概要

1) 商　　　　　号	株式会社　新潟鐵工所			
2) 設　立　年　月　日	1910年6月			
3) 資　　本　　金	16,778百万円			
4) 従　　業　　員	2,338 名			
5) 事　業　内　容	原動機製造、エンジニアリング、工作機械製造			
6) 技術・資本提携関係	技術：エフ・エム・シー（米国）、ビィー・ティー・エイ（ドイツ）、セムト・ビールスティック（フランス）、宇部興産			
	資本：朝日生命保険、第一勧銀、日本興亜損害保険			
7) 事　　業　　所	本社／東京、工場／新潟、太田、長岡 他			
8) 関　連　会　社	新潟工事、ニイガタ原動機サービス、新潟鐵工工作機械			
9) 業　績　推　移	年　度	1998	1999	2000
	売　上　げ　百万円	212,509	189,526	164,173
	損　　益　　百万円	91	-2,684	2,912
10) 主　要　製　品	ディーゼルエンジン、ガスタービン、自家発電装置、ターボチャージャ、各種エンジニアリング、射出成形機、機械加工機器、建設機械			
11) 主　な　取　引　先	ニイガタディーゼル部品販売、水産庁、東京貿易、花王			
12) 技　術　移　転　窓　口	総務部 法務特許グループ			

　原動機、各種プラント、重機関連の総合メーカー。2001年に会社更生法申請、再建中。
　溶融金属射出成形技術は開発中でその拠点は長岡工場であったが、現在は新潟精機工場へ移した。

2.9.2 溶融金属射出成形技術に関連する製品・技術

表2.9.2-1 新潟鐵工所の溶融金属射出成形技術に関連する製品・技術

技術要素	製　品	製　品　名	備　考	出　典
成形装置	射出成形機	大型電動式射出成形機	発売中	http://www.niigata-eng.co.jp/

　ただし、上記はプラスチック用の射出成形機で、金属用は開発中である。
　成形装置に関しては操作性向上、安全性向上で射出部装置と周辺装置の開発が主体、型締め装置に関しては生産性向上、性能向上、コスト低減で型構造の開発に注力している。

2.9.3 技術開発課題対応保有特許の概要（溶融金属射出成形技術）

　新潟鐵工所は型締め装置、成形装置の技術要素の課題に対応する特許が多く、日本製鋼所と宇部興産を除いた装置メーカと同様に半溶融成形の技術要素の課題に対応する特許は少ない。成形装置の技術要素に関する技術開発課題と解決手段対応図を図2.9.3-1に示す。

　成形装置に関しては、解決手段として射出部装置の改良と周辺装置の改良が多く、主に操作性向上の射出部の操作容易化、安全性向上の動作の確実性の課題に対応している。例えば、射出部の操作容易化に対しては流量特性と圧力特性を測定し各アクチュエータの必要流量と圧力を算出し流量および圧力制御弁に出力する機構の解決手段があり、動作の確実性に対しては可動盤の型締め移動を阻止するストッパと回動可能な安全バーからなる安全装置の解決手段が挙げられる。

　型締め装置に関しては、解決手段として型構造に関連したものが多く、生産性向上の製造サイクルの短縮、性能向上の型締め力精度の向上、コスト低減の構造簡素化の課題に対応したものが多い。製造サイクルの短縮の課題に対してはリンク部材の位置検出と位置比較手段、可動型の移動時間計測手段とその比較手段を持つ構造としたり、型締め力精度の向上に対してはタイバの上下方向の撓みを自由にする空間を設けた構造、コスト低減の構造簡素化の課題に対しては可動盤に型開閉および型閉めシリンダを付設しタイバの撓み部材を連結しアクチュエータで動かす機構とする解決手段で対応している。

図2.9.3-1 技術開発課題と解決手段対応図（成形装置、新潟鐵工所）

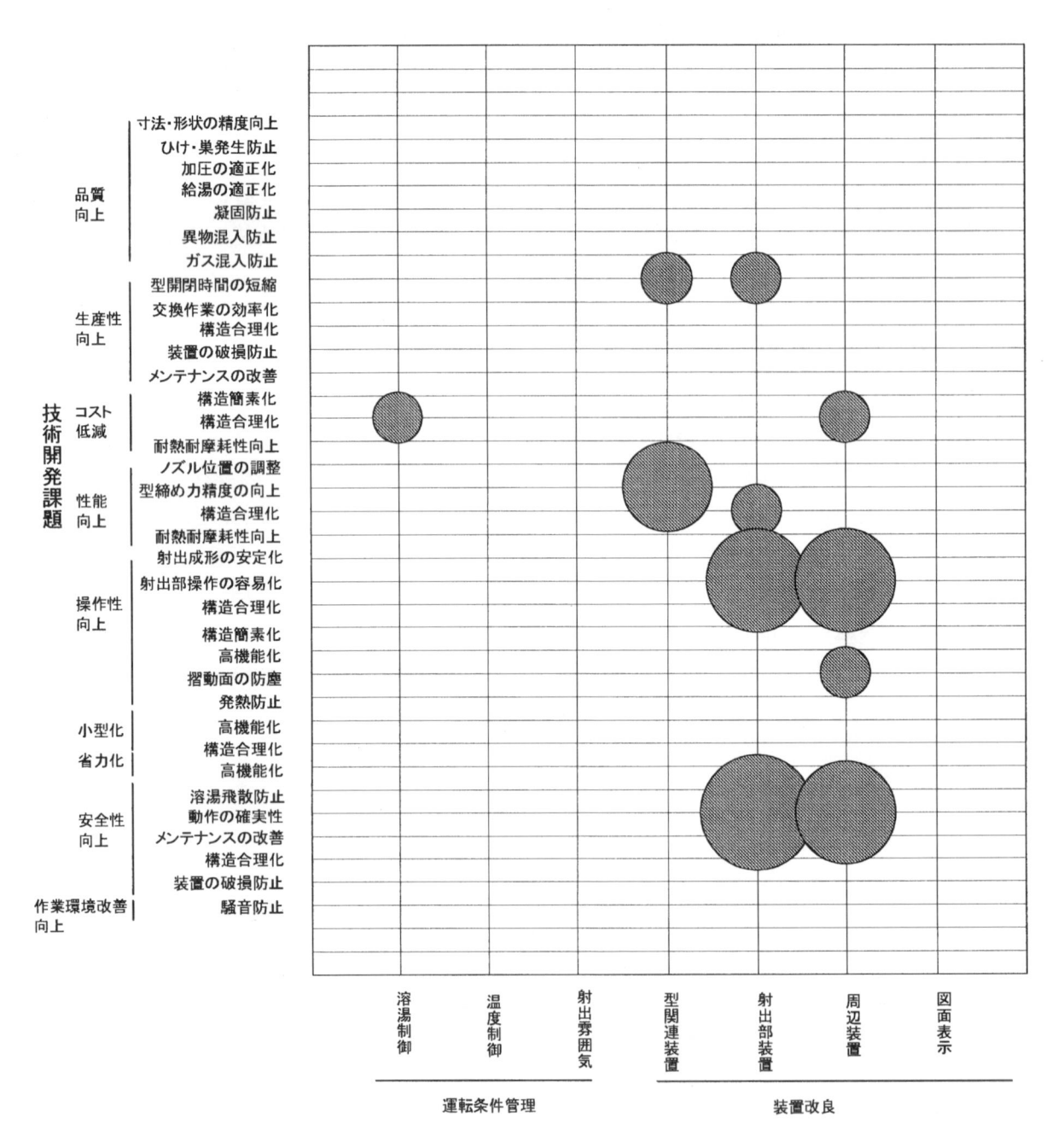

表2.9.3-1 新潟鐵工所の保有特許の概要（1/8）

技術要素	課題		特許番号	特許分類	抄録
成形装置	操作性向上	構造簡素化	特許3099708	B22D 17/ 20 E B22D 17/ 20 Z B29C 45/ 62	ヒンジプレートが本体とスライドカバーとの分割面に直交する方向に延びかつ移動可能に取付けられ、ヒンジプレートにスライドカバーがヒンジピンを介して回転可能に取付けられた竪型射出成形機におけるスクリュ加熱筒の支持機構。
		構造合理化	実公平6-20575	B22D 17/ 20 Z B29C 45/ 7 B29C 45/ 17	射出ユニットを駆動させる動力が電動モータであり、電動モータの正逆回転が出力軸を介してボールナットを回転させ、これによりボールネジ軸が軸方向前後に移動し、ボールネジ軸に固定されているスライドベース上の射出ユニットが前後に移動する構成の射出成形機。
		射出部の操作容易化	特公平6-73891	B22D 17/ 26 J B22D 17/ 32 C B29C 45/ 50	流量制御弁の流量特性および圧力制御弁の圧力特性を演算装置で測定し、各アクチュエータの必要流量と圧力を算出し、作動指令値を流量制御弁と圧力制御弁に出力する成形機の調整方法。
			特公平8-25213	B22D 17/ 26 J B29C 45/ 66 B29C 45/ 76	型締力にもとづきトグル機構のクロスヘッド位置を自動算出したあと、クロスヘッド位置を移動させ、クロスヘッド位置が設定位置に到達したとき、型厚調整を行い金型のパーティング面を合致させる型締力調整方法。
			実公平5-44114	B22D 17/ 26 H B29C 33/ 22 B29C 45/ 64	アジャストギヤに、リングギヤの外面側に張り出してリングギヤのスラスト側への移動を規制する、アジャストギヤより大径の張り出し部を設けたエンドプレートの位置調整装置。
			実公平7-50187	B22D 17/ 26 D B22D 17/ 26 J B29C 45/ 68	可動盤の型開き移動時に、リミットスイッチが押圧部材に押され、次いで押圧部材に押されて型締シリンダの作動油の戻り管路を遮断する遮断弁を管路の基台側に設けた型締シリンダの停止装置。
			実公平6-36897	B22D 17/ 20 Z B29C 45/ 17 B29C 45/ 76	射出成形機本体に基端部を水平回転自在に支持したアームを設け、アームの先端部に、制御盤を回転自在に取付けられた射出成形機の制御盤。従来の固定操作盤に比べ操作可能場所が広がる。
			特公平7-119040	B22D 17/ 20 J B29C 45/ 62 B29C 45/ 74	加熱筒カバーに複数のねじ孔を、一端は加熱筒と加熱カバーの接合面に垂直に開口させるとともに、他端はこれらの筒状クランプから離れた位置に開口させてほぼ等間隔で形成した、射出成形機における加熱筒カバーの固定装置。

表2.9.3-1 新潟鐵工所の保有特許の概要（2/8）

技術要素	課題		特許番号	特許分類	抄録
成形装置	操作性向上	射出部の操作容易化	実開平4-46203	F15B 21/ 4 A B22D 17/ 20 Z B29C 45/ 82	主回路を介して油圧駆動装置に接続された油圧ポンプと、主通路に連通するバイパス回路に設けられた油圧ポンプの圧力を調整する電磁リリーフ弁と、油ポンプの作動油の圧力をポンプの始動から時間経過に応じて段階的に増圧させる信号を電磁リリーフ弁に出力する制御手段を有する射出成形機の作動油昇温装置。
			実公平6-1788	B22D 17/ 20 Z B29C 45/ 17 B29C 45/ 82	射出成形機のマシンボデイ構成部材中に中空部を形成して作動油の流路を形成するとともに、射出成形機に設けられたアクチュエータの作動油の戻り部をマシンボデイ構成部材の内部流路へ連通させた射出成形機のオイルタンク装置。
		摺動面の防塵	特開平10-138278	B22D 17/ 12 Z B22D 17/ 20 Z B29C 45/ 6	ロータリテーブルの外周面に全周につながる凹溝が形成され、ロータリテーブルの外周面の外方に沿って配された防塵カバーの内周縁が凹溝に挿入されている射出成形機のロータリテーブルの防塵装置。
	生産性向上	型開閉時間の短縮	特公平8-25214	B22D 17/ 26 J B29C 45/ 67 B29C 45/ 82	油圧シリンダによる金型の型開き初期に、背圧手段で型開き作動に背圧をかけ、タイバを収縮させて背圧を解除し、型開きの終期に再度背圧をかけて型開き速度を減速させる型開き方法。
			実公平7-37855	B22D 17/ 26 Z B22D 17/ 32 A B29C 45/ 64	プレッシャプレートと、ねじ機構および伝動機構からなり、移動速度を互いに異ならせた複数の駆動系を並設し、各駆動系に複数の駆動系を択一的に電動モータに連絡するクラッチ手段を備えた成形機の射出装置。
		構造合理化	実登2501934	B22D 17/ 26 H B29C 45/ 66 B29C 45/ 83	タイバに摺接するブッシュを設け、ブッシュ間にグリースを充填する貯留部を形成し、貯留部にグリースを注入する充填口を形成し、貯留部内の圧力の上限値を規制するリリーフバルブをグリース充填口に設けた可動盤。
	性能向上	型締力精度の向上	特公平6-92104	B22D 17/ 26 D B22D 17/ 26 Z B29C 45/ 68	背圧手段で油圧シリンダの動きに背圧をかけて型開きを行う方法において、背圧手段の背圧解除制御を、シーケンサにより型締力に対応する背圧時間で行う成形機の型開き方法。
			特許2531339	B22D 17/ 26 H B22D 17/ 26 J B29C 45/ 64	成形プログラムにあらかじめ設定された一定の成形サイクル数ごとに検出軸の位置を測定し、サイクル数ごとに検出軸の位置を測定し、その型開状態の検出軸の位置に対する各成形サイクル時に測定した検出軸の位置の変化から型締力を算出する型締力測定方法。

表2.9.3-1 新潟鐵工所の保有特許の概要 (3/8)

技術要素	課題		特許番号	特許分類	抄録
成形装置	性能向上	型締力精度の向上	特許2947088	B22D 17/ 26 B B29C 33/ 22 B29C 45/ 68	型締シリンダ先端のクロスヘッドの移動をガイドするガイドバーと、エンドプレートから片持ち状態に突出されたガイドバー支持部と、ガイドバー支持部の先端間を連結する連結部がエンドプレートに設けられた成形機。
		構造合理化	特開平10-309737	B22D 17/ 20 E B22D 17/ 20 G B29C 45/ 3	加熱筒を支持する加熱筒支持盤を上下に移動させるスクリュ回転用のスクリュ回転用電動機と、加熱筒支持盤の上にねじ機構で上下に移動可能なプッシャープレートを移動させるスクリュ移動電動機とを有する竪型射出成形機において、スクリュ中心点を支点として2つの電動機のモーメントを合わせて配置した竪型射出成形機の射出装置。
	安全性向上	動作の確実性	特公平6-6320	F16P 3/ 10 B22D 17/ 26 K B29C 33/ 20	複数の固定歯を軸方向に所定の間隔で形成した安全バーを安全ドアの近くに回動自在に設け、可動盤の型締移動を阻止するストッパと、安全バーを回動させる回動手段よりなる成形機の安全装置。
			特許2565060	B29C 45/ 64 B29C 45/ 84 B22D 17/ 26 K	閉状態の反操作側安全扉を開けると、レバーが安全扉に押されて回動し回動軸を介して操作側レバーが回動し、連動爪を押して閉状態の操作側安全扉をわずかだけ開けて安全手段を働かせる成形機の安全装置。
			特許3055440	B22D 17/ 26 K B29C 45/ 26 B29C 45/ 84	可動盤に固定された多数の溝を有するストップバーと、溝に係合可能なストッパと、ストッパを付勢する付勢部材と、扉が開状態にあると扉による押圧が解除されるリンク機構を備えた成形機。
			実公平6-1789	B22D 17/ 26 K B29C 45/ 84 B29C 45/ 64	複数の固定歯を有する安全バーを可動盤に取付け、固定歯に係止して可動盤の移動を阻止する係止爪と、ストッパが安全バーに設けられ、安全ドアの開閉で固定歯と係止爪を係止、開放される回動手段を設けた成形機の安全装置。
			実開平4-67027	F16P 3/ 8 B22D 17/ 26 K B29C 45/ 84	金型を作業者から遮蔽する安全扉を備え、安全扉の操作側カバーに、厚さ方向に貫通する開口部を形成し、開口部を閉鎖する透明の窓板を安全扉に対して開閉可能に取付けた成形機の可動窓付安全扉。
			実登2538509	F16P 3/ 8 B22D 17/ 26 K B29C 45/ 84	検出用リミットスイッチ手段の故障で開いている安全ドアを閉と誤った場合、検出用と診断用リミットスイッチ手段のいずれかの電気回路が閉じられ、電磁リレー手段と警報手段が作動する成形機の安全装置。

表2.9.3-1 新潟鐵工所の保有特許の概要（4/8）

技術要素	課題		特許番号	特許分類	抄録
成形装置	安全性向上	動作の確実性	実公平7-30343	B22D 17/ 26 K B29C 33/ 20 B29C 45/ 64	安全ドアの下端側にのみ設けた案内部材と、安全ドアに固定されて案内部材と係合し、安全ドアを案内部材の長手方向に移動自在に支持する支持部材を備えたガイド機構を有する安全ドア装置。
			実公平7-30344	B22D 17/ 26 K B29C 33/ 20 B29C 45/ 84	型締機構の側方上部に水平に固定されたロッドに、安全ガードの上端部に設けられ、かつ下方に開口するコ字形の嵌合部を着脱自在に嵌合させ、安全ガードをロッドを中心に回転自在に懸架した成形機の安全ガード。
			実公平8-1066	B22D 17/ 26 K B29C 45/ 67 B29C 45/ 82	カムバルブは閉状態の安全扉のドグで押されて配管を開き、安全扉が開かれてドグによる押圧が解かれると、配管を閉じる構成とされた安全装置。
	コスト低減	構造合理化	特開平10-156906	F15B 11/ 00 U B22D 17/ 26 J B22D 17/ 32 Z	圧力指令値をあらかじめ制御装置に記憶された演算式により演算し、演算で得られた圧力指令値を制御装置から圧力制御手段に出力して、油圧シリンダの作動圧力を制御する油圧シリンダの速度制御方法。
			特公平7-67725	B22D 17/ 26 J B29C 45/ 17 B29C 45/ 82	射出成形機のアキュムレータの充填圧を、成形機を作動させるアクチュエータの最大作動油圧と、流量制御に必要な流量制御弁前後差圧との加算値により決定する成形機の油圧制御装置。
半溶融成形	品質向上	給湯の適正化	特開2000-176619	B22D 17/ 00 Z B22D 17/ 32 Z B29C 45/ 53	溶融金属を供給する混練用溶融装置、供給された溶融金属を加圧減圧する溶融金属加圧減圧装置、その下部に設けられた溶融金属たまり部の溶融金属を金型に射出する充填装置からなる金属射出成形機。
金型	生産性向上	金型寿命延長	特公平7-67723	B22D 17/ 26 J B29C 45/ 64 B29C 45/ 84	型開閉用サーボモータの駆動指令値、位置速度検出器から出力されるフィードバック値にもとづき、型開閉用モータの溜りパルス量を求め、現在値と上限値溜りパルス量を求め、現在値と上限値の比較を繰り返し、上限値に達すると警報を発する金型保護制御装置。
	省力化	交換作業の自動化	特公平7-41641	B22D 17/ 22 H B22D 17/ 22 L B29C 33/ 30	交換機ベースの移動はモータ駆動により行い、取出機ベースの移動は移動用シリンダで行い、中子の出し入れと金型からの成形品の取出しの干渉を避けて行う成形機。

表2.9.3-1 新潟鐵工所の保有特許の概要（5/8）

技術要素	課題		特許番号	特許分類	抄録
金型	安全性向上	部品の落下防止	実登2500142	B29C 45/26 B29C 45/4 B22D 17/26 L	1つの配管系が故障してその配管系を通じて流体圧の供給を受ける1つの流体圧クランパ群が誤作動しても、他の配管系の流体圧クランパ群が誤動作することなく金型を把持する金型把持装置。
型締め装置	品質向上	湯漏防止	特公平6-92107	B22D 17/26 A B22D 17/26 D B29C 33/22	成形工程中に、所定のサイクル数で型開閉シリンダの全ストローク間において、強制的に型開閉動作を行うことにより、ヒンジピンとブッシュ間の摺動部を自己潤滑を行う型締機構の自己潤滑方法。
	操作性向上	型締め制御の容易化	特開平10-128797	B29C 45/26 B22D 17/26 D B29C 45/66	調整ナットがその上部をエンドプレートの上面に突出して設けられ、調整ナットの上端にスプロケットが固定された型厚調整装置。
			実公平8-8813	B22D 17/26 H B29C 33/24 B29C 45/67	挟み部材により挟まれた各タイバの外周面に角溝を形成し、挟み部材にタイバの角溝に嵌入してタイバを締結する角状の突条を形成し、タイバの角溝の位置に挟み部材の突条を一致させる停止部材を設けた型締装置。
	生産性向上	型開閉時間の短縮	特開平10-315286	B22D 17/26 J B29C 33/22 B29C 45/66	目標位置設定器から位置指令を出力し、速度制限手段で速度を制御し、サーボモータに付設された現在位置出力手段から可動金型の現在位置が目標位置に一致した場合に、サーボモータを停止させる型締動作制御方法。
		製造サイクルの短縮	特公平7-100327	B22D 17/26 D B22D 17/26 J B29C 33/22	リンク部材の位置を検出する位置検出手段と、位置比較手段と、可動型の移動に要する時間を計測する時間計測手段と、時間比較手段と、比較結果に基づいて出力する出力手段と、自動給油装置を備えたトグル式型締装置。
			特許2792424	B22D 17/26 J B29C 45/66 B29C 45/76	型厚調整時に型厚調整用移動量検出手段によりエンドプレートの移動量を検出し、増締出には増締用移動量検出用手段でエンドプレートの移動量を検出し、両検出手段がナット用駆動装置に付設された型締力調整装置。
			実開平4-52027	B22D 17/26 A B29C 33/22 B29C 45/64	可動盤と固定盤の当接時に電動モータに流れる電流値を設定する設定器と、電流検出器と設定器と検出器の電流値を比較する比較器と、基準電流値を越えたとき通電を停止する制御装置を備えた可動盤位置調整装置。
		装置の破損防止	実公平6-24187	B22D 17/26 J B22D 17/32 J B29C 33/24	トグル機構が型締完了状態を検出する検出手段と成形機のモード切換スイッチに、検出手段がオンでかつモード切換スイッチが停止モードのときに作動する警報手段が設けられた型締装置。
			実公平6-11157	B22D 17/22 Z B22D 17/26 D B29C 45/66	四隅の各軸孔は可動盤のボスに形成し、ボスの間にブラケットを設け、ブラケットの間に1対のリブを互いに平行に設け、リブは連結部により一体に連結され、ボスとブラケットは補強縁で相互に一体に連結された可動盤。
		メンテナンス改善	特許2850730	B22D 17/26 D B29C 33/22 B29C 45/66	ピンとブッシュからなるリンク部材を、窒化処理により表面硬度を高めた硬質鋼材から形成するとともに、ブッシュに円周方向の複数箇所に半径方向へ向けて固定潤滑剤が埋め込まれたトグル式型締装置。

表2.9.3-1 新潟鐵工所の保有特許の概要（6/8）

技術要素	課題		特許番号	特許分類	抄録
型締め装置	性能向上	型締力精度の向上	特許2792431	B22D 17/ 26 H B29C 33/ 22 B29C 45/ 64	タイバの上面または下面と案内孔の上面または下面との間のいずれか一方、もしくは両方に可動盤に対するタイバの上下方向の撓みを自由にする空間が形成された可動盤の案内装置。
			特許3159028	B22D 17/ 26 D B22D 17/ 26 J B29C 45/ 68	モデル金型と使用金型の剛性値の差に基づく補正により増締量を決定するにさいし、剛性値差がモデル金型と使用金型の型盤に対する接触面積の差、ヤング率の差または構造による剛性値差のいずれかによる型締方法。
			特開平11-10690	B22D 17/ 26 D B29C 33/ 22 B29C 45/ 66	駆動手段でトグル機構を介して可動盤を動かす装置で、トグル機構の1個以上の関節部に転り軸受が装着された型締装置。
			特開2000-158500	B22D 17/ 26 J B29C 45/ 66 B29C 45/ 76	トグルリンク機構を伸張、屈曲操作する操作子であるクロスヘッドの型締完了時における位置を、型締めされる金型の型厚に応じて調節する制御装置を備えた型締装置。
			実公平7-26092	B22D 17/ 26 B B29C 33/ 24 B29C 45/ 67	固定盤に形成された第1ガイド孔に移動可能に挿入されたタイバを、第2ガイド孔に軸方向に摺動可能に挿通させて、シリンダ本体の側面に固定された複数のブラケットを備えた型締装置。
			実公平7-4905	B22D 17/ 26 A B29C 33/ 22 B29C 45/ 64	支持シートの固定盤側の端に設けた座部と、固定盤と座部に橋渡して設けられた長さが調節可能な引張り部材を備えた型締装置。
	省力化	型締力設定の自動化	特許2570951	B22D 17/ 26 C B22D 17/ 26 J B29C 45/ 68	金型をパーティング面が合う寸前までの低圧型締から、高感度低圧型締に切り換える位置および高圧復帰位置を自動的に割り出す切り換え位置設定器を備えた自動低圧型締め金型保護設定装置。
	小型化	構造合理化	特公平7-64001	B22D 17/ 26 D B29C 33/ 22 B29C 45/ 66	ピストンロッドがエンドプレートに固定され、シリンダ本体がエンドプレートに摺動自在に構成された油圧シリンダによりトグル機構を介して可動盤を駆動し、金型を開閉させる型締装置。

表2.9.3-1 新潟鐵工所の保有特許の概要（7/8）

技術要素	課題		特許番号	特許分類	抄録
型締め装置	小型化	構造合理化	特許3150647	B22D 17/26 H B29C 45/67	可動盤と下盤を上下に動かす複数本の型開閉シリンダを設け、下部溝にストッパを係合させて可動盤を型開状態で固定し、上部溝にストッパを係合させて可動盤を型閉状態で固定するクランプ機構を備えた型締装置。
	安全性向上	動作の確実性	実開平3-12699	F16P 3/8 B22D 17/26 K B29C 45/84	移動自在なストッパ棒と、ストッパ棒が通過可能な通路と、開閉自在な安全ドアと、安全ドアが開くと通路を遮断し、安全ドアが閉じると通路を開放するストッパプレートを備えた型締装置の安全装置。
			実開平3-12700	F16P 3/8 B22D 17/26 K B29C 45/84	ストッパ棒と、ストッパ棒が通過可能な通路と、安全ドアと、安全ドアの開閉で通路を遮断、開放するストッパプレートを備え、安全ドアの開放時ストッパプレートが通路を遮断していることを確認するセンサを有する安全装置。
	コスト低減	構造簡素化	特開平9-225980	B22D 17/26 H B29K 21/00 I B29K105/24 I	ねじ機構のねじ棒とナット部材を互いに異方向に同時に回転させて可動盤を固定盤に接近させ、ねじ棒とナット部材のいずれか一方を停止させ、ねじ棒とナット部材の他方の回転で金型を型締めする型締方法。
			特開平9-234773	B22D 17/26 B B22D 17/26 H B29K 21/00 I	差動歯車機構の第1、第2駆動軸に、ねじ棒とナット部材のいずれか一方を他方に対し差動歯車機構を介して、可動盤を移動させる正逆回転可能な駆動源を連結し、第1、第2駆動軸にブレーキを個々に付設した型締装置。
			特公平7-106590	B22D 17/26 H B29C 45/67	複数本のタイバに支持された可動盤に、型開閉シリンダと型締めシリンダを付設し、互いに隣接する2本のタイバの各内外側の挟み部材を連結ロッドで連結し、アクチュエータで動かすタイバの締結装置。
			特開平9-327847	B22D 17/26 D B29C 33/22 B29C 45/66	トグルリンクに連結されたクロスヘッドの移動で伸長させて可動盤を型締め移動させるトグル機構を有し、ねじ軸が軸方向の移動を止めて立設され、ねじ軸にクロスヘッドが移動自由に螺着されたトグル式型締装置。
			特許3201304	B22D 17/26 D B29C 45/66	ねじ軸の回転によりナット部材とクロスヘッドを上下移動させてトグル機構を屈伸させる電動機が連結され、電源がきれると作動して電動機の自由回転に制動をかけるブレーキが付設された型締装置。
			特許3149812	B22D 17/26 D B29C 45/66	上端を軸受ハウジングの軸受に、下端を固定盤の軸受に軸支されたねじ軸にナット部材が螺着され、ねじ軸を回転させてナット部材を上下移動させる駆動モータが連結された型締装置。
		構造合理化	実公平7-45305	B22D 17/26 J B29C 45/17 B29C 45/64	測定部材に液体を封入した穴を設け、その穴よりも小径のシリンダ孔を連設し、シリンダ孔にピストンを移動自在に挿入し、ピストンに移動ストロークを測定するストローク検出手段を付設した型締力測定装置。

表2.9.3-1 新潟鐵工所の保有特許の概要（8/8）

技術要素	課題		特許番号	特許分類	抄録
制御装置	生産性向上	トラブル対応	特開平5-31778	B22D 17/ 32 Z B29C 45/ 76	中央処理装置を有するメインユニットと成形機の制御機器と接続される入出力部を有する複数のサブユニットとに分割され、これら各サブユニットに設けられたシリアルデータ通信用のネットワーク入出力部を介してユニット間通信を行うようにする。
	性能向上	高機能化	特許2900839	F15B 11/ 00 K F15B 11/ 2 G F15B 11/ 8 A	流量マッチ制御のときは開閉弁で連絡管路を閉じて作動油は三方減圧弁で減圧され流量制御弁で流量制御され、圧力マッチ制御のときは開閉弁を開いて作動油は連絡管路を通って流量制御弁に流れ、圧力補償弁によって圧力差が制御される。

2.9.4 開発拠点

金属射出成形技術の開発を行っていると思われる事業所、研究所などを特許情報に記載された発明者住所をもとに紹介する。（但し、組織変更などによって現時点の名称などとは異なる場合もあります。）

　　　新潟県：長岡工場

2.9.5 研究開発者

図2.9.5-1には、特許情報から得られる新潟鐵工所の発明者数と出願件数との推移を示す。1991年ごろが開発のピークであったが、99年は出願がない。

図2.9.5-1 新潟鐵工所の発明者数と出願件数との推移

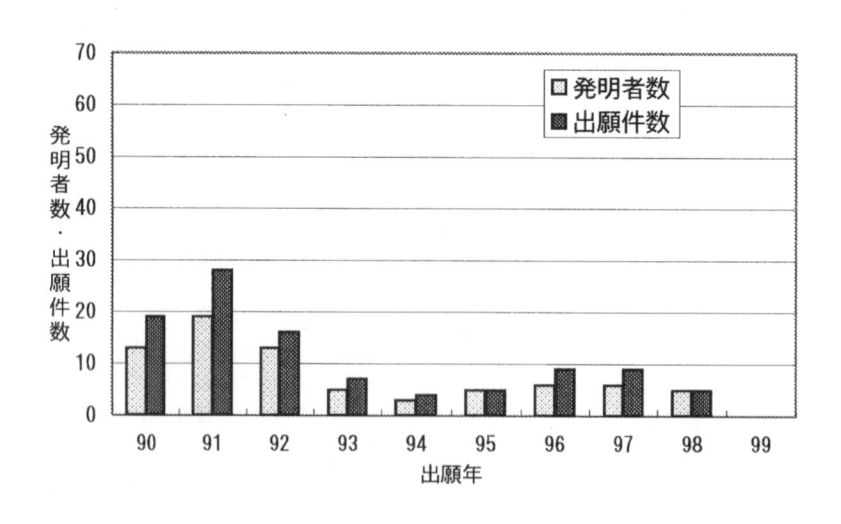

2.10 トヨタ自動車

2.10.1 企業の概要

表2.10.1-1 トヨタ自動車の企業概要

1) 商　　　　　号	トヨタ自動車　株式会社			
2) 設 立 年 月 日	1937年8月			
3) 資　　本　　金	397,049百万円			
4) 従　業　員	65,907 人			
5) 事　業　内　容	自動車製造業（二輪自動車を含む）			
6) 技術・資本提携関係	技術：日野自動車、ダイハツ工業、GM（米国）			
	資本：豊田自動織機、三和銀行、さくら銀行			
7) 事　業　所	本社／豊田、東京、研究所／東富士、士別、工場／豊田、元町、上郷、高岡、三好、堤、明知、下山、衣浦、田原、貞宝、広瀬			
8) 関　連　会　社	トヨタ車体、関東自動車工業、豊田紡織、豊田中央研究所、トヨタモーターノースアメリカ、トヨタモーターヨーロッパマニュファクチャリング			
9) 業　績　推　移	年　度	1998	1999	2000
	売　上　げ　百万円	7,525,555	7,408,010	7,903,580
	損　益　百万円	267,235	329,268	333,516
10) 主　要　製　品	自動車、産業車輌、物流システム、金融、住宅、情報通信			
11) 主　な　取　引　先	米国トヨタ自動車販売、東京トヨペット、三井物産、愛知トヨタ、名古屋トヨペット			
12) 技術移転窓口	〒471-0826 愛知県豊田市トヨタ町1　TEL0565-23-6712 知的財産部			

　国内最大の自動車メーカー。財務状況良好。射出成形技術はダイカスト鋳造法であり自動車部品向けに金型開発に注力。
　ダイカスト技術の開発拠点は本社（豊田市）の生産技術部である。
　金属射出成形技術の技術移転を希望する企業には、積極的に交渉していく対応を取る。そのさい、自社内に技術移転に関する機能があるので、仲介などは不要であり、直接交渉しても構わない。

2.10.2 溶融金属射出成形技術に関連する製品・技術

表2.10.2-1 トヨタ自動車の溶融金属射出成形技術に関連する製品・技術

技術要素	製品	製品名	備考	出典
成形装置	MMCブロック	エンジン	技術論文	2000日本ダイカスト会議論文集、P101（2000）
金型	泡離型剤システム	ー	技術論文	1998日本ダイガスト会議論文集、P95（1998）

　自動車付属品を対象にダイカスト技術を開発、エンジンのアルミ化を達成。
　金属射出成形技術は金型開発に注力している。品質向上では型構造や周辺装置の開発、生産性向上ではそれら装置改良に加え、型温制御の開発にも取組んでいる。

図2.10.2-1 ダイカストで製造したエンジンのシリンダーブロック
（アルミニウム製、ボア間寸法短縮で軽量化）

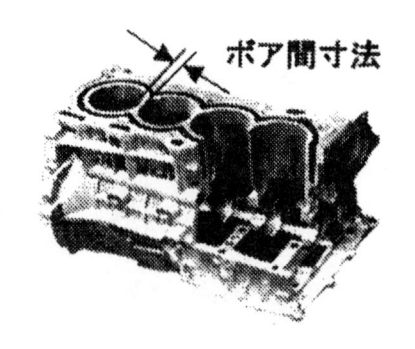

2.10.3 技術開発課題対応保有特許の概要（溶融金属射出成形技術）

　トヨタ自動車は金型の技術要素の課題に対応する特許が非常に多い。成形機のユーザの特徴が現れている。また、半溶融成形の技術要素に対応する特許がない。同じ自動車メーカの本田技研工業やマツダ（後述）が半溶融成形に関する特許の件数が多いことと比較して興味深い。金型の技術要素に関する技術開発課題と解決手段対応図を図2.10.3-1に示す。
　金型に関しては、品質向上においてはひけ・巣発生防止の課題に対する解決手段が多い。例えば通気抵抗を小さくした通気弁による解決手段が挙げられる。性能向上の冷却能力向上の課題に対する解決手段も多く、例えば複数の冷却孔を主供給通路に並列に配置した内冷構造が挙げられる。さらに生産性向上の金型寿命延長に対しては例えば型合わせ面を高周波焼き入れした金型が挙げられる。
　成形装置に関しては、操作性向上の課題に対する解決手段が多く、とりわけ構造合理化の課題に対しては金型取り替え作業を容易にした構造の成形機がある。
　型締め装置に関しては、特許数は少ないが品質向上の湯漏防止の課題に対する解決手段がある。例えば型締め力のバランスを考慮した構造にして湯漏防止に対応している。さらにエア噴出し検査装置、金型端位置検出装置などの改良を行っている。
　制御装置に関しては、溶湯の射出速度制御やキャビティ内湯面高さ計測によりひけ・巣発生防止の課題に対応している。

図2.10.3-1 技術開発課題と解決手段対応図（金型、トヨタ自動車）

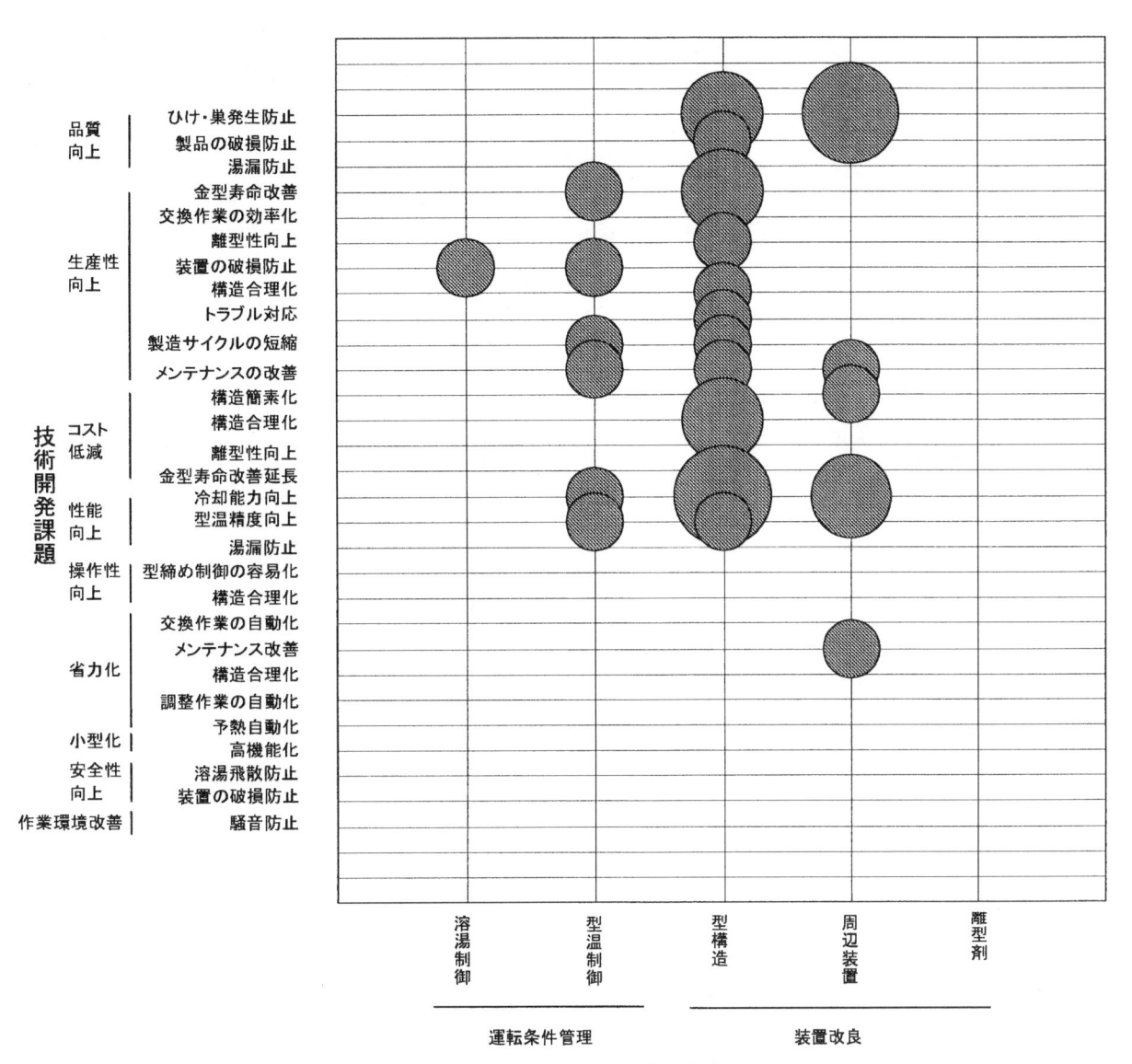

表2.10.3-1 トヨタ自動車の保有特許の概要（1/6）

技術要素	課題		特許番号	特許分類	抄録
成形装置	操作性向上	高機能化	特開平9-1309	B22D 17/ 20 D B22D 17/ 32 J B22D 17/ 32 Z	液状離型剤と、キャビティおよびキャビティに連通する注入口を持つ型締可能な金型を用い、型締した状態で注入口から液状離形剤を注入し充満するとともに、注入後の余分な離型剤を金型キャビティから排出する液状離型剤の塗布方法。
			特開平9-201662	B22D 17/ 22 E B22D 17/ 32 J B29C 45/ 57	温度センサを備える鋳造用の加圧ピンにおいて、その加圧面から温度センサの測温先端部が溶湯に接触できる状態で突出している加圧ピン。正確な溶湯の測温が可能となる。
		構造合理化	特開平11-309555	B22D 17/ 14 B22D 17/ 20 D B29C 45/ 34	溶湯の射出時に型の製品成形面に形成されたガス抜き用の隙間からその型内のガスを抜くダイカスト鋳造法において、型が開いているときにガス抜き隙間からキャビティ側に気体を放出させるダイカスト鋳造法。

表2.10.3-1 トヨタ自動車の保有特許の概要（2/6）

技術要素	課題		特許番号	特許分類	抄録
成形装置	操作性向上	構造合理化	特許2940253	B22D 17/ 12 B B22D 17/ 22 A B22D 17/ 26 H	固定プレートと同じ高さのレールに乗った金型交換台、固定タイバーと必要に応じて待避可能な可動タイバー、シリンダによって開閉される割ナットを備えたタイバー固定装置などからなる、金型の取換え作業を容易に行える竪型ダイカスト機。
			特許3041199	B22D 17/ 22 E B22D 17/ 32 E B22D 17/ 32 Z	圧液源と加圧シリンダの間に1次圧液により増圧ピストンを駆動して高圧の2次圧液を吐出する増圧器を挿入したダイカスト機。
	生産性向上	型開閉時間の短縮	特開平9-103861	B22D 17/ 20 G B22D 17/ 20 K B22D 17/ 32 Z	キャビティに溶湯を供給するときはプランジャチップの溶湯押圧面から離れた部位に冷却液を流し、キャビティに充填された溶湯を増圧するときにはプランジャチップの溶湯押圧面に近い部位に冷却液を流す、ダイカスト機におけるプランジャチップの冷却法。
		構造合理化	特許3009824	B22D 17/ 22 E B22D 17/ 32 E B29C 45/ 26	最初に無負荷を解消し、加圧ピンが負荷を受けたときは低速度で挿入し、負荷が増大したときは高速度で挿入するようにしたダイカスト機。
	性能向上	構造合理化	特開平6-617	B22D 17/ 12 B B22D 17/ 26 A B22D 17/ 26 B	型締めシリンダの型締めラムの先端と可動型の間に、可動金型の移動距離に応じて長さを変更できる圧力伝達部材を配置することにより、金型の交換に伴う可動金型の移動距離の変化分を圧力伝達部材の長さによって調整し、型締シリンダの作動ストローク長を必要最少限にした型締装置。
			特開平6-618	B22D 17/ 12 B B22D 17/ 26 A B22D 17/ 26 B	型締めシリンダの型締めラムの先端と可動型の間に、可動金型の移動距離を調整するダイハイト調整用油圧シリンダを備え、金型の交換に伴う可動金型の移動距離の変化分をダイハイト調整用油圧シリンダによって調整し、型締シリンダの作動ストローク長を必要最少限にした型締装置。
金型	品質向上	製品の破損防止	特開平8-174192	B22D 18/ 4 T B22D 17/ 22 K B22D 29/ 4 C	押出し板が複数本の突き当て棒に接触する前に、押出し板との距離が等しくなるように各突き当て棒の突き出し量を制御する成形品の離型方法。

表2.10.3-1 トヨタ自動車の保有特許の概要（3/6）

技術要素	課題		特許番号	特許分類	抄録
金型	品質向上	ひけ・巣発生防止	特許3206634	B22D 17/ 22 G B22C 9/ 6 P B29C 33/ 10	弁ピストンの開閉を通気路の直線部分で行い、排気時には弁ピストンの要部が通気路のに位置するようにして通気抵抗を小さくしたダイカスト用通気弁。
			特開平10-5968	B22D 17/ 22 G B22C 9/ 6 P B29C 33/ 10	組み合わされた複数の部材を組み合わされた状態のまま保持する部材保持機構と、組み合わされた部材間に形成された隙間とを有し、部材保持機構の保持を解除すると隙間の掃除が確実に行えるので経時的なガス抜き量の低下が防止できる鋳型のガス抜き装置。
			特開平10-277720	B22D 17/ 22 F B29C 45/ 26	スライドホルダに複数のエア噴射口を設け、鋳造後、金型の水冷、離型剤塗布を行ってからエア噴射口からエアを噴射してストッパ面の水分を除去するようにしたダイカスト金型。
			特開平10-34310	B22D 17/ 22 D B22D 17/ 22 G B29C 45/ 34	チルベントのガス抜き溝内に冷却液を吐出し、キャビティ内のガスに続いて排出されてくる溶融物を直接冷却して冷却物の直進を抑え、凝固させるチルベントのガス抜き方法。
			特開平9-248653	B22D 17/ 22 E B22D 17/ 22 H B22C 1/ 00 G	厚肉部に対応する樹脂製中子を変位可能とし、凝固の始まった段階で製品側に加圧して低冷却速度部分を加圧する樹脂中子を用いた鋳造方法。
	操作性向上	構造合理化	特許2953246	B22D 17/ 22 B B29C 33/ 12 B29C 33/ 76	スライドコアにスライドホルダを連結し、スライドホルダ自体にシリンダ孔を形成し、シリンダ孔内にピストンを挿入し、ロッドの端部を可動型に固定し、ピストン両側の室への油通路をロッドおよび可動型に形成したダイカスト成形用金型。
			特許3148500	B22D 18/ 4 S B22D 17/ 22 C B22C 9/ 6 A	横型駆動手段の型開閉力を利用して両端ブロックを横型開閉方向と傾いた方向に開閉するようにして、型開き時の横型見切り部の製品とのかじりを防止し、両端ブロックの開閉に専用シリンダを設けなくてもよいようにした低圧鋳造装置の金型装置。
			特開平10-5969	B22D 17/ 22 C B22D 17/ 22 H B29C 45/ 44	スライド入り子を引き抜くさいに、型締めシリンダにマシン上ダイベースおよび上型重量に相当する上向きの圧力を付与するようにしたスライド入り子の引き抜き方法。
	生産性向上	金型寿命延長	特開平9-108812	B22D 17/ 22 D B22D 17/ 32 J B22D 17/ 32 Z	成形型の型表面温度または型内温度のいずれかを検知して、その温度に基づき初期冷却条件を決定して気泡を含む泡剤を成形型に供給する成形型冷却制御方法。
			特開平8-132215	B22D 18/ 2 M B22D 17/ 22 Q B22D 17/ 22 R	型併せ面を高周波焼入れ処理して硬質層を主型と一体的に構成し、ばりや異物に起因する損耗、劣化を防止するようにした鋳造金型。
			特開平9-323148	B22D 45/ 00 C B22D 17/ 22 D B22C 9/ 6 B	金型内に供給する冷却水系統に冷水と熱水との割合を調整可能な混合割合調整送給手段を設け、熱交換水の蒸気化の度合いが高いときには冷水の割合を増加させて蒸気化を抑制する金型の温度制御方法。

表2.10.3-1 トヨタ自動車の保有特許の概要（4/6）

技術要素	課題		特許番号	特許分類	抄録
金型	生産性向上	製造サイクルの短縮	特開平8-71697	B22D 17/ 22 H B22C 1/ 00 G B22C 9/ 10 G	中子に接している部位が凝固するまでは強度を維持し、以後は塑性変形する樹脂製の中子の塑性変形部分を補修型により加圧する樹脂中子の補修方法。
			特開平11-216557	B22D 17/ 22 D B22D 17/ 32 Z B22D 27/ 4	金型の型温が設定値よりも低い場合にヒータに強制的に通電して金型を加熱する鋳造用金型の型温制御方法。
		部品の破損防止	特開平8-39225	B22D 17/ 22 H B22D 29/ 00 F B22C 9/ 10 J	中子に接している部位が凝固するまでは強度を維持し、以後は塑性変形して引き抜き可能な樹脂製の中子を使用する鋳造方法。
			特開平8-57582	B22D 17/ 22 H B22D 29/ 00 F B22C 1/ 00 G	中子に接している部位が凝固するまでは強度を維持できるように水溶性ポリマーで成形され、以後は水に溶解させて除去可能な中子。
			特開平9-225616	B22D 17/ 22 D B22D 17/ 32 J B22D 17/ 32 Z	金型の鋳抜きピンの根元付近の金型内部に冷却用空間が形成され、冷却管が挿入されている金型の局部冷却構造。
		離型性向上	特許3149705	B22D 17/ 20 D B22D 17/ 22 G B22C 9/ 6 D	キャビティ内のガス抜き手段としてのベント部を有する成形型において、ベント部の表面には、型の合わせ面よりぬれ性の低い材料がコーテングされている、ベント部を有する成形型。
		トラブル対応	特許3185645	B22D 17/ 22 G B22C 9/ 6 P B29C 45/ 34	受圧ピストンおよび弁ピストン内部を水冷または気体冷却するようにしたダイカスト金型に設けられた通気路を開閉するダイカスト金型用通気弁。
		メンテナンス改善	特開平8-158077	B22D 17/ 22 D B29C 45/ 26 B29C 45/ 73	鋳造中に金型の温度を測定し、鋳造終了後または鋳造停止中に所定の温度で金型の冷却孔に洗浄剤を供給する金型冷却孔のスラッジ堆積防止方法。
			特開平9-1312	B22D 17/ 22 D B22C 9/ 6 B B29C 33/ 2	金型内に形成された冷却水を通す通路に、スラッジが付着しやすいスラッジ保持材を金型から取り外し可能に配置した金型冷却装置。
			特許3115469	B22D 18/ 4 S B22D 17/ 22 C B22C 9/ 6 A	各横型の隣り合うブロック同士を分割面で接近離反可能に連繋する手段を有し、型開き時にブロック同士が容易に離れる低圧鋳造装置の横型構造を有する金型装置。
	性能向上	型温精度向上	特開平9-29414	B22D 17/ 22 D B22C 9/ 6 B B29C 33/ 4	分割型の複数の通路孔が型締めの際に連通した際に通路孔に液状または気体状の温度調整用媒体を供給して型の内部から温度調整を行うようにした金型の温度調整構造。
			特開平11-347705	B22D 17/ 22 D B22D 17/ 32 Z B29C 33/ 2	溶湯注入から離型までの溶湯の熱は金型深部に蓄え、金型表面を冷却して次の注入までに深部に蓄えた熱を表面部に伝えて所定温度にする金型表面温度の制御方法。

表2.10.3-1 トヨタ自動車の保有特許の概要（5/6）

技術要素	課題		特許番号	特許分類	抄録
金型	性能向上	冷却能力向上	特開2000-42712	B22D 18/ 4 Q B22D 17/ 22 D B22C 9/ 6 B	複数の冷却孔を冷却媒体供給源からの主供給通路に対して並列に配置した内冷構造付き金型。
			特開平9-52171	B22D 43/ 00 G B22D 17/ 22 D B22D 17/ 32 Z	金型内の冷却水通路にアルカリ洗浄液を循環させ、通過前後の温度差を測定してスラッジ付着量を推定し、これに基づいて洗浄時間を決定するスラッジ洗浄方法。
			特開平9-85387	B22D 17/ 22 D B22D 27/ 4 G B22C 9/ 6 B	微量の冷却水が金型内に供給された状態で射出を行い、冷却水の各供給口および排出口の温度を計測して温度差が均一になるように流量の調整を行う金型の冷却方法。
			特開平9-85414	B22D 17/ 22 D B22C 9/ 6 B B29C 33/ 2	突型部の内面空洞に二重螺旋溝を有する挿入部材を挿入し、第1の螺旋溝を冷却媒体の往路に、第2の螺旋溝を復路に使用して内面から冷却する鋳造用金型の冷却構造。
			特開平9-122872	B22D 17/ 22 D B22D 17/ 32 Z B29C 45/ 73	金型出口側の水温に応じて冷却水路を流れる冷却水の流量を調整し、水蒸気の発生を防止する金型の冷却制御方法。
			特開平9-155529	B22D 17/ 22 D B22C 9/ 6 B B29C 33/ 4	金型背面の冷却水通路の壁を可撓性部材で構成し、ここに伸縮用媒体を供給、あるいは排出させて冷却水通路の断面積を変化させ、冷却水の流量と流側を通路ごとに調整する金型冷却構造。
	省力化	メンテナンス改善	特開平8-1302	G01J 5/ 48 A B22D 46/ 00 B22D 17/ 22 D	金型から放射される赤外線を検出する検出装置と、その位置決め装置と、マスター画像と比較演算する画像処理装置と判定装置とからなる金型検査装置。
	コスト低減	構造簡素化	特開2000-117355	B23P 15/ 24 B22D 17/ 22 R B21D 37/ 20 Z	あらかじめ熱処理が施された型素材に溝を加工して残留応力のバランスを崩したあと、基準面を加工して型彫りを行う型の製造方法。
		構造合理化	実公平8-4200	B22D 17/ 22 H B29C 45/ 33	案内部材の駆動機構によってガイド溝に沿って摺動するスライドホルダに移動中子を連結したダイカスト機の移動中子案内装置。
			特開平7-164127	B22D 17/ 22 F B22D 17/ 22 H B22D 17/ 22 K	鋳抜きピンを押出しピンの固定されている押出板に取りつけてリターンピンと兼用させることにより、キャビティ周囲の合わせ面にリターンピンを配置する必要のないダイカスト金型。

219

表2.10.3-1 トヨタ自動車の保有特許の概要 (6/6)

技術要素	課題		特許番号	特許分類	抄録
型締め装置	品質向上	湯漏防止	特許3018764	B22D 17/ 26 A B22D 17/ 26 J B29C 33/ 24	可動型に各タイバーに設けられた型移動用油圧シリンダからの押圧力が縁部に均等に加わり、型締めラムの押圧力が中央に加わるようにして型締めバランスを良好にし、作動油量を減少させた型締め装置。
	性能向上	型締力精度の向上	特開平5-131257	B22D 17/ 26 K B29C 33/ 22 B29C 45/ 64	型締め状態において連通孔にエアを供給して型合わせ面に噴出させ、エア圧により型締め異常を判定する型締め異常検出装置。
	安全性向上	溶湯飛散防止	特許2827345	B22D 17/ 26 J B22D 17/ 32 J B29C 33/ 20	金型閉端位置の上限の許容値を求めておき、鋳造時の金型閉端位置を検出してCPUに入力し、許容値と比較して型閉じの正常、異常を判定する型閉じ異常検知方法。
	コスト低減	構造合理化	特開平7-178508	B22D 17/ 22 K B22C 9/ 6 A B29C 45/ 40	型開き時に離型用シリンダに作用する荷重を固定金型で支持することによりシリンダ支持部材を不要とし、さらにこの離型用シリンダに成形品を押し離すための機能も持たせて装置の小型化を図った金型開閉装置。
制御装置	品質向上	ひけ,巣発生防止	特開平8-66757	B22D 17/ 32 A B22D 17/ 32 J B29C 45/ 77	鋳造方案で設定された金型内の堰部に溶湯が実際に到達したことを検出して、それに基づいて射出装置による溶湯の射出速度を低速から高速に切り換えるようにする。
			特開平9-300059	B22D 17/ 32 A B22D 17/ 32 J B29C 45/ 53	射出スリーブ内での溶湯の湯面高さを計測し、この湯面高さがプランジャチップ側からキャビティ側に向かって順に低くなるように射出速度を制御する。

2.10.4 開発拠点

金属射出成形技術の開発を行っていると思われる事業所、研究所などを特許情報に記載された発明者住所をもとに紹介する。（但し、組織変更などによって現時点の名称などとは異なる場合もあります。）

　　　　愛知県：トヨタ自動車株式会社

2.10.5 研究開発者

図2.10.5-1には、特許情報から得られるトヨタ自動車の発明者数と出願件数との推移を示す。1994年と95年が開発のピークであり、出願件数が大幅に増加している。しかし、発明者数はあまり増えていないのが特徴である。97年以降は出願件数が大幅に減っている。

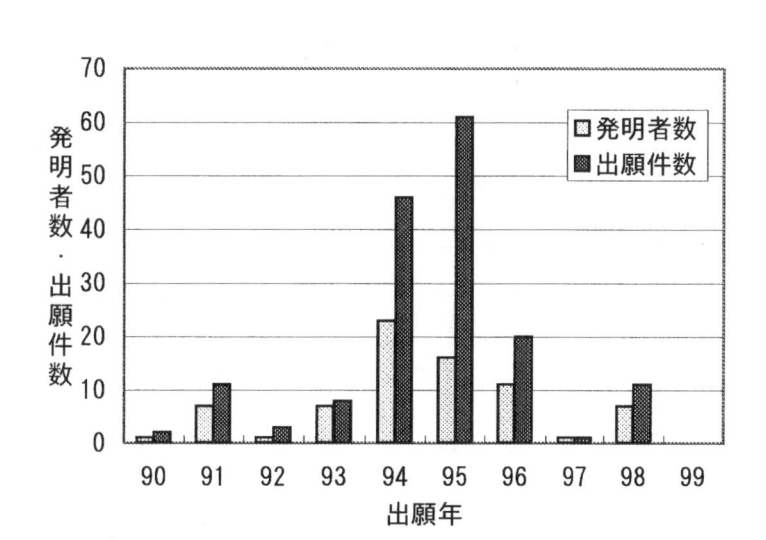

図2.10.5-1 トヨタ自動車の発明者数と出願件数との推移

2.11 アーレスティ

2.11.1 企業の概要

表2.11.1-1 アーレスティの企業概要

1) 商　　　　　号	株式会社　アーレスティ				
2) 設 立 年 月 日	1943年11月				
3) 資　　本　　金	1,237百万円				
4) 従　　業　　員	677 人				
5) 事　業　内　容	アルミニウム・同合金ダイカスト製造業アルミニウム第2次製錬・精製業（アルミニウム合金製造業を含む）				
6) 技術・資本提携関係	技術：-				
	資本：日本精密金型製作所、日軽産業、日本軽金属、本田技研工業、日本興業銀行				
7) 事　業　　所	本社／東京、工場／東松山、熊谷、浜松				
8) 関　連　会　社	アーレスティ栃木、アーレスティ熊本、パスカル工業、日本精密金型製作所、メカテックフソー、AHRESTY WILMINGTON CORP./Ohio				
9) 業　績　推　移	年　度		1998	1999	2000
	売　上　げ	百万円	52,123	53,660	56,966
	損　　益	百万円	190	468	908
10) 主　要　製　品	各種アルミダイカスト製品（自動車、産業用機械、建築材料、日用品、カメラ）、アルミインゴット、アクセスフロアパネル、芝刈機、ダイカスト周辺機器				
11) 主　な　取　引　先	本田技研工業、日産自動車、富士重工業、スズキ、いすゞ自動車				
12) 技 術 移 転 窓 口	技術部 技術推進グループ				

　アルミニウムをメインとしたダイカストの主力企業。自動車向けが主で出荷先はホンダ、日産など。近年Mgダイカスト製造技術も主要課題としている。

　金属射出成形技術は東京の本社を中心に東松山、浜松、栃木の各工場に開発拠点を持つ。

　技術移転を希望する企業には積極的に交渉していく対応を取る。そのさい、自社内に技術移転に関する機能があるので、仲介などは不要であり、直接交渉しても構わない。

2.11.2 溶融金属射出成形技術に関連する製品・技術

表2.11.2-1 アーレスティの溶融金属射出成形技術に関連する製品・技術

技術要素	製品	製品名	備考	出典
金型	アルミダイカスト製品	フリーアクセスフロアパネル	発売中	http://www.ahresty.co.jp/index.html
金型	ダイカスト周辺機器	各種金型部品	発売中	http://www.ahresty.co.jp/index.html
金型	中子ピン	αピン	発売中 実公平7-2132	パスカル販売(株)パンフレット
成形装置	ダイカスト装置	NI鋳造機	技術論文	1998日本ダイカスト会議論文集(1996)、P203
半溶融	高強度アルミニウム合金	―	技術論文	日本機械学会機械材料・材料加工技術講演会講演論文集、Vol.7、P173 (1999)

　自動車向けを主に、各種アルミニウムダイカスト製品を製造。
　金型では品質向上、生産性向上、性能向上に取組み、型構造、周辺装置の開発で対応している。また、半溶融成形でも品質向上の面から取組み、温度制御や素材調整で開発を進めている。

2.11.3 技術開発課題対応保有特許の概要（溶融金属射出成形技術）

　アーレスティは前述のようにアルミダイカスト製品が主力のメーカである。したがって金型の技術要素に対応した特許が多い。また、半溶融成形の技術要素に対応した特許も比較的多く出願されている。金型の技術要素に関する技術開発課題と解決手段対応図を図2.11.3-1に示す。
　金型に関しては、品質向上の課題に対応する特許が多く、ひけ・巣発生防止の課題に対しては、例えばキャビティを固定型と可動型に分割し合わせ面に分割スリーブを取りつけ溶湯を供給する金型構造、製品の破損防止の課題に対してはショットごとに冷却水を注入・排出して温度コントロールを図る金型構造、湯漏防止の課題に対してはキャビティ、溶湯が流れる外周縁部およびこれを取り囲む位置に衝合用突条を形成した金型構造がある。また、性能向上の冷却能力向上の課題に対する型構造や周辺装置の解決手段も多く、例えば金型冷却用パイプの構造を改良して冷却能力向上を図っている。
　半溶融成形に関しては、品質向上の機械的特性向上とコスト低減の素材の安定供給の課題に対応する解決手段がある。機械的特性向上の課題に対しては温度制御と素材調整の解決手段で対応し、例えば不活性ガスを注入した溶湯を真空チャンバ内でバブリング、攪拌させたあと冷却するという製造法がある。素材の安定供給の課題に対しては溶融金属を傾斜面に流し半凝固状態にしたあと加熱する半凝固金属の製造方法や固体小片の入った容器に溶湯を注入し冷却する半凝固スラリの製造方法が挙げられる。
　成形装置に関しては、離型剤の静電塗装装置、離型剤の飛散防止装置の改良を主体として、キャビティのガス抜き装置の改良がある。
　型締め装置に関しては、ダイバの伸び測定による型締め力の測定やリンクハウジングの移動量で型締め力を調整するという装置の改良を行っている。

図2.11.3-1 技術開発課題と解決手段対応図（金型、アーレスティ）

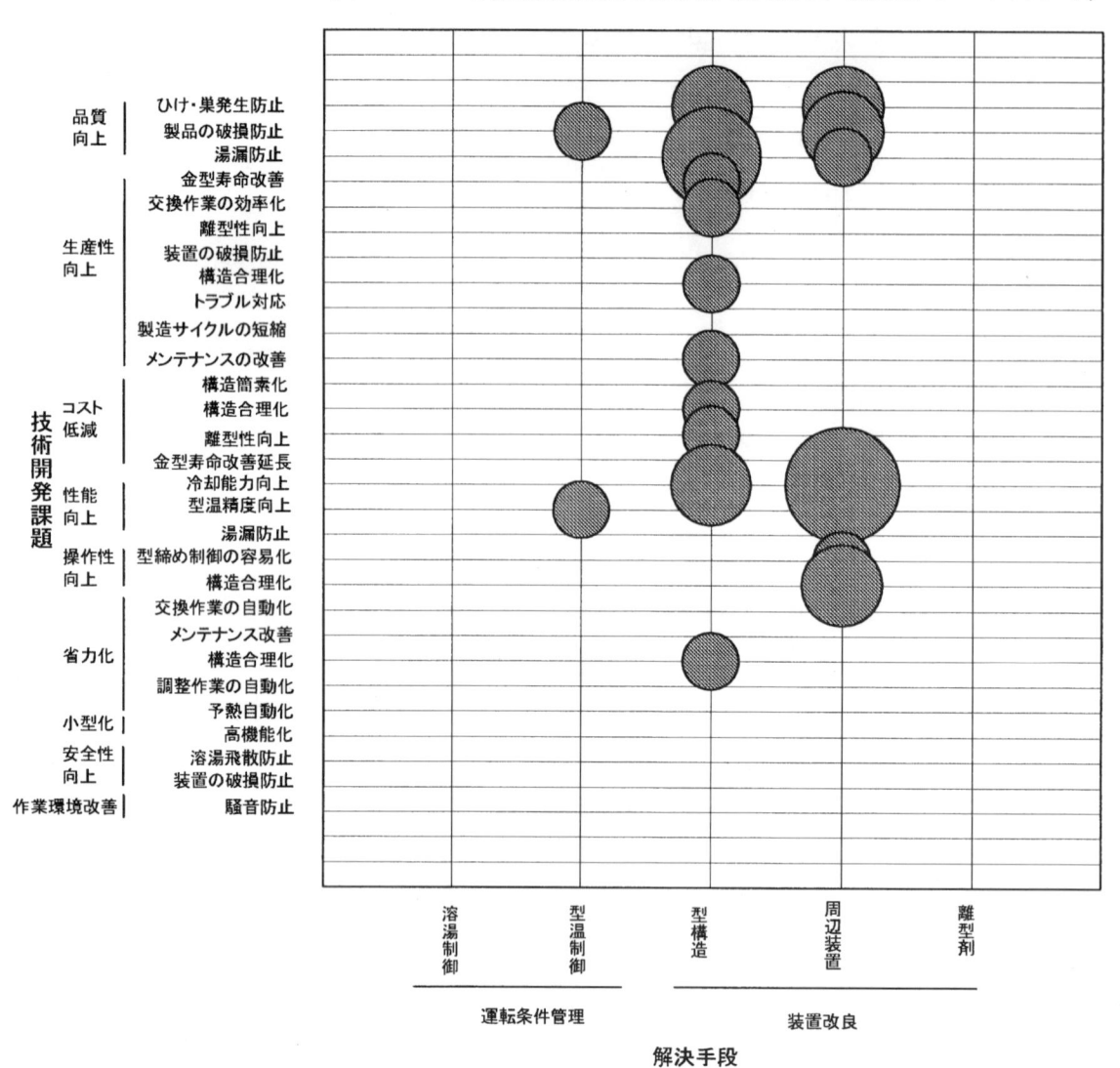

表2.11.3-1 アーレスティの保有特許の概要（1/6）

技術要素	課題		特許番号	特許分類	抄録
成形装置	品質向上	ひけ・巣発生防止	特開平10-113757	B22D 17/ 22 G B22D 17/ 32 Z B29C 45/ 34	金型キャビティ内からガス抜き装置を通して排出される気体の排出量または酸素ガス濃度が設定値になったらダイカスト機の射出装置を動作させるようにしたダイカスト鋳造法。
	操作性向上	高機能化	特公平6-69607	B22D 17/ 20 H B29C 45/ 62 B05B 5/ 8 B	電極挿入シリンダを前進させて電極棒を給湯口から射出スリーブ内に挿入し、電極棒の挿入部を射出スリーブの軸心に合わせて静電電界を発生させ、射出スリーブ内に潤滑剤を静電塗装する横型射出スリーブ内面への粉体潤滑剤の塗布装置。

224

表2.11.3-1 アーレスティの保有特許の概要（2/6）

技術要素	課題		特許番号	特許分類	抄録
成形装置	操作性向上	高機能化	特許2809501	B22D 17/ 20 F B22D 17/ 20 J B05B 5/ 8 B	射出スリーブ内に電極棒を挿入し静電電界を発生させて、紛状断熱材を静電塗装する装置において、出入り用、水平スライド用、上下スライド用シリンダを持つ射出スリーブ内面への断熱剤塗布装置。
			実公平7-23094	B22D 17/ 20 D B05B 5/ 12 B29C 45/ 83	筒状噴射ノズルに高圧電極線を筒方向にわたり内蔵させ、噴射ノズルを竪型射出スリーブ内に入れて粉状潤滑剤を静電塗装するにさいし、射出スリーブ上部開口部を閉蓋する蓋体を噴射ノズルの外側に筒方向移動自在に設けた、縦射出スリーブにおける紛状潤滑剤塗布装置の潤滑剤飛散防止機構。
			実公平8-7967	B22D 17/ 20 D B05B 15/ 4,103 B29C 33/ 58	横型ダイカスト機において、機長、反機長または両側における固定、可動両プラテン間に、飛散防止カバーを型締め、型開き方向に伸縮自在に配置したダイカスト機用自動スプレー装置における離形材などの飛散防止機構。
			実公平7-2131	B22D 17/ 20 D B22C 23/ 2 C B29C 45/ 26	金型へ離型剤を噴射するスプレ装置、集塵フードを備え、集塵フードに備えた窓穴から紛状断熱剤を噴出塗装するノズルを進退自在となすとともに、塗布用ノズルの上部および下部には集塵フードの穴窓を閉塞する板が取付けられている金型への紛状断熱剤の塗布装置。
			実開平6-45102	B22D 17/ 20 Z B22D 17/ 32 Z B29C 45/ 78	作動油タンク内の温度を計測するセンサと、温度センサの指令に基づいて作動油を循環攪拌するポンプと、ポンプと作動油タンク間に設けた作動油を冷却する補助クーラとからなる作動油の温度管理装置。
	生産性向上	交換作業の効率化	特開平9-85415	B22D 17/ 22 E B22D 17/ 22 F B29C 45/ 27 I	湯口部の手前の湯道に、溶湯の一部が溶湯流入口へ戻ることの可能な溶湯戻り通路を形成したダイカスト鋳造装置。
半溶融成形	品質向上	機械的特性向上	特開平8-187547	B22D 1/ 00 Z B22D 17/ 30 Z	アルミニウム合金を溶融し、冷却体に接触させて一部を固液共存状態に急冷し、これを半溶融状態の温度で保持することによる鋳造用金属スラリーの製造法。
			特開平8-318349	B22D 11/ 00 G B22D 11/ 00 R B22D 11/ 4,111B	溶融金属を冷却媒体に接触させることにより一部を固液共存状態に急冷し、これを所定時間固液共存状態に保持したのち、連鋳型より引き抜きながら急冷凝固させる鋳造用金属ビレットの製造方法。

表2.11.3-1 アーレスティの保有特許の概要（3/6）

技術要素	課題			特許番号	特許分類	抄録
半溶融成形	品質向上	機械的特性向上		特開平9-57399	B22D 11/ 00 R B22D 1/ 00 Z B22D 17/ 00 Z	溶融金属を冷却して半凝固金属を製造するにさいし、溶融金属と同基もしくは同組成を有する固体金属の小片を添加し、液相線温度T1～T1+30℃の範囲に保持する鋳造用半凝固スラリーの製造方法。
				特許2872863	B22D 7/ 00 D B22D 17/ 00 Z B22D 23/ 00 B	溶湯に不活性ガスを吸収させたのち、溶存ガスを真空チャンバ内で急激に放出させ、そのさいのバブリング現象によって溶湯を激しく撹拌し、その後冷却しながら棒柱状に成形するチクソキャスト用ビレットの製造方法。
	コスト低減	素材の安定供給		特開平7-164108	B22D 11/ 00 R B22D 1/ 00 Z B22D 25/ 6	溶融金属を傾斜面に流しながら半凝固状態に急冷し、そのあと、傾斜面上に流しながら加熱するようにした半凝固金属の製造方法。
				特開平11-5142	B22D 1/ 00 Z B22D 17/ 00 Z C22C 1/ 2,501B	容器内にあらかじめ固体小片を入れておき、これと類似組成の溶湯を注入し、撹拌しながら冷却するチクソトロピー性の優れた半凝固スラリーの製造法。
金型	品質向上	ひけ・巣発生防止		特開平5-169230	B22D 17/ 22 E B22D 17/ 22 F B22D 17/ 30 Z	金型キャビティを固定型と可動型とで構成し、合わせ面に分割スリーブを取り付け、温度コントロール可能な溶湯供給パイプをこれに接続する鋳造用金型。
				特開平8-174180	B22D 17/ 22 G B29C 45/ 34	型閉め時にピストンの受圧部がシリンダ内に没入するようにして鋳バリが差し込んで動作不良を起こすことがなく、長期にわたって安定してガス抜き動作を行うことのできる金型用ガス抜き装置。
				実登2569643	B22D 17/ 22 G B22D 17/ 22 C B29C 45/ 36	チルブロックの片側を金型取り付け部と、ガス抜き路構成部と、これらの間に介在するスペーサとで構成した金型装置。
				実登2564850	B22C 9/ 6 B B22D 17/ 22 D B29C 33/ 4	冷却パイプのインナーパイプ先端に可撓性耐熱パイプを接続固定し、アウターパイプを挿入する第1穴と、可撓性耐熱パイプを挿入する第2穴からなる冷却穴を設けた金型装置。
		製品の破損防止		特許2530032	B22D 17/ 22 D B29C 33/ 4 B29C 45/ 73	純水化処理した高圧水を一定時間冷却孔に送り込み、高圧エアを送って残留水を排出して突出型部を局部的に冷却制御し、焼きつきなどの不良品の発生をなくす金型温度管理方法。
				特公平7-55363	B22D 17/ 22 D B29C 45/ 73 B29C 33/ 4	貯留タンク内に水を定量貯留して鋳造ショットごとに冷却孔に送り込み、ついで高圧エアにより冷却水を外部に排出して金型の温度を制御する鋳造用金型の温度コントロール方法。

表2.11.3-1 アーレスティの保有特許の概要（4/6）

技術要素	課題		特許番号	特許分類	抄録
金型	品質向上	製品の破損防止	特開平11-291013	B22D 17/ 22 G B29C 45/ 34	オーバーフローランナの終端部分に、上昇してきた溶湯に押されて摺動する弁棒の一端を配置し、弁棒の摺動によって排気通路を開閉させるとともに、弁棒の他端を可動側ブロックから突出させて外部から確認できるようにしたダイカスト鋳造に用いる金型用ガス抜き装置。
		湯漏防止	特開平8-332560	B22D 17/ 22 K B22D 17/ 22 Q B29C 45/ 40	押出しピンを金型素材よりも柔らかい材料で形成し、押出し孔の磨耗を防止するダイカスト機用製品押出しピン。
			実公平8-7969	B22D 17/ 22 F B29C 33/ 58 B29C 45/ 26	キャビティならびにキャビティに向けて溶湯が流れる部分の外周縁とこれを取り囲む位置とに衝合用突条を形成した金型。
			実登2581982	B22D 17/ 22 D B29C 33/ 2 B29C 45/ 73	キャビティ側に熱膨張を抑制するための冷却室を設けるとともに、型背面側にキャビティ側の熱膨張量に見合う熱変形を生じさせる加熱室を形成した金型。
			特開平9-141413	B22D 17/ 22 H B22C 9/ 6 C B29C 33/ 76	金型の中子設置穴の内周面をキャビティに向けて傾斜状とするとともに中子ピンをこれに適合する形状として隙間が生じないようにし、先端部分をキャビティ内に突出させ、所要の形状に加工した金型用中子ピンの設置構造。
	操作性向上	型締め制御の容易化	実公平7-54831	G01L 5/ 00,103Z B22D 17/ 22 K B22D 17/ 32 J	キャビティに面して配置されるピン部材に、軸芯部をはさんで軸方向に延びる2つの凹欠部を背中合わせに配置した荷重検出部を形成し、歪ゲージを貼りつけた加圧式成形機のピン型荷重センサ。
		構造合理化	特開平10-5967	B22D 17/ 22 C B22D 17/ 22 E B22D 17/ 22 H	引き抜き中子に局部加圧ピンを摺動自在に貫通させ、ピンの先端をキャビティ内に出没自在とし、ピンの後端を引き抜き中子進退用シリンダに連結した金型装置。
			実登2568029	B22D 17/ 22 E B22D 17/ 22 F B22D 17/ 30 Z	加圧子でキャビティ内の溶湯を加圧する鋳造用金型において、給湯パイプを固定型に付け、パイプ出口を固定型の背面側から型合わせ面部にのぞませ、パイプ出口とキャビティ湯口部とを型合わせ面に形成した湯道で連通した鋳造用金型。
			実登2589137	B22D 17/ 22 D B22C 9/ 6 B B29C 33/ 2	近接した一方の冷却パイプの冷却水入り口と他方の冷却水出口とを蛇腹を有する接続パイプで接続した金型の冷却装置。
			実登3016671	B22D 17/ 22 D B22D 27/ 4 G B29C 33/ 4	近接した一方の冷却パイプの冷却水入り口と他方の冷却水出口とを可撓性チューブの外周にコイルスプリングを巻きつけた接続パイプで接続した金型の冷却装置。

表2.11.3-1 アーレスティの保有特許の概要（5/6）

技術要素	課題		特許番号	特許分類	抄録
金型	生産性向上	金型寿命延長	特開平8-117951	B22D 17/ 22 C B22D 17/ 22 H B22D 17/ 26 J	串刺しされる部分を入駒で構成し、固定型および移動型が多少変形しても引き抜き中子を製品成形部に無理なく串刺しできるようにしたダイカスト金型。
		交換作業の効率化	特開平9-327760	B22D 17/ 22 D B22C 9/ 6 B B29C 45/ 73	金型内に形成した冷却孔に挿入する冷却パイプへの給排水を、金型背面に取り付ける設置板と、これとやや距離を隔てて取り付けるパイプ押え板とで給水用および排水用マニホルドを形成し、これに給水ホースおよび排水ホースを接続して行うようにした金型の冷却装置。
		構造合理化	特開平7-112262	B22D 17/ 20 D B22D 17/ 22 F B22D 17/ 22 H	引抜き中子を具備し、紛状断熱剤を塗布して使用する金型であって、引抜き中子がスライドする金型スライド面と引き抜き中子における分割線近傍のスライド部との間に、わずかな隙間を有するダイカスト用金型。
		メンテナンス改善	実公平7-2132	B22D 17/ 22 H B22D 17/ 24 Z B29C 33/ 76	中子ピンの装着部の先端側に小径の首部を形成するとともに、製品形成部との間に溶湯封止部を形成し、その径を溶湯が浸入しない程度のクリアランスを形成する程度とした金型用中子ピン。
	性能向上	冷却能力向上	特開平8-19850	B22D 17/ 22 D B22D 17/ 22 F B22D 17/ 22 R	金型本体の所要部を打ち抜いて冷却路用ブロックを切りだし、これに所要の冷却用路を加工して金型本体に戻し、切りだし孔をふさいで溶接する金型の製造方法。
			特開平11-188472	B22D 17/ 22 D B22C 9/ 6 B B29C 45/ 26	複数の各室に回転羽を設置し、これが外部から見えるように透視窓を設けたダイカスト機における冷却水排水用マニホルド。
			特開平11-314147	B22D 17/ 22 D B29C 33/ 4 B29C 45/ 78	金型温度の範囲を設定し、温度上昇中に下側設定温度に到達した時点で冷却水の注水を開始し、温度下降中上側設定温度に到達した時点で注水を停止するようにした金型温度の制御方法。
			特許3186027	F25D 1/ 2 Z B22D 17/ 22 D B29C 33/ 4	金型の冷却水通路内に冷却水とエアを交互に圧送し、間欠的に冷却水を供給して冷却水残りによる金型の冷やし過ぎを防止する金型冷却装置。
			特許3186030	B22D 17/ 22 D B29C 33/ 4 B29C 45/ 73	ホース接続口金に入水室と出水室とを長手軸上に形成し、外パイプの一端を出水室に接続するとともに、内パイプの一端を出水室を貫通して入水室に突出させて接続させた金型用冷却パイプ。
			実公平7-7011	B22D 18/ 4 B22D 17/ 22 C B29C 45/ 26	金型分割面の張り板に型締め方向と直交する貫通孔を多数形成するとともに、張り板をキャビティ凹部の開口周縁面より突出する板厚に形成した金型。
			実開平6-48948	B22D 17/ 22 D B22D 17/ 32 Z B29C 33/ 4	貯留室を有する水吐き出し用シリンダに駆動用シリンダを直結し、吐き出し側ラインを金型内の冷却孔に連通させて鋳造ショットごとに冷却水を送り込むようにした鋳造用金型の冷却装置。

表2.11.3-1 アーレスティの保有特許の概要（6/6）

技術要素	課題		特許番号	特許分類	抄録
金型	省力化	構造合理化	特許2816211	B22D 17/ 22 R B29C 33/ 4 B29C 45/ 73	金型にキャビティを形成したのち、これを分割し、分割面に沿って冷却孔構成溝を形成して金型を前の状態に溶着連結する金型の製造方法。
	コスト低減	金型寿命延長	特公平7-96153	B22D 17/ 22 A B29C 45/ 26	可動プラテンの下部に固定ベースを固設しこの上に金型を載せる移動ベースを載せ、移動ベースの両側に連結部の芯合わせを行う金型載承ブロックを配設する横型ダイカスト機における金型取付け装置。
		構造合理化	実登2585842	B22D 17/ 22 E B22D 17/ 22 F B22D 18/ 2	加圧子と過熱ブロックを固定型に嵌合するように架台に設置して金型の製造コストを加圧を行わない通常のものと同等とした鋳造用金型装置。
		離型性向上	特開2000-141010	B22D 18/ 4 Q B22D 17/ 22 D B22C 9/ 6 B	外パイプの中に内パイプを同芯状に配置して冷却水の往路と復路を形成し、外パイプと内パイプの一端に入水接続口と出水接続口とを取り付けた金型用冷却パイプ。
型締め装置	操作性向上	型締め制御の容易化	特開平9-10912	G01L 5/ 00,103Z B22D 17/ 26 H B22D 17/ 26 J	タイバーの軸芯に形成した測定用長孔の内底部の変位を非接触式距離センサで計測することにより高い精度で常時測定が可能なダイカスト機における型締め力測定方法。
			特開平10-80759	B22D 17/ 26 D B22D 17/ 26 J B29C 45/ 68	トグル機構に連結されたリンクハウジングを適当な位置に配置し、型締め装置を作動させて金型の型合わせを行い、そのときのリンクハウジングの移動量を型締め力に換算し、設定値と比較してリンクハウジングを前後移動させるトグル式型締め装置における型締め力調整方法。
	生産性向上	装置の破損防止	特開平11-77274	B05D 3/ 00 A B22D 17/ 20 H B22D 17/ 22 E	可動部材の進退動方向に対し任意の位置で可動部材に潤滑剤を塗布し、塗布位置より前方のスリーブ内周面に設置した潤滑剤拭取り用リングで拭取るプランジャチップ・加圧ピンなどの潤滑方法。
制御装置	操作性向上	操作の容易化	実登2569647	B22D 17/ 32 J B29C 45/ 53 B29C 45/ 77	リミットスイッチを直接取付け支持するための支持ブロックと、その支持ブロックをスライド自在に支持するためのスライド杆と、支持ブロックをスライド杆に固定させるノックピンと、リミットスイッチの取付け位置に対して高速射出の移動距離設定のスケールで構成。

2.11.4 開発拠点

金属射出成形技術の開発を行っていると思われる事業所、研究所などを特許情報に記載された発明者住所をもとに紹介する。(但し、組織変更などによって現時点の名称などとは異なる場合もあります。)

　　　　東京都：株式会社アーレスティ
　　　　埼玉県：東松山工場
　　　　静岡県：浜松工場
　　　　栃木県：アーレスティ栃木

2.11.5 開発研究者

図2.11.5-1には、特許情報から得られるアーレスティの発明者数と出願件数との推移を示す。1998年まで出願を継続していたが、99年は出願がない。

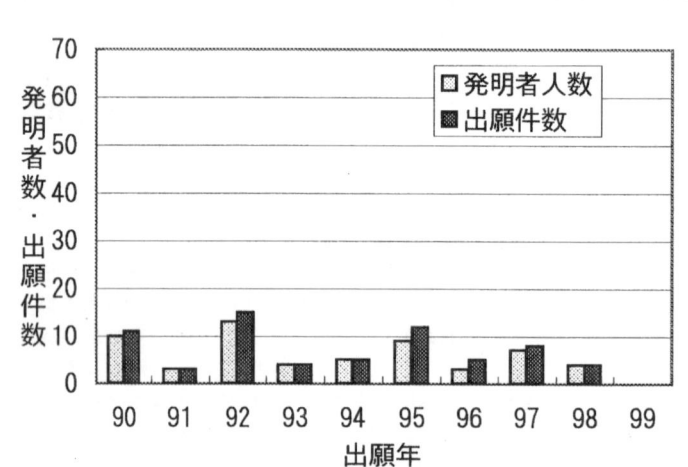

図2.11.5-1 アーレスティ発明者数と出願件数との推移

2.12 マツダ

2.12.1 企業の概要

表2.12.1-1 マツダの企業概要

1) 商 号	マツダ 株式会社				
2) 設 立 年 月 日	1920年1月				
3) 資 本 金	120,078百万円				
4) 従 業 員	20,705 人				
5) 事 業 内 容	自動車製造業				
6) 技術・資本提携関係	技術：フォードモーター				
	資本：フォードモーター、オートアライアンス・インターナショナル、オートアライアンス・タイシンド				
7) 事 業 所	本社・工場／広島、工場／防府、事業所／三次				
8) 関 連 会 社	マツダ部品工業、倉敷化工、トーヨーエイテック、広島アルミニュウム工業、マツダノースアメリカンオペレーションズ				
9) 業 績 推 移 (単独ベース)	年　度		1998	1999	2,000
	売 上 げ	百万円	1,454,017	1,466,146	1,322,741
	損 益	百万円	30,529	5,139	-127,590
10) 主 要 製 品	自動車、自動車部品				
11) 主 な 取 引 先	伊藤忠商事、住友商事、フォード・ジャパン・リミテッド				
12) 技 術 移 転 窓 口	研究開発本部 知的財産部　TEL：03-5561-2675				

　射出成形技術では自動車部品向けにマグネシウムなどの軽金属の半溶融法開発に傾注。広島が開発拠点。

2.12.2 溶融金属射出成形技術に関連する製品・技術

表2.12.2-1 マツダの溶融金属射出成形技術に関連する製品・技術

技術要素	製品	製品名	備考	出典
半溶融	自動車部品	—	技術論文	自動車技術会学術講演会前刷集、NO974, P237 (1997)
半溶融	マグネシウム合金 自動車部品	—	技術論文	軽金属学会第97回秋期大会講演概要 P133 (1999)

　半溶融技術中心に開発。自動車部品製造。
　半溶融成形技術では品質向上に注力している。運転条件では溶湯制御、温度制御、素材調整に関して開発、装置では射出部に関して開発を行っている。

2.12.3 技術開発課題対応保有特許の概要（溶融金属射出成形技術）

　半溶融成形の技術要素に関する技術開発課題と解決手段対応図を図2.12.3-1に示す。
　半溶融に関しては、品質向上の課題に対応する解決手段が多く、中でも機械的特性向上、給湯の適正化、加工性向上の課題に対応する解決手段が多い。機械的特性向上の課題に対しては、例えばMg合金において添加元素で特性を改善すること、固相率をある値以上になるようにする成形方法が挙げられる。加工性向上の課題に対しては、温度を制御して初晶の粒径を調整し加工性を向上させる方法がある。また、給湯の適正化の課題に対してはキャビティ部の最大面積とゲート断面積の比を適正値にした金型、ゲート部を略環状ゲートにした射出装置の解決手段で対応している。さらに、寸法・形状の精度向上やひけ・巣発生防止の課題に対応する解決手段もあり、前者では例えば溶湯中の固相率を制御することが挙げられる。後者では例えば押しだしシリンダを予熱帯と加熱帯に分け、それぞれ目標の固相率となるように制御する方法がある。Mg合金の射出成形を中心として、溶湯温度制御による固相率の調整、キャビティ面積比の適正化などにより品質向上を図っている。
　金型に関しては、金型の冷却装置による品質向上を図っている。

図2.12.3-1 技術開発課題と解決手段対応図（半溶融成形、マツダ）

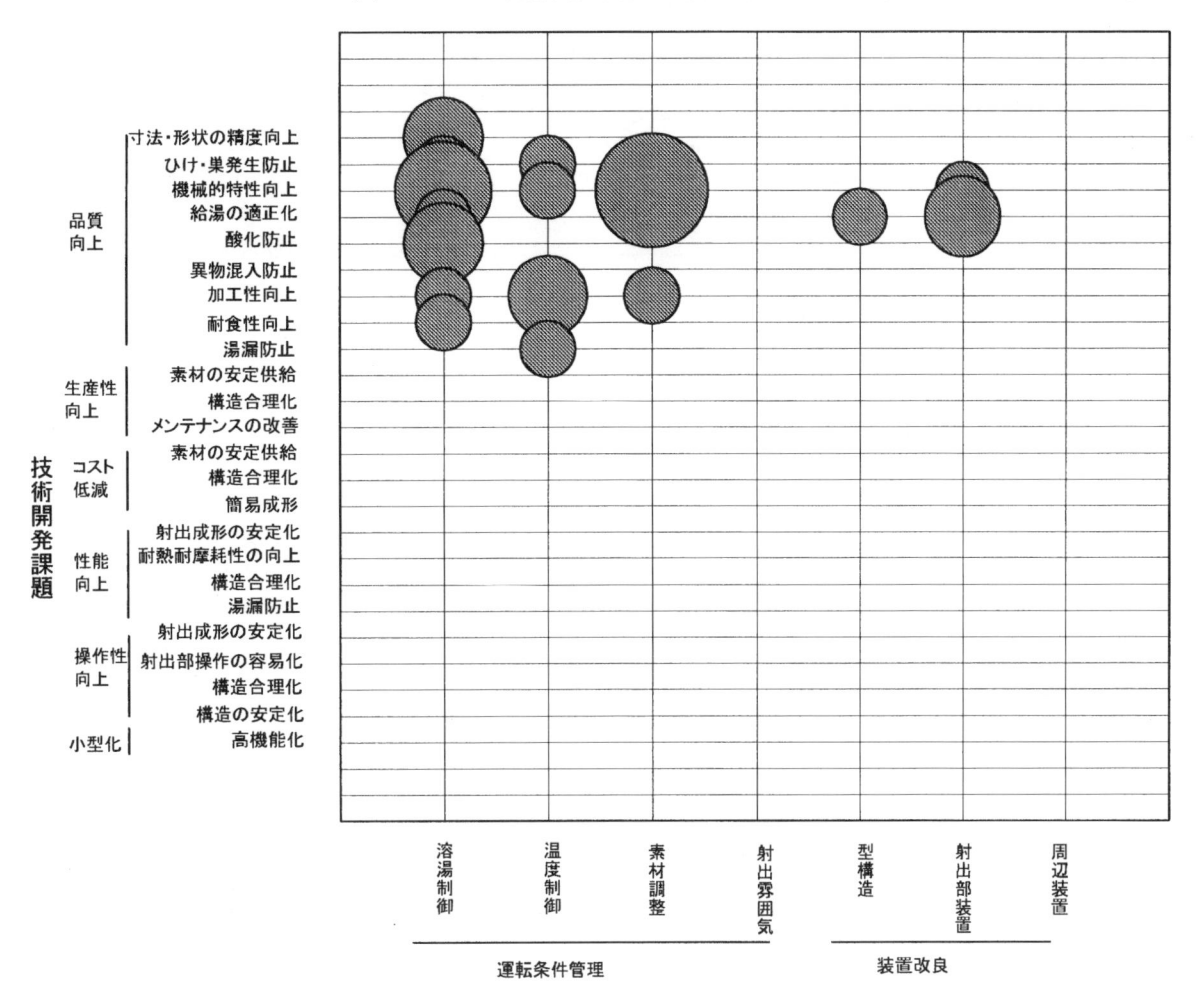

表2.12.3-1 マツダの保有特許の概要（1/4）

技術要素	課題		特許番号	特許分類	抄録
半溶融成形	品質向上	加工性向上	特開平11-100632	B22D 17/ 00 Z B22D 17/ 20 G C22F 1/ 00,608	AlまたはMgを合金成分とする軽金属を母材とし、粒径500μm以下のMg初晶α相を含むことにより塑性加工性をよくした軽合金射出成形材。
			特開平11-104800	B22D 17/ 00 Z B22D 17/ 20 G C22F 1/ 00,608	軽金属合金を固相率20％以下の半溶融状態または融点直上の温度で射出成形することにより、射出時の固相平均粒径が小さく、成形品の塑性加工性も向上する軽合金塑性加工用素材の製造方法。
			特開2000-104137	B21J 5/ 00 D F01L 1/ 14 B C22F 1/ 00,630K	射出成形により製造することにより、製品の結晶粒径を細かくすることができ、鍛造性および生産効率が向上するAlおよびCaを含有するMg合金鍛造用素材および鍛造部材。
			特開2000-280043	B22D 21/ 4 B B22D 17/ 00 Z B21J 5/ 00 D	Alを2％以上10％以下含有した合金を半溶融成形法で成形し、常温強度を高め、100mm/sの高速鍛造が可能となる、軽金属製の鍛造用素材。

表2.12.3-1 マツダの保有特許の概要 (2/4)

技術要素	課題			特許番号	特許分類	抄録
半溶融成形	品質向上	機械的特性向上		特許3027259	B22D 1/ 00 Z B22D 11/ 00 R B22D 11/ 4,311J	鋳型内溶湯を回転磁界により撹拌してセミソリッド金属を製造するにさいし、撹拌方向の反転、撹拌速度の強弱、上下方向の複数段に設けた磁気発生装置により、たがいに逆方向回転などの乱流発生手段を有する製造装置。
				特開平9-38758	B22D 43/ 00 C B22D 17/ 00 Z B22D 17/ 20 G	金型の射出ノズルに対向する部位に凹部を形成し、射出ノズル先端部に残留する固相率の高い部分をこの中に収容して、金型内に充填される材料を所望の固相率のもののみに制御する金属の半溶融射出成形装置。
				特開平9-104942	C22C 1/ 2,501 B C22C 23/ 2	Al:5.0～10%、Si:0.2～1.0%、Ca:0.05～0.5%、残部はMgからなるMg合金。および、この合金を半溶融成形で成形する部品の製造方法。従来のAS41合金より、耐クリープ性および引張り強度が優れている。
				特開平10-265865	B22D 17/ 20 G B22D 17/ 30 Z C22C 1/ 2501B	1回分の溶湯射出量のうち、最先に射出される溶湯温度が引続く溶湯温度より低く設定されている場合、成形品の強度を要求されるキャビティ側から射出する半溶融金属の射出成形方法。キャビティの充填は射出部側が最も遅くなるので充填する溶湯温度は高くなる。また、溶湯温度が高いほど充填後の強度は大になる。
				特開2000-280056	B22D 17/ 00 Z B22D 17/ 30 Z	半溶融射出成形で軽金属部材を製造するに際し、得られた製品の密度ρ(％)と固相率をα(％)として、$-2.5 \times \alpha + 31\rho - 2790$の値が200以上となるように成形する軽金属部材の半溶融射出成型法。
				特開2000-280057	B22D 17/ 00 Z B22D 17/ 30 Z B21J 1/ 6 A	半溶融射出成形で軽金属部材を製造するにさいし、固相率10％以上で、固相の平均粒径50μm以上の半溶融金属を射出する半溶融射出成型法。この成形品を鍛造加工することも含む。
				特許3160112	B21C 23/ 00 A B22D 1/ 00 C B22D 1/ 00 Z	強化材と金属粒子を混合圧縮し、半溶融状態で撹拌混合し、さらに液体状態に加熱したのち半溶融状態にもどして撹拌混合し凝固させる複合金属部材の製造方法。
				特開平9-272945	B22D 17/ 00 Z C22C 1/ 2,501B C22C 1/ 2,503L	Al：2～6%、Ca：0.5～4%含有し、Ca/Alが0.8以下のMg合金であって、固相と液相とが混在した状態下で射出成形した、成形性、伸びに優れる耐熱性Mg合金部材。
				特開平11-100624	B22D 17/ 00 Z B22D 17/ 20 G C22F 1/ 00608	軽金属合金を半凝固または融点直上で射出成形するにさいし、初晶粒や金属間化合物の粗大化を防止するため、塑性加工歪みを加えるかアモルファス組織の素材を使用する方法。
		給湯の適正化		特開平11-104799	B22D 17/ 00 Z B22D 17/ 20 G B22D 17/ 22 F	軽金属合金を半溶融または溶融状態で射出成形する金型であって、キャビティ部の最大断面積/ゲート断面積の比が0.06以上に設定されている金型構造。
				特開2000-280055	B22D 17/ 00 Z B22D 17/ 20 G B22D 17/ 22 F	溶融金属または半溶融金属を射出して金属部材を得る装置であって、射出ノズルから周囲の成形キャビティに向かって広がる略環状のゲート部が設けられている金属射出装置。

表2.12.3-1 マツダの保有特許の概要（3/4）

技術要素	課題		特許番号	特許分類	抄録
半溶融成形	品質向上	給湯の適正化	特開2000-197955	B22D 17/ 00 Z B22D 17/ 22 B B22D 17/ 22 F	半溶融状態で成形する金属の射出成形に際し、固相率(%)×固相粒の平均径（μm）の値が4,000以下となるようにして射出成形する方法。このような方法により、大型部材に対しても均一充填が可能となる。
			特開2000-280060	B22D 17/ 2 E B22D 17/ 2 B B22D 17/ 00 Z	金属溶湯を半溶融状態もしくは融点付近の溶融状態で射出ノズルから成形型のキャビティへ射出するにさいし、射出ノズルから射出された溶湯金属をキャビティ内に流入させるゲートが複数個設けられ、下流側は各ゲート部に並列して練通し、上流側は射出ノズルに繋がる所定容積の容積部が設けられている金属部材の射出成形装置。
		酸化防止	特許3027260	B22D 1/ 00 Z B22D 11/ 00 R B22D 11/ 4,311J	鋳型内溶湯を回転磁界により撹拌してセミソリッド金属を製造するにさいし、溶湯表面からの空気巻き込みによる半凝固スラリーの品質低下を防止するため、閉塞材で表面を覆い、半凝固スラリーが所定の固相率に達したとき、この閉塞材で半凝固スラーを押し出す凝固スラリーの製造方法。
			特開平6-246384 （特許3253737）	B21J 5/00 D B22D 17/00 Z B22D 21/04	Mg合金の鍛造素材の表面に酸化阻止材を塗布し、次にその素材を半溶融状態に加熱処理したのち、鍛造成形するMg合金の製造方法。鍛造素材の製造例としてMg合金の半溶融状態で射出成形するケースの記述あり。
		寸法・形状の精度向上	特開2000-15414	B22D 17/ 00 Z B22D 17/ 20 F C22C 1/ 2,501B	Mg合金を半溶融状態で射出成形するにさいし、溶湯中の固相径を製品部の平均厚さの0.13倍以下にし、ゲート速度を30m/s以上に、さらに溶湯の固相率(%)×固相径（μm）の値が1,500以下になるようにして射出する半溶融射出成形法。
			特開2000-15415	B22D 17/ 00 Z B22D 17/ 20 F C22C 1/ 2,501B	Mg合金を半溶融状態で射出成形するに際し、溶湯中の固相率を10％以上、ゲート部の断面積を製品部の断面積の0.1倍以上、ゲート速度（mm/s）×製品部の体積（mm³）×厚肉製品部のゲート部断面積（mm²）の値が10以上で射出する半溶融射出成形法。
		耐食性向上	特開平9-99353	B01D 35/ 2 Z B22D 21/ 4 A B22D 21/ 4 B	チクソキャスティングにおいて、射出成型時の固相粒を微細にしたり、多孔質体のフィルターを通すことにより、表層部に液相を濃化し、MG合金、Al合金部材の耐食性を向上させた半溶融射出成形部品の製造方法。
		ひけ・巣発生防止	特開2000-280059	B22D 17/ 00 Z B22D 17/ 32 A B21J 5/ 00 D	半溶融の金属を射出成形法で成形し、その相対密度が90％以上である鍛造用素材。素材の密度が90％以上であれば鍛造後の密度は100％となる。Mg合金の実施例有り。

表2.12.3-1 マツダの保有特許の概要（4/4）

技術要素	課題		特許番号	特許分類	抄録
半溶融成形	品質向上	ひけ・巣発生防止	特開平11-104801	B22D 17/ 00 Z B22D 17/ 20 G B22D 17/ 20 J	軽合金素材を押出シリンダ内で固液共存状態に加熱し射出成形するにさいし、シリンダの前部4分の1を予熱帯とし、シリンダ全長の2分の1以降を目標固相率の半溶融状態とする軽金属の射出成形法。

2.12.4 開発拠点

金属射出成形技術の開発を行っていると思われる事業所、研究所などを特許情報に記載された発明者住所をもとに紹介する。（但し、組織変更などによって現時点の名称などとは異なる場合もあります。）

　　広島県：マツダ株式会社

2.12.5 研究開発者

図2.12.5-1には、特許情報から得られるマツダの発明者数と出願件数との推移を示す。1990年代前半よりも後半の方が出願件数は増加しているが、発明者数あまり増えていない。

図2.12.5-1 マツダの発明者数と出願件数との推移

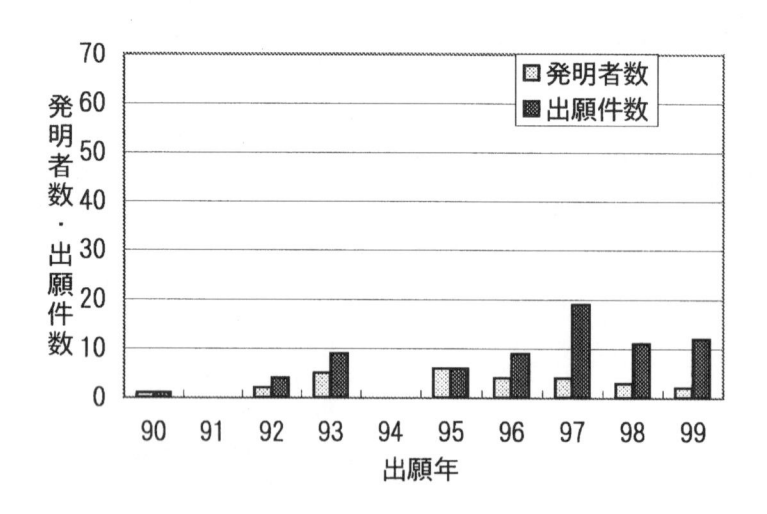

2.13 オリンパス光学工業

2.13.1 企業の概要

表2.13.1-1 オリンパス光学工業の企業概要

1) 商　　　　号	オリンパス光学工業　株式会社	
2) 設 立 年 月 日	1919年10月12日	
3) 資　　本　　金	40,833百万円	
4) 従　　業　　員	4,282 人	
5) 事 業 内 容	医療用機械器具製造業（歯科用，動物用を除く）写真機・同付属品製造業	
6) 技術・資本提携関係	技術：IBM（米国）、コンピューサイト（米国）	
	資本：日本生命保険、三井住友銀行、東海銀行	
7) 事　　業　　所	本社／東京、事業所／幡ヶ谷、辰野、伊那、日の出、開発センター／八王子	
8) 関 連 会 社	オリンパステクニカルサービス、オリンパスプロマーケティング、東京金属、オリンパス光電子、坂城オリンパス、OLYMPUS OPTICAL CO.(EUROPE)、Olympus Winter & Ibe GmbH	
9) 業 績 推 移	年度　　　　　1998　　　1999　　　2000	
	売上げ　百万円　257,391　279,446　312,931	
	損　益　百万円　4,779　-5,089　7,507	
10) 主 要 製 品	医療・健康、映像・情報、工業関連機器の製造・販売銀塩カメラ、デジタルカメラ、録音機、双眼鏡、消化器・外科・処置具・超音波分野の内視鏡関連機器、生物顕微鏡、分析機、情報機器、工業用内視鏡、工業顕微鏡、他	
11) 主 な 取 引 先	オリンパスプロマーケティング、オリンパス・アメリカ、オリンパス・ヨーロッパ、大町オリンパス	
12) 技 術 移 転 窓 口		

　映像関連部門、医療器関連部門が売上げの二本柱。医療器関連での収益が基盤となっていて、中でも内視鏡の収益が大きい。射出成形技術はこうした製品に関連したマイクロ機器関連の開発に利用されている。開発拠点は東京の幡ヶ谷事業所。
　技術移転に対する対応に関しては、当該技術テーマについては、他社への特許ライセンスの供与は考えていない。

2.13.2 金属粉末射出成形技術に関連する製品・技術

表2.13.2-1 オリンパス光学工業の金属粉末射出成形技術に関連する製品・技術

技術要素	製　品	製品名	備　考	出　　典
射出成形		マイクロマシン用管状構造体	技術論文	エレクトロニクス、Vol.39、No.9、P50 (1994)

特許は自社製品への活用が主。

金属粉末射出成形技術で、品質向上、生産性向上、コスト低減の課題に対処。多段成形や成形体後処理、金型調整などの射出成形技術開発を精力的に行っている。

2.13.3 技術開発課題対応保有特許の概要（金属粉末射出成形技術）

オリンパス光学工業は保有特許数の多い割に原料粉末の技術要素の課題に対する保有特許がないが、射出成形と脱脂の技術要素の課題に対する保有特許が多い。射出成形、脱脂の技術要素に関する技術開発課題と解決手段対応図を図2.13.3-1と図2.13.3-2に示す。

射出成形に関しては、複合焼結体に関する特許が多く、生産性向上およびコストの低減を狙った複合焼結体の製造方法に関する特許が提案されている。また、バリ処理時間の短縮に対しては金型の間隙に有機物を塗布するという解決手段を採用している。

脱脂に関しては、コスト低減の脱脂欠陥の防止に対する特許が多く、脱脂治具、敷板、セラミック粉末の使用の解決手段を用いている。品質向上の高寸法精度焼結体に対しては、溶出・吸着法と治具改善（敷板の工夫）を解決手段としている。さらに、炭素量の制御に対しては脱脂条件に関する特許を保有している。脱脂時間の短縮に対しては脱脂雰囲気を工夫している。

特許保有数は比較的少ないが、バインダに関しても特徴のある特許を保有している。成形廃材の混合、スプルー・ランナの冷凍粉砕などで再利用したり、バインダの成分を調整して脱脂欠陥を防止して、コスト低減を図っている。また、焼結に関しても、載置方法の解決手段で品質向上、生産性向上、コスト低減を図っている。

オリンパス光学工業は溶融金属射出成形技術に関する特許も11件保有しているが、溶融金属射出成形技術の主要12社に比べ少ないので保有リストから省略した。

図2.13.3-1 技術開発課題と解決手段対応図
（射出成形、オリンパス光学工業）

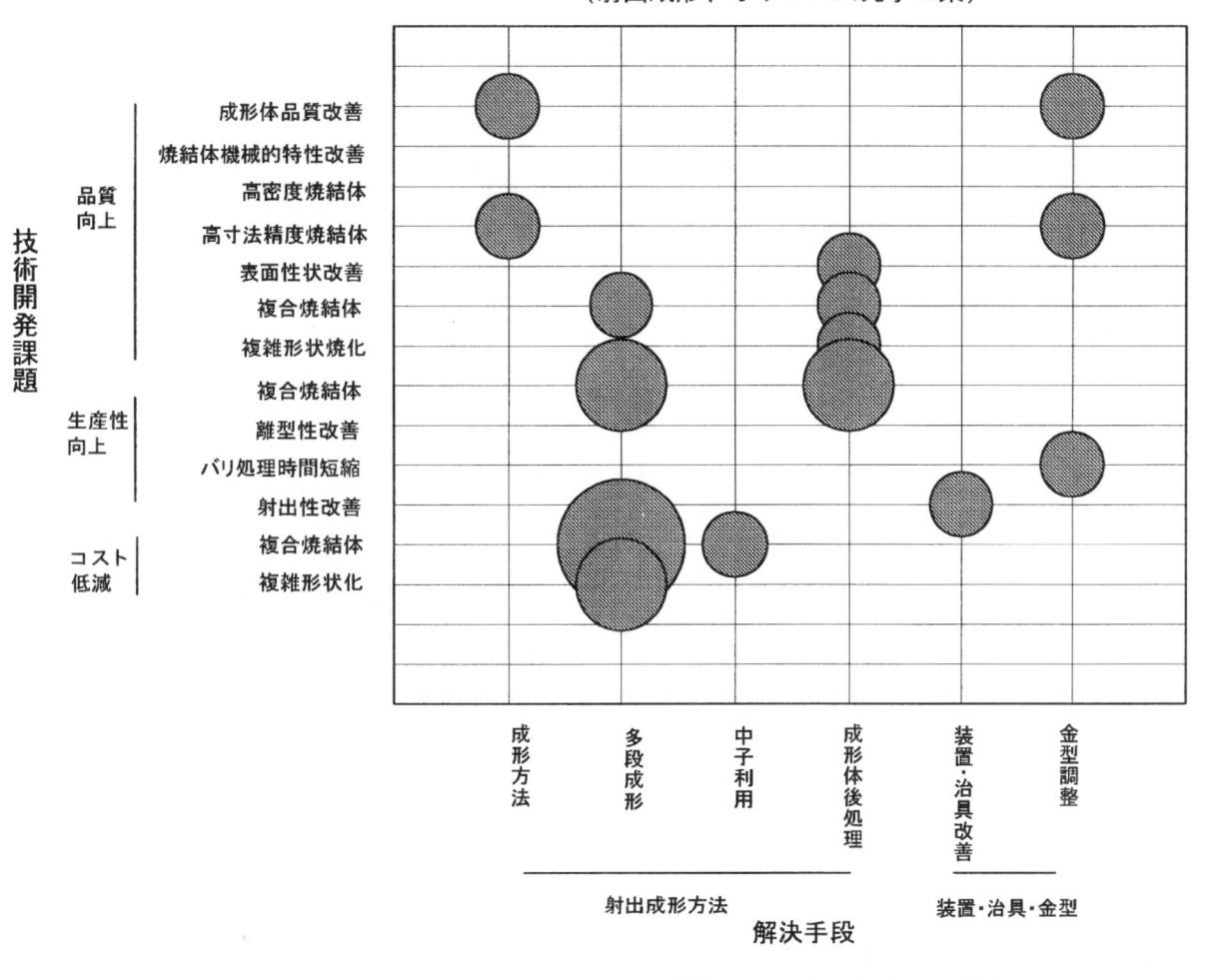

図2.13.3-2 技術開発課題と解決手段対応図
（脱脂、オリンパス光学工業）

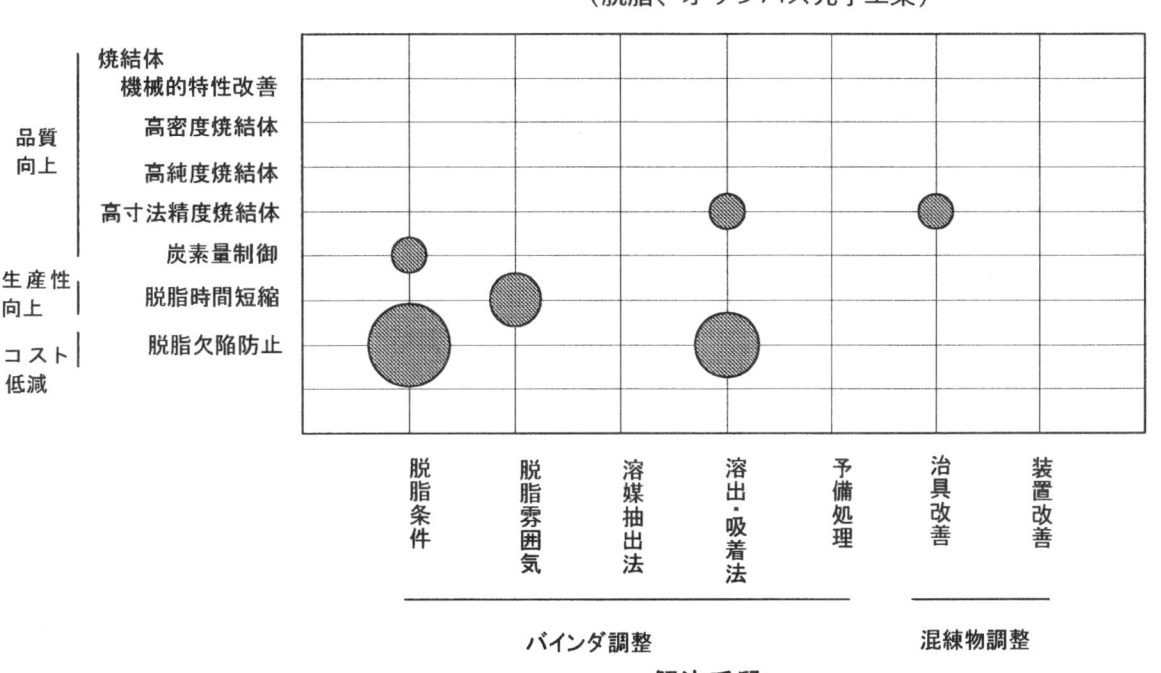

表2.13.3-1 オリンパス光学工業の保有特許の概要（1/5）

技術要素	課題		特許番号	特許分類	抄録
バインダ	コスト低減	混練物再利用	特開平8-311503	B22F 3/ 2 L	射出成形時に発生した廃材とバージン材とを混合して再利用材として繰り返し再使用するさい、バージン材と廃材との重量比が、次の射出成形に使用する再利用材に対し75％以上になるようにし、再利用する。
			特開平8-170102	B29K105/ 26 I B29B 13/ 10 B29B 17/ 00	液体窒素を粉砕機の粉砕糟に供給して、再利用されるスプルー・ランナーを冷却する。このとき、スプルー・ランナーに含まれているバインダ成分中融点の最も低い温度に冷却し、粘着性を低下させ粉砕する。
			特開平8-291302	B29B 17/ 00,ZA BB22F 3/ 2 M	再利用物に原料とバインダの混練割合に見合う量のバインダ分を補給添加して、再利用物を加えたときの原料とバインダ分との混合割合を一定に保持する。
		脱脂欠陥の防止	特開平8-41504	C04B 35/ 00 X C04B 35/ 00,108 B28B 1/ 24	少なくとも1種の非晶性ポリマーと金属粉末と混練物で前記ポリマー：25～70vol％、残部が金属粉末の混合割合とする。
			特開平8-127805	B22F 3/ 10 C	低温分解性のワックスと、高温分解性の樹脂成分からなる有機バインダを使用し、脱脂工程では、所定の昇温速度でワックス分の除去で樹脂分の分解ガスの抜道を作り、次に樹脂分を所定の昇温速度で分解する。
射出成形	品質向上	高寸法精度焼結体	特開平8-157905	G01N 11/ 00 Z C04B 35/ 64 Z B22F 3/ 2 G	焼結体の設計値と、金型のキャビティ部を形成するさいに用いる型見込み収縮率との所定の関係式により、前記キャビティの寸法を決定する。
			特開平9-41004	B22F 3/ 2 M	混練物を射出成形機に供給し、加熱シリンダー内にて、不活性ガスを90％含む雰囲気下で加熱溶融して金型内に射出を行い、成形体とし、その後脱脂、焼結処理をする。
		成形体品質改善	特開平9-87702	B29K 91/ 00 I B29K103/ 6 I B29C 45/ 73	射出成形の混練物が金型内に射出され、成形品が金型内から取出される1サイクル間に、金型温度を一時的に有機バインダ成分の最高熱変形温度以上に昇温してからピンなどの凸状部材をキャビティ内に突出する。
			特開平8-127803	B22F 3/ 2 M	混練体の射出前に、金型を成形体取出し時の温度より高温に加熱し、混練体の射出後に、金型を成形体の取出し温度まで冷却する。これにより、混練体の流動低下が抑制され、ショートスポットやひけが防止される。
		表面性状改善	特開平10-176202	B22F 3/ 2 L	射出成形体を金型から操作機などにより取出すさいに、周囲の混練くず片などが成形品表面に付着しないように、圧縮エアを成形体に吹き付けながら成形体と操作機を分離する。
		複合焼結体	特開平6-48855	B22F 3/ 2 M B22F 7/ 6 C B28B 1/ 24	金属粉末とバインダの混練物を射出成形し、次にその構成部分に隣接する部分を前記混練物とは異種の材料混練物で射出成形し、脱脂、焼結して2種以上の構成部品の連結体を形成する。

表2.13.3-1 オリンパス光学工業の保有特許の概要（2/5）

技術要素	課題		特許番号	特許分類	抄録
射出成形	品質向上	複合焼結体	特開平8-165503	B22F 3/ 2 L B22F 3/ 10 C B22F 5/ 00 A	金属射出成形法による成形体と金属部品の少なくともいずれかの表面にセラミック粉を付着させ、成形体の脱脂、焼結のさいの収縮に対応した連結部の位置に各部材を配置したあと、脱脂、焼結処理する。
		複雑形状焼結体	特開平10-273704	C04B 35/ 64 L B22F 7/ 6 C	片持ち部を有する成形体部分と保持部の成形体部分とを同時に射出成形し、成形体を取出したあと、形状調整して片持ち部と保持部とを分離剤を介して接続し、これを脱脂、焼結し、焼結後に保持部を分離する。
	生産性向上	バリ処理時間短縮	特開平7-329097	B22D 17/ 20 D B29C 45/ 00 B29C 67/ 4	金型キャビティの表面の間隙部表面に脱脂可能な有機物を塗布したあと、キャビティ内に金属粉末とバインダの混練物を射出する。 4 型キャビティ　10 隙間 12 アクリル樹脂　13 アクリル皮膜
		射出性改善	特開平8-120302	B22F 3/ 2 M	金型の分割面より型開きさせ、その間隙に脱脂治具を挿入して成型品を載置する一連の操作を特殊機械により行う。
		複合焼結体	特許3017358	B22F 3/ 2 L B28B 1/ 24 C04B 35/ 00 F	金属粉末と有機バインダとの混練物を射出成形して1次射出工程とし、この成形体表面の一部に選択的にセラミックを付着させる付着工程と、この上に前記混練物を射出し成形する工程からなる複合成型品製造法。
			特開平5-287310	B22F 3/ 2 B B22F 3/ 2 L B22F 3/ 3	金属粉末と有機バインダとの混連物を射出成形して1次射出工程とし、この成形体に対し、多孔質成形型から、セラミックよりなる分離剤を滲出塗布し、この上に前記混練物を射出する工程からなる複合成型品製造法。
			特開平8-20808	B22F 7/ 6 A B22F 7/ 6 C	射出成形体にセラミック粉末を分散した接着剤を塗布し、別の成形体を接着剤を介し接着して連結体とするので、脱脂中に接着剤が消失して、焼結時に連結部の溶着を防止する。
			特開平8-232004	B22F 3/ 10 C B22F 7/ 6 C	射出成形で、蓋部材、底部材とスライダを形成し、焼結前に、摺動するスライダの全表面に分離剤を塗布し、底部材と蓋部材およびスライダを組付ける。焼結後、底部材と蓋部材を融着させ、スライダを摺動可能とする。
	コスト低減	複合焼結体	特開平5-287311	B22F 3/ 2 L B22F 3/ 24 K B22F 7/ 6 C	金属粉末と有機バインダとの混連物を第1の型に射出して1次成形体とし、この成形体表面を酸化または窒化処理したあと、第2の型にセットし、これに混練物を射出して連結状態でその成形体を脱脂、焼結処理する。

表2.13.3-1 オリンパス光学工業の保有特許の概要 (3/5)

技術要素	課題		特許番号	特許分類	抄録
射出成形	コスト低減	複合焼結体	特許3193459	B28B 1/ 24 C04B 35/ 64 L B22F 3/ 2 L	射出成形後の成形物、脱脂後の成形物、焼結後の焼結物のうちいずれかの工程で処理された成形物表面に摺動処理剤を付着させ、その上に混練物を射出し成形し、脱脂、焼結処理を行う。
			特開平8-13005	B22F 3/ 2 K B22F 7/ 6 B	あらかじめセラミック被膜が施された部品1を射出成形金型のキャビティ部に配置し、その部品1の周辺に部品2となるコンパウンドを射出し一体の成形物とする。
			特開平8-232002	B22F 3/ 2 L	混練物を射出成形して1次成形体と2次成形体を造り、これら1次、2次成形体の摺動部に非接触処理剤の膜を形成後、一体に組付けして、脱脂・焼結処理する。
			特開平11-335704	B29K103/ 6 I B29C 45/ 26 B29C 45/ 00	金属粉末の成形体に使用したバインダと同じバインダと、セラミック粉末を混練し成形した中子を、挿入中子として使用する。成形体の熱膨張率と中子の熱膨張率が略同等となるため、中子の脱脂を短時間で行える。
		複雑形状化	特開平8-197526	C04B 35/ 00 F B28B 11/ 2 B22F 3/ 2 M	1次射出成形体の表面にセラミック部材を付着させ、その上に混練物を射出し2次射出成形体を構成し、これら工程を繰り返し複合成形体とし、脱脂・焼結処理する。
			特開平8-225803	B22F 3/ 2 P B22F 5/ 00 G B81C 5/ 00	1次射出成形体の表面にセラミック部材を付着させ、その上に混練物を射出し2次射出成形体を構成し、脱脂・焼結処理する。
脱脂	品質向上	高寸法精度焼結体	特開平9-202903	B22F 3/ 10 C B22F 3/ 10 M	成形体の脱脂・焼結用のセッターを熱伝導率が部分的に異なる構造とし、成形体の形状に合わせて熱伝導率が異なる部分が位置するように成形体をセッター上に設置し、この状態で脱脂・焼結処理する。
			特開平10-273703	B22F 3/ 10 B B22F 3/ 10 M	同じ混練物から成形体とセッターを射出成形し、このセッター上にセラミックを主成分とした分離剤を塗布し、その上に該成形体を載置し、その下に脱脂・焼結用のセッターを配置してから、これを脱脂、焼結処理する。
		炭素量制御	特開平10-251708	B22F 3/ 2 L B22F 3/ 10 C C22C 33/ 2 C	射出成形法による脱脂において、脱脂時の加熱温度、加熱時間、雰囲気条件等の制御により、脱脂体中のO、C量と焼結体中のC量を所定の数式を満足するようにする。
			特開平8-295903	B22F 3/ 2 M	再利用物を用いたときの酸素量と炭素量の比が、再利用物を使用しないときの酸素量と炭素量の比にほぼ同値となるように、リサイクルごとに脱脂条件を設定する。
			特開2000-129310	B22F 3/ 10 C C22C 33/ 2 C C22C 38/ 00,304	バインダの95％以上を分解除去出来る温度と分解時間から、最高保持温度、保持時間をフェライト系およびオーステナイト系では、残留炭素量を少なく、マルテンサイト系では、残留炭素量を多くするよう調整する。

表2.13.3-1 オリンパス光学工業の保有特許の概要（4/5）

技術要素	課題	特許番号	特許分類	抄録
脱脂	生産性向上	脱脂時間短縮	特開平7-316606	B22F 3/ 10 C B81C 5/ 00	射出成形体の脱脂にあたり、酸化雰囲気または大気雰囲気中で加熱し、バインダ除去の最高温度に達したあと、前記脱脂雰囲気を還元雰囲気に置換する。 1 脱脂炉　8 加熱部 2 排気口　9 ヒーター 3 循環排気口　10 送風部 4 循環吸入口　11 ファン 5 吸気口　12 設置台 6 主バルブ　13 射出成形体 7 副バルブ
			特開平8-144006	B22F 3/ 10 C B22F 3/ 10 E C22C 33/ 2 C	ステンレス粉末と有機バインダからなる成形体を大気などの活性雰囲気下で加熱脱脂後、減圧雰囲気で加熱し、残留C、Oを除去し、その後、不活性雰囲気で焼結処理する。
	コスト低減	焼結欠陥の防止	特開平10-265805	B22F 3/ 2 L B22F 3/ 10 B	射出成形体の熱重量分析時の昇温速度、重量減少率、バインダの配合量、焼結体に欠陥が生じない脱脂時の重量減少率の関係式から脱脂時の昇温速度を決定する。
		脱脂欠陥の防止	特開平8-143907	B22F 3/ 2 M B22F 3/ 10 C B22F 3/ 10 E	澱粉糊が塗布された脱脂治具上に成形体を粘着保持する。
			特開平11-117005	B22F 3/ 10 C B22F 3/ 10 M	射出成形後の成形体を、連続多孔質のセラミック材からなる焼結治具上に設置した状態で脱脂を行い、その後、独立多孔質または気孔率0%のセラミック材からなる焼結治具上に脱脂体を設置し焼結する。
			特開平11-117004	B22F 3/ 10 C	中空円筒状の成形体につき、射出成形後、成形体を垂直に立てた状態で、中空部に脱脂時の加熱による熱膨張代を見込んだぶん減少口径とした中子を挿入し、その状態で脱脂する。
			特開2000-87107	B22F 3/ 2 S B22F 3/ 10 C	脱脂時に成形体の変形が生じる箇所近傍に、セラミック材料からなる変形防止材を接触させて配置するか、あるいはセラミック粉を盛る。
			特開平8-27502	B22F 3/ 10 C	成形物を載置するセッターの成形物に接する表面荒さを、成形体の表面荒さより小さくし、成形物をこのセッター上に載置したままで脱脂、焼結処理する。
			特開平9-256003	B22F 3/ 10 C B22F 3/ 10 M	セッター上にセラミック粉末を10～1,000μmの厚さに均一に敷いたあと、成形体をセッター上に設置し、脱脂、焼結処理を行う。
			特開平6-305842	B22F 3/ 10 M C04B 35/ 64 J F27D 3/ 12 S	製品部の射出成形材料と同材料で形成した治具と製品の凹凸を嵌合させて焼結を行う。
			特開平9-53102	B22F 3/ 10 B	脱脂する前に、射出成形体を容器などに装入されたセラミック粉末層に埋設し、これを減圧下に放置し、セラミック粉末層を凝集する凝集工程を設ける。

表2.13.3-1 オリンパス光学工業の保有特許の概要（5/5）

技術要素	課題		特許番号	特許分類	抄録
脱脂	コスト低減	脱脂欠陥の防止	特開平10-280007	B22F 3/ 10 C B22F 3/ 10 M	脱脂工程では成形体をセラミック粉末に埋設し、有機バインダの溶解に起因した変形を防止し、焼結工程では、成形体をセラミック製板材上に載置する。
			特開平10-273702	B22F 3/ 2 L B22F 3/ 10 B	射出成形後の成形体を、箱体に充填した120メッシュ以上の粒度のセラミック粉末中に埋設し、脱脂、焼結する。この粒度以上とするとセラミック粉末が凝集せず、成形体は変形することなく保持される。
			特開平9-78106	B22F 3/ 10 C	射出成形による成形体を脱脂するにあたり、{(グリーンパーツ重量)-(ブラウンパーツ重量)}*100/(グリーンパーツ重量)で定義される重量減少率が最大となる温度で脱脂を行う。
			特開平9-272929	C22C 1/ 4 E C22C 1/ 00 A C22C 45/ 00	結晶化温度とガラス遷移温度の差が10～50Kの非晶質合金粉末に、バインダを添加し、混練物を射出成形後、脱脂工程あるいは脱脂後、成形体を結晶化温度とガラス遷移温度との間の温度で加圧しつつ加熱する。
			特開平8-143906	B22F 3/ 10 C	射出成形後の偏肉部を有する成形体につき、脱脂前に成形物の脱脂率が所定の値になるまで大気下で脱脂したのち、さらに非酸化性雰囲気または真空下で脱脂処理を行う。
			特開2000-17304	C04B 35/ 64 C B22F 3/ 10 C	脱脂工程で、成形体中のバインダの35％以上が分解除去するまでの加熱昇温速度と、その後にバインダの95％以上が分解除去するまでの加熱速度から、所定の加熱昇温速度を導き、これに従って脱脂を行う。
焼結	品質向上	表面性状改善	特開2001-98302	B22F 3/ 2 L	射出成形体をセラミックからなる焼結治具上に載置した状態で脱脂、焼結する射出成形法において、焼結工程で冷却するときに、炉内に不活性ガスを供給し、排気ガスを排出し、炉内圧力を1～200torrに制御する。
			特開平8-176610	B22F 3/ 2 L B22F 3/ 10 C B22F 3/ 10 M	アルミナ製焼結皿上に立方晶窒化硼素粉末を敷き、その上に成形体を載置し、これを同じ立方晶窒化硼素粉末で埋設後、焼結炉に装入することにより、アルミナ成分は焼結体に付着せず、外観不良は解消する。
	生産性向上	異材同時焼結	特開平9-87703	B22F 3/ 10 C B22F 3/ 10 M	焼結温度が異なる脱脂体を熱伝導率が異なる焼結皿にそれぞれ載置した状態で同一の焼結炉内に導入し、同一の焼結条件で焼結する。
	コスト低減	焼結欠陥の防止	特開平8-92606	B22F 3/ 10 M	成形体とその載置用の治具との接触面に焼結条件下では分解しないセラミック材からなる微粉末を介在させる。
		複合焼結体	特開平8-225810	B22F 3/ 10 C B22F 7/ 00 B B22F 7/ 6 A	脱脂後の成形体の一方を雄部材として1次焼結し、他方の成形体を雌部材として仮焼結し、これら雄雌部材を連結後、2次焼結し、連結部を摺動可能とする。

2.13.4 開発拠点

金属射出成形技術の開発を行っていると思われる事業所、研究所などを特許情報に記載された発明者住所をもとに紹介する。(但し、組織変更などによって現時点の名称などとは異なる場合もあります。)

東京都:幡ヶ谷事業所

2.13.5 研究開発者

図2.13.5-1には、特許情報から得られたオリンパス光学工業の発明者数と出願件数との推移を示すが、発明者数は1992年が最も多く、一方、出願件数は94年にピークを示している。最近では、発明者数と出願件数ともに減少傾向であるが、この分野の研究開発は続行されている。

図2.13.5-1 オリンパス光学工業の発明者数と出願件数との推移

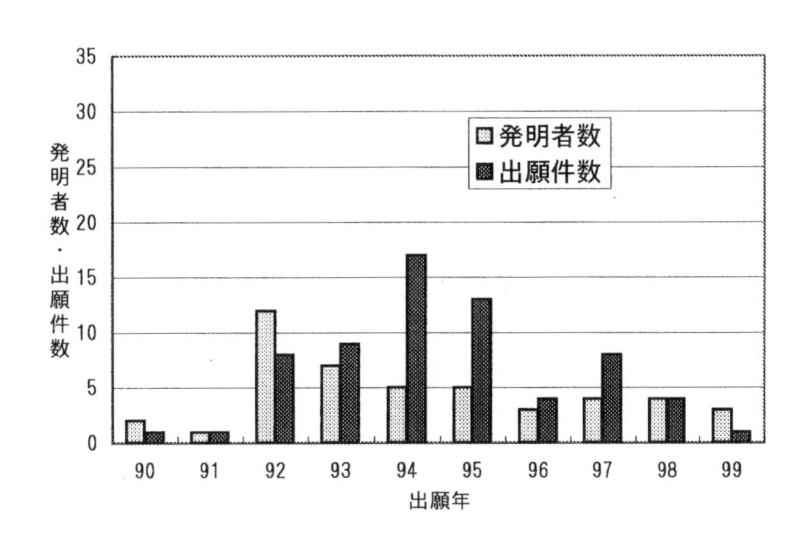

2.14 住友金属鉱山

2.14.1 企業の概要

表2.14.1-1 住友金属鉱山の企業概要

1) 商　　　　号	住友金属鉱山　株式会社				
2) 設 立 年 月 日	1950年3月				
3) 資　　本　　金	88,355百万円				
4) 従　　業　　員	2,668 人				
5) 事　業　内　容	資源開発、非鉄金属、機能性材料、電子材料、住宅・建材、原子力関連エンジニアリング、環境関連機器、貴金属、デバイス				
6) 技術・資本提携関係	技術：－				
	資本：日本トラスティサービス信託、三菱信託銀行、住友銀行				
7) 事　　業　　所	国内：本社／東京、事業所／別子、播磨、国富、電子事業本部／青梅、鉱山／鹿児島菱刈、研究所／市川、新居浜				
8) 関　連　会　社	日向製錬所、住友金属鉱山伸銅、住友金属鉱山電子、大口電子、伸光製作所、住友金属鉱山シポレックス、エヌイーケムキャット				
9) 業　績　推　移	年　　度 || 1998	1999	2000	
	売　上　げ	百万円	252,300	254,295	266,495
	損　　　益	百万円	-18,074	5,122	11,526
10) 主　要　製　品	金、銀、銅、ニッケル、鉛、亜鉛、機能性パウダー（ニッケル粉、パラジウム粉）、導電材料、電池材料、潤滑剤、IC実装材料、電子部品材料、光学的結晶、プリント配線板、光通信材料、軽量気泡コンクリート他				
11) 主　な　取　引　先	三井物産、住友商事、三菱電機、熊本日本電気、日本金属工業				
12) 技　術　移　転　窓　口	〒105-0004 東京都港区新橋5-11-3 TEL03-3436-7781 技術本部知的財産部				

　非鉄金属の総合メーカー。電子材料部門へも進出、全社売上げの3分の1を占める。
　金属粉末射出成形に関しては独自技術を元に、最初にMIM事業に参入した企業。開発拠点は千葉の中央研究所と神奈川の特殊合金工場が主力。

2.14.2 金属粉末射出成形技術に関連する製品・技術

表2.14.2-1 住友金属鉱山の金属粉末射出成形技術に関連する製品・技術

技術要素	製　品　名	備考	出　　典
原料粉末	ステンレス鋼焼結体	技術論文	粉体粉末冶金協会講演概要集Vol.2000、春季、P172（2000）
射出成形	カードキー用フロントハウジング	技術論文	粉体粉末冶金協会講演概要集Vol.2001、春季、P265（2001）

　ユーザーの要望に個別に対応し、時計、精密機械、OA機器、自動車、医療機器、情報通信など各種部品の金属粉末射出成形品を製造。
　金属粉末射出成形技術の原料粉末、バインダに関し組成、成分調整での開発に注力。機械的特性、複雑形状、低熱膨張焼結体、高耐食性焼結体などの課題に取組んでいる。

2.14.3 技術開発課題対応保有特許の概要（金属粉末射出成形技術）

　住友金属鉱山は原料粉末、バインダの技術要素の課題に対応する特許が多いことが特徴として挙げられる。原料粉末とバインダの技術要素に関する技術開発課題と解決手段対応図を図2.14.3-1と図2.14.3-2に示す。

　原料粉末に関しては、原料粉末組成の解決手段により品質向上を図っている。粉末の化学組成を各種選定して、焼結体の機械的特性を改善したり、生体適合性を向上したり、低熱膨張焼結体、複雑形状焼結体を開発している。さらに混合粉末の粒径比、最大粒径を限定し（粉末混合・分級）、高寸法精度の焼結体に対応している。

　バインダに関しては、高寸法精度焼結体の課題に対する保有特許数が多く、バインダの成分調整という解決手段を用いている。また、バインダの成分調整により脱脂時間の短縮、脱脂欠陥の防止を図っている。さらに混練雰囲気の工夫により高純度焼結体、射出性改善に対応している。

　射出成形に関する保有特許は比較的少ないが、射出成形時に樹脂テープを金型内に張りつけ表面性状を改善し、金型構造、取りだし装置などを改良して離型法を改善して生産性向上を図っている。

　脱脂に関しては、脱脂時間の短縮という課題に対しては、脱脂炉の改善、溶媒抽出法（セラミック粉末の利用、溶剤の利用）により脱脂時間の短縮を図り、脱脂欠陥の防止の課題に対しては予備加熱処理後脱脂という解決手段を採用している。

　焼結に関しては、炭素性の囲ぎょう体を用いて焼結することにより高耐食性焼結体を開発している。また、W合金において水素雰囲気中で予備焼結することにより高密度の焼結体を得ている。また、Fe-Cr系合金において、真空下で焼結後焼入れすることにより機械的特性を改善している。さらに、脱脂後仮焼結し、焼結処理することにより焼結欠陥の防止を図っている。

図2.14.3-1 技術開発課題と解決手段対応図
（原料粉末、住友金属鉱山）

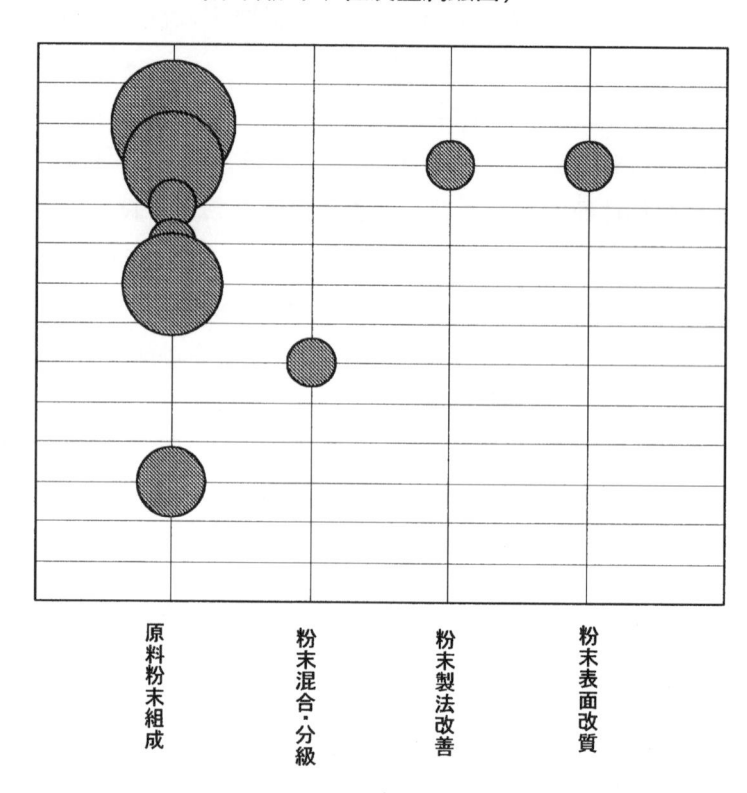

図2.14.3-2 技術開発課題と解決手段対応図
（バインダ、住友金属鉱山）

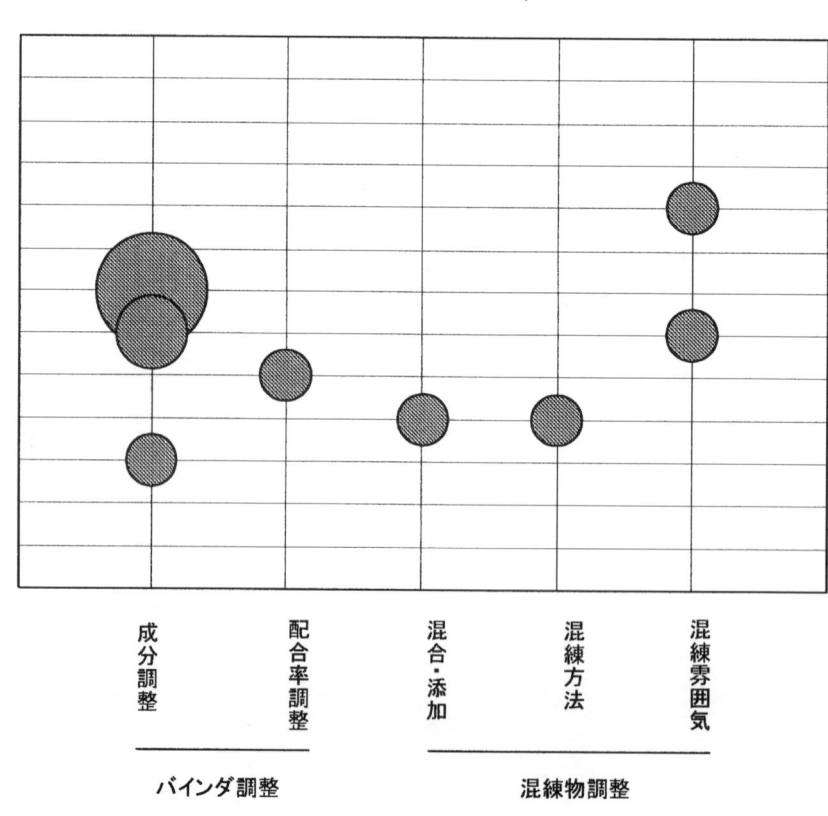

表2.14.3-1 住友金属鉱山の保有特許の概要(1/5)

技術要素	課題			特許番号	特許分類	抄録
原料粉末	品質向上		高寸法精度焼結体	特公平6-92603	B22F 1/ 00 Z B22F 3/ 2 L	隣り合う任意2つのピークの粒径に関し、粒径比、ピーク高さ比、最大粒径などを限定した金属粉末と、バインダとしてパラフィン系ワックス、低密度ポリエチレン、硼酸エステルを含有するものを使用する。
			高耐食性焼結体	特開平10-317009	B22F 3/ 10 M C22C 33/ 2 C C22C 38/ 00,304	Cr:16～20％、C:0.6～1.5％、残部実質的にFeからなる合金原料粉にバインダを添加し、混練物を射出成形した成形体を脱脂後、炭素製の囲ぎょう体により成形体を囲い、非酸化性雰囲気で焼結する。
				特開平10-287901	B22F 3/ 00 A B22F 3/ 2 L	Cr:11～15％、C:0.15～0.8％、残部実質的にFeからなる合金原料粉にバインダを添加し、混練物を射出成形した成形体を脱脂後、炭素製の囲ぎょう体により成形体を囲い、非酸化性雰囲気で焼結する。
			高密度焼結体	特開平6-279914	B22F 3/ 2 L C22C 33/ 2 C C22C 38/ 00,302X	平均粒径が20～200μmのNi-Cr-Mo系ステンレス鋼と平均粒径が20μm以下の銅粉とを混合した射出成形用組成物。
				特開平7-316604	B22F 1/ 2 D B22F 3/ 2 L	Cu、Zn、Niなどの比較的柔らかな金属粉末を射出成形する場合、粉末粒子表面の一部もしくは全部を酸化により硬度を上げ、射出成形時に粒子同士が変形して、バインダの絞出現象による混練物の流動性低下を防ぐ。
			焼結体機械的特性改善	特開平4-66652	C22C 38/ 00,304 C22C 38/ 4 I	Mn:0.5～3％、C:0.3～1％、残部Feよりなる射出成形粉末冶金用合金鋼で、焼結後の加工性がFe-Ni-C合金と同程度で、焼入れ・焼戻しの熱処理により表面硬度はHv:700を超え耐摩耗性が優れる。
				特開平5-117819	C22C 33/ 2 B C22C 38/ 00,304 C22C 38/ 16 I	Cu:1～10％、Ni:1～10％、C:0.3～1％、残部Feとした合金粉末とバインダを混練し、射出成形、脱脂、焼結処理した焼結体の伸び率は従来品よりわずかに低下したが、破断強度は著しく高いものとなった。
				特開平6-346168	B22F 3/ 2 L C22C 1/ 4 E C22C 14/ 00 Z	W、Mo、Nb、Cr、Zr、Ta、V、Caのうちから選ばれた1種を全金属成分中に1～6.5原子％含有したTi粉末、またはTi粉末とFe粉末、またはTi-Fe合金粉末、とを有機バインダと混練し、脱脂、焼結する。
				特開平10-102159	C22F 1/ 00628 C22F 1/ 00,640A C22F 1/ 00,687	平均粒径が45μm以下、酸素含有量が1％以下のNi粉末、Fe粉末およびCu粉末を、Ni:5～40％、Fe:1～6％、残部実質的にCuとなるように配合する。射出成形後の成形体は、脱脂後、900～1,280℃で焼結する。
				特開2001-89824	C22C 33/ 2 A B22F 3/ 10 E C22C 38/ 00,304	C:0.1～0.5％、Cr:0.5～2.0％、Mo:0.1～1.0％、Si:0.1～1.0％、残部Feと不純物のO:0.1％以上含む粉末に、C含有のFe粉末を添加し、バインダと混練後、射出成形し、成形体を脱脂後、非酸化性雰囲気で焼結する。
				特開平8-170156	C22C 38/ 00,301A C22C 38/ 00,304 C22C 38/ 40	C:0.08～0.3％、Si:1％以下、Mn:2％以下、Cr:2～4％、Ni:0.5～4％、残部Feおよび不可避的不純物からなり、焼結密度が95％以上である焼結体。

表2.14.3-1 住友金属鉱山の保有特許の概要(2/5)

技術要素	課題			特許番号	特許分類	抄　録
原料粉末	品質向上	生体適合性		特開平8-27546	C22C 38/ 00,304 C22C 38/ 22	Cr:20～30％、Mo:0.5～6％、C:0.03％以下、O:1％以下、残部Feおよび不可避的不純物からなり、焼結密度が98％以上であるフェライト系ステンレス鋼の射出成形粉末冶金法による焼結体。 　　　　　　焼結体の組成　　　　焼結体の 　　　　　　(重量％、残部Fe)　　焼結密度　孔食電位 　　　　　Cr　Mo　C　酸素　　(％)　　(mV) 実施例1　21　2　0.01　0.5　98.9　　880 〃　　2　24　3　0.005　0.4　99.1　　890
		低熱膨張焼結体		特開平9-31588	C22C 33/ 2 B C22C 38/ 00,302R C22C 38/ 00,304	Ni:33～40％、残部実質的にFeからなり、不可避不純物としてO:0.2％以上含む粉末にC粉末を添加した混合粉末にバインダを添加し、混練物を射出成形し、成形物を脱脂後、非酸化性雰囲気で焼結する。
				特開平9-31589	C22C 33/ 2 B C22C 38/ 00,302S C22C 38/ 00,304	Ni:28～32％、Co:15～18％、残部実質的にFeからなり、不可避不純物としてO:0.3％以上含む粉末にC粉末を添加した混合粉末にバインダを添加し、混練物を射出成形し、成形物を脱脂後、非酸化性雰囲気で焼結する。
				特開平9-31590	B22F 3/ 2 M C22C 33/ 2 B C22C 38/ 00,304	それぞれNi、Co、Fe粉末で、所定の合金組成となるように配合して混合粉末とし、この粉末にたいしC粉末を添加し混合粉末とし、混練物を射出成形、脱脂後、非酸化性雰囲気で焼結する。
				特開平10-147833	B22F 1/ 00 T C22C 33/ 2 L C22C 38/ 00,304	Fe-NiあるいはFe-Ni-Coで不可避不純物としてOを含む合金粉末に、Cを含む金属粉末を添加し、バインダと混練し、これを射出成形後、脱脂し、次に非酸化性雰囲気下で焼結する。
		複雑形状焼結体		特開平9-59725	B22F 3/ 10 F C22C 1/ 4 D	射出成形法に使用されるMo粉末の平均粒径を2～35μmとし、かつタップ密度を3.8g/cm³以上とする。
				特開平11-158567	B22F 3/ 10 F C22C 1/ 4 A C22C 9/ 6	Cu、Ni、Fe、Cの各粉末を所定の割合で配合し、混合粉末をバインダと混練し、射出成形、脱脂後、非酸化性雰囲気下、900～1,300℃で焼結する。
				特開2000-129309	B22F 3/ 2 L B22F 3/ 10 E C22C 33/ 2 C	FeとCrを主成分としたフェライト系合金粉末に、平均粒径10μm以下のNi粉末を添加して粉末調整後、バインダと混練し、射出成形、脱脂し、次に真空、水素、アルゴンなどの非酸化性雰囲気で焼結する。
				特開2001-152264	C22C 1/ 4 D B22F 3/ 2 L B22F 3/ 10 A	W粉末とNi粉末、およびFeあるいはCuの1種以上からなる原料粉末と、分散剤を含有するバインダを混練し、射出成形し、成形体を脱脂後、真空、Ar、N、あるいはそのパーシャル雰囲気で焼結する。
				特開2001-152207	B22F 3/ 2 S B22F 1/ 00 V B22F 3/ 10 E	C、Cr、Ni、Mo、Si、Mn、残部Feと不純物のO:0.05～0.7％含む粉末に、C含有のFe粉末を添加し、バインダと混練後、射出成形し、成形体を脱脂後、非酸化性雰囲気で焼結する。
バインダ	品質向上	高純度焼結体		特開平6-57302	B22F 1/ 2 B B22F 3/ 2 L B28B 1/ 24	粉末とバインダを混練するさい、真空下または減圧下で行う。

表2.14.3-1 住友金属鉱山の保有特許の概要(3/5)

技術要素	課題		特許番号	特許分類	抄録
バインダ	品質向上	高寸法精度焼結体	特開平10-204501	B29K 23/ 00 I B29C 45/ 00 C04B 35/ 62 E	バインダは、エチレン酢酸ビニル共重合体、低密度ポリエチレン樹脂、ソルビタン脂肪酸エステル系ワックスからなり、金属粉末との混練物を射出成形する場合、成形性、脱脂性、焼結性に優れ、製品化率が高い。
			特開平10-204502	B29K 23/ 00 I B29C 45/ 00 C04B 35/ 62 E	バインダは、エチレン酢酸ビニル共重合体、低密度ポリエチレン樹脂、ポリグリセリン脂肪酸エステル系ワックスからなり、金属粉末との混練物を射出成形する場合、成形性、脱脂性、焼結性に優れ、製品化率が高い。
			特開平10-183202	B29K103/ 4 I B29C 45/ 00 B29C 67/ 4	バインダは、エチレン酢酸ビニル共重合体、グリセリン脂肪酸エステル系ワックス、ソルビタン脂肪酸エステル系ワックス、ポリグリセリン脂肪酸エステル系ワックス、プロピレングリコール脂肪酸エステル系ワックスの混合物からなる。
			特開平10-219303	B29C 45/ 72 C04B 35/ 00 X C04B 35/ 00,108	バインダは、エチレン酢酸ビニル共重合体、低密度ポリエチレン樹脂、グリセリン脂肪酸エステル系ワックスからなり、金属粉末との混練物を射出成形する場合、成形性、脱脂性、焼結性に優れ、製品化率が高い。
			特開平10-219304	B29C 45/ 72 C04B 35/ 00 X C04B 35/ 00,108	バインダは、エチレン酢酸ビニル共重合体、低密度ポリエチレン樹脂、プロピレングリコール系ワックスからなり、金属粉末との混練物を射出成形する場合、成形性、脱脂性、焼結性に優れ、製品化率が高い。
	生産性向上	混練時間短縮	特公平7-5922	C04B 35/ 00,106 B22F 1/ 00 J B22F 3/ 2 L	適正液体滴下率と適正バインダ混合率との射出成形条件ごとに定まる相関式を統計的に求め、原料粉末の変動するごとに適正バインダ混合率を算出して、原料粉末と混合する。
		射出性改善	特開平3-115504	B28B 1/ 24 B22F 3/ 2 L B29B 9/ 10	混練物を高速回転翼型ミキサーで強力に撹拌することによって発生するせん断熱で半溶融状態〜溶融状態とし、次に回転を落として混練物を冷却し球状ペレットとするもので比較的粒径が揃い流動性が良い。
			特許2751966	B22F 3/ 2 M C08K 5/ 55 C08L 23/ 6	低密度ポリエチレン、パラフィン系ワックス、硼酸エステル、ポリオキシエチレンアルキルエーテルを含むバインダを、金属粉末30〜70%に対し70〜30%とした射出成形用組成物。
		脱脂時間短縮	特開2000-129306	B29K103: 6 I C08J 5/ 00 B29C 45/ 00	バインダとして、ポリアセタール樹脂、変性ポリオレフィン樹脂、酢酸ビニル共重合体樹脂、パラフィンワックス、フタル酸エステルからなる。
			特開平8-27503	B22F 3/ 2 M B22F 3/ 10 C B22F 3/ 20 A	射出成形時にバインダの全量を除去するため、射出成形時の混練物に与えるせん断速度を、その混練物の粘性係数の増大とともに増大させること、およびバインダ成分を、低分子量で低融点のワックス類を主成分とする。

表2.14.3-1 住友金属鉱山の保有特許の概要(4/5)

技術要素	課題		特許番号	特許分類	抄録
バインダ	コスト低減	脱脂欠陥の防止	特許2947292	B22F 3/ 2 M B22F 3/ 2 S	金属や合金の粉末に低密度ポリエチレン、パラフィン系ワックスからなるバインダ、滑剤として不飽和アルコール、脂肪酸化合物、界面活性剤として陰・陽・両性界面活性剤、エーテル・エステル化合物などを配合する。
射出成形	品質向上	表面性状改善	実開平5-22528	B22F 3/ 2 K B22F 3/ 10 C	樹脂テープを加熱保持して、所定模様のゴム型にプレスで加圧して、所定模様の凹凸部を有するテープを形成し、これを金型内面に接着して、金型内面形状を整える。
	生産性向上	離型法改善	実開平5-10425	B22F 3/ 2 B	固定側と可動側からなる分割式金型において、射出成形後に金型キャビティ部に進退自在に移動し、成形体を吸着する吸着手段を設ける。
			実開平6-50829	B22F 3/ 2 D B29C 45/ 37 B29C 45/ 40	金型の可動型材に形成するキャビティの外側に連接して複数個の余肉形成部を形成し、突き出しピンを、各余肉形成部に相当する位置にそれぞれ設ける。
			特許2730766	B22F 3/ 2 L B30B 11/ 00 G	鉄合金、Ni合金、Co合金、超硬合金あるいはフェライトのような粉末とバインダを混練し射出成形したあと、成型物を金型から取出すさい電磁石により吸着、次工程への搬送、定位置開放を行う。
脱脂	生産性向上	脱脂時間短縮	特開平7-157810	B22F 3/ 10 C F27B 17/ 00 D	雰囲気室内に、焼結用粉末とバインダからなる成形体を配置し、一端を雰囲気ガス入口、他端を該雰囲気ガス出口とする長尺で断面積が一定の筒状物を収容したことを特徴とする。
			特開平5-125405	B22F 3/ 10 C	射出成形体の脱脂工程で、成形体をαアルミナからなる耐熱粉末中に埋設し、加熱することにより耐熱粉末の毛細管現象によりバインダの除去速度を早める。
			特開平5-98308	B22F 3/ 2 M B22F 3/ 10 C C04B 35/ 64,301	有機バインダを実質的に構成する各有機化合物の何れもが抽出されるように抽出溶剤を選択し、各有機化合物の少なくとも一部が抽出されるように抽出処理後加熱により残部のバインダを除去する。
	コスト低減	脱脂欠陥の防止	特許2932763	B22F 3/ 12 M B22F 3/ 2 S	金属粉末と有機バインダの混練物を、前記バインダの流動開始温度未満の温度で加熱処理したあとに、脱脂、焼結する。
焼結	品質向上	高耐食性焼結体	特開平11-181541	B22F 3/ 2 L B22F 3/ 10 E B22F 3/ 10 M	Fe-Cr-Moからなるステンレス鋼粉末につき、射出成形後の脱脂体を炭素性の囲きょう体により囲い、非酸化性雰囲気で焼結する。原料粉末は合金または異なる組成の粉末の混合粉末で、45μm以下が好ましい。

表2.14.3-1 住友金属鉱山の保有特許の概要(5/5)

技術要素	課　題	特　許　番　号	特　許　分　類	抄　　　録
焼結	品質向上 高耐食性焼結体	特開平5-51662	B22F 3/ 2 L B22F 5/ 4 C22C 1/ 4 A	Ni:2.5～35％、残部実質的にCuからなる金属粉の平均粒径および酸素含有量を調整後、バインダとの混練物を射出成形・脱脂し、昇温速度、降温速度、焼結温度、焼結炉取出し温度などの制御下で焼結処理する。
	高密度焼結体	特開平9-143591	B22F 3/ 26 D C22C 1/ 4 D C22C 27/ 4,101	平均粒径40μm以下のW粉末を有機バインダと混練し、射出成形、脱脂のあと、水素雰囲気中で焼結後、W焼結体にCuを、得られるW-Cu合金焼結体の5～30％となるように、水素雰囲気中1,100～1,300℃で溶侵する。
		特開平10-8110	B22F 3/ 26 D	平均粒径40μm以下のW粉末を射出成形法により成形、脱脂後、水素雰囲気中で、900～1,000℃で予備焼結後、1,200～1,450℃で焼結し、得られたW焼結体にCuを水素雰囲気中1,100～1,300℃で溶侵する。
	焼結体機械的特性改善	特公平7-116548	C22C 38/ 00,304 C22C 38/ 18 I B22F 3/ 2 M	Fe-Cr合金粉末とカルボニル鉄粉とを配合してCr:0.5～1.0％、Co:0.5～0.9％、残部Feとなるよう調整し、射出成形後の成形体を真空下1,250℃で焼結し、その後焼入れする。表面硬度Hv:700を超える。 | 試験No.	化学成分（重量%） |||| ビッカース硬度(Hv)	
	Cr	Ni	C	Fe	焼結体	熱処理体
本発明合金 1	0.5	-	0.5	残	210.5	705.4
〃 2	1.0	-	0.5	〃	236.4	720.0
〃 3	2.5	-	0.5	〃	258.2	760.2
〃 4	1.0	-	0.9	〃	252.3	743.1
比較例 5	0.3	-	0.5	〃	182.1	606.3
〃 6	3.5	-	0.5	〃	350.6	780.3
〃 7	1.0	-	1.2	〃	290.6	725.4
従来合金 8	-	2.0	0.5	〃	190.4	635.5	
	表面性状改善	特許2688087	B22F 3/ 10 B B22F 3/ 10 C	射出成型物をセラミック粉末床上に載置するか、一部あるいは全体をセラミック粉末中に埋め込んで脱バインダし、次にプラスチック、ガラス、セラミックス金属などのビーズを投射する。
	コスト低減 焼結欠陥の防止	特開平6-128603	B22F 3/ 2 M B22F 3/ 10 C	金属粉末とバインダとの混練物を射出成形し、脱脂後仮焼結を行い、次に仮焼結体を焼結炉に導入し焼結処理する。

2.14.4 技術開発拠点

金属射出成形技術の開発を行っていると思われる事業所、研究所などを特許情報に記載された発明者住所をもとに紹介する。(但し、組織変更などによって現時点の名称などとは異なる場合もあります。)

　　千葉県　　：中央研究所
　　神奈川県　：特殊合金工場

2.14.5 研究開発者

図2.14.5-1には、特許情報から得られた住友金属鉱山の発明者数と出願件数との推移を示すが、発明者数と出願件数ともに1991年がピークであり、研究開発が最も活発であった。最近の発明者数は2名ぐらいであり、縮小傾向であるが、現在でも研究開発は継続している。

図2.14.5-1 住友金属鉱山の発明者数と出願件数との推移

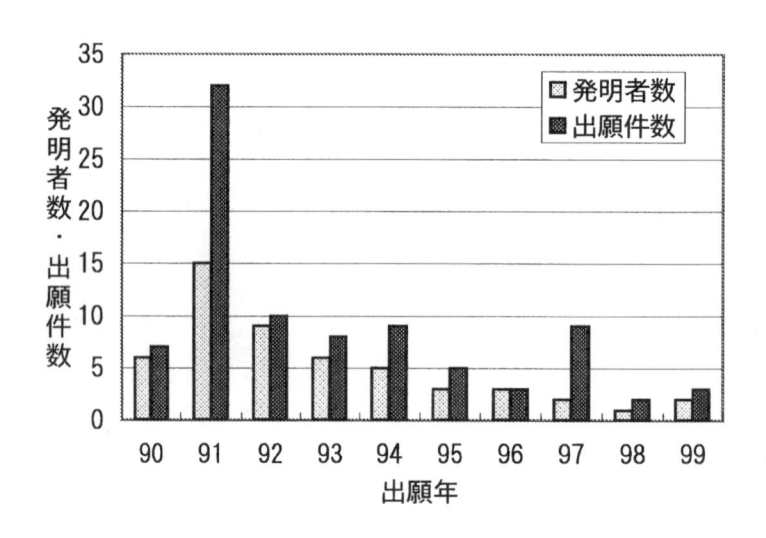

2.15 大同特殊鋼

2.15.1 企業の概要

表2.15.1-1 大同特殊鋼の企業概要

1)	商　　　　　号	大同特殊鋼　株式会社			
2)	設 立 年 月 日	1950年2月			
3)	資　　本　　金	37,172百万円			
4)	従　業　員	4,662 人			
5)	事 業 内 容	転炉による製鋼・製鋼圧延業（単独転炉を含む）鍛鋼製造業			
6)	技術・資本提携関係	技術：ブックプラズマエレクトロニック（ドイツ）、オスプレイメタルズ（イギリス）、ウィテックジャパン			
		資本：新日本製鉄、日本トラスティサービス信託、日本興業銀行			
7)	事　業　所	本社／名古屋、東京、研究所／名古屋、工場等／名古屋、知多、川崎、君津、渋川、王子、中津川			
8)	関 連 会 社	大同興業、大同ステンレス、大同特殊鋳造、フジオーゼックス、大同精密工業			
9)	業 績 推 移	年　度	1998	1999	2000
		売上げ　百万円	223,785	228,563	245,334
		損　益　百万円	-1,943	657	3,301
10)	主　要　製　品	各種部品材料(自動車、産業機械、電気機械等)、エレクトロニクス材料、各種部品(自動車、船舶、産業機械、電機、鉄鋼、化工機、石油掘削、宇宙・航空、チタンゴルフヘッド、通信機器)、エンジニアリング（工業炉、環境関連）、粉末製品、チタン材料、ニッケルチタン合金			
11)	主 な 取 引 先	大同興業、岡谷鋼機、平井、大同スペシャルメタル、日本精工			
12)	技 術 移 転 窓 口	〒457-8545 愛知県名古屋市南区大同町2-30 TEL052-611-9430 知的財産室			

　特殊鋼専業メーカー。金属粉末の分野も抱え、射出成形用金属粉末の製造販売も行っている。金属粉末射出成形技術に関してはセイコーインスツルメンツと合弁で、テクノモード社を設立し、MIM業界に参入した経歴を持つ。

　金属射出成形技術の開発拠点は愛知県の技術開発研究所である。

　技術移転を希望する企業には、対応を取る。そのさい、自社内に技術移転に関する機能があるので、仲介などは不要であり、直接交渉しても構わない。

2.15.2 金属粉末射出成形技術に関連する製品・技術

表2.15.2-1 大同特殊鋼の金属粉末射出成形技術に関連する製品・技術

技術要素	製品	製品名	備考	出典
原料粉末	金属粉末	Nb-Al合金粉末	開放特許	http://www.daido.co.jp/
原料粉末	合金鋼粉末	射出成形用微粉末	販売中	http://www.daido.co.jp/
原料粉末	チタン合金	—	技術論文	粉体および粉末冶金、Vol.44, NO.11, P985 (1997)

　金属粉末射出成形用にステンレス、パーマロイ、パーメンジュールなどの合金鋼粉末を販売している。

　金属粉末射出成形技術の原料粉末で組成、混合・分級、粉末製法などについて開発、機械的特性、複雑形状、高純度焼結体等の課題に取組んでいる。また、製品の生体適合性などの課題にも取組み原料粉末組成の開発で対応している。

2.15.3 技術開発課題対応保有特許の概要（金属粉末射出成形技術）

　大同特殊鋼は原料粉末の技術要素の課題に対する保有特許が多く、バインダ、射出成形、脱脂の技術要素に対する特許は1、2件である。原料粉末の技術要素に関する技術開発課題と解決手段対応図を図2.15.3-1に示す。

　原料粉末についての課題はすべて品質に関するものである。特に生体適合性の課題に対する保有特許が一番多く、解決手段として原料粉末組成を採用している。さらに、焼結体機械的特性改善に対しては原料粉末組成と混合・分級で対応している。また、高純度焼結体に対しては粉末中の酸素、炭素含有量を調整（原料粉末組成、粉末混合・分級）することにより対応している。

　バインダに関しては保有特許は少ないが、混練物に炭素繊維を混合（混合・添加）するという特徴的な方法で焼結体機械的特性改善および脱脂欠陥の防止に対応している。

　射出成形に関しても保有特許は少ない。しかしながら、金型を工夫して複雑形状焼結体の生産性の向上を図っている。

　脱脂に関してはバインダ、射出成形と同様少ないがTi材料の製造にさいし、窒素および酸素分圧が10^{-3}torr以下で脱脂する（脱脂雰囲気）ことにより、焼結体機械的特性改善の課題に対応している。

　焼結に関しては、複合焼結体の課題に対して2つの解決手段で対応している。1つは焼結条件であり、1つは複数の脱脂後の成形体を組み合わせて焼結する方法である。さらに焼結時間短縮に対しては圧力1〜100torrの非酸化性雰囲気で焼結（焼結条件）するという解決手段で対応している。

　大同特殊鋼は溶融金属射出成形技術に関する特許も2件保有しているが、溶融金属射出成形技術の主要12社に比べ少ないので保有リストから省略した。

図2.15.3-1 技術開発課題と解決手段対応図
（原料粉末、大同特殊鋼）

技術開発課題　品質向上：
- 焼結体機械的特性改善
- 複雑形状焼結体
- 高密度焼結体
- 生体適合性
- 低熱膨張焼結体
- 高純度焼結体
- 高寸法精度焼結体
- 炭素量制御
- 表面性状改善
- 高耐食性焼結体

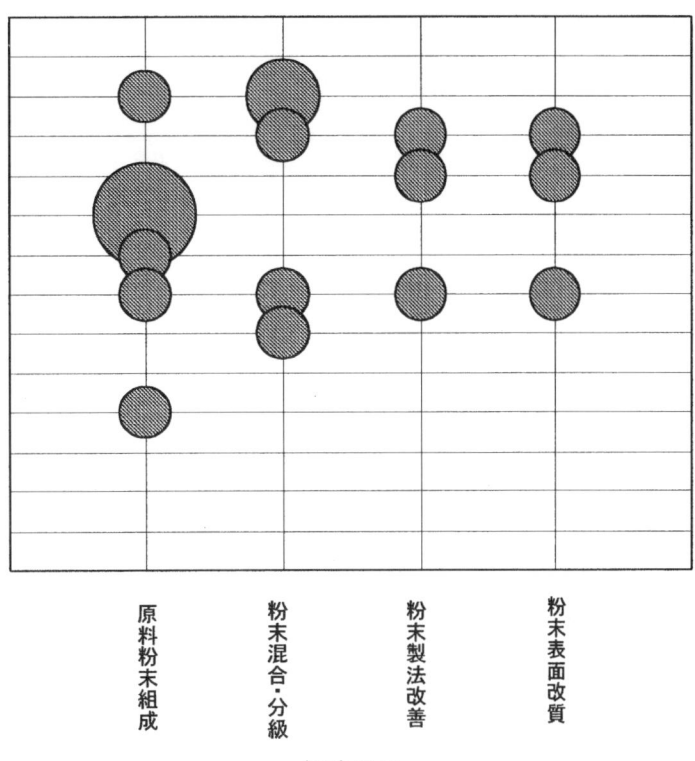

解決手段：原料粉末組成、粉末混合・分級、粉末製法改善、粉末表面改質

表2.15.3-1 大同特殊鋼の保有特許の概要（1/4）

技術要素	課題	特許番号	特許分類	抄録
原料粉末	品質向上　高純度焼結体	特開平9-256004	B22F 9/ 8 A B22F 1/ 00 Z C22C 33/ 2 M	金属溶湯を、ガスと水との混合物で噴霧するか、またはガスで噴霧したあと直ちに水で冷却することにより、比較的小径の粉末は球に近い形状に、比較的大径の粉末は不規則な形状にし、両者を混在させる。
		特開平5-277446	B04C 5/ 00 B07B 1/ 00 Z B07B 13/ 8 Z	スラグを含有した金属粉末を各粒度範囲ごとに篩い分け、例えばサイクロン分級機にかけ重量の軽いスラグ分を除去し射出成形の原料粉末として調整する。
		特開平3-79703	B22F 1/ 00 T B22F 3/ 10 E C22C 33/ 2 C	低炭素ステンレス焼結品を製造するさいステンレス原料粉末中の酸素と原子比率で同等以上のCを合金成分として同粉末中に含有させ、焼結品を機械強度および研磨外観の優れたものにする。
	高寸法精度焼結体	特開平6-2005	B22F 3/ 2 G B22F 3/ 2 L	炭素を数％含む金属射出成形品の製造で、1種または2種以上の水噴霧粉と該水噴霧粉より低酸素濃度のガス噴霧粉とを用いる。
	高密度焼結体	特許3087418	B05B 1/ 28 B22F 9/ 8 A B05B 1/ 26 A	溶湯の落下方向にたいし逆円錐膜状の噴射水膜を形成し金属粉末を製造する装置において、噴霧ノズルの噴霧方向を調整する。
	焼結体機械的特性改善	特開2000-26902	B22F 3/ 00 Z C22C 1/ 5 Z C22C 1/ 10 J	ステンレス鋼などからなり、たがいに密着する多数の金属粉末と、その外周に沿って配設したSrO・1.75(Al,B)$_2$O$_3$の母体結晶、およびその中に分散する蛍光体の混合物と、バインダを混練し、射出成形、脱脂、焼結する。

表2.15.3-1 大同特殊鋼の保有特許の概要 (2/4)

技術要素	課題			特許番号	特許分類	抄録
原料粉末	品質向上	焼結体機械的特性改善		特開平8-60274	C22C 1/ 4 E C22C 14/ 00 Z	大径粉と小径粉とを8:2〜5:5の割合で混合したものに、バインダを12%混練し、射出成形後、脱脂し、真空中で昇温し、Ar雰囲気で最終焼結し、O:0.25〜0.5%、焼結体密度95%以上、伸び10%以上のTi焼結体を得る。
				特許2921041	B22F 9/ 4 C B22F 1/ 00 E B22F 3/ 2 L	Nb粉末、Al粉末、Nb-Al合金粉末の混合物を粉砕混合し、金属原子の相互浸透拡散を行わせると同時に粉末をさらに小径に粉砕すると流動性の良い金属間化合物が得られる。
		生体適合性		特許3049294	B22F 3/ 2 J C22C 33/ 2 A	Cr:28〜40%、Mo:0.5〜6%、Ni:2.0%以下残部Feおよび不可避的不純物からなる装飾部品
				特開平8-49049	C22C 33/ 2 B C22C 38/ 00,304 C22C 38/ 48	Cr:18〜23%、Mo:1〜4%、Ni:1%以下、O:1%以下、残部Feおよび不可避的不純物からなる装飾用焼結部品。
		低熱膨張焼結体		特開平5-214403	B22F 1/ 00 J B22F 1/ 00 M	インバー合金またはスーパーインバー合金粉末にBまたはB合金粉末を添加混合し、これに有機バインダを混合・混練し、射出成形、脱脂、焼結処理し、低熱膨張性で、軽量の高密度高延性品とする。
		表面性状改善		特開平8-20849	C22C 33/ 2 C C22C 38/ 00,304	脱脂後の成形体中のC量およびO量を所定値に調整し、続く焼結を低い温度から高い温度に向かって次第に昇温し、1,000〜1,050℃までの加熱を真空中で、1,350〜1,380℃までは真空または不活性ガス雰囲気とする。
		複雑形状焼結体		特開平9-256005	B22F 9/ 8 A B22F 1/ 00 Z C22C 33/ 2 A	Mn、Siを含む鋼合金の溶湯落下流に対し、溶湯流方向との傾斜角度を10〜30度の範囲とし、平均粒径30μm以下、相対タップ密度40〜90%の小径球状粉を得る。
				特開平5-186801	B22F 1/ 00 J	水噴霧法による金属粉末を95〜50%、ガス噴霧法による金属粉末を5〜50%の混合により調整する。
バインダ	品質向上	焼結体機械的特性改善		特開平5-25510	B22F 3/ 10 C B22F 3/ 20 D C22C 1/ 9 B	金属または合金粉末の混練物に炭素短繊維を添加混合することにより、射出成形品の炭素量低下を抑え、焼結品の強度が確保される。
	コスト低減	脱脂欠陥の防止		特開平4-99801	B22F 3/ 2 L B22F 3/ 20 D C22C 1/ 9 B	金属または合金粉末に、炭素繊維、ガラス繊維、金属繊維等の無期・金属繊維あるいはアラミド繊維などの高強度有機ポリマー繊維、およびポリブデン、合成ワックス等の超高分子量バインダを配合する。

表2.15.3-1 大同特殊鋼の保有特許の概要（3/4）

技術要素	課題		特許番号	特許分類	抄録
射出成形	コスト低減	複雑形状焼結体	特開平8-143911	B22F 3/ 2 D B22F 3/ 2 M B22F 5/ 00 A	管状の開口部を有する成形型中に、開口部に中心にコア部材とコア防護部材が詰め込まれ、次に射出成形用の混練物がコア防護部材を押出ながら開口部に射出され、成形後型開き時にコア部材が引抜かれる。
脱脂	品質向上	焼結体機械的特性改善	特開平8-60271	B22F 3/ 10 C B22F 3/ 10 F C22C 1/ 4 E	O含有量が0.32%以下で、残部がTiからなる純Ti粉末に、14.5%のバインダを混練し、窒素および酸素の分圧が10^{-3}torr以下とした雰囲気中で、脱脂、焼結処理を行う。
焼結	品質向上	炭素量制御	特開平10-121106	B22F 3/ 10 E	C含有Fe粉末、またはC含有合金鋼粉末を所定の形状に射出成形した成形体を、脱脂後アルゴンなどの不活性ガス雰囲気で加熱し、次に600℃を超える温度で還元ガス雰囲気に置換して焼結する。
		表面性状改善	特開平8-20848	C22C 33/ 2 C C22C 38/ 00,304 C22C 38/ 8	射出成形によるオーステナイト系、あるいはフェライト系ステンレス鋼を原料粉とし、焼結時の昇温速度を1.5～15℃/minとして加熱し、焼結させ、表面より厚さ50μmの部分の気孔率が2%以下の焼結体とする。
			特開平9-279202	B22F 1/ 00 U B22F 3/ 2 L B22F 3/ 24 B	WおよびMoを3%以下含有し、残部Fe、あるいはFe-Ni合金組成の粉末材料を使用し、焼結後に浸炭処理することにより、焼結体表面にWやMoの炭化物を形成させ表面硬度を高める。

表2.15.3-1 大同特殊鋼の保有特許の概要（4/4）

技術要素	課題		特許番号	特許分類	抄録
焼結	品質向上	表面性状改善	特開平9-13153	C22F 1/ 18 H C22C 1/ 4 E C22F 1/ 00,628	焼結後のチタン部品焼結体を熱処理するさい、所定温度に保持する工程と、所定の冷却速度で冷却する工程を有する熱処理炉に導入し、その後表面を研磨する。
		複合焼結体	特開平3-232906	B22F 3/ 20 D B22F 7/ 6 A	金属または合金粉末をバインダと混練し射出成形した成形品を所定の型内に配置し、別種金属または合金粉末をバインダと混練したものを前記型内に射出成形し複合成形体としたのち保護雰囲気下に加熱しバインダを除去し保護雰囲気または真空中で焼結する。
			特開平8-260005	B22F 7/ 6 D	複数の射出成形物を加熱脱脂後、これらを一体的に組合せ、焼結する。
	生産性向上	焼結時間短縮	特開平7-331379	B22F 3/ 10 D C22C 33/ 2 C C22C 38/ 00,304	射出成形による脱脂後の焼結体を、圧力1～100torrの非酸化性雰囲気(窒素ガス雰囲気など)で、1,000～1,350℃に加熱する。ここで1,000℃から1,350℃への昇温は連続的に行う。

2.15.4 開発拠点

金属射出成形技術の開発を行っていると思われる事業所、研究所などを特許情報に記載された発明者住所をもとに紹介する。（但し、組織変更などによって現時点の名称等とは異なる場合もあります。）

　　愛知県：技術開発研究所

2.15.5 研究開発者

図2.15.5-1には、特許情報から得られた大同特殊鋼の発明者数と出願件数との推移を示す。1996年までは出願が継続していたが、それ以降は98年の出願1件がみられるのみである。

図2.15.5-1 大同特殊鋼の発明者数と出願件数との推移

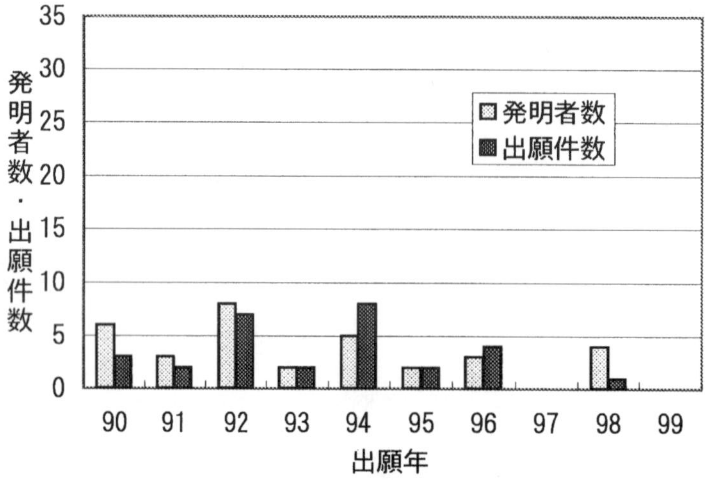

2.16 セイコーインスツルメンツ

2.16.1 企業の概要

表2.16.1-1 セイコーインスツルメンツの企業概要

1) 商　　　　号	セイコーインスツルメンツ　株式会社				
2) 設 立 年 月 日	1937年9月				
3) 資　　本　　金	1,000百万円				
4) 従　　業　　員	5,600　人				
5) 事　業　内　容	時計・同部分品製造業（時計側を除く）、電子計算機・同付属装置製造業				
6) 技術・資本提携関係	技術：－				
	資本：－				
7) 事　　業　　所	本社／千葉、事業所／千葉、亀戸、市川、松戸、静岡、習志野				
8) 関　連　会　社	エスアイアイ・テクニカ、エスアイアイマイクロパーツ、セイコー精機、				
9) 業　績　推　移	年度		1998	1999	2000
	売上げ	百万円	163,600	166,300	184,400
	損益	百万円	―	―	―
10) 主　要　製　品	ウオッチ、携帯電話、電子辞書、分析・計測機器、液晶表示モジュール、マイクロ電池、水晶振動子、カラープリンタ他				
11) 主 な 取 引 先	セイコー、日立製作所、伊藤忠商事、機械商社、貿易商社				
12) 技 術 移 転 窓 口	〒261-8507　千葉県千葉市美浜区中瀬1-8　TEL043-211-1217　知的財産部				

　セイコー、セイコーエプソンと並ぶセイコーグループの中核企業。腕時計主体であるが各種電子機器製品製造販売にも進出。
　金属粉末射出成形技術の開発拠点は東京の亀戸事業所と千葉の幕張事業所。
　技術移転を希望する企業には、積極的に交渉していく対応を取る。そのさい、自社内に技術移転に関する機能があるので、仲介などは不要であり、直接交渉しても構わない。

2.16.2 金属粉末射出成形技術に関連する製品・技術
　現在、金属粉末射出成形技術の事業は実施していない。
　金属粉末射出成形技術開発では、生産性向上やコスト低減の課題に対して射出成形の成形体後処理、装置・治具改善で対応。焼結では品質向上の課題に対応し、助剤使用や後処理で開発を行っている。

2.16.3 技術開発課題対応保有特許の概要（金属粉末射出成形技術）

セイコーインスツルメンツは技術要素の射出成形と焼結の課題に対応する特許件数が多い。

射出成形に関しては、バリ処理時間短縮の課題に対応する特許が2件ある。成形体を溶剤に浸漬したあと超音波振動を与える方法、高圧水を噴霧する方法である。また、射出性改善に対しては、成形時位置決め治具を用いる解決手段が採用されている（装置・治具改善）。射出成形の技術要素に関する技術開発課題と解決手段対応図を図2.16.3-1に示す。

焼結に関しては、高純度焼結体に対して脱脂体を硼酸塩系フラックスに浸漬したあと雰囲気―真空―雰囲気下で焼結するという解決手段（助剤使用）で対応している。高密度焼結体に対しては焼結体を熱間鍛造や温間鍛造する（加工）解決手段で対応している。また、複合焼結体に対しては接合面に有機溶剤、金属粉末などが含まれている溶液を塗布して焼結する方法（組み合わせ焼結）を採用している。

原料粉末、バインダおよび脱脂の技術要素の課題に対応する特許は少ないが、保有特許は特徴的な解決手段である。原料粉末に関しては、Ti粉末にFeを微量添加して焼結体機械的特性改善に対応している。バインダに関しては、課題の解決手段は混練物調整である。脱脂欠陥の防止に対しては混練物を混練後、減圧下に放置し空気を除去すること（混練雰囲気）であり、炭素量の制御に対しては、金属粉末とバインダの混練時炭素粉末を加えて混練する解決手段（混合・添加）を採用している。脱脂に関しては、脱脂欠陥の防止に対してセラミックの治具の形状を工夫している。

セイコーインスツルメンツは溶融金属射出成形技術に関する特許も1件保有しているが、溶融金属射出成形技術の主要12社に比べ少ないので保有リストから省略した。

図2.16.3-1 技術開発課題と解決手段対応図
（射出成形、セイコーインスツルメンツ）

技術開発課題

品質向上
- 成形体品質改善
- 焼結体機械的特性改善
- 高密度焼結体
- 高寸法精度焼結体
- 表面性状改善
- 複合焼結体
- 複雑形状焼化

生産性向上
- 複合焼結体
- 離型性改善
- バリ処理時間短縮
- 射出性改善

コスト低減
- 複合焼結体
- 複雑形状化

解決手段

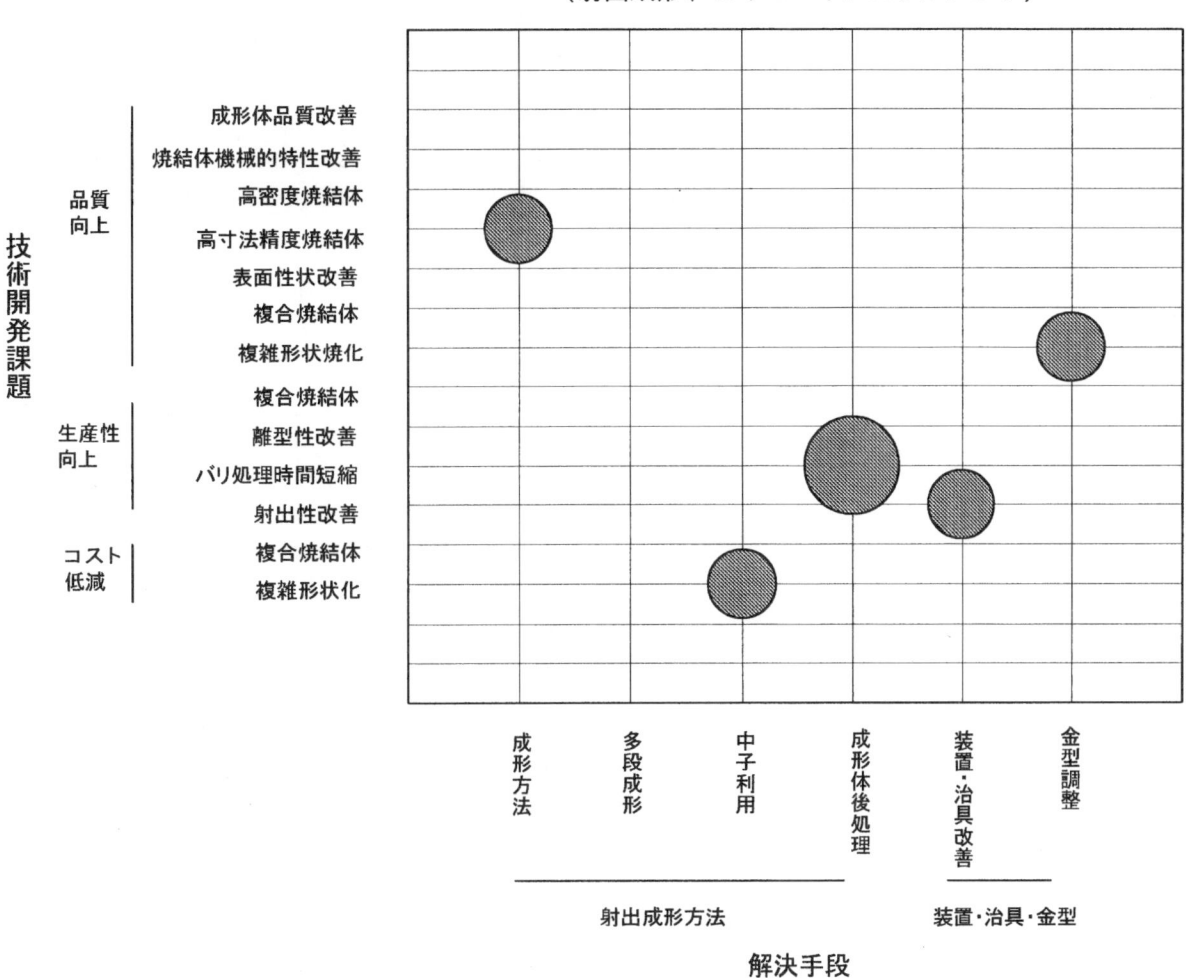

射出成形方法：成形方法、多段成形、中子利用、成形体後処理
装置・治具・金型：装置・治具改善、金型調整

表2.16.3-1 セイコーインスツルメンツの保有特許の概要（1/3）

技術要素	課題	特許番号	特許分類	抄録
原料粉末	品質向上 焼結体機械的特性改善	特開平7-62466	A44C 5/ 00 E A44C 25/ 00 A C22C 1/ 4 E	Tiに0.5～5％のFeを含有させた混合粉にバインダを混合し、混練物を射出成形し、脱脂、焼結し、焼結体をβ変態温度以上から急冷することにより硬度を高くする。
バインダ	品質向上 炭素量制御	特開平4-254502	B22F 3/ 2 L B22F 3/ 10 C B22F 3/ 10 E	粉末中に含有されるO量と原子比率で等しい量以上のCを、最終の焼結品において残留させるべきC量に加えた量で、粉末として混練時に添加する。
	コスト低減 脱脂欠陥の防止	特開平8-170106	B22F 3/ 2 L B22F 3/ 10 C	混練終了後、混練物を混練温度と同等の温度状態で、減圧下に一定時間放置することにより混練中、混練物内に巻き込まれた空気が除去され、密度の安定した射出成形用の混練物を製造できる。
射出成形	品質向上 高寸法精度焼結体	実開平5-85826	B22F 3/ 2 Z	金属粉末射出成形のテスト加工で形状寸法を測定し収縮率を決めるためのテストピースにおいて、上下に凹部を有する円板状で、所定の寸法形状で定義される。

表2.16.3-1 セイコーインスツルメンツの保有特許の概要 (2/3)

技術要素	課題		特許番号	特許分類	抄録
射出成形	生産性向上	バリ処理時間短縮	特開平5-239508	B22F 3/ 24 G	射出成形体を溶媒中(水など)に侵漬し、超音波振動により成形体の肌荒れを引き起こさない適正な時間を設定しバリを除去する。
			特許3081982	B22F 3/ 24 Z	金属粉末とバインダを混練しペレット化したあと射出成形し、成形体を溶媒中に侵漬し、バインダが抽出されバリが脆くなったら高圧水散布などでバリを除去し、その後焼結処理する。
		射出性改善	実開平5-96026	B22F 3/ 2 B	型板の両面に平行して設けたT溝と、そのT溝の一側に嵌合し、端部にボールプランジャを設けたスライド駒と、スライド駒に結合し前記型板の他側から前記T溝に嵌合したT状の固定ねじを備えた位置決め治具。
		複合焼結体	特開平4-41604	B28B 1/ 24 B22F 3/ 2 L B22F 5/ 00,101A	セラミック、金属粉体、樹脂の混練物であるコンパウンドを射出成形するとき、金型ゲートの絞り比を制御し、さらにキャビティ部の中央部に突出部を設け、セラミックおよび金属粉と樹脂の分離を意図的に生じさせる。
	コスト低減	複雑形状焼結体	特開平4-311502	B22F 3/ 00 A	金属粉末とは異なった金属材料で形成された部品を金型中に挿入後、これを覆うようにして金属粉末とバインダを混合した材料を型の中に射出成形し、異なった前記金属材料は化学的溶解法等で除去する。
脱脂	コスト低減	脱脂欠陥の防止	特公平7-80712	C04B 35/ 64,301 B22F 3/ 10 C	気孔率5～20%の多孔質セラミックからなり、断面がV字形の収納溝を配列した収納治具の溝内に射出成形体を収納し加熱脱脂することにより、成形体の脱ガス、熱拡散を均一できる。

表2.16.3-1 セイコーインスツルメンツの保有特許の概要（3/3）

技術要素	課題		特許番号	特許分類	抄録
焼結	品質向上	高純度焼結体	特開平5-156312	B22F 3/ 10 C	Al合金粉末に有機バインダを添加し混練後、脱脂し、脱脂体へ焼結補助剤として硼酸塩系ろう付用フラックスの3%溶液に10分間侵漬し、乾燥後、雰囲気焼結、真空中焼結、雰囲気中焼結の複合焼結を行う。
		高密度焼結体	特開平7-62407	A44C 25/ 00 Z B21J 5/ 00 E B21J 5/ 00 Z	金属粉末と有機物を混合した材料を射出成形し、成形物を脱脂、焼結して焼結体を得、次に熱間鍛造や恒温鍛造することにより空孔を減少させ密度を上げる。
		表面性状改善	特開平11-350003	A61C 7/ 00 B B22F 3/ 2 P B22F 3/ 10 B	射出成形体の接着部表面に内部より表面に向かい狭くなるような形状の溝を設ける。例えば、歯列矯正具のように微小部品の裏面に細かい溝を構成し、部品の歯に対する接着強度を溝のアンカー効果で強める。
		複合焼結体	特開平7-11305	B22F 7/ 6 D C04B 37/ 00 C	射出成形工程を経た複数の成形体における各接合面を付着させて、脱脂、焼結する。接合面に接着が必要な場合は、有機溶媒、金属粉末、あるいはセラミック粉末が含まれる溶液を塗布する。

265

2.16.4 開発拠点

　金属射出成形技術の開発を行っていると思われる事業所、研究所などを特許情報に記載された発明者住所をもとに紹介する。(但し、組織変更などによって現時点の名称等とは異なる場合もあります。)

　　　千葉県：幕張事業所
　　　東京都：亀戸事業所

2.16.5 研究開発者

　図2.16.5-1には、特許情報から得られるセイコーインスツルメンツの発明者数と出願件数との推移を示すが、1995年までは出願が継続していたが、これ以降は98年の出願のみである。

図2.16.5-1　セイコーインスツルメンツの発明者数と出願件数との推移

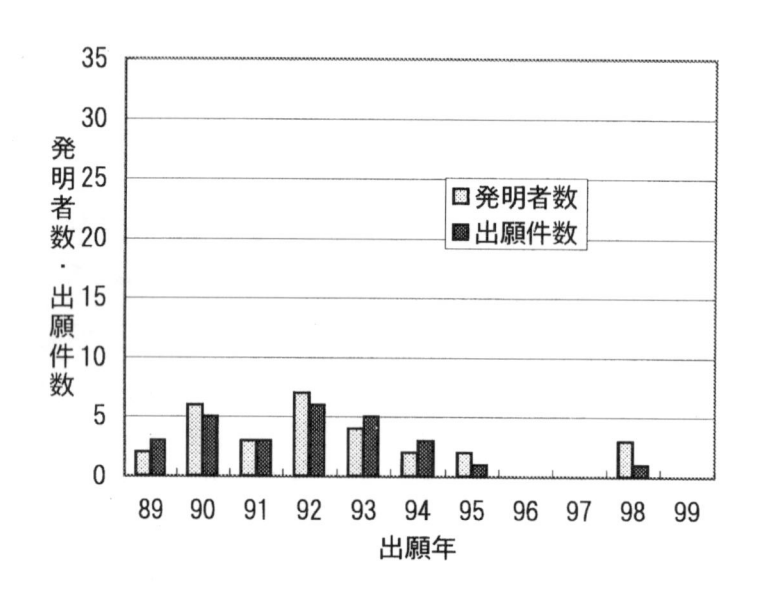

2.17 川崎製鉄

2.17.1 企業の概要

表2.17.1-1 川崎製鉄の企業概要

1) 商号	川崎製鉄　株式会社			
2) 設立年月日	1950年8月			
3) 資本金	239,644百万円			
4) 従業員	9,351 名			
5) 事業内容	転炉による製鋼・製鋼圧延業（単独転炉を含む）、エンジニアリング、化学			
6) 技術・資本提携関係	技術：インジェックス、新日本製鉄、神戸製鋼所、サーモセレクト（スイス）、中山製鋼			
	資本：中央三井信託、第一勧銀、日本生命保険、新生銀行、現代ハイスコ（韓国）			
7) 事業所	本社／神戸、東京、技術研究所／千葉、水島製鉄所、千葉製鉄所、知多製造所			
8) 関連会社	川鉄鉱業、川鉄フェライト、川鉄建材、川鉄シビル、川鉄物流、川崎炉材、川崎マイクロエレクトロニクス			
9) 業績推移	年度	1998	1999	2000
	売上げ　百万円	836,240	765,924	778,536
	損益　百万円	6,857	16,943	43,002
10) 主要製品	各種鋼板、ステンレス、電磁鋼板、棒鋼、線材、鋼管、鉄粉、製鉄関連プラント、港湾施設、都市開発、ベンゼン、トルエン、磁性材料			
11) 主な取引先	川鉄商事、伊藤忠商事、三菱商事			
12) 技術移転窓口	〒100-0011 東京都千代田区内幸町2-2-3 日比谷国際ビル TEL03-3597-3439 知的財産部			

　日本第3位の鉄鋼メーカー。金属粉末射出成形技術は1980年代に技術研究所で開発を進め、セイコーエプソンと合弁で、インジェックスを設立。技術をインジェックスに供与。金属射出成形技術の開発拠点は千葉の技術研究所。

　技術移転を希望する企業には積極的に交渉していく対応を取る。そのさい、自社内に技術移転に関する機能があるので、仲介などは不要であり、直接交渉しても構わない。

2.17.2 金属粉末射出成形技術に関連する製品・技術

表2.17.2-1 川崎製鉄の金属粉末射出成形技術に関連する製品・技術

技術要素	製　品	製　品　名	備　考	出　典
焼　結	ステンレス鋼		技術論文	川崎製鉄技報 Vol.24、NO.2, P129 (1993)
焼　結	ステンレス鋼時計部品		技術論文	塑性と加工 Vol.32、No.368, P1085 (1991)
原料粉末	ステンレス鋼		技術論文	材料とプロセス Vol.5、NO.2, P735 (1992)

　ステンレス鋼製品を主とした精密機器部品を対象に開発。
　金属粉末射出成形技術の生産性向上、コスト低減でバインダ成分や混練方法につき開発、品質向上では脱脂雰囲気などの脱脂方法についての開発が主体となっている。

2.17.3 技術開発課題対応保有特許の概要（金属粉末射出成形技術）

　川崎製鉄は射出成形の技術要素の課題に対応する特許はないが、原料粉末、バインダ、脱脂、焼結に関する特許は3～6件である。また、材料面からみるとTi材料を対象としたものが多いという特徴がある。バインダと脱脂の技術要素に関する技術開発課題と解決手段対応図を図2.17.3-1と図2.17.3-2に示す。
　原料粉末に関しては、高寸法精度焼結体に対しては鉄源として窒素化鉄粉を用いる解決手段を採用している。高密度焼結体（Ti材料）に対してはTi粉末にめっきする解決手段で対応している。
　バインダに関しては、5件中4件の特許の解決手段がバインダの成分調整であり、脱脂時間の短縮および脱脂欠陥の防止に対応している。また、混練時間の短縮に対しては混練方法で対応している。
　脱脂に関しては、高純度焼結体に対応する特許が多く、予備処理体を水素ガス中で脱脂すること（予備処理）、貴金属の脱脂体の炭素含有量の低減およびTiにおける脱脂の雰囲気の調整（脱脂雰囲気）が解決手段として挙げられる。
　焼結に関しては、すべて品質向上に対応する特許である。焼結体機械的特性改善（Ti材料）に対して、ゲッタ材とともに焼結（助剤使用）することと焼結条件を解決手段としている。

図2.17.3-1 技術開発課題と解決手段対応図（バインダ、川崎製鉄）

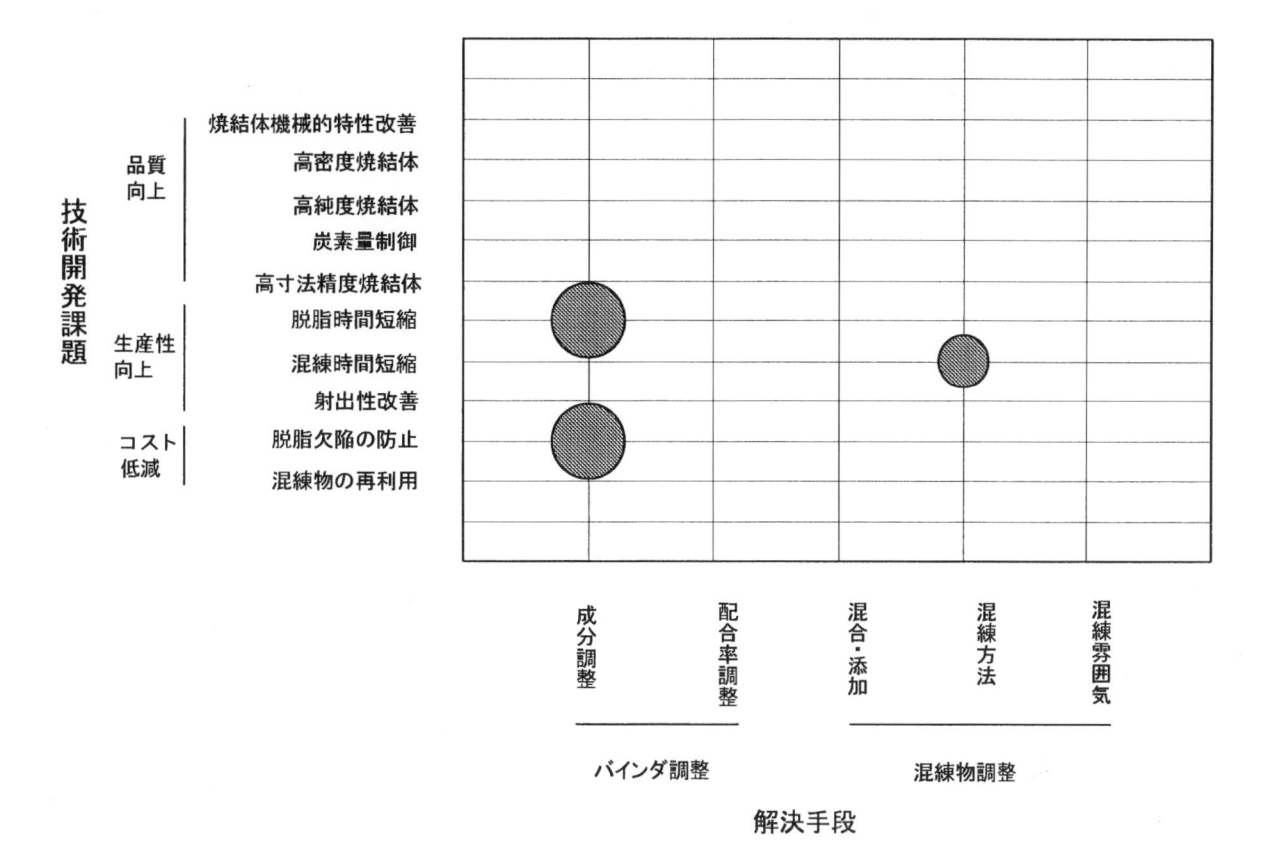

図2.17.3-2 技術開発課題と解決手段対応図（脱脂、川崎製鉄）

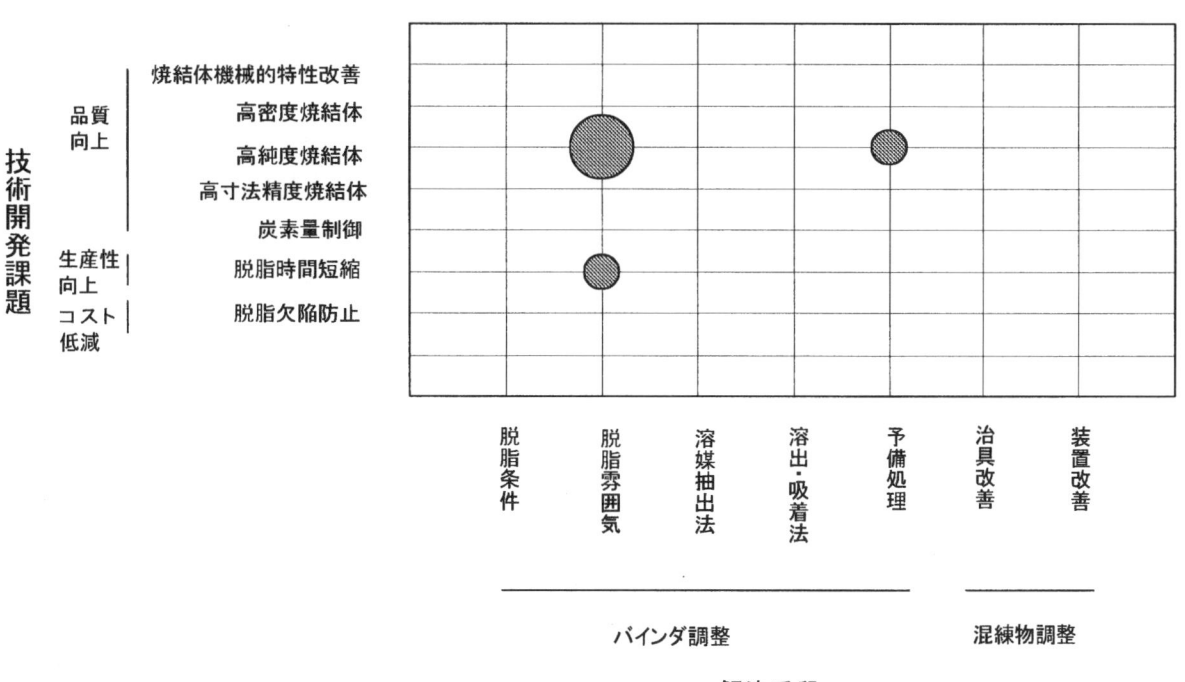

表2.17.3-1 川崎製鉄の保有特許の概要（1/3）

技術要素	課題		特許番号	特許分類	抄録
原料粉末	品質向上	高寸法精度焼結体	特許2758569	B22F 3/ 10 C B22F 3/ 10 D C22C 33/ 2 A	窒化鉄粉に、Cr、Ni、Mo、Mn、Cの各粉末を所定量混合したものを原料粉末とするもので、焼結工程で加熱により窒化鉄から窒素が分解放出され、鉄分が活性化され粉末同士の結合が強化され、密度も上がる。
		高密度焼結体	特開平6-145704	B22F 1/ 2 A C22C 1/ 4 C	Ti粉末にNi、Co、Cu、Ag、Auの群から選ばれた1種以上をめっきすることにより、混練、成形、脱脂時の炭素、酸素の侵入を抑え、Ti合金中の炭素量、および酸素量を低くするTi合金の製造法。
			特開平6-240381	B22F 1/ 2 A B22F 3/ 2 L C22C 1/ 4 E	Ti粉末にNi、Co、Cu、Ag、Auの群から選ばれた1種以上をめっきし、バインダとの混合物を所定のせん断力で混練する。
バインダ	生産性向上	混練時間短縮	特許2793919	B22F 3/ 2 M C04B 35/ 00 B B28B 1/ 24	有機バインダとして高分子化合物の1種以上とそれより低分子量の成分の1種以上を必須成分として使用し、高粘性の高分子化合物を金属粉と混練し短時間で凝集粉を分散させ、次に低分子成分を加え混練する。
		脱脂時間短縮	特許2843212	B22F 3/ 2 M B28B 1/ 24 C04B 35/ 00,108	分子量が2,000を超え、かつイソシアネート基を分子中に1個以上有する熱可塑性樹脂を含有する射出成形用バインダ。
			特許2843213	B22F 3/ 2 M B28B 1/ 24 C04B 35/ 00,108	オキサゾリニル基を分子内に1個以上有する樹脂または化合物を含有する射出成形用バインダ。
	コスト低減	脱脂欠陥の防止	特許2843189	B22F 3/ 2 M C08L 23/ 2	エポキシ基含有不飽和単量体0.1～30%、これと共重合可能なモノマー70～99.9%とを共重合してなるエポキシ基オレフィン系共重合体20～90%、残部が該共重合より低分子量の有機化合物からなるバインダ。
			特開平5-230503	B22F 3/ 2 L	コンパウンド混練の最終段階、あるいは混練後に50～200℃の温度範囲で1×10^7dyn/cm^{2}以上のせん断力を付与するもので、例えば高速同方向2軸押出機で混練温度90℃にて再混練する。
脱脂	品質向上	高純度焼結体	特許2643002	C04B 35/ 64,301 B22F 3/ 10 C	体積比率で0.5～1.5のバインダを有する成形体を0.1torr以下の減圧下で80～250℃に加熱保持し、その後、この予備処理成形体を水素ガス雰囲気中250～800℃に加熱し残部のバインダ成分を除去する。
			特許2980209	B22F 3/ 10 F C22C 5/ 00	Au、Agまたはこれらの合金を主成分とした微粉末にバインダを添加・混合し射出成形し、加熱して脱脂するとともに、炭素含有量を0.05%以下に調整し、その後焼結する。

表2.17.3-1 川崎製鉄の保有特許の概要（2/3）

技術要素	課題		特許番号	特許分類	抄録
脱脂	品質向上	高純度焼結体	特許2793958	B22F 1/ 00 J B22F 3/ 2 L B22F 3/ 10 C	比表面積と酸素量を限定したTiまたはTi合金粉末をバインダと混練し、射出成形した成形体を減圧もしくは非酸化性雰囲気で加熱脱脂し、次に非酸化性雰囲気で焼結する。
			特許2793938	B22F 3/ 10 C	脱脂工程の少なくとも一部を600～1,000℃の温度で行い、かつ、その時の熱処理を密閉した加熱炉内で行って所望の炭素量を添加する。
	生産性向上	脱脂時間短縮	特許2799064	C04B 35/ 64,301 B22F 3/ 10 C	射出成形温度より低温で加熱し、同時に炉内に有機バインダに不溶な物質の気体を連続添加し、かつ前記気体の分圧と前記バインダの分圧との合計全圧を大気圧より低圧となるよう排気を制御する。
	コスト低減	脱脂欠陥の防止	特開平4-116105	C04B 35/ 64,301 B22F 3/ 10 C B22F 3/ 10 M	脱脂工程中、成形体を突起が均一に分布した敷板上に載置し加熱することにより、脱脂の不均一性を制御でき、寸法精度の良好な焼結部品が製造できる。
焼結	品質向上	高純度焼結体	特許2743974	B22F 3/ 2 L B22F 3/ 10 B	脱脂後の成形体をガス露点が-30～-40℃以下、一酸化炭素を含む水素中で閉空孔が形成される温度未満の温度で熱処理する。
		高密度焼結体	特開平6-172810	B22F 1/ 00 P B22F 3/ 2 L B22F 3/ 10 C	W粉末80％以上にCu、Ni、Fe、Mo、Co粉末の1種以上を混合後、バインダと混練し、射出成形し、成形体中のC/Oモル比を1.0以下に調整後、減圧下で焼結する。

表2.17.3-1 川崎製鉄の保有特許の概要（3/3）

技術要素	課題		特許番号	特許分類	抄録
焼結	品質向上	焼結体機械的特性改善	特開平6-330105	B22F 3/ 10 F B22F 3/ 10 M C22C 1/ 4 C	Tm/2(Tm:融点K)が1,100K以上の金属またはセラミックからなる焼結用ケース内にTiまたはTi合金からなる焼結すべき成形体と、ゲッター金属を装入し、真空または不活性ガス雰囲気下で焼結する。
			特許2901175	A61C 7/ 00 B A61C 7/ 00 Z C22C 1/ 4 E	Ti原料粉末とバインダを混合後射出成形し、真空下または不活性雰囲気で脱脂、焼結したもので、炭素量、および酸素量を所定値以下に調整し、相対密度、硬度および伸びを限定している。
		炭素量制御	特公平6-92604	B22F 3/ 10 A B22F 3/ 10 E B22F 3/ 2 M	非酸化性または減圧下で脱脂し、脱脂後の成形体を湿潤水素または含酸素雰囲気で熱処理し、炭素と酸素のモル比を調整したのち、減圧下または非酸化性雰囲気で焼結する。

2.17.4 開発拠点

　金属射出成形技術の開発を行っていると思われる事業所、研究所などを特許情報に記載された発明者住所をもとに紹介する。（但し、組織変更などによって現時点の名称等とは異なる場合もあります。）

　　　千葉県：技術研究所

2.17.5 研究開発

　図2.17.5-1には、特許情報から得られる川崎製鉄の発明者数と出願件数との推移を示すが、1992年をピークに95年以降の出願はない。

図2.17.5-1 川崎製鉄の発明者数と出願件数との推移

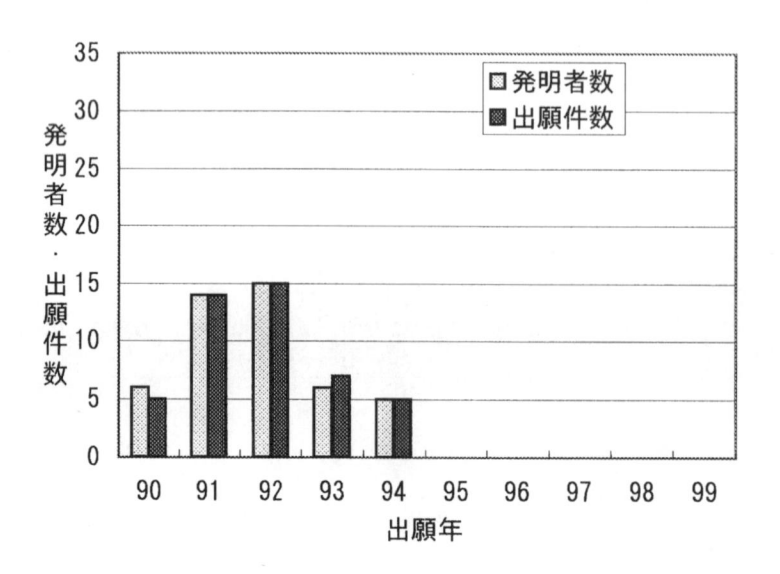

2.18 シチズン時計

2.18.1 企業の概要

表2.18.1-1 シチズン時計の企業概要

1) 商　　　　　号	シチズン時計　株式会社				
2) 設 立 年 月 日	1930年5月				
3) 資　　本　　金	32,649百万円				
4) 従　　業　　員	2,259 人				
5) 事　業　内　容	時計・同部分品製造業、事務用・サービス用・民生用機械器具製造業				
6) 技術・資本提携関係	技術：IBM（米国）				
	資本：日本トラスティサービス信託、第一勧銀、三菱信託銀行				
7) 事　　業　　所	本社／西東京、事業所／西東京、所沢				
8) 関　連　会　社	ミヨタ、シチズン電子、シメオ精密、平和時計製作所、シチズン精機、狭山精密工業				
9) 業　績　推　移	年　　度		1998	1999	2000
	売　上　げ	百万円	194,773	185,912	196,357
	損　　益	百万円	643	2,237	6,307
10) 主　要　製　品	腕時計、携帯用カードモバイル、ディスクドライブ、液晶カラーテレビ、水晶デバイス、チップLED、小型精密工作機器、組立てロボット、宝飾、メガネフレーム				
11) 主 な 取 引 先	シチズン商事、シービーエム、フィリップス香港、三菱電機、シチズンアメリカ				
12) 技 術 移 転 窓 口					

　売上げは時計事業、情報電子機器事業の2本柱。金属粉末射出成形技術はこれら精密部品に採用。1987年より開発に着手。1990年より腕時計のMIM製機構部品の試作を開始し、1991年より時計部品などの精密小型部品の本格生産を開始、CPIM（CITIZEN Powder Injection Molding）技術として業容を拡大している。開発拠点は西東京の東京事業所と埼玉の所沢事業所。

2.18.2 金属粉末射出成形技術に関連する製品・技術

表2.18.2-1 シチズン時計の金属粉末射出成形技術に関連する製品・技術

技術要素	製品	製品名	備考	出典
金属粉末射出成形	金属部品	ステンレス、パーマロイ、パーメンジュール、コバール、タングステン合金、純チタン等	販売中	http://www.citizen.co.jp/cpim/pim5_3.htm
	時計モジュール部品	作動カム他	販売中	http://www.citizen.co.jp/cpim/pim5_3.htm
	時計部品	時計ケース、バンド、レジスターリング	販売中	http://www.citizen.co.jp/cpim/pim5_3.htm
	金型	射出成形金型	販売中	http://www.citizen.co.jp/cpim/pim5_3.htm

　CPIM技術として時計部品、各種金属部品、射出成形金型等の生産を行っている。
　金属粉末射出成形品の品質向上とコスト削減の課題に対応し、バインダ成分、混練方法、脱脂雰囲気、脱脂治具・装置などの開発を行っている。

図2.18.2-1 CPIMにより製造した時計部品

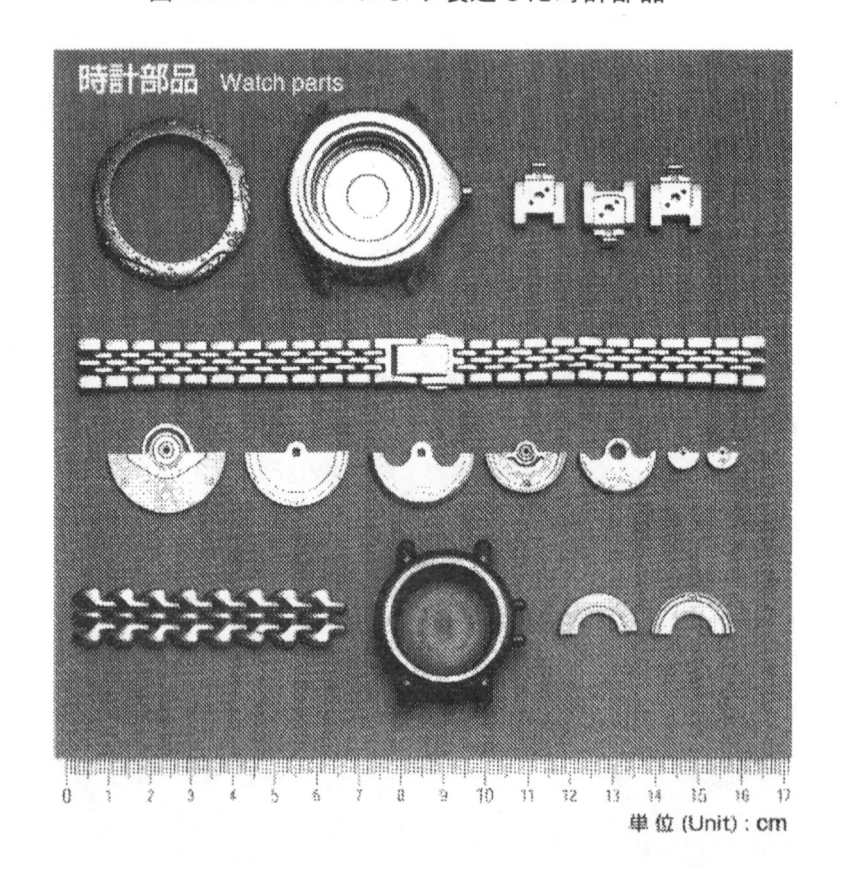

2.18.3 技術開発課題対応保有特許の概要（金属粉末射出成形技術）

シチズン時計はバインダ、射出成形および脱脂の技術要素に対応する解決手段に関する特許が比較的多い。特に脱脂の技術要素に関しては、オゾン雰囲気で脱脂をするという特徴的な特許を保有している。バインダの技術要素に関する技術開発課題と解決手段対応図を図2.18.3-1に示す。

バインダに関しては、高密度焼結体、高純度焼結体の課題に対しては低分子量バインダと高分子量バインダを使い分けること（成分調整）を解決手段としている。また、高寸法精度焼結体に対しては混練の前工程で有機溶剤中で高分子バインダを分散混合したあと残りのバインダ成分を混練するという混練方法を解決手段としている。さらに、脱脂欠陥の防止に対しても、バインダの成分調整を解決手段としている。例えば酸触媒分解性のバインダを使い硝酸ガス雰囲気中で脱脂する方法が挙げられる。

射出成形に関しては、解決手段として多段成形を採用し品質向上の課題に対応している。焼結体機械的特性改善の課題に対しては、収縮率の異なるコンパウンドを用いて多層の成形体を成形するという解決手段、表面性状改善に対しては、異種金属からなるコンパウンドを用いて多層の成形体を成形するという解決手段を採用している。

脱脂に関しては、脱脂欠陥の防止に対して光崩壊性のバインダを用いオゾン雰囲気で酸化分解させる（脱脂雰囲気およびその装置）という解決手段を採用している。

原料粉末および焼結の技術要素の課題に対応する特許は各１件づつである。原料粉末に関しては炭素量制御の課題に対応る特許を保有し、焼結に関してはTiAl合金の表面性状改善に対して、焼結条件を制御することを解決手段にしている。

図2.18.3-1 技術開発課題と解決手段対応図
（バインダ、シチズン時計）

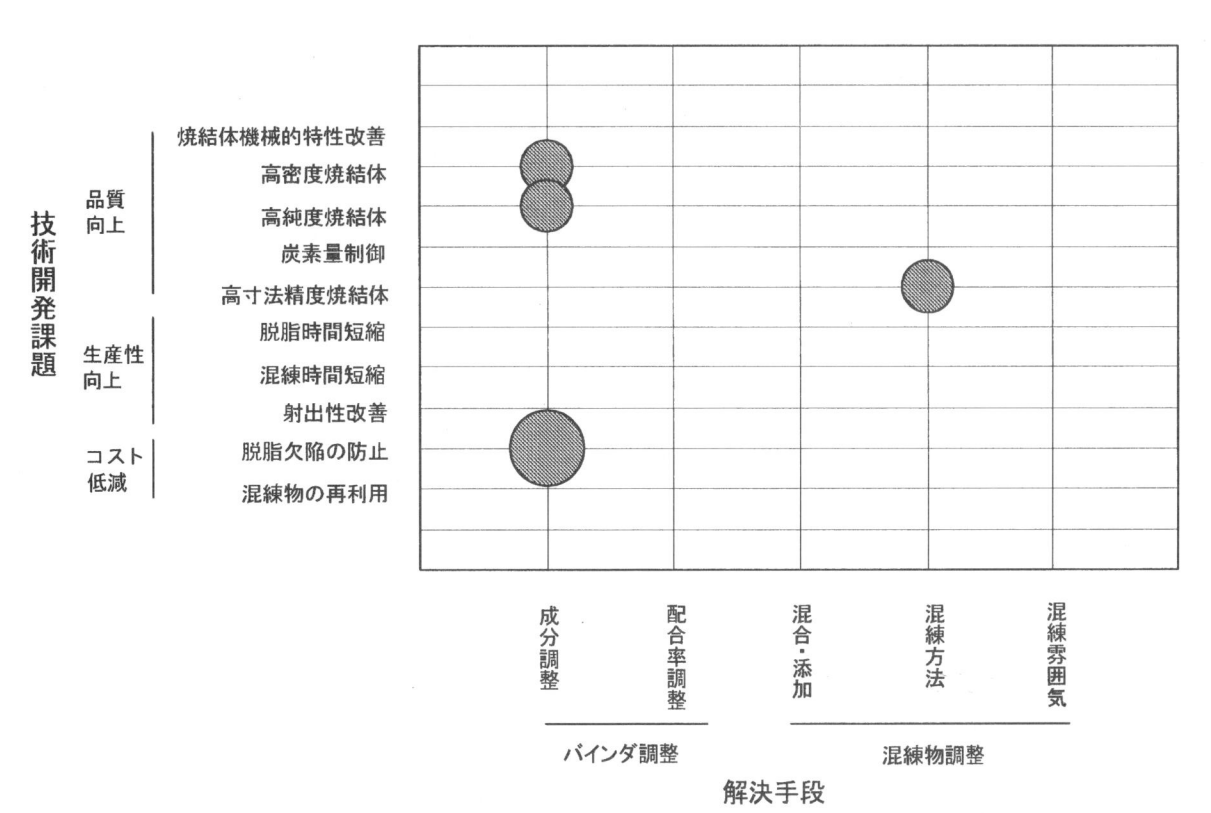

表2.18.3-1 シチズン時計の保有特許の概要 (1/3)

技術要素	課題		特許番号	特許分類	抄録
原料粉末	品質向上	炭素量制御	特開平10-259404	B29C 45/ 00 B22F 3/ 10 B	カルボニル鉄粉末の射出成形において、脱脂後の焼結開始温度での成形体中に含まれるC量を0.2%以下、O量を0.4%以下に制御することにより、該成形体の焼結収縮が均一に進行し、部品の反り変形が生じない。
バインダ	品質向上	高純度焼結体	特開2000-203943	C04B 35/ 00 B C04B 35/ 00 X C04B 35/ 00,108	低分子量バインダを高分子バインダより先に溶融させ、引き続き高分子バインダを溶融させ、その後低分子バインダ、高分子バインダと粉末とを混練する。
		高寸法精度焼結体	特許2749699	C04B 35/ 00 B B28B 1/ 24 B22F 1/ 00 J	混練の前工程として有機溶媒中で高分子バインダの一部と原料粉末とを分散混合し粉末粒子を樹脂コーティングし、この混合物を乾燥したものと残りのバインダ成分を加熱混練する。
		高密度焼結体	特開平9-87775	B22F 1/ 00 L B22F 3/ 10 C C22C 1/ 4 A	Cu粉末、Cr族金属粉末およびFe族金属粉末と、体積比で5:1〜1:1の高分子系バインダと低分子系バインダよりなる熱可塑性有機バインダの混練物を射出成形し、成形体を還元雰囲気で加熱・脱脂、焼結する。
	コスト低減	脱脂欠陥の防止	特開平11-131103	B22F 3/ 2 M B22F 3/ 10 C	バインダ成分として、少なくとも1種類の熱可塑性樹脂からなり、焼結収縮開始温度以下で熱分解が終了する樹脂を使用する。
			特開平8-225802	B22F 3/ 2 M	Ti粉末表面にバインダとして非酸触媒分解性のポリブチルメタクリレートをコーティングし、これとバインダとしての酸触媒分解製のポリオキシメチレンとを混練し、射出成形後、発煙硝酸で酸触媒分解脱脂を行う。
			特開2000-63903	C04B 35/ 64,301 B22F 3/ 2 L B22F 3/ 10 C	保形性重視のバインダを使用した混練物と、成形性重視のバインダを使用した混練物とを、部分的に使い分けて一体とした部品を射出成形し、脱脂、焼結するので、保形性と成形性をたがいに補完する部品ができる。
射出成形	品質向上	焼結体機械的特性改善	特開2000-309803	B22F 3/ 2 S	収縮率の低いコンパウンドで容器を射出成形し、収縮率の高いコンパウンドで容器に隙間なく収納可能な心材を射出成形し、容器に心材を収納して複合体を組立、これを脱脂、焼結する。
			特開2000-328101	C04B 35/ 00 X B22F 3/ 2 S	収縮率の高いコンパウンドで容器を射出成形し、収縮率の低いコンパウンドで容器内面全体密接して収納可能な形状の心材の成形体を射出成形し、容器に心材を収納して複合体を組立、これを脱脂、焼結する。

表2.18.3-1 シチズン時計の保有特許の概要（2/3）

技術要素	課題		特許番号	特許分類	抄録
射出成形	品質向上	表面性状改善	特開2000-219902	B29C 45/ 16 C04B 35/ 00 B C04B 35/ 00 E	成形体の中心層形成用の混練物を射出成形し、その上に表皮相形成用で前記混練物とは異種金属材料の金属材料を射出成形し一体成形体とし、脱脂、焼結する。
		複合焼結体	特開2000-72556	C04B 35/ 64,301 B28B 1/ 24 B22F 3/ 2 L	成形体の中心層形成用の混練物を射出成形し、その上に表皮層形成用で前記混練物とは異種金属材料或いは粒度の異なる同種の金属材料を射出成形し一体成形体とし、脱脂、焼結する。
脱脂	品質向上	高純度焼結体	特開2000-45003	B22F 3/ 10 C	射出成形後、成形体をセラミック製のセッター上に載置して脱脂し、次に脱脂体を別のバインダ残さの少ないセラミックス製のセッターに載置して焼結炉に装入する。
	コスト低減	脱脂欠陥の防止	特開平8-35002	B01J 19/ 12 Z B22F 3/ 10 C	脱脂装置内には、耐熱性格子または光透過性の板とその上に敷かれたセラミックウールからなる成形体の支持台が配設され、支持台の上下いずれか一方には光源が配設され、他方には反射板が配設されている。

277

表2.18.3-1 シチズン時計の保有特許の概要（3/3）

技術要素	課題		特許番号	特許分類	抄録
脱脂	コスト低減	脱脂欠陥の防止	特開平6-263548	B22F 3/ 10 C C04B 35/ 64,301	光崩壊性樹脂を含む有機バインダを使用し、脱脂のさい、成形体をオゾン雰囲気にて酸化分解改質する工程を含む。 1.ヒーター　9.真空ポンプ 2.ファン　10.紫外線光源 3.試料台　11.石英ガラス 4.試料支持台　12.シャッター 5.オゾン導入口　13.反射板 6.オゾン発生機　14.断熱板 7.置換ガス導入口　15.制御板 8.置換ガス出口
焼結	品質向上	表面性状改善	特開平8-13055	C22C 1/ 4 C C22C 1/ 4 E C22C 14/ 00 Z	TiAl粉末を使用し射出成形された成形体を脱脂、焼結するにあたり、焼結時の温度、時間、圧力を制御することにより、焼結体表面にTi$_3$Al相を析出させ、TiAl相とTi$_3$Al相の層状組織にし表面硬化させる。

2.18.4 開発拠点

　金属射出成形技術の開発を行っていると思われる事業所、研究所などを特許情報に記載された発明者住所をもとに紹介する。（但し、組織変更などによって現時点の名称等とは異なる場合もあります。）

　　　埼玉県：所沢事業所
　　　東京都：東京事業所

2.18.5 研究開発

図2.18.5-1には、特許情報から得られるシチズン時計の発明者数と出願件数との推移を示すが、1997年以降発明者数が増加しており、98年は大幅に増えている。出願件数も97年以降増加傾向である。

図2.18.5-1 シチズン時計の発明者数と出願件数との推移

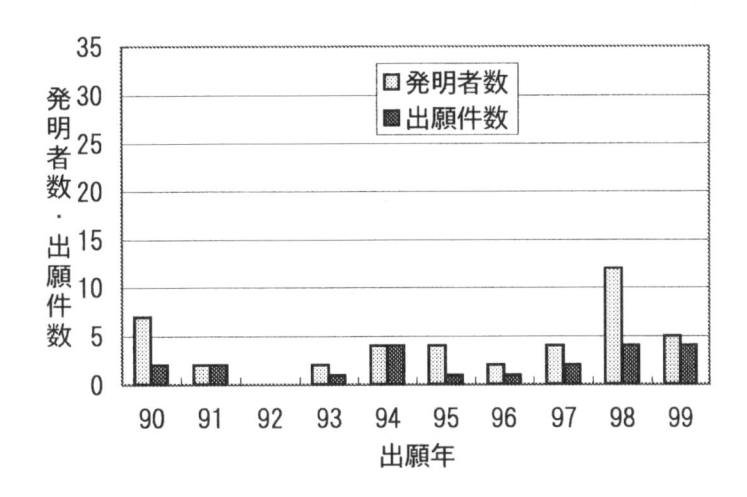

2.19 デンソー

2.19.1 企業の概要

表2.19.1-1 デンソーの企業概要

1)	商　　　　　号	株式会社 デンソー
2)	設 立 年 月 日	1949年12月16日
3)	資　　本　　金	173,097百万円
4)	従　　業　　員	38,700 人
5)	事　業　内　容	自動車関連部品製造販売、通信・FA機器の製造販売
6)	技術・資本提携関係	技術：ロバートボッシュ（ドイツ）、テキサスインスツルメンツ(米国)、クアルコム（米国） 資本：トヨタ自動車、豊田自動織機、ロバートボッシュ
7)	事　　業　　所	本社／刈谷、工場／刈谷、広島、製作所／安城、高棚、豊橋、北九州、
8)	関　連　会　社	アスモ、アンデン、日本自動車部品総合研究所、デンソーインターナショナルアメリカ、デンソーインターナショナルヨーロッパ
9)	業　績　推　移	年度／1998／1999／2000 売上げ 百万円／1,329,003／1,386,913／1,491,165 損益 百万円／69,434／76,915／92,105
10)	主　要　製　品	自動車関連部品、携帯電話、カーナビゲーションシステム、事業所用クーラー、電子応用機器、FA機器
11)	主　な　取　引　先	トヨタ自動車、本田技研工業、三菱自動車
12)	技　術　移　転　窓　口	

　トヨタ系で、国内最大手の自動車部品メーカー。元日本電装で、1996年に現商号。金属粉末射出成形技術の開発拠点は本社のある刈谷であるが、実用化はこれからである。

2.19.2 金属粉末射出成形技術に関連する製品・技術

　自動車部品関連の技術開発中でまだ実用化していない。
　金属粉末射出成形技術に関し、複合焼結体、複雑形状化に対し多段成形や金型調整で対処。また、生産性向上では金型調整によって離型方法を改善している。

2.19.3 技術開発課題対応保有特許の概要（金属粉末射出成形技術）

デンソーは射出成形の技術要素の課題に対応する特許がほとんどであり、他の技術要素の課題に対応する特許は高々１件である。射出成形の技術要素に関する技術開発課題と解決手段対応図を図2.19.3-1に示す。

射出成形に関しては、品質向上の課題に対しては多段成形と金型調整の解決手段で対応している。成形体品質改善に対してはダミーのキャビティを設ける（金型調整）ことで対応し、複合焼結体に対して、第１と第２成形体の接合面が平行になるように工夫して多段成形したり、金型内にカッタを配置して複合焼結体の課題に対応している。また、離型法改善の課題に対しては、加熱したカッタ内蔵の金型および複合焼結体における接合面で分離できる金型構造という金型調整を解決手段としている。

脱脂に関しては、脱脂欠陥の防止に対して、複数のバインダ成分において、脱脂時に軟化状態になるバインダ成分を制御する（脱脂条件）という解決手段を採用している。

焼結に関しては、表面性状改善に対して焼結体の表面のポアを押圧する（加工）という解決手段で対応している。

デンソーは溶融金属射出成形技術に関する特許も５件保有しているが、溶融金属射出成形技術の主要12社に比べ少ないので保有リストから省略した。

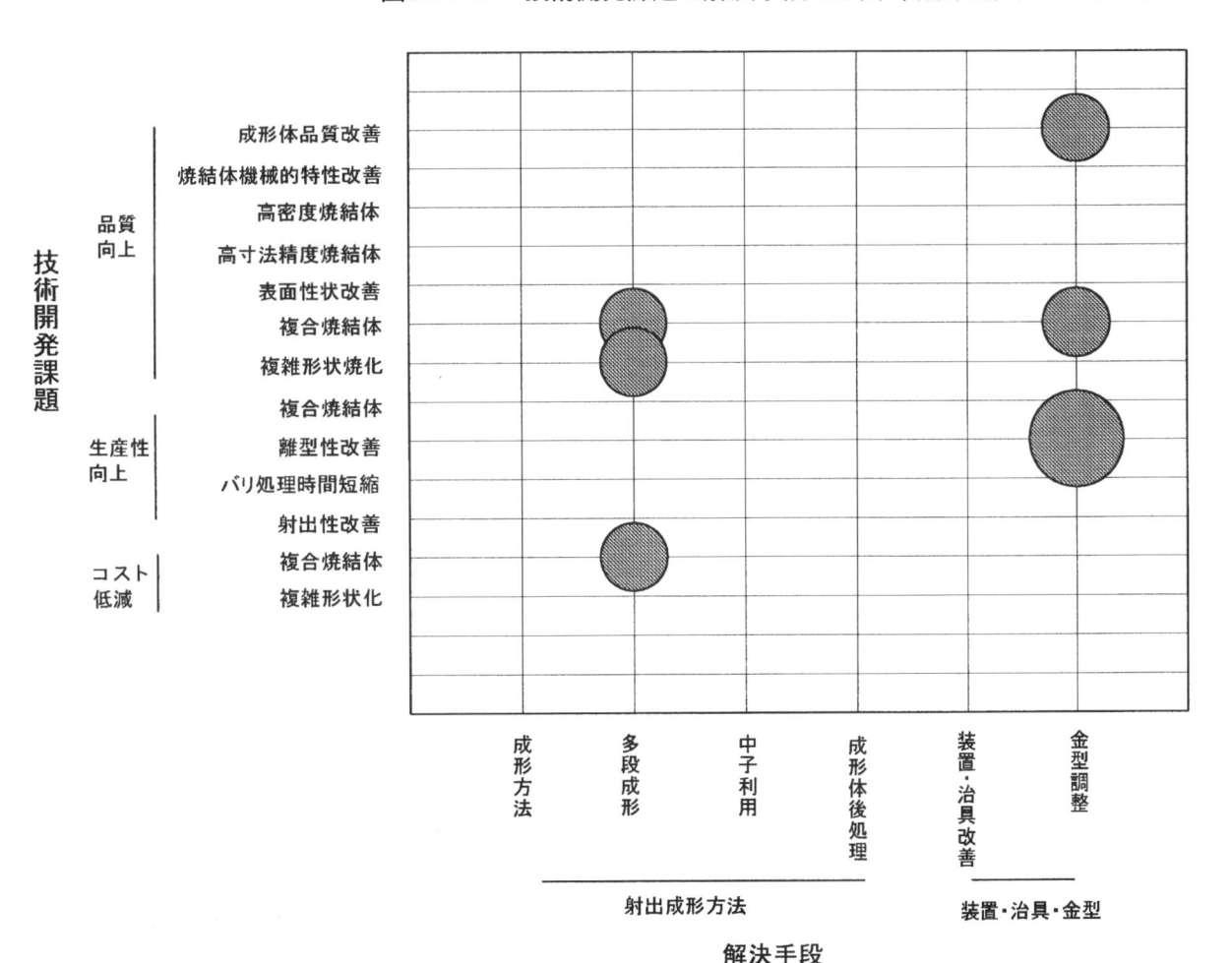

図2.19.3-1 技術開発課題と解決手段対応図（射出成形、デンソー）

表2.19.3-1 デンソーの保有特許の概要（1/3）

技術要素	課題		特許番号	特許分類	抄録
原料粉末	品質向上	高寸法制度焼結体	特開2001-140002	B22F 7/ 6 A B22F 3/ 2 S B22F 3/ 00 A	焼結工程における各材料の最終収縮率の差が3％以下、かつ収縮が50％完了する温度の差が100℃以内とする。具体的には、各粉末同士の粒径調整、粉末成分の一部置換などを行う。
射出成形	品質向上	成形体品質改善	特開2001-192704	B22F 3/ 2 S	金型内の流路における成形材料の進行方向が変わる進路変更部分および最充填部にダミーキャビティを設ける。これにより成形材料の流動先端部のバインダ富化部分を除去できる。
		複合焼結体	特開2001-140001	B22F 3/ 2 S	金型内に第1成形体を形成し、次に第2成形体の混練物を第1成形体に接合させて射出するに当たり、接合面と平行な方向の混練物流が得られるように第2成形体の混練物を流動させる。
			特開2001-164301	B22F 3/ 2 S	異種材料の射出成形による複数の成形体を接合し、一体化する複合成形において、成形体の接合面の表層部をカッタにて切除する。このカッタは、金型内に進退可能に配設する。

表2.19.3-1 デンソーの保有特許の概要（2/3）

技術要素	課題		特許番号	特許分類	抄　　　　録
射出成形	品質向上	複雑形状焼結体	特開平6-10792	F02M 59/ 44 N	Fe-Ni合金とバインダを混練し、射出成形し、脱脂、焼結して燃料噴射ポンプのスリーブをその突起部とともに一体的に製造する。
	生産性向上	離型法改善	特開2001-162593	B26D 7/ 10 B23D 15/ 00 Z B23D 35/ 00 Z	加熱した切断刃を用い、金属粉末射出成形体の切断部分に当接させるとともに切断方向に前進させることにより、成形体の切断を行う。切断刃は振動させてもよく、また金型内に進退可能に配置されてもよい。
			特開2001-164302	B29C 45/ 40 B22F 3/ 2 S	金型は第1成形体用の部分と第2成形体用部分で2分割され、同じ金型で第1、第2の各成形体を射出成形できる。複合化された成形体は金型分割面での分離と、エジェクタによる成形体押出で金型から取出される。 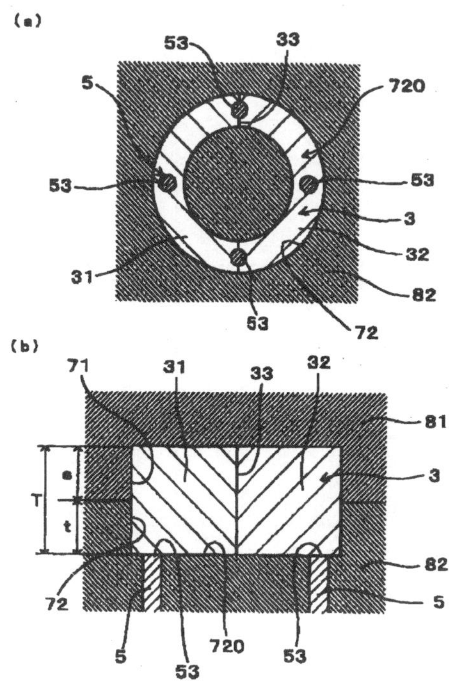

(図2)

(a)

(b)

表2.19.3-1 デンソーの保有特許の概要（3/3）

技術要素	課題	特許番号	特許分類	抄録
射出成形	コスト低減	複合焼結体	特開2001-123202	B22F 3/ 2 S B22F 3/ 2 M B22F 7/ 6 A	基準型と交換型とを対面させキャビティを形成する金型において、基準型と第1交換型で第1成形体を形成し、次に第1交換型を第2交換型に変えて、第2成形体の混練物を射出し、第1，2成形体を合体させる。 （図1）
脱脂	コスト低減	脱脂欠陥の防止	特開2001-152205	B22F 3/ 2 S B22F 3/ 10 C	バインダは、複数の成分を混合したもので、脱脂のための加熱のさい、成形体内の初期バインダ総量に対する軟化状態になるバインダ量の体積比率が常に50vol％以下であることを特徴とする。
焼結	品質向上	表面性状改善	特開2001-164304	B22F 3/ 24 D B22F 3/ 2 S B22F 5/ 00 S	金属粉末の射出成形法により製造された焼結体を、ほぼ同形の金型に設置し成形体のシール面に相当する部分を押圧し、表面のポアを潰す。

2.19.4 開発拠点

　金属射出成形技術の開発を行っていると思われる事業所、研究所などを特許情報に記載された発明者住所をもとに紹介する。（但し、組織変更などによって現時点の名称などとは異なる場合もあります。）

　　　愛知県：株式会社デンソー

2.19.5 研究開発

図2.19.5-1には、特許情報から得られるデンソーの発明者数と出願件数との推移を示すが、最近になって出願があり、新規に、この分野に参入したようである。

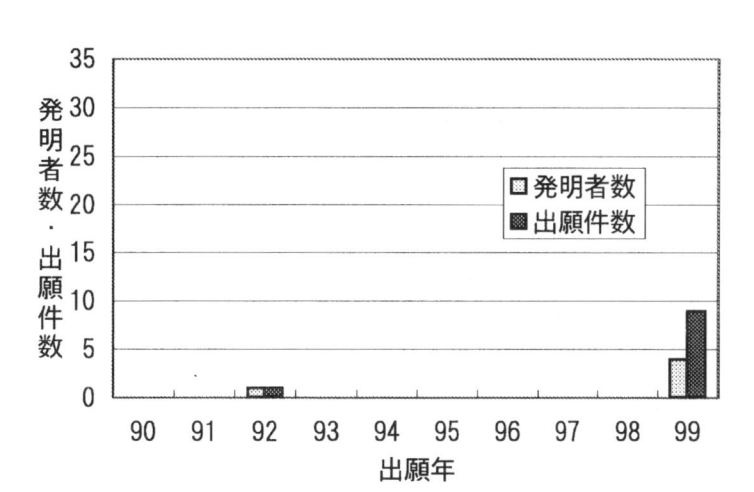

図2.19.5-1 デンソーの発明者数と出願件数との推移

2.20 インジェックス

2.20.1 企業の概要

表2.20.1-1 インジェックスの企業概要

1) 商号	株式会社　インジェックス				
2) 設立年月日	1988年9月				
3) 資本金	400百万円				
4) 従業員	65 人				
5) 事業内容	粉末や金製品製造業				
6) 技術・資本提携関係	技術：川崎製鉄				
	資本：セイコーエプソン				
7) 事業所	本社・工場／諏訪				
8) 関連会社	－				
9) 業績推移	年度		1998	1999	2000
	売上げ	百万円	1,710	1,532	1,500
	損益	百万円	-490	－	－
10) 主要製品	腕時計部品（ケース、ベゼル、エンドピース）、プリンター部品、各種電子機器部品				
11) 主な取引先	セイコーエプソン、シコー技研、川鉄商事、本田精密工業、並木精密宝石				
12) 技術移転窓口					

　MIM製品を対象とした企業。原料の開発・製造から精密加工製品の製作までMIM業界のトップメーカー。

　川崎製鉄とセイコーエプソンの合弁で、1989年に設立。その後、セイコーエプソンのグループ会社として業容を拡大。ステンレス鋼部品を中心として、タングステン合金部品、チタン部品等の特殊材料部品の製造販売に強みを持つ。

2.20.2 金属粉末射出成形技術の製品・技術

表2.20.2-1 インジェックスの金属粉末射出成形技術の製品・技術

技術要素	製品	製品名	備考	出典
金属粉末射出成形	時計部品	ケース、ベゼル、エンドピース	発売中	http://injex.online.co.jp/
	OA機器部品	プリンター用ヨーク他	発売中	http://injex.online.co.jp/
	電子機器部品	CPU部品他	発売中	http://injex.online.co.jp/
	カメラ部品	各種	発売中	http://injex.online.co.jp/
	自動車部品	ターボチャージャー	発売中	http://injex.online.co.jp/
	一般産業機械部品	耐食継手、計測器部品他	発売中	http://injex.online.co.jp/
	医療器具	メスホルダー他	発売中	http://injex.online.co.jp/
	スポーツ部品	ゴルフ部品	発売中	http://injex.online.co.jp/

ステンレス製時計外装部品を手始めにあらゆる分野の精密部品、複雑形状部品に対応している。

金属粉末射出成形品の品質向上では主として原料粉末組成で対応し、焼結体機械的特性改善、高密度焼結体、高純度焼結体を得ている。また、生産性向上を課題とし、脱脂雰囲気や装置改善で脱脂時間の短縮を図っている。

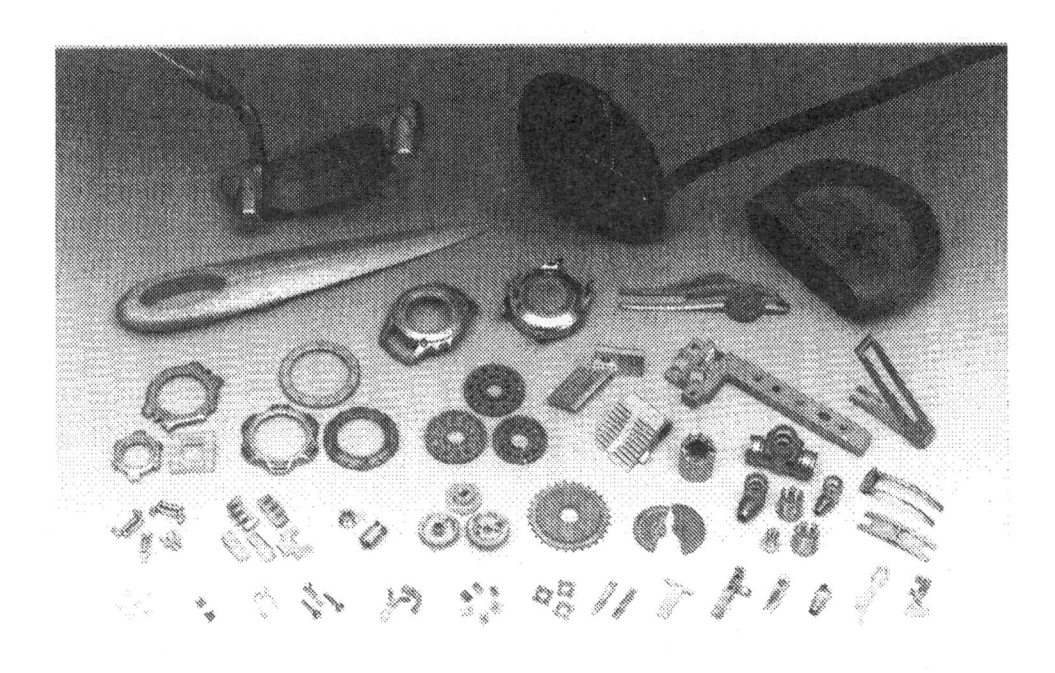

図2.20.1-1 金属粉末射出成形技術による製品例

2.20.3 技術開発課題対応保有特許の概要（金属粉末射出成形技術）

　インジェックスは原料粉末の技術要素の課題に対応する特許が比較的多い。次いで脱脂、射出成形、焼結と件数は減ってくる。特に、バインダの技術要素の課題に対応する特許はない。原料粉末の技術要素に関する技術開発課題と解決手段対応図を図2.20.3-1に示す。

　原料粉末に関しては、Ti系材料とW材料に関するものが多い。また、解決手段はすべて原料粉末組成である。Ti材料においては、高純度焼結体の課題に対して水素を内在した粉末の使用、生体適合性に対してTi合金の組成が提案されている。W材料においては、焼結体機械的性質に対して各種化学成分を添加する解決手段がとられている。さらに、鉄系材料において、高純度、高密度焼結体の課題に対して微量不純物元素を制御するという解決手段がとられている。

　脱脂に関しては、高密度焼結体の課題に対しては脱脂後の成形体に圧密加工を施す（予備処理）という解決手段を採用し、脱脂時間の短縮に対しては、脱脂雰囲気の改善および脱脂炉の配管系統の改良（装置改善）で対応している。

　射出成形に関しては、射出成形後静水圧下で加圧することにより、高密度焼結体の課題に対応し、射出成形後の加工により複雑形状焼結体の課題に対応している。

　焼結に関しては、焼結後静水圧下で圧密化して、高寸法精度焼結体の課題に対応し、複雑形状焼結体の課題に対しては、変形防止用補強部を設けた成形体を焼結したあと該補強部を除去することにより対応している。

図2.20.3-1 技術開発課題と解決手段対応図
（原料粉末、インジェックス）

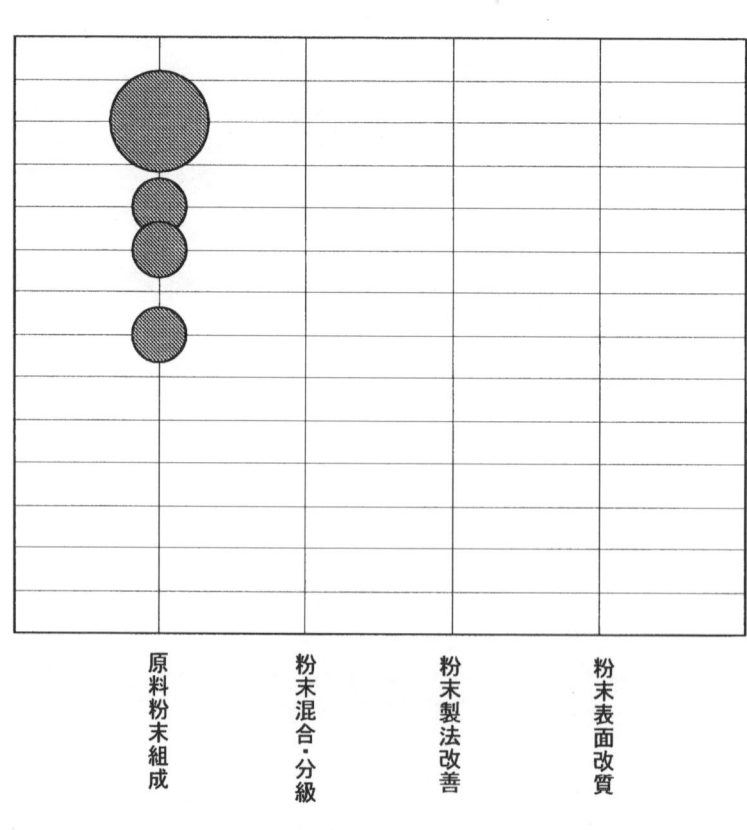

表2.20.3-1 インジェックスの保有特許の概要（1/3）

技術要素	課題		特許番号	特許分類	抄録
原料粉末	品質向上	高純度焼結体	特開2001-158925	C22C 1/ 4 C B22F 1/ 00 N B22F 3/ 11 A	常温〜500℃で水素を吸収させ（水素化）、その後Arガス中で粉砕して水素を吸蔵させたTi、またはTi系合金粉末を、バインダと混練し、射出成形後、非酸化雰囲気で加熱・脱脂、焼結する。
		高密度焼結体	特開平11-181501	B22F 9/ 8 A B22F 1/ 00 T B22F 3/ 2 L	主成分が鉄またはステンレス鋼のような鉄系合金で、窒素が鉄に対し0.1〜0.5%含まれるもので、射出成形法による焼結体は高密度で、機械強度が高く、焼結温度の低下が図られた。
		焼結体機械的特性改善	特開平10-30148	C22C 1/ 4 D C22C 27/ 4101 H01L 23/ 36 M	焼結体の金属組成が、W:75.5〜90%、Cu:6〜20%、Fe、Ni:0.6〜5%、Co:0.3〜2%からなるヒートシンク本体を射出成形法により製造する。
			特開平10-60570	B22F 3/ 10 C C22C 1/ 4 D C22C 1/ 4 E	WまたはMoの少なくとも1種に、Agを2〜50%含有するもの、さらにはFe、Ni、Coなどの遷移金属を10%以下含有するもの。
			特開2000-96101	B22F 1/ 00 M B22F 3/ 2 S B22F 5/ 8	例えば、ニッケル基自溶合金等の自溶合金粉末とバインダとの混練物を射出成形し、脱脂、焼結して得られる焼結体で、その表面硬度はHv500以上となる。
		生体適合性	特開平10-337294	A61C 7/ 00 A A61C 7/ 00 Z B22F 5/ 00 Z	一体的に射出成形された歯科矯正用の部品であるバッカルチューブで、TiまたはTi合金よりなり、特に、Tiを基本成分とし、C:0.03〜0.5%、O:0.08〜0.8%、N:0.03〜0.6%を含む金属材料で構成されている。
射出成形	品質向上	高密度焼結体	特開平11-315305	B22F 3/ 10 A B22F 3/ 10 B	射出成形後、成形体を静水圧加圧（CIP）により圧密化し、次に機械加工、その後脱脂、焼結する。
	コスト低減	複雑形状焼結体	特開2000-96103	A61C 7/ 00 B B22F 3/ 2 S B22F 3/ 2 T	射出成形によりアンダーカットを有する成形体を形成し、その凸部先端を加熱下で押圧して先端形状を整形するか、あるいは金型で先端形状を整形し、以後脱脂、焼結する。

表2.20.3-1 インジェックスの保有特許の概要 (2/3)

技術要素	課題		特許番号	特許分類	抄録
脱脂	品質向上	高密度焼結体	特開平11-315306	B22F 3/ 10 A B22F 3/ 10 C	射出成形、脱脂後、成形体を静水圧加圧(CIP)により圧密化し、次に機械加工し、その後焼結する。
	生産性向上	脱脂時間短縮	特開平11-43704	C04B 35/ 64,301 B22F 3/ 10 C	脱脂炉内部へ脱脂ガスを供給する脱脂ガス供給系と脱脂排ガスの排気系とにつき、ガス排気系は低温排気路と高温排気路を有し、炉内を減圧するポンプとその下流側に設置された燃焼装置とを備えている。
			特開平10-324902	B22F 3/ 10 C	低温域で脱脂行う第1工程と、高温域で脱脂を行う第2工程からなり、第1工程は高い炉内圧で経時的に温度上昇する第1パターンと低い炉内圧で温度上昇を停止または緩和する第2パターンの繰返しとする。
			特開平10-8104	B22F 3/ 10 C	脱脂処理を、第1工程は、非酸化性ガスをキャリアガスとして低温加熱し、第2工程は前記キャリアガスで高温加熱する。キャリアガスの供給量は第1工程の供給量より第2工程の供給量のほうを多くする。

表2.20.3-1 インジェックスの保有特許の概要（3/3）

技術要素	課題		特許番号	特許分類	抄録
焼結	品質向上	高寸法精度焼結体	特開平11-315304	B22F 3/ 10 A	射出成形、脱脂後、成形体を1次焼結し、静水圧加圧(CIP)により圧密化し、次に機械加工し、その後2次焼結する。
		複雑形状焼結体	特開2000-87105	G02C 1/ 6 B22F 3/ 2 S B22F 5/ 00 Z	めがねフレーム部を一体成形するにあたり、レンズ枠部、および左右のレンズ枠連結部に変形防止用の支持補強部を設けた成形体を一体成形し、焼結後に該支持補強部を除去する。

2.20.4 開発拠点

金属射出成形技術の開発を行っていると思われる事業所、研究所などを特許情報に記載された発明者住所をもとに紹介する。（但し、組織変更などによって現時点の名称などとは異なる場合もあります。）

　　長野県：株式会社　インジェックス

2.20.5 研究開発

図2.20.5-1には、特許情報から得られるインジェックスの発明者数と出願件数との推移を示すが、出願は1996年からであり、現在も継続している。

図2.20.5-1 インジェックスの発明者数と出願件数との推移

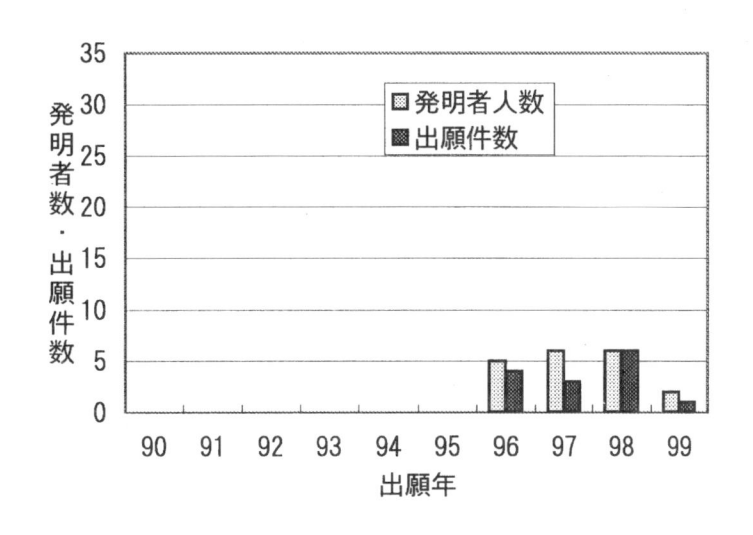

2.21 小松製作所

2.21.1 企業の概要

表2.21.1-1 小松製作所の企業概要

1) 商　　　　　　号	株式会社　小松製作所				
2) 設 立 年 月 日	1921年4月				
3) 資　　本　　金	70,120百万円				
4) 従　業　員	6,179 人				
5) 事 業 内 容	建設機械・鉱山機械製造業				
6) 技術・資本提携関係	技術：カミンズ（米国）、リンデ（ドイツ）、ウシオ電機				
	資本：ナッツクムコ、太陽生命保険、日本生命保険				
7) 事　業　所	本社／東京、工場／粟津、大阪、小山、小松、真岡				
8) 関 連 会 社	小松ゼノア、コマツディーゼル、コマツ電子金属、小松エレクトロニクス、コマツ工機、コマツアメリカ、欧州コマツ、コマツアジア				
9) 業 績 推 移	年度 || 1998	1999	2000	
	売上げ	百万円	475,700	441,423	430,270
	損益	百万円	2,172	13,612	7,222
10) 主 要 製 品	掘削機械、運搬機械、各種エンジン、電子材料、通信機器、制御・情報機器、プレス機械、産業車両				
11) 主 な 取 引 先	丸紅、住友商事、伊藤忠				
12) 技 術 移 転 窓 口					

　建設機械の最大手。エレクトロニクス事業にも進出。金属粉末射出成形技術は大阪にて開発。

2.21.2 金属粉末射出成形技術に関連する製品・技術

　現在自社製品の油圧機器部品へ適用。複雑形状部品へ適用範囲が拡大しつつある。
　金属粉末射出成形技術の生産性向上やコスト低減を図って脱脂技術に注力している。脱脂雰囲気、溶媒抽出法で開発を進めている。

2.21.3 技術開発課題対応保有特許の概要（金属粉末射出成形技術）

小松製作所は脱脂の技術要素の課題に対応する特許が７件と多い。他の技術要素の課題に対応する特許は１～２件である。脱脂の技術要素に関する技術開発課題と解決手段対応図を図2.21.3-1に示す。

脱脂に関しては、脱脂炉の構造を改良して高寸法精度焼結体の課題に対応し、また、減圧下で脱脂する（脱脂雰囲気）、バインダ成分を溶媒で抽出する際に超音波を印加（溶媒抽出法）したりして、脱脂時間短縮の課題に対応している。さらに、脱脂欠陥の防止に対しては、減圧と加圧を併用（脱脂雰囲気）したり、溶媒抽出温度を工夫（溶媒抽出法）し、対応している。

バインダに関しては、1種のバインダ成分を水溶性とし、水を溶媒として水溶性のバインダ成分を除去することにより脱脂時間の短縮、脱脂欠陥の防止の課題に対応している。

原料粉末に関しては、鉄粉に各種金属元素の酸化物を特定割合で添加することにより炭素量制御の課題に対応している。

射出成形に関しては、樹脂製の中子を持った成形体を成形し、中子部分を除去することにより複雑形状焼結体の課題に対応している。

焼結に関しては、Fe-Si系材料において、真空もしくは還元性雰囲気下で焼結したあと２相領域から急冷することにより焼結体機械的特性改善の課題に対応している。

小松製作所は溶融金属射出成形技術に関する特許も８件保有しているが、溶融金属射出成形技術の主要12社に比べ少ないので保有リストから省略した。

図2.21.3-1 技術開発課題と解決手段対応図（脱脂、小松製作所）

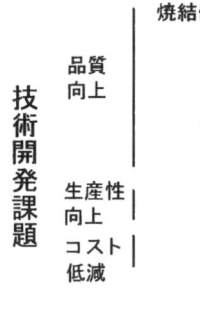

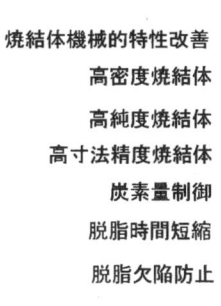

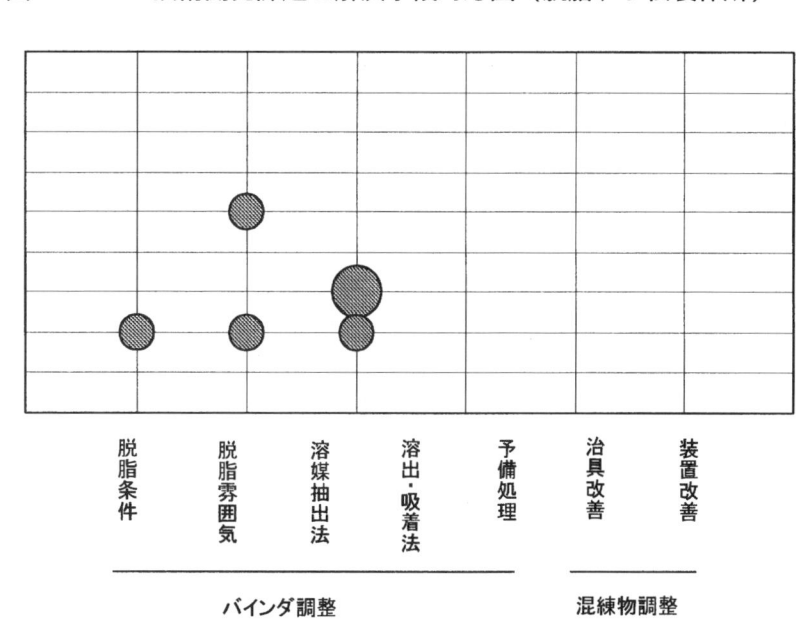

表2.21.3-1 小松製作所の保有特許の概要（1/2）

技術要素	課題		特許番号	特許分類	抄　　録
原料粉末	品質向上	炭素量制御	特許2743090	B22F 3/ 10 A	鐵粉にFe、Cu、Ni、Co、Cr、Mn、Vなどの各金属酸化物を1種以上添加し、これに有機物バインダを特定割合混合した射出成形体を脱脂後焼結し残留炭素量を制御する。
バインダ	生産性向上	脱脂時間短縮	特開平10-110201	B22F 3/ 10 C	有機バインダは、少なくとも1種以上の水溶性有機化合物と少なくとも1種以上の非水溶性の熱可塑性樹脂からなるものとし、脱脂工程では水を溶媒として一部のバインダを抽出除去し、次に加熱脱脂する。
	コスト低減	脱脂欠陥の防止	特開平7-305101	B22F 3/ 2 M B22F 3/ 10 C	バインダとして、アミド系水溶性物質、アミン系水溶性物質、ポリアミド樹脂等を使用し、脱脂においては水を主体とした溶媒によりアミド系とアミン系のバインダ分を溶出させ、次に加熱によりポリアミド樹脂分を除去する。
射出成形	コスト低減	複雑形状焼結体	特開平4-259304	B22F 3/ 2 L B22F 3/ 10 B B22F 5/ 00 B	中子は、その軟化温度を射出温度より50℃以上低くならないような熱可塑性材料で構成し、また中子は加熱あるいは溶剤による溶解により除去可能とする。
脱脂	品質向上	高寸法精度焼結体	特開平8-81702	C04B 35/ 64,301 B22F 3/ 10 C	脱脂炉内に筒状のチャンバを設置し、その中へ射出成形体を配置し、不活性ガスを供給しつつ加熱してバインダを気化させる。またチャンバの一方の開口部にファンで負圧を生じさせ、層流により排気をさせる。
	生産性向上	脱脂時間短縮	特開平10-130063	C04B 35/ 64,301 B22F 3/ 10 C	バインダは、気化しやすい有機化合物と熱可塑性樹脂成分とする。脱脂工程では、減圧雰囲気でバインダ成分の融点以下で加熱温度を低温～高温とする第1工程と最高融点以上の加熱温度とする第2工程からなる。

表2.21.3-1 小松製作所の保有特許の概要（2/2）

技術要素	課題		特許番号	特許分類	抄録
脱脂	生産性向上	脱脂時間短縮	特開2000-204402	C04B 35/ 64,301 B22F 3/ 10 C	粉末と有機バインダを射出成形した成形物から、水溶性有機バインダを抽出脱脂するさい、溶媒中に成形体を侵漬させた状態で、成形体を包むように散気管から泡を噴出させつつ超音波照射を行う。 水溶媒抽出装置の構成図
			特開平5-33006	B22F 3/ 10 C	バインダを第1の成分と第2の成分とで構成し、いずれのバインダも粉末材料を結合させる機能を有するが共通の溶媒には溶解しないものを選び、脱脂工程で溶媒抽出を、次に熱分解気化させる。
	コスト低減	脱脂欠陥の防止	特公平7-98690	C04B 35/ 64,301 B22F 3/ 10 C	射出成形体を脱脂工程にて成形体の軟化点以下の低温加熱でバインダの一部を気化させ、加圧工程で成形体を加圧しつつ不活性雰囲気中、バインダの大部分が気化する温度まで昇温する。
			特公平8-25802	C04B 35/ 64,301 B22F 3/ 10 C	成形体を常圧以下の減圧雰囲気で熱可塑性バインダの融点未満の温度に加熱、不活性ガス中常圧以上の加圧雰囲気でバインダの融点以上の加熱、ガス圧を常圧以下でバインダの融点以上の加熱の各工程からなる。
			特開2000-169242	C04B 35/ 64,301 B22F 3/ 10 C	水溶媒により有機バインダの一部を抽出脱脂し、次いで残りの有機バインダを加熱脱脂する脱脂法において、溶媒抽出初期時に、溶媒温度を抽出成分が吸水膨潤を起こさない程度の低温とし、その後、高温とする。
焼結	品質向上	焼結体機械的特性改善	特開平10-219410	B22F 7/ 6 C C22C 33/ 2 A C22C 38/ 00,304	Si粉末とFe系粉末との混合物にバインダを添加混合し、射出成形、脱脂後、真空、還元性もしくは中性雰囲気中焼結して、組織がα相またはα+γ相の2相領域から冷却するFe-Si-C系高密度焼結材料の製造法。

2.21.4 開発拠点

金属射出成形技術の開発を行っていると思われる事業所、研究所などを特許情報に記載された発明者住所をもとに紹介する。（但し、組織変更などによって現時点の名称などとは異なる場合もあります。）

　　大阪府：大阪工場

2.21.5 研究開発者

図2.21.5-1には、特許情報から得られる小松製作所の発明者数と出願件数との推移を示すが、発明者数は1996年をピークに、最近は減少している。

図2.21.5-1 小松製作所の発明者数と出願件数との推移

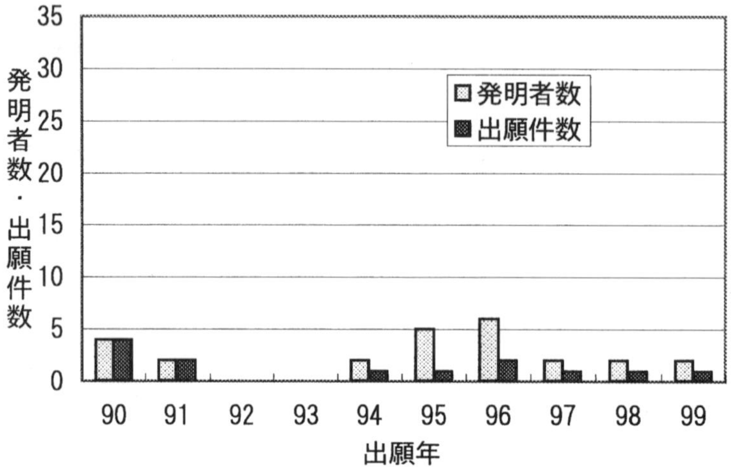

2.22 ヤマハ

2.22.1 企業の概要

表2.22.2-1 ヤマハの企業概要

1)	商 号	ヤマハ 株式会社				
2)	設 立 年 月 日	1897年10月				
3)	資 本 金	28,533百万円				
4)	従 業 員	6,394 人				
5)	事 業 内 容	ピアノ製造業、プリント回路製造業				
6)	技術・資本提携関係	技術：テキサスインスツルメンツ（米国）、ルーセントテクノロジー（米国）、アドバンスドリスクマシーンズ（イギリス）				
		資本：第一勧銀、三井住友銀行、ノーザントラストアメリカン				
7)	事 業 所	本社／浜松、工場／天竜、掛川、磐田、豊岡、埼玉				
8)	関 連 会 社	ヤマハ発動機、ヤマハファインテック、ヤマハメタニクス、ヤマハリビングテック				
9)	業 績 推 移	年 度		1998	1999	2000
		売 上 げ	百万円	391,951	369,129	346,175
		損 益	百万円	-13,711	-36,798	9,685
10)	主 要 製 品	楽器、スポーツ用品、AV機器、カーパーツ、半導体、音楽教育、英語教室				
11)	主 な 取 引 先	東芝、松下寿電子工業、第一興商、セガ、兼松セミコンダクター				
12)	技 術 移 転 窓 口					

　世界最大手の楽器メーカー。楽器以外にリビング、レクリエーション、電子部品なども手がけている。レジャー用品を対象に金属射出成形技術を開発している。関連企業のヤマハファインテックで金型による成形技術開発やMg部品販売を実施。

　金属粉末射出成形技術の開発拠点は本社のある浜松である。

2.22.2 金属粉末射出成形技術に関連する製品・技術

　金属粉末射出成形品の品質向上や生産性向上を課題としてバインダ成分調整の開発を行っている。

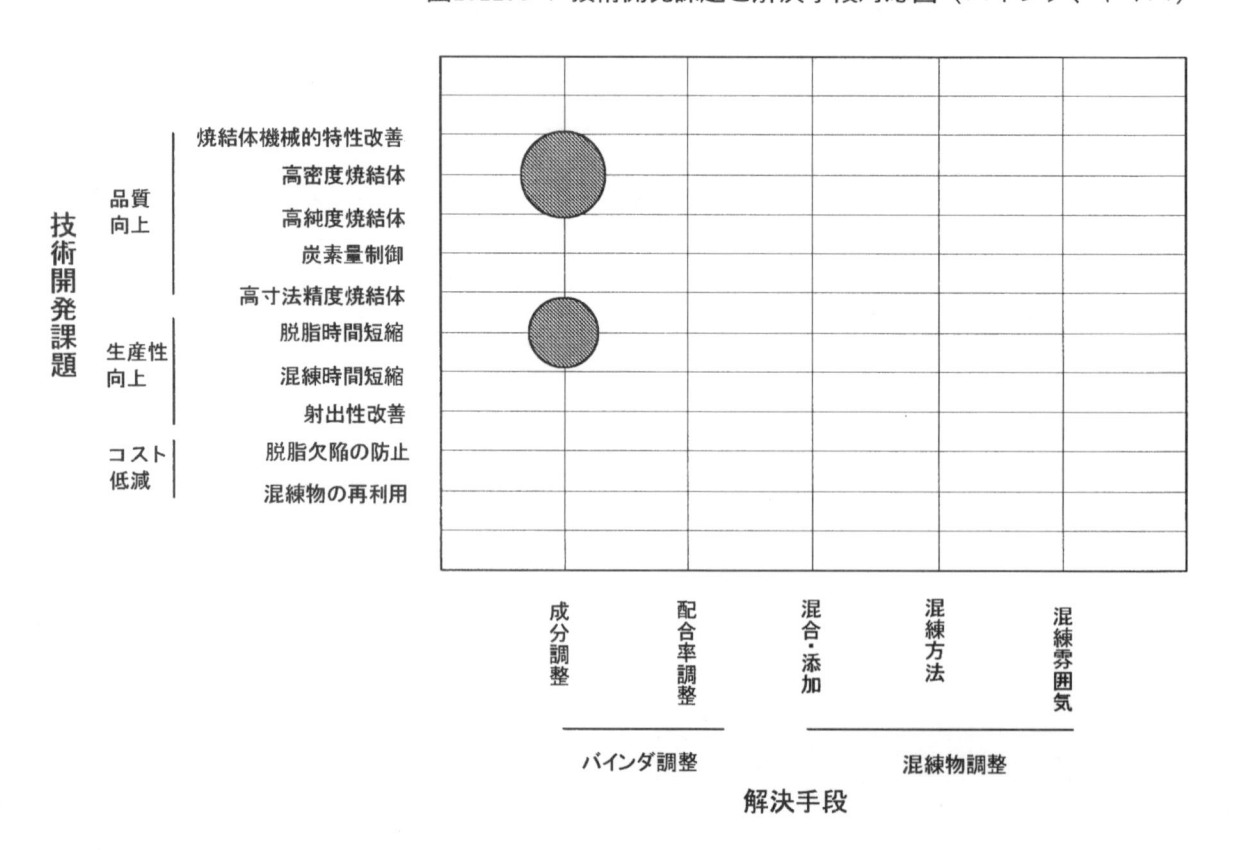

2.22.3 技術開発課題対応保有特許の概要（金属粉末射出成形技術）

ヤマハはバインダの技術要素の課題に対応する特許が多い。また、脱脂、焼結の技術要素の課題に対応する特許はない。バインダの技術要素に関する技術開発課題と解決手段対応図を図2.22.3-1に示す。

バインダに関しては、品質向上の高密度焼結体、および生産性向上の脱脂時間の短縮の課題に対してバインダの成分調整の解決手段で対応している。バインダの成分は、寒天と水からなるバインダ、ゼラチン、にかわ、カゼインなどと硫酸カルシウムなどの多価金属塩と水からなるバインダ、κ─カラギーナンと金属塩と水などからなるバインダが挙げられている。

射出成形に関しては、中心部と包み込み部を別個に成形し、両者を型内に設置し、さらに寒天などからなるバインダの混練物を射出して一体化することにより成形体品質改善の課題に対応し、また、射出性改善の課題に対しては成形機の逆流防止用螺旋部のリード角を改善し逆流を防止して射出圧力の確保し、またシリンダの洗浄も効率化することにより対応している。

原料粉末に関しては、複雑形状焼結体の課題に対して、Ti、Alなどの金属、TiC、SiCなどのセラミックを寒天、水、熱可塑性樹脂、ワックスなどと混合することにより対応している。

図2.22.3-1 技術開発課題と解決手段対応図（バインダ、ヤマハ）

表2.22.3-1 ヤマハの保有特許の概要（1/2）

技術要素	課題		特許番号	特許分類	抄録
原料粉末	品質向上	複雑形状焼結体	特開2000-38603	A01K 85/ 00 Z A01K 89/ 00 Z C04B 35/ 00 X	リールおよびルアー部品を含むつり道具において、Ti、Al等の金属、TiC、SiCなどのセラミックまたはその混合物を寒天、水、熱可塑性樹脂、ワックス等のバインダと混練し、射出成形、乾燥、加工、脱脂、焼結する。
バインダ	品質向上	高密度焼結体	特開2000-248302	B22F 3/ 2 M B22F 3/ 2 S B22F 3/ 10 C	低分子、低ゲル強度の寒天と、水からなるバインダとTi系金属粉末を混練、射出成形後、高真空または不活性雰囲気下で所定の昇温速度で脱脂し、高真空または不活性雰囲気下で、特定領域の温度条件で焼結する。
			特開平11-350005	B28B 1/ 24 C08K 5/ 5 C08L 1/ 2	平均分子量が30,000～150,000で、ゲル強度が濃度4％で200～480g/cm²の寒天と、水からなるバインダを用いる。バインダの熱分解性良く、焼結後の残留C、Oが少なく、機械的強度に優れた成形品が得られる。
			特開平11-172302	C08L 5/ 12 C08L101/ 14 B22F 3/ 2 M	バインダとして、アガロースの含有率が98％以上の寒天を水に溶解したもの、またはこれにアルコール類を加えたもの、さらにこれらに水溶性高分子を加えたものを使用する。特に、焼結時に残留する灰分を減少できる。
	生産性向上	脱脂時間短縮	特開平11-172303	C08L 5/ 12 B22F 3/ 2 M	寒天と水からなるバインダと金属粉末を、100～120℃、蒸気圧1.0～2.0atmの条件下で混練して金属射出成形用組成物を得る。
			特開平11-43701	C08J 3/ 3CFJ C08K 3/ 10 C08L 89/ 00	ゼラチン、にかわ、カゼインなどの水に溶解してゾル-ゲル可逆反応を示すタンパク質系物質と、硫酸アルミニウム等の多価金属塩とを水に溶解したバインダを用いる。
			特開平11-80804	C08K 3/ 10 C08L 5/ 00 B22F 3/ 2 M	バインダとして、κ-カラギーナンと1価または2価の金属塩とを水に溶解したもの、もしくはこれに水溶性タンパク質や水溶性高分子を加えたもの、またはκ-カラギーナンとアルコール類とを水に溶解したものを使用する。
射出成形	品質向上	成形体品質改善	特開2000-345204	A63B 53/ 4 G B22F 3/ 2 S	中心部と包込み部を別個に成形し、前記両部分を組合せて金型内に配置し、次に中心部と同材料の原料と、寒天と水からなるバインダとの混練物を金型に射出し、一体化後、成形体を反り矯正具に設置する。

表2.22.3-1 ヤマハの保有特許の概要（2/2）

技術要素	課題	特許番号	特許分類	抄録
射出成形	生産性向上	射出性改善	特開2001-18095	B30B 11/24 B28B 1/24 B22F 3/2 S	射出成形機の材料供給用スクリューにつき、先端の逆流防止用螺旋部のリード角度を5～20度に設定することにより、材料の逆流を効果的に防止し、射出圧力も十分確保でき、シリンダの洗浄も効率よくできる。

2.22.4 開発拠点

金属射出成形技術の開発を行っていると思われる事業所、研究所などを特許情報に記載された発明者住所をもとに紹介する。（但し、組織変更などによって現時点の名称などとは異なる場合もあります。）

　　静岡県：ヤマハ株式会社

2.22.5 研究開発者

図2.22.5-1には、特許情報が得られるヤマハの発明者数と出願件数との推移を示すが、1997年から出願がされており、最近、この分野に参入したようである。

図2.22.5-1 ヤマハの発明者数・出願件数の推移

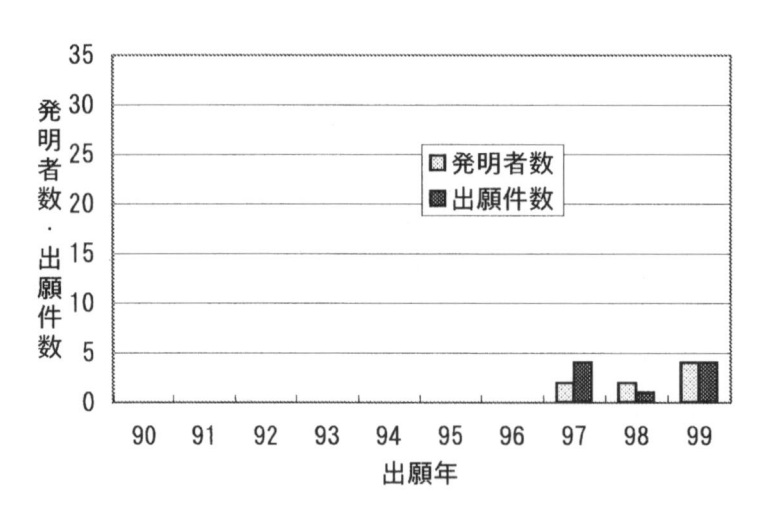

3．主要企業の技術開発拠点

3.1 溶融金属射出成形技術：半溶融成形
3.2 溶融金属射出成形技術：成形装置
3.3 溶融金属射出成形装置：金型
3.4 溶融金属射出成形装置：型締め装置
3.5 溶融金属射出成形装置：制御装置
3.6 金属粉末射出成形技術：原料粉末
3.7 金属粉末射出成形技術：バインダ
3.8 金属粉末射出成形技術：射出成形
3.9 金属粉末射出成形技術：脱脂
3.10 金属粉末射出成形技術：焼結

> **特許流通支援チャート**
>
> # 3．主要企業の技術開発拠点
>
> 　溶融金属射出成形技術開発拠点は関東地方、中部地方、瀬戸内地方に分布しており、自動車、装置・機械生産企業の拠点に対応している。金属粉末射出成形技術開発拠点は技術要素によって分布に差があるが、主として首都圏、中部地方に分布しており、金属粉末製造企業や精密機械企業の拠点に対応している。

　次頁以降に技術開発拠点の住所を示すが、その中で丸数字は溶融金属射出成形技術については表3-1、金属粉末射出成形技術については表3-2に示す企業に対応している。

表3-1 溶融金属射出成形技術開発拠点の対照表
技術要素：半溶融、成形装置、金型、型締め装置、制御

NO.	企業名	住所
①	東芝機械	静岡県、神奈川県
②	日本製鋼所	広島県
③	宇部興産	山口県
④	東洋機械金属	兵庫県
⑤	日精樹脂工業	長野県
⑥	本田技研工業	埼玉県、静岡県、三重県、熊本県
⑦	名機製作所	愛知県
⑧	ファナック	山梨県、東京都，
⑨	新潟鐵工所	新潟県
⑩	トヨタ自動車	愛知県
⑪	アーレスティ	東京都、埼玉県、静岡県、栃木県
⑫	マツダ	広島県

表3-2 金属粉末射出成形技術開発拠点の対照表
技術要素：原料粉末、バインダ、射出成形、脱脂、焼結

NO.	企業名	住所
①	オリンパス光学工業	東京都
②	住友金属鉱山	千葉県、神奈川県
③	大同特殊鋼	愛知県
④	セイコーインスツルメンツ	千葉県、東京都
⑤	川崎製鉄	千葉県
⑥	シチズン時計	埼玉県、東京都
⑦	デンソー	愛知県
⑧	インジェックス	長野県
⑨	小松製作所	大阪府
⑩	ヤマハ	静岡県

3.1 溶融金属射出成形技術：半溶融成形

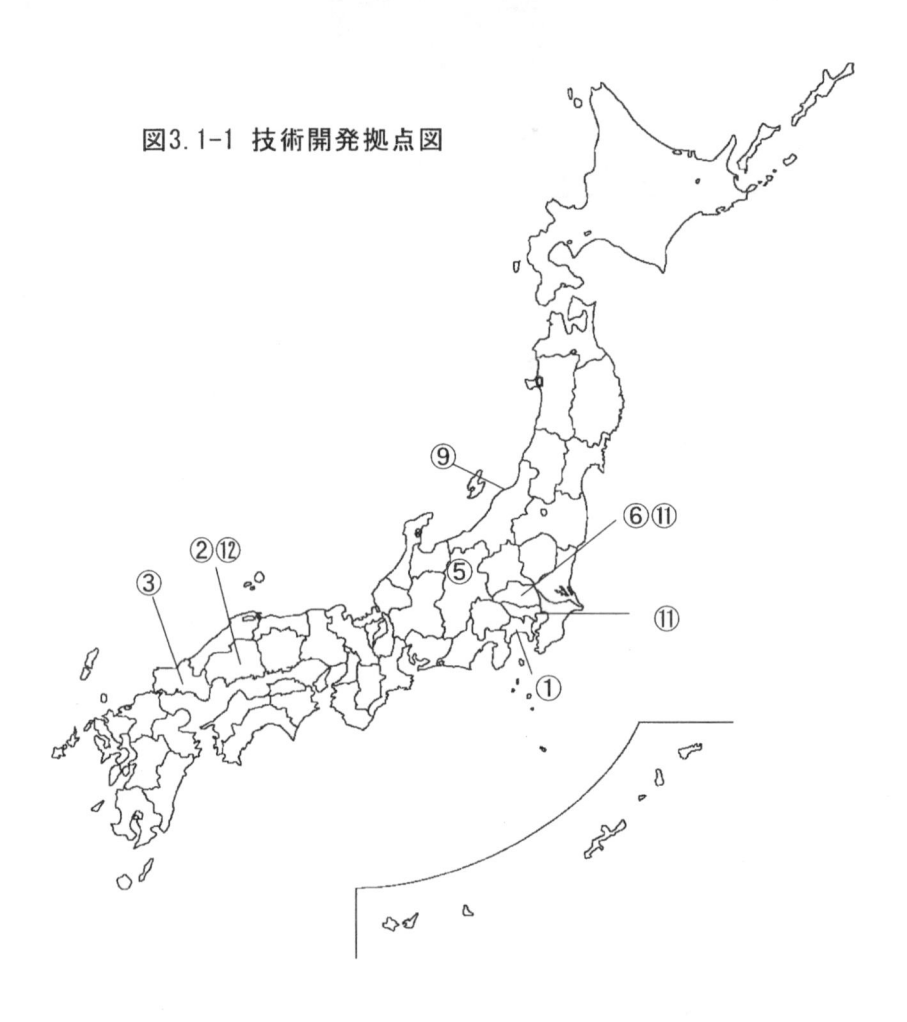

図3.1-1 技術開発拠点図

広島、山口、埼玉の開発拠点に発明者が集中。その他は開発拠点はあるものの、出願件数は少ない。

表3.1-1 技術開発拠点一覧表

技術要素	NO.	企業名	特許件数	事業所名	住所	発明者数
半溶融成形	1	東芝機械	3	相模工場	神奈川県	2
	2	日本製鋼所	59	広島製作所	広島県	32
	3	宇部興産	16	機械エンジニアリング事業本部	山口県	13
	5	日精樹脂工業	3	本社・工場	長野県	7
	6	本田技研工業	46	埼玉製作所	埼玉県	23
	9	新潟鐵工所	1	長岡工場	新潟県	4
	11	アーレスティ	6	本社	東京都	1
				東松山工場	埼玉県	6
	12	マツダ	24	本社工場	広島県	9

3.2 溶融金属射出成形技術：成形装置

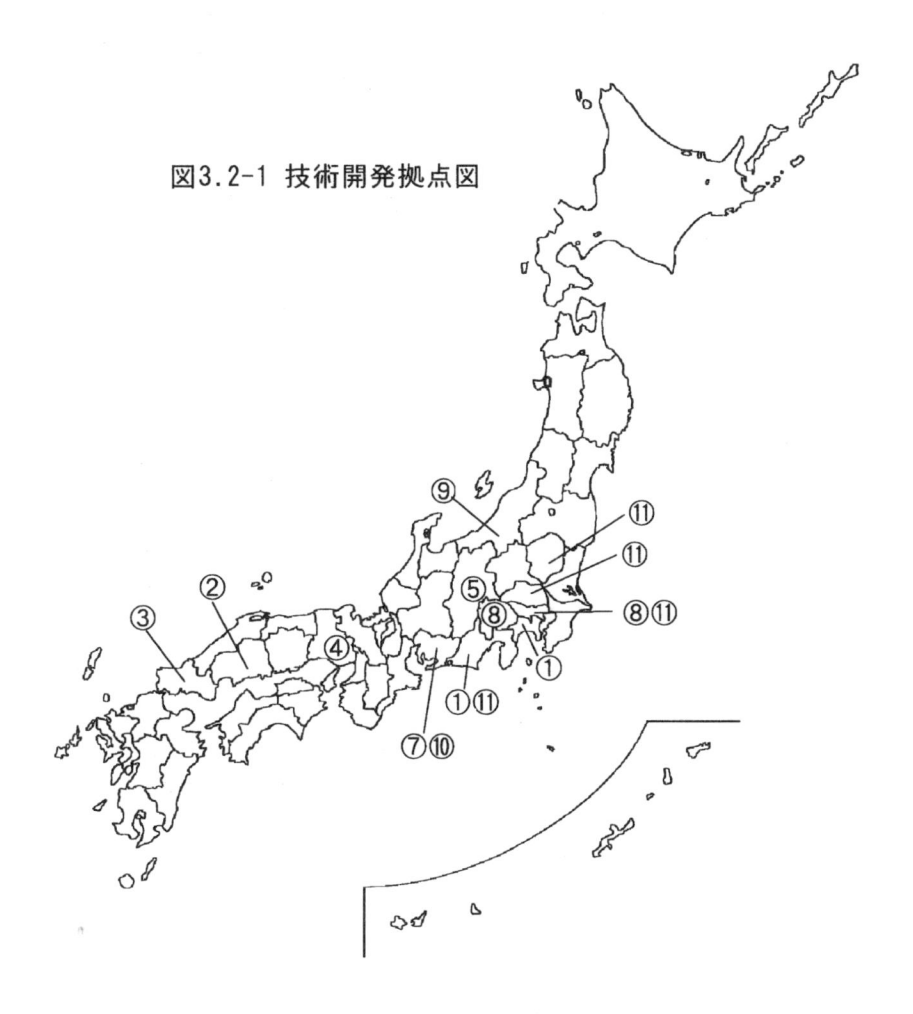

図3.2-1 技術開発拠点図

関東甲信越、東海、瀬戸内に分布。瀬戸内企業がとくにこの分野に力を入れている。

表3.2-1 技術開発拠点一覧表

技術要素	NO.	企業名	特許件数	事業所名	住所	発明者数
成形装置	1	東芝機械	37	沼津工場	静岡県	21
				相模工場	神奈川県	15
	2	日本製鋼所	33	広島製作所	広島県	39
	3	宇部興産	43	機械エンジニアリング事業本部	山口県	30
	4	東洋機械金属	18	本社・工場	兵庫県	16
	5	日精樹脂工業	18	本社・工場	長野県	18
	6	本田技研工業	1	浜松製作所	静岡県	3
	7	名機製作所	17	本社・工場	愛知県	14
	8	ファナック	26	本社・工場	山梨県	21
				日野事業所	東京都	2
	9	新潟鐵工所	30	長岡工場	新潟県	27
	10	トヨタ自動車	8	本社・工場	愛知県	10
	11	アーレスティ	5	本社	東京都	2
				東松山工場	埼玉県	2
				浜松工場	静岡県	1
				栃木工場	栃木県	2

3.3 溶融金属射出成形装置：金型

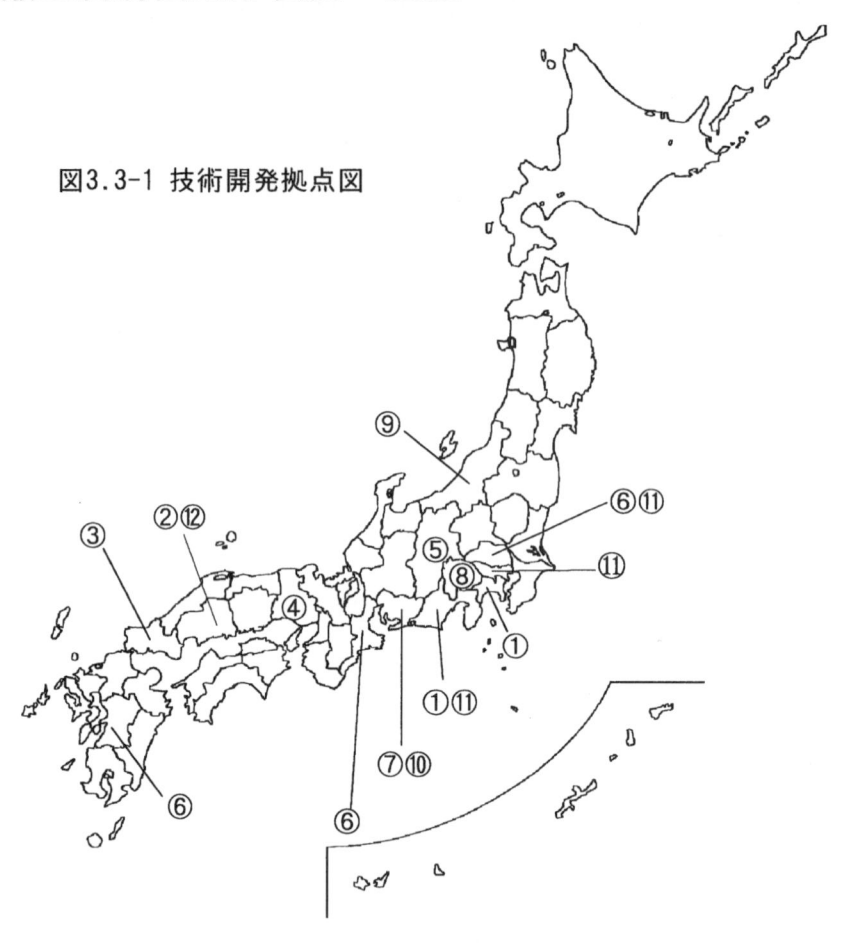

図3.3-1 技術開発拠点図

首都圏、甲信越、東海、瀬戸内と分布は広範囲である。自動車、産業機械メーカー関連で分布している。

表3.3-1 技術開発拠点一覧表

技術要素	NO.	企業名	特許件数	事業所名	住所	発明者数
金型	1	東芝機械	23	沼津工場	静岡県	13
				相模工場	神奈川県	14
	2	日本製鋼所	9	広島製作所	広島県	13
	3	宇部興産	12	機械エンジニアリング事業本部	山口県	9
	4	東洋機械金属	9	本社・工場	兵庫県	11
	5	日精樹脂工業	8	本社・工場	長野県	9
	6	本田技研工業	12	埼玉製作所	埼玉県	14
				鈴鹿製作所	三重県	6
				熊本製作所	熊本県	4
				浜松製作所	静岡県	2
	7	名機製作所	3	本社・工場	愛知県	3
	8	ファナック	13	本社・工場	山梨県	12
	9	新潟鐵工所	3	長岡工場	新潟県	6
	10	トヨタ自動車	34	本社・工場	愛知県	31
	11	アーレスティ	33	本社	東京都	8
				東松山工場	埼玉県	8
				浜松工場	静岡県	7
				栃木工場	栃木県	3
	12	マツダ	2	本社工場	広島県	3

3.4 溶融金属射出成形装置：型締め装置

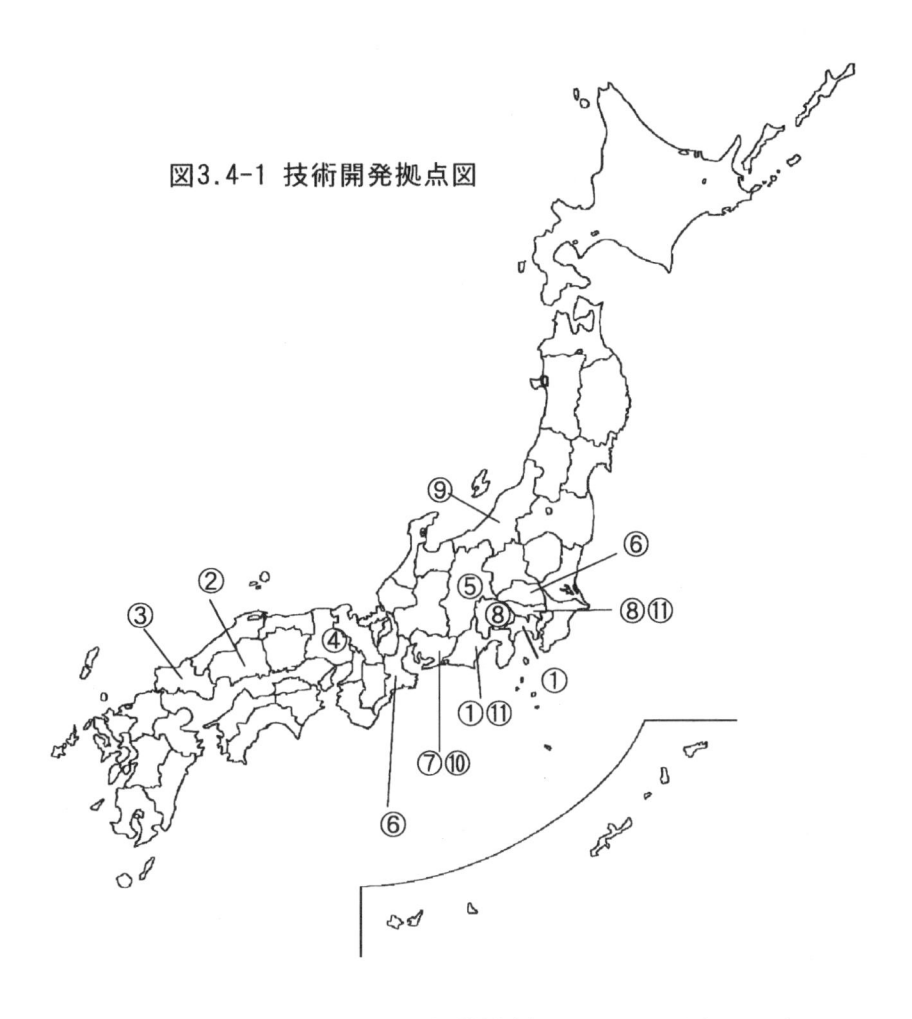

図3.4-1 技術開発拠点図

首都圏、甲信越、東海、瀬戸内に分布。産業機械メーカー関連で分布している。

表3.4-1 技術開発拠点一覧表

技術要素	NO.	企業名	特許件数	事業所名	住所	発明者数
型締め装置	1	東芝機械	88	沼津工場	静岡県	52
				相模工場	神奈川県	16
	2	日本製鋼所	52	広島製作所	広島県	36
	3	宇部興産	34	機械エンジニアリング事業本部	山口県	20
	4	東洋機械金属	26	本社・工場	兵庫県	20
	5	日精樹脂工業	43	本社・工場	長野県	39
	6	本田技研工業	4	埼玉製作所	埼玉県	1
				鈴鹿製作所	三重県	6
	7	名機製作所	40	本社・工場	愛知県	25
	8	ファナック	23	本社・工場	山梨県	15
				日野事業所	東京都	7
	9	新潟鐵工所	27	長岡工場	新潟県	24
	10	トヨタ自動車	5	本社・工場	愛知県	5
	11	アーレスティ	3	本社	東京都	1
				浜松工場	静岡県	4

3.5 溶融金属射出成形装置：制御装置

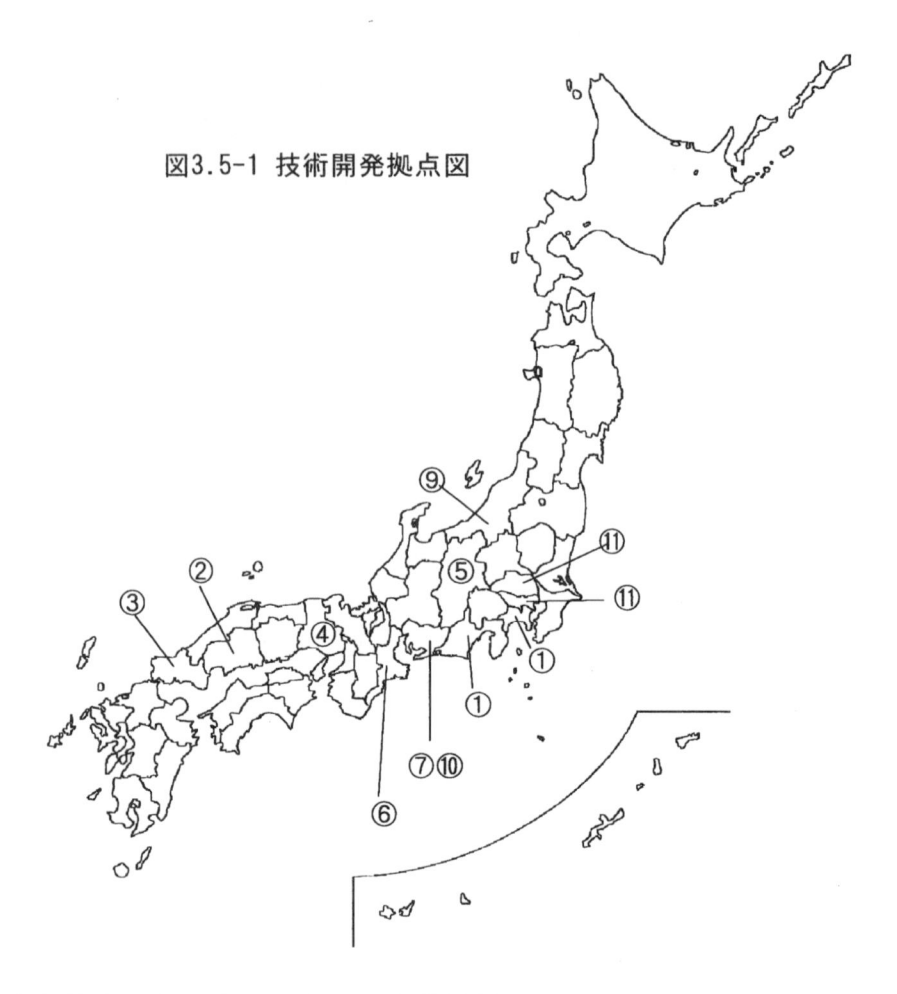

図3.5-1 技術開発拠点図

首都圏、中部地方、瀬戸内に分布し、産業機械メーカーの分布に対応している。

表3.5-1 技術開発拠点一覧表

技術要素	NO.	企業名	特許件数	事業所名	住所	発明者数
制御装置	1	東芝機械	37	沼津工場	静岡県	20
				相模工場	神奈川県	14
	2	日本製鋼所	11	広島製作所	広島県	14
	3	宇部興産	24	機械エンジニアリング事業本部	山口県	15
	4	東洋機械金属	9	本社・工場	兵庫県	3
	5	日精樹脂工業	10	本社・工場	長野県	9
	6	本田技研工業	2	鈴鹿製作所	三重県	4
	7	名機製作所	3	本社・工場	愛知県	5
	9	新潟鐵工所	2	長岡工場	新潟県	5
	10	トヨタ自動車	2	本社・工場	愛知県	3
	11	アーレスティ	1	本社	東京都	6
				東松山工場	埼玉県	1

3.6 金属粉末射出成形技術：原料粉末

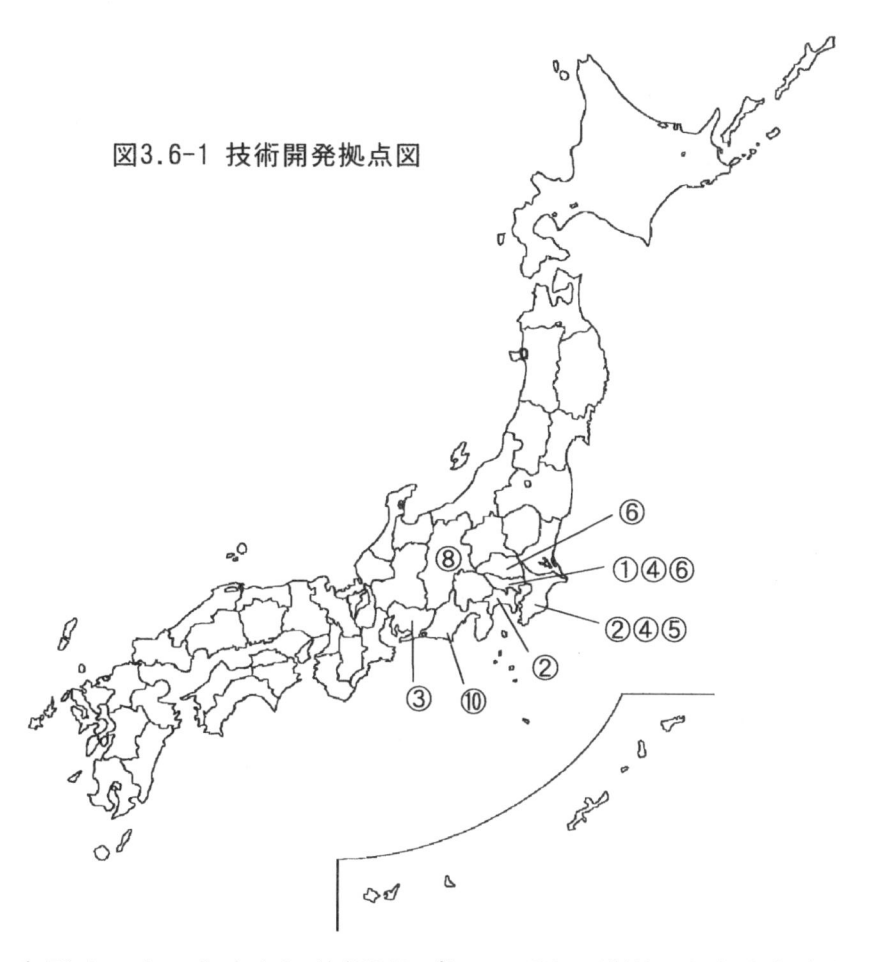

図3.6-1 技術開発拠点図

精密機器、金属メーカーを中心に首都圏に多い。愛知、長野にも主力拠点あり。

表3.6-1 技術開発拠点一覧表

技術要素	NO.	企業名	特許件数	事業所名	住所	発明者数
原料粉末	1	オリンパス光学工業	2	幡ヶ谷事業場	東京都	4
	2	住友金属鉱山	19	中央研究所	千葉県	5
				特殊合金工場	神奈川県	5
	3	大同特殊鋼	13	技術開発研究所	愛知県	12
	4	セイコーインスツルメンツ	4	幕張事業所	千葉県	1
				亀戸事業所	東京都	3
	5	川崎製鉄	4	技術研究所	千葉県	6
	6	シチズン時計	1	所沢事業所	埼玉県	4
				東京事業所	東京都	4
	8	インジェックス	6	本社工場	長野県	6
	10	ヤマハ	1	本社工場	静岡県	2

3.7 金属粉末射出成形技術:バインダ

図3.7-1 技術開発拠点図

「原料粉末」と同様に首都圏に集中。東海、大阪にも主力拠点がある。

表3.7-1 技術開発拠点一覧表

技術要素	NO.	企業名	特許件数	事業所名	住所	発明者数
バインダ	1	オリンパス光学工業	3	幡ヶ谷事業場	東京都	5
	2	住友金属鉱山	12	中央研究所	千葉県	2
				特殊合金工場	神奈川県	1
	3	大同特殊鋼	1	技術開発研究所	愛知県	3
	5	川崎製鉄	5	技術研究所	千葉県	2
	6	シチズン時計	5	所沢事業所	埼玉県	4
				東京事業所	東京都	1
	9	小松製作所	2	大阪工場	大阪府	5
	10	ヤマハ	6	本社工場	静岡県	3

3.8 金属粉末射出成形技術：射出成形

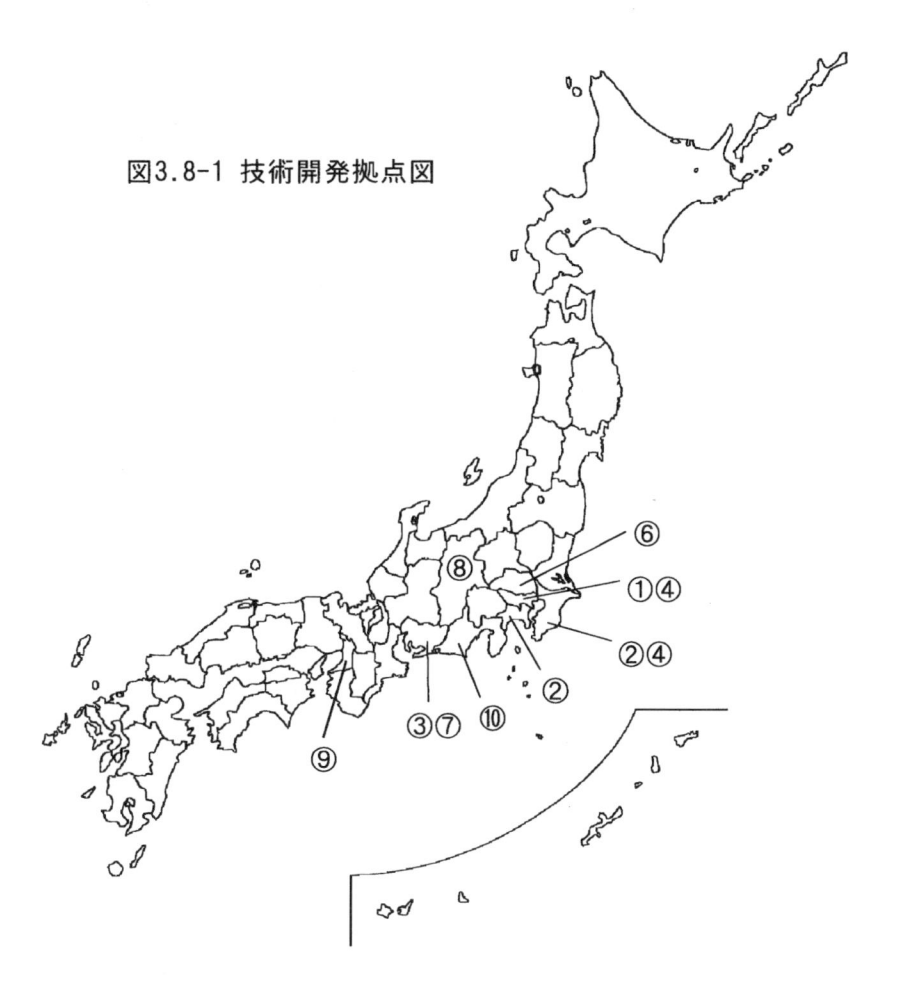

図3.8-1 技術開発拠点図

精密機器メーカー中心に首都圏に多く、東海、大阪、長野にも主力拠点あり。精密機器、産業機械、自動車メーカーとの関連で分布している。

表3.8-1 技術開発拠点一覧表

技術要素	NO.	企業名	特許件数	事業所名	住所	発明者数
射出成形	1	オリンパス光学工業	21	幡ヶ谷事業場	東京都	15
	2	住友金属鉱山	3	中央研究所	千葉県	1
				特殊合金工場	神奈川県	1
	3	大同特殊鋼	1	技術開発研究所	愛知県	2
	4	セイコーインスツルメンツ	8	幕張事業所	千葉県	3
				亀戸事業所	東京都	9
	6	シチズン時計	5	所沢事業所	埼玉県	5
	7	デンソー	8	本社工場	愛知県	6
	8	インジェックス	4	本社工場	長野県	6
	9	小松製作所	1	大阪工場	大阪府	2
	10	ヤマハ	2	本社工場	静岡県	1

3.9 金属粉末射出成形技術：脱脂

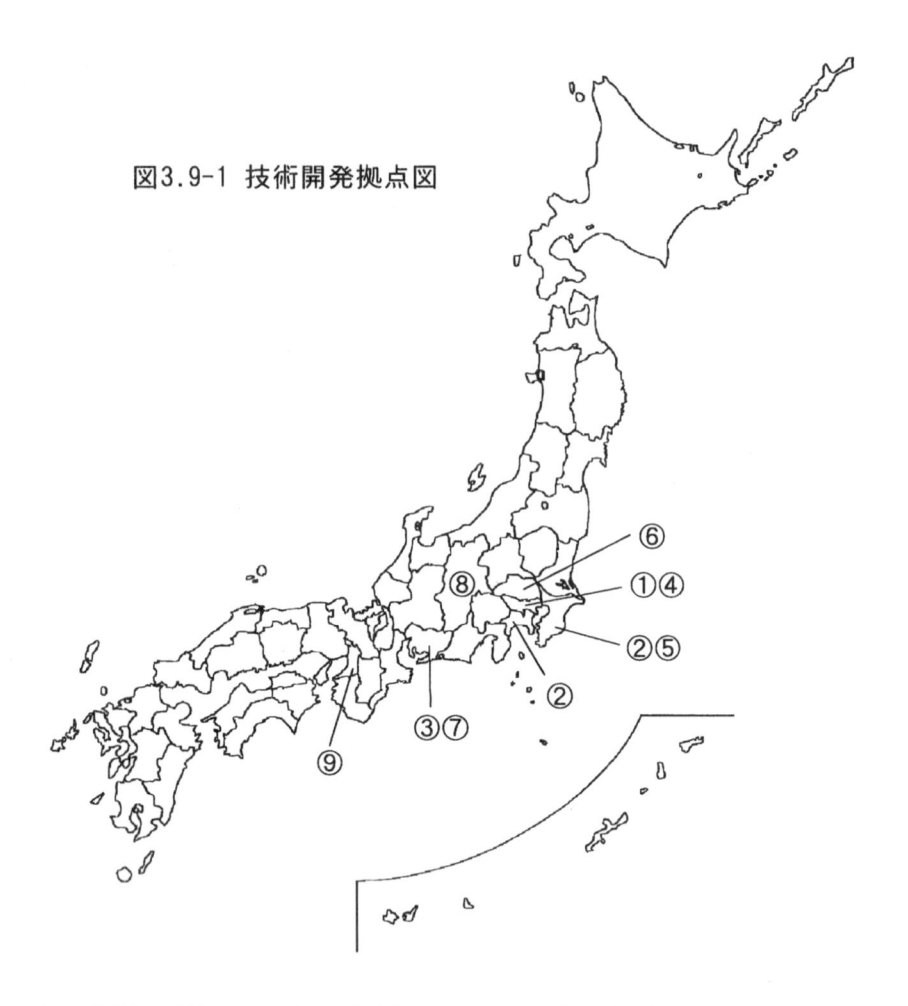

図3.9-1 技術開発拠点図

首都圏、愛知、大阪と長野に分布。金属メーカーに主力拠点がある。

表3.9-1 技術開発拠点一覧表

技術要素	NO.	企業名	特許件数	事業所名	住所	発明者数
脱脂	1	オリンパス光学工業	21	幡ヶ谷事業場	東京都	6
	2	住友金属鉱山	4	中央研究所	千葉県	3
				特殊合金工場	神奈川県	1
	3	大同特殊鋼	2	技術開発研究所	愛知県	4
	4	セイコーインスツルメンツ	1	亀戸事業所	東京都	3
	5	川崎製鉄	6	技術研究所	千葉県	10
	6	シチズン時計	3	所沢事業所	埼玉県	4
	7	デンソー	2	本社工場	愛知県	2
	8	インジェックス	3	本社工場	長野県	4
	9	小松製作所	7	大阪工場	大阪府	6

3.10 金属粉末射出成形技術：焼結

図3.10-1 技術開発拠点図

首都圏に集中。他に愛知、長野、大阪にある。精密機器、金属メーカー中心。

表3.10-1 技術開発拠点一覧表

技術要素	NO.	企業名	特許件数	事業所名	住所	発明者数
焼結	1	オリンパス光学工業	6	幡ヶ谷事業場	東京都	6
	2	住友金属鉱山	10	中央研究所	千葉県	3
				特殊合金工場	神奈川県	5
	3	大同特殊鋼	7	技術開発研究所	愛知県	3
	4	セイコーインスツルメンツ	3	幕張事業所	千葉県	5
				亀戸事業所	東京都	5
	5	川崎製鉄	4	技術研究所	千葉県	7
	6	シチズン時計	2	所沢事業所	埼玉県	4
	8	インジェックス	1	本社工場	長野県	2
	9	小松製作所	2	大阪工場	大阪府	5

資料

1. 工業所有権総合情報館と特許流通促進事業
2. 特許流通アドバイザー一覧
3. 特許電子図書館情報検索指導アドバイザー一覧
4. 知的所有権センター一覧
5. 平成13年度 25技術テーマの特許流通の概要
6. 特許番号一覧
7. ライセンス提供の用意のある特許

資料1．工業所有権総合情報館と特許流通促進事業

　特許庁工業所有権総合情報館は、明治20年に特許局官制が施行され、農商務省特許局庶務部内に図書館を置き、図書等の保管・閲覧を開始したことにより、組織上のスタートを切りました。
　その後、我が国が明治32年に「工業所有権の保護等に関するパリ同盟条約」に加入することにより、同条約に基づく公報等の閲覧を行う中央資料館として、国際的な地位を獲得しました。
　平成9年からは、工業所有権相談業務と情報流通業務を新たに加え、総合的な情報提供機関として、その役割を果たしております。さらに平成13年4月以降は、独立行政法人工業所有権総合情報館として生まれ変わり、より一層の利用者ニーズに機敏に対応する業務運営を目指し、特許公報等の情報提供及び工業所有権に関する相談等による出願人支援、審査審判協力のための図書等の提供、開放特許活用等の特許流通促進事業を推進しております。

1　事業の概要
(1) 内外国公報類の収集・閲覧
　下記の公報閲覧室でどなたでも内外国公報等の調査を行うことができる環境と体制を整備しています。

閲覧室	所在地	TEL
札幌閲覧室	北海道札幌市北区北7条西2-8　北ビル7F	011-747-3061
仙台閲覧室	宮城県仙台市青葉区本町3-4-18　太陽生命仙台本町ビル7F	022-711-1339
第一公報閲覧室	東京都千代田区霞が関3-4-3　特許庁2F	03-3580-7947
第二公報閲覧室	東京都千代田区霞が関1-3-1　経済産業省別館1F	03-3581-1101（内線3819）
名古屋閲覧室	愛知県名古屋市中区栄2-10-19　名古屋商工会議所ビルB2F	052-223-5764
大阪閲覧室	大阪府大阪市天王寺区伶人町2-7　関西特許情報センター1F	06-4305-0211
広島閲覧室	広島県広島市中区上八丁堀6-30　広島合同庁舎3号館	082-222-4595
高松閲覧室	香川県高松市林町2217-15　香川産業頭脳化センタービル2F	087-869-0661
福岡閲覧室	福岡県福岡市博多区博多駅東2-6-23　住友博多駅前第2ビル2F	092-414-7101
那覇閲覧室	沖縄県那覇市前島3-1-15　大同生命那覇ビル5F	098-867-9610

(2) 審査審判用図書等の収集・閲覧
　審査に利用する図書等を収集・整理し、特許庁の審査に提供すると同時に、「図書閲覧室（特許庁2F）」において、調査を希望する方々へ提供しています。【TEL：03-3592-2920】

(3) 工業所有権に関する相談
　相談窓口（特許庁2F）を開設し、工業所有権に関する一般的な相談に応じています。

手紙、電話、e-mail等による相談も受け付けています。
【TEL:03-3581-1101(内線2121～2123)】【FAX:03-3502-8916】
【e-mail:PA8102@ncipi.jpo.go.jp】

(4) 特許流通の促進
　特許権の活用を促進するための特許流通市場の整備に向け、各種事業を行っています。
(詳細は2項参照)【TEL:03-3580-6949】

2　特許流通促進事業

　先行き不透明な経済情勢の中、企業が生き残り、発展して行くためには、新しいビジネスの創造が重要であり、その際、知的資産の活用、とりわけ技術情報の宝庫である特許の活用がキーポイントとなりつつあります。

　また、企業が技術開発を行う場合、まず自社で開発を行うことが考えられますが、商品のライフサイクルの短縮化、技術開発のスピードアップ化が求められている今日、外部からの技術を積極的に導入することも必要になってきています。

　このような状況下、特許庁では、特許の流通を通じた技術移転・新規事業の創出を促進するため、特許流通促進事業を展開していますが、2001年4月から、これらの事業は、特許庁から独立をした「独立行政法人 工業所有権総合情報館」が引き継いでいます。

(1) 特許流通の促進
① 特許流通アドバイザー
　全国の知的所有権センター・TLO等からの要請に応じて、知的所有権や技術移転についての豊富な知識・経験を有する専門家を特許流通アドバイザーとして派遣しています。
　知的所有権センターでは、地域の活用可能な特許の調査、当該特許の提供支援及び大学・研究機関が保有する特許と地域企業との橋渡しを行っています。(資料2参照)

② 特許流通促進説明会
　地域特性に合った特許情報の有効活用の普及・啓発を図るため、技術移転の実例を紹介しながら特許流通のプロセスや特許電子図書館を利用した特許情報検索方法等を内容とした説明会を開催しています。

(2) 開放特許情報等の提供
① 特許流通データベース
　活用可能な開放特許を産業界、特に中小・ベンチャー企業に円滑に流通させ実用化を推進していくため、企業や研究機関・大学等が保有する提供意思のある特許をデータベース化し、インターネットを通じて公開しています。(http://www.ncipi.go.jp)

② 開放特許活用例集
　特許流通データベースに登録されている開放特許の中から製品化ポテンシャルが高い案

件を選定し、これら有用な開放特許を有効に使ってもらうためのビジネスアイデア集を作成しています。

③ 特許流通支援チャート
　企業が新規事業創出時の技術導入・技術移転を図る上で指標となりうる国内特許の動向を技術テーマごとに、分析したものです。出願上位企業の特許取得状況、技術開発課題に対応した特許保有状況、技術開発拠点等を紹介しています。

④ 特許電子図書館情報検索指導アドバイザー
　知的財産権及びその情報に関する専門的知識を有するアドバイザーを全国の知的所有権センターに派遣し、特許情報の検索に必要な基礎知識から特許情報の活用の仕方まで、無料でアドバイス・相談を行っています。(資料3参照)

(3) 知的財産権取引業の育成
① 知的財産権取引業者データベース
　特許を始めとする知的財産権の取引や技術移転の促進には、欧米の技術移転先進国に見られるように、民間の仲介事業者の存在が不可欠です。こうした民間ビジネスが質・量ともに不足し、社会的認知度も低いことから、事業者の情報を収集してデータベース化し、インターネットを通じて公開しています。

② 国際セミナー・研修会等
　著名海外取引業者と我が国取引業者との情報交換、議論の場（国際セミナー）を開催しています。また、産学官の技術移転を促進して、企業の新商品開発や技術力向上を促進するために不可欠な、技術移転に携わる人材の育成を目的とした研修事業を開催しています。

資料2．特許流通アドバイザー一覧 （平成14年3月1日現在）

○経済産業局特許室および知的所有権センターへの派遣

派遣先	氏名	所在地	TEL
北海道経済産業局特許室	杉谷 克彦	〒060-0807 札幌市北区北7条西2丁目8番地1北ビル7階	011-708-5783
北海道知的所有権センター （北海道立工業試験場）	宮本 剛汎	〒060-0819 札幌市北区北19条西11丁目 北海道立工業試験場内	011-747-2211
東北経済産業局特許室	三澤 輝起	〒980-0014 仙台市青葉区本町3－4－18 太陽生命仙台本町ビル7階	022-223-9761
青森県知的所有権センター （（社）発明協会青森県支部）	内藤 規雄	〒030-0112 青森県青森市大字八ツ役字芦谷202－4 青森県産業技術開発センター内	017-762-3912
岩手県知的所有権センター （岩手県工業技術センター）	阿部 新喜司	〒020-0852 盛岡市飯岡新田3－35－2 岩手県工業技術センター内	019-635-8182
宮城県知的所有権センター （宮城県産業技術総合センター）	小野 賢悟	〒981-3206 仙台市泉区明通二丁目2番地 宮城県産業技術総合センター内	022-377-8725
秋田県知的所有権センター （秋田県工業技術センター）	石川 順三	〒010-1623 秋田市新屋町字砂奴寄4－11 秋田県工業技術センター内	018-862-3417
山形県知的所有権センター （山形県工業技術センター）	冨樫 富雄	〒990-2473 山形市松栄1－3－8 山形県産業創造支援センター内	023-647-8130
福島県知的所有権センター （（社）発明協会福島県支部）	相澤 正彬	〒963-0215 郡山市待池台1－12 福島県ハイテクプラザ内	024-959-3351
関東経済産業局特許室	村上 義英	〒330-9715 さいたま市上落合2－11 さいたま新都心合同庁舎1号館	048-600-0501
茨城県知的所有権センター （（財）茨城県中小企業振興公社）	齋藤 幸一	〒312-0005 ひたちなか市新光町38 ひたちなかテクノセンタービル内	029-264-2077
栃木県知的所有権センター （（社）発明協会栃木県支部）	坂本 武	〒322-0011 鹿沼市白桑田516－1 栃木県工業技術センター内	0289-60-1811
群馬県知的所有権センター （（社）発明協会群馬県支部）	三田 隆志	〒371-0845 前橋市鳥羽町190 群馬県工業試験場内	027-280-4416
	金井 澄雄	〒371-0845 前橋市鳥羽町190 群馬県工業試験場内	027-280-4416
埼玉県知的所有権センター （埼玉県工業技術センター）	野口 満	〒333-0848 川口市芝下1－1－56 埼玉県工業技術センター内	048-269-3108
	清水 修	〒333-0848 川口市芝下1－1－56 埼玉県工業技術センター内	048-269-3108
千葉県知的所有権センター （（社）発明協会千葉県支部）	稲谷 稔宏	〒260-0854 千葉市中央区長洲1－9－1 千葉県庁南庁舎内	043-223-6536
	阿草 一男	〒260-0854 千葉市中央区長洲1－9－1 千葉県庁南庁舎内	043-223-6536
東京都知的所有権センター （東京都城南地域中小企業振興センター）	鷹見 紀彦	〒144-0035 大田区南蒲田1－20－20 城南地域中小企業振興センター内	03-3737-1435
神奈川県知的所有権センター支部 （（財）神奈川高度技術支援財団）	小森 幹雄	〒213-0012 川崎市高津区坂戸3－2－1 かながわサイエンスパーク内	044-819-2100
新潟県知的所有権センター （（財）信濃川テクノポリス開発機構）	小林 靖幸	〒940-2127 長岡市新産4－1－9 長岡地域技術開発振興センター内	0258-46-9711
山梨県知的所有権センター （山梨県工業技術センター）	廣川 幸生	〒400-0055 甲府市大津町2094 山梨県工業技術センター内	055-220-2409
長野県知的所有権センター （（社）発明協会長野県支部）	徳永 正明	〒380-0928 長野市若里1－18－1 長野県工業試験場内	026-229-7688
静岡県知的所有権センター （（社）発明協会静岡県支部）	神長 邦雄	〒421-1221 静岡市牧ヶ谷2078 静岡工業技術センター内	054-276-1516
	山田 修寧	〒421-1221 静岡市牧ヶ谷2078 静岡工業技術センター内	054-276-1516
中部経済産業局特許室	原口 邦弘	〒460-0008 名古屋市中区栄2－10－19 名古屋商工会議所ビルB2F	052-223-6549
富山県知的所有権センター （富山県工業技術センター）	小坂 郁雄	〒933-0981 高岡市二上町150 富山県工業技術センター内	0766-29-2081
石川県知的所有権センター （財）石川県産業創出支援機構	一丸 義次	〒920-0223 金沢市戸水町イ65番地 石川県地場産業振興センター新館1階	076-267-8117
岐阜県知的所有権センター （岐阜県科学技術振興センター）	松永 孝義	〒509-0108 各務原市須衛町4－179－1 テクノプラザ5F	0583-79-2250
	木下 裕雄	〒509-0108 各務原市須衛町4－179－1 テクノプラザ5F	0583-79-2250
愛知県知的所有権センター （愛知県工業技術センター）	森 孝和	〒448-0003 刈谷市一ツ木町西新割 愛知県工業技術センター内	0566-24-1841
	三浦 元久	〒448-0003 刈谷市一ツ木町西新割 愛知県工業技術センター内	0566-24-1841

派遣先	氏名	所在地	TEL
三重県知的所有権センター (三重県工業技術総合研究所)	馬渡 建一	〒514-0819 津市高茶屋5－5－45 三重県科学振興センター工業研究部内	059-234-4150
近畿経済産業局特許室	下田 英宣	〒543-0061 大阪市天王寺区伶人町2－7 関西特許情報センター1階	06-6776-8491
福井県知的所有権センター (福井県工業技術センター)	上坂 旭	〒910-0102 福井市川合鷲塚町61字北稲田10 福井県工業技術センター内	0776-55-2100
滋賀県知的所有権センター (滋賀県工業技術センター)	新屋 正男	〒520-3004 栗東市上砥山232 滋賀県工業技術総合センター別館内	077-558-4040
京都府知的所有権センター ((社)発明協会京都支部)	衣川 清彦	〒600-8813 京都市下京区中堂寺南町17番地 京都リサーチパーク京都高度技術研究所ビル4階	075-326-0066
大阪府知的所有権センター (大阪府立特許情報センター)	大空 一博	〒543-0061 大阪市天王寺区伶人町2－7 関西特許情報センター内	06-6772-0704
	梶原 淳治	〒577-0809 東大阪市永和1-11-10	06-6722-1151
兵庫県知的所有権センター ((財)新産業創造研究機構)	園田 憲一	〒650-0047 神戸市中央区港島南町1－5－2 神戸キメックセンタービル6F	078-306-6808
	島田 一男	〒650-0047 神戸市中央区港島南町1－5－2 神戸キメックセンタービル6F	078-306-6808
和歌山県知的所有権センター ((社)発明協会和歌山県支部)	北澤 宏造	〒640-8214 和歌山県寄合町25 和歌山市発明館4階	073-432-0087
中国経済産業局特許室	木村 郁男	〒730-8531 広島市中区上八丁堀6－30 広島合同庁舎3号館1階	082-502-6828
鳥取県知的所有権センター ((社)発明協会鳥取県支部)	五十嵐 善司	〒689-1112 鳥取市若葉台南7－5－1 新産業創造センター1階	0857-52-6728
島根県知的所有権センター ((社)発明協会島根県支部)	佐野 馨	〒690-0816 島根県松江市北陵町1 テクノアークしまね内	0852-60-5146
岡山県知的所有権センター ((社)発明協会岡山県支部)	横田 悦造	〒701-1221 岡山市芳賀5301 テクノサポート岡山内	086-286-9102
広島県知的所有権センター ((社)発明協会広島県支部)	壹岐 正弘	〒730-0052 広島市中区千田町3－13－11 広島発明会館2階	082-544-2066
山口県知的所有権センター ((社)発明協会山口県支部)	滝川 尚久	〒753-0077 山口市熊野町1-10 NPYビル10階 (財)山口県産業技術開発機構内	083-922-9927
四国経済産業局特許室	鶴野 弘章	〒761-0301 香川県高松市林町2217－15 香川産業頭脳化センタービル2階	087-869-3790
徳島県知的所有権センター ((社)発明協会徳島県支部)	武岡 明夫	〒770-8021 徳島市雑賀町西開11－2 徳島県立工業技術センター内	088-669-0117
香川県知的所有権センター ((社)発明協会香川県支部)	谷田 吉成	〒761-0301 香川県高松市林町2217－15 香川産業頭脳化センタービル2階	087-869-9004
	福家 康矩	〒761-0301 香川県高松市林町2217－15 香川産業頭脳化センタービル2階	087-869-9004
愛媛県知的所有権センター ((社)発明協会愛媛県支部)	川野 辰己	〒791-1101 松山市久米窪田町337－1 テクノプラザ愛媛	089-960-1489
高知県知的所有権センター ((財)高知県産業振興センター)	吉本 忠男	〒781-5101 高知市布師田3992－2 高知県中小企業会館2階	0888-46-7087
九州経済産業局特許室	簗田 克志	〒812-8546 福岡市博多区博多駅東2－11－1 福岡合同庁舎内	092-436-7260
福岡県知的所有権センター ((社)発明協会福岡県支部)	道津 毅	〒812-0013 福岡市博多区博多駅東2－6－23 住友博多駅前第2ビル1階	092-415-6777
福岡県知的所有権センター北九州支部 ((株)北九州テクノセンター)	沖 宏治	〒804-0003 北九州市戸畑区中原新町2－1 (株)北九州テクノセンター内	093-873-1432
佐賀県知的所有権センター (佐賀県工業技術センター)	光武 章二	〒849-0932 佐賀市鍋島町大字八戸溝114 佐賀県工業技術センター内	0952-30-8161
	村上 忠郎	〒849-0932 佐賀市鍋島町大字八戸溝114 佐賀県工業技術センター内	0952-30-8161
長崎県知的所有権センター ((社)発明協会長崎県支部)	嶋北 正俊	〒856-0026 大村市池田2－1303－8 長崎県工業技術センター内	0957-52-1138
熊本県知的所有権センター ((社)発明協会熊本県支部)	深見 毅	〒862-0901 熊本市東町3－11－38 熊本県工業技術センター内	096-331-7023
大分県知的所有権センター (大分県産業科学技術センター)	古崎 宣	〒870-1117 大分市高江西1－4361－10 大分県産業科学技術センター内	097-596-7121
宮崎県知的所有権センター ((社)発明協会宮崎県支部)	久保田 英世	〒880-0303 宮崎県宮崎郡佐土原町東上那珂16500-2 宮崎県工業技術センター内	0985-74-2953
鹿児島県知的所有権センター (鹿児島県工業技術センター)	山田 式典	〒899-5105 鹿児島県姶良郡隼人町小田1445-1 鹿児島県工業技術センター内	0995-64-2056
沖縄総合事務局特許室	下司 義雄	〒900-0016 那覇市前島3－1－15 大同生命那覇ビル5階	098-867-3293
沖縄県知的所有権センター (沖縄県工業技術センター)	木村 薫	〒904-2234 具志川市州崎12－2 沖縄県工業技術センター内1階	098-939-2372

○技術移転機関(TLO)への派遣

派遣先	氏名	所在地	TEL
北海道ティー・エル・オー(株)	山田 邦重	〒060-0808 札幌市北区北8条西5丁目 北海道大学事務局分館2館	011-708-3633
	岩城 全紀	〒060-0808 札幌市北区北8条西5丁目 北海道大学事務局分館2館	011-708-3633
(株)東北テクノアーチ	井硲 弘	〒980-0845 仙台市青葉区荒巻字青葉468番地 東北大学未来科学技術共同センター	022-222-3049
(株)筑波リエゾン研究所	関 淳次	〒305-8577 茨城県つくば市天王台1-1-1 筑波大学共同研究棟A303	0298-50-0195
	綾 紀元	〒305-8577 茨城県つくば市天王台1-1-1 筑波大学共同研究棟A303	0298-50-0195
(財)日本産業技術振興協会 産総研イノベーションズ	坂 光	〒305-8568 茨城県つくば市梅園1-1-1 つくば中央第二事業所D-7階	0298-61-5210
日本大学国際産業技術・ビジネス育成センタ	斎藤 光史	〒102-8275 東京都千代田区九段南4-8-24	03-5275-8139
	加根魯 和宏	〒102-8275 東京都千代田区九段南4-8-24	03-5275-8139
学校法人早稲田大学知的財産センター	菅野 淳	〒162-0041 東京都新宿区早稲田鶴巻町513 早稲田大学研究開発センター120-1号館1F	03-5286-9867
	風間 孝彦	〒162-0041 東京都新宿区早稲田鶴巻町513 早稲田大学研究開発センター120-1号館1F	03-5286-9867
(財)理工学振興会	鷹巣 征行	〒226-8503 横浜市緑区長津田町4259 フロンティア創造共同研究センター内	045-921-4391
	北川 謙一	〒226-8503 横浜市緑区長津田町4259 フロンティア創造共同研究センター内	045-921-4391
よこはまティーエルオー(株)	小原 郁	〒240-8501 横浜市保土ヶ谷区常盤台79-5 横浜国立大学共同研究推進センター内	045-339-4441
学校法人慶応義塾大学知的資産センター	道井 敏	〒108-0073 港区三田2-11-15 三田川崎ビル3階	03-5427-1678
	鈴木 泰	〒108-0073 港区三田2-11-15 三田川崎ビル3階	03-5427-1678
学校法人東京電機大学産官学交流センタ	河村 幸夫	〒101-8457 千代田区神田錦町2-2	03-5280-3640
タマティーエルオー(株)	古瀬 武弘	〒192-0083 八王子市旭町9-1 八王子スクエアビル11階	0426-31-1325
学校法人明治大学知的資産センター	竹田 幹男	〒101-8301 千代田区神田駿河台1-1	03-3296-4327
(株)山梨ティー・エル・オー	田中 正男	〒400-8511 甲府市武田4-3-11 山梨大学地域共同開発研究センター内	055-220-8760
(財)浜松科学技術研究振興会	小野 義光	〒432-8561 浜松市城北3-5-1	053-412-6703
(財)名古屋産業科学研究所	杉本 勝	〒460-0008 名古屋市中区栄二丁目十番十九号 名古屋商工会議所ビル	052-223-5691
	小西 富雅	〒460-0008 名古屋市中区栄二丁目十番十九号 名古屋商工会議所ビル	052-223-5694
関西ティー・エル・オー(株)	山田 富義	〒600-8813 京都市下京区中堂寺南町17 京都リサーチパークサイエンスセンタービル1号館2階	075-315-8250
	斎田 雄一	〒600-8813 京都市下京区中堂寺南町17 京都リサーチパークサイエンスセンタービル1号館2階	075-315-8250
(財)新産業創造研究機構	井上 勝彦	〒650-0047 神戸市中央区港島南町1-5-2 神戸キメックセンタービル6F	078-306-6805
	長富 弘充	〒650-0047 神戸市中央区港島南町1-5-2 神戸キメックセンタービル6F	078-306-6805
(財)大阪産業振興機構	有馬 秀平	〒565-0871 大阪府吹田市山田丘2-1 大阪大学先端科学技術共同研究センター4F	06-6879-4196
(有)山口ティー・エル・オー	松本 孝三	〒755-8611 山口県宇部市常盤台2-16-1 山口大学地域共同研究開発センター内	0836-22-9768
	熊原 尋美	〒755-8611 山口県宇部市常盤台2-16-1 山口大学地域共同研究開発センター内	0836-22-9768
(株)テクノネットワーク四国	佐藤 博正	〒760-0033 香川県高松市丸の内2-5 ヨンデンビル別館4F	087-811-5039
(株)北九州テクノセンター	乾 全	〒804-0003 北九州市戸畑区中原新町2番1号	093-873-1448
(株)産学連携機構九州	堀 浩一	〒812-8581 福岡市東区箱崎6-10-1 九州大学技術移転推進室内	092-642-4363
(財)くまもとテクノ産業財団	桂 真郎	〒861-2202 熊本県上益城郡益城町田原2081-10	096-289-2340

資料3．特許電子図書館情報検索指導アドバイザー一覧 （平成14年3月1日現在）

○知的所有権センターへの派遣

派遣先	氏名	所在地	TEL
北海道知的所有権センター (北海道立工業試験場)	平野 徹	〒060-0819 札幌市北区北19条西11丁目	011-747-2211
青森県知的所有権センター ((社)発明協会青森県支部)	佐々木 泰樹	〒030-0112 青森市第二問屋町4-11-6	017-762-3912
岩手県知的所有権センター (岩手県工業技術センター)	中嶋 孝弘	〒020-0852 盛岡市飯岡新田3-35-2	019-634-0684
宮城県知的所有権センター (宮城県産業技術総合センター)	小林 保	〒981-3206 仙台市泉区明通2-2	022-377-8725
秋田県知的所有権センター (秋田県工業技術センター)	田嶋 正夫	〒010-1623 秋田市新屋町字砂奴寄4-11	018-862-3417
山形県知的所有権センター (山形県工業技術センター)	大澤 忠行	〒990-2473 山形市松栄1-3-8	023-647-8130
福島県知的所有権センター ((社)発明協会福島県支部)	栗田 広	〒963-0215 郡山市待池台1-12 福島県ハイテクプラザ内	024-963-0242
茨城県知的所有権センター ((財)茨城県中小企業振興公社)	猪野 正己	〒312-0005 ひたちなか市新光町38 ひたちなかテクノセンタービル1階	029-264-2211
栃木県知的所有権センター ((社)発明協会栃木県支部)	中里 浩	〒322-0011 鹿沼市白桑田516-1 栃木県工業技術センター内	0289-65-7550
群馬県知的所有権センター ((社)発明協会群馬県支部)	神林 賢蔵	〒371-0845 前橋市鳥羽町190 群馬県工業試験場内	027-254-0627
埼玉県知的所有権センター ((社)発明協会埼玉県支部)	田中 庸雅	〒331-8669 さいたま市桜木町1-7-5 ソニックシティ10階	048-644-4806
千葉県知的所有権センター ((社)発明協会千葉県支部)	中原 照義	〒260-0854 千葉市中央区長洲1-9-1 千葉県庁南庁舎R3階	043-223-7748
東京都知的所有権センター ((社)発明協会東京支部)	福澤 勝義	〒105-0001 港区虎ノ門2-9-14	03-3502-5521
神奈川県知的所有権センター (神奈川県産業技術総合研究所)	森 啓次	〒243-0435 海老名市下今泉705-1	046-236-1500
神奈川県知的所有権センター支部 ((財)神奈川高度技術支援財団)	大井 隆	〒213-0012 川崎市高津区坂戸3-2-1 かながわサイエンスパーク西棟205	044-819-2100
神奈川県知的所有権センター支部 ((社)発明協会神奈川県支部)	蓮見 亮	〒231-0015 横浜市中区尾上町5-80 神奈川中小企業センター10階	045-633-5055
新潟県知的所有権センター ((財)信濃川テクノポリス開発機構)	石谷 速夫	〒940-2127 長岡市新産4-1-9	0258-46-9711
山梨県知的所有権センター (山梨県工業技術センター)	山下 知	〒400-0055 甲府市大津町2094	055-243-6111
長野県知的所有権センター ((社)発明協会長野支部)	岡田 光正	〒380-0928 長野市若里1-18-1 長野県工業試験場内	026-228-5559
静岡県知的所有権センター ((社)発明協会静岡県支部)	吉井 和夫	〒421-1221 静岡市牧ヶ谷2078 静岡工業技術センター資料館内	054-278-6111
富山県知的所有権センター (富山県工業技術センター)	齋藤 靖雄	〒933-0981 高岡市二上町150	0766-29-1252
石川県知的所有権センター (財)石川県産業創出支援機構	辻 寛司	〒920-0223 金沢市戸水町イ65番地 石川県地場産業振興センター	076-267-5918
岐阜県知的所有権センター (岐阜県科学技術振興センター)	林 邦明	〒509-0108 各務原市須衛町4-179-1 テクノプラザ5F	0583-79-2250
愛知県知的所有権センター (愛知県工業技術センター)	加藤 英昭	〒448-0003 刈谷市一ツ木町西新割	0566-24-1841
三重県知的所有権センター (三重県工業技術総合研究所)	長峰 隆	〒514-0819 津市高茶屋5-5-45	059-234-4150
福井県知的所有権センター (福井県工業技術センター)	川・好昭	〒910-0102 福井市川合鷲塚町61字北稲田10	0776-55-1195
滋賀県知的所有権センター (滋賀県工業技術センター)	森 久子	〒520-3004 栗東市上砥山232	077-558-4040
京都府知的所有権センター ((社)発明協会京都支部)	中野 剛	〒600-8813 京都市下京区中堂寺南町17 京都リサーチパーク内 京都高度技研ビル4階	075-315-8686
大阪府知的所有権センター (大阪府立特許情報センター)	秋田 伸一	〒543-0061 大阪市天王寺区伶人町2-7	06-6771-2646
大阪府知的所有権センター支部 ((社)発明協会大阪支部知的財産センター)	戎 邦夫	〒564-0062 吹田市垂水町3-24-1 シンプレス江坂ビル2階	06-6330-7725
兵庫県知的所有権センター ((社)発明協会兵庫県支部)	山口 克己	〒654-0037 神戸市須磨区行平町3-1-31 兵庫県立産業技術センター4階	078-731-5847
奈良県知的所有権センター (奈良県工業技術センター)	北田 友彦	〒630-8031 奈良市柏木町129-1	0742-33-0863

派遣先	氏名	所在地	TEL
和歌山県知的所有権センター ((社)発明協会和歌山県支部)	木村 武司	〒640-8214 和歌山県寄合町25 和歌山市発明館4階	073-432-0087
鳥取県知的所有権センター ((社)発明協会鳥取県支部)	奥村 隆一	〒689-1112 鳥取市若葉台南7-5-1 新産業創造センター1階	0857-52-6728
島根県知的所有権センター ((社)発明協会島根県支部)	門脇 みどり	〒690-0816 島根県松江市北陵町1番地 テクノアークしまね1F内	0852-60-5146
岡山県知的所有権センター ((社)発明協会岡山県支部)	佐藤 新吾	〒701-1221 岡山市芳賀5301 テクノサポート岡山内	086-286-9656
広島県知的所有権センター ((社)発明協会広島県支部)	若木 幸蔵	〒730-0052 広島市中区千田町3-13-11 広島発明会館内	082-544-0775
広島県知的所有権センター支部 ((社)発明協会広島県支部備後支会)	渡部 武徳	〒720-0067 福山市西町2-10-1	0849-21-2349
広島県知的所有権センター支部 (呉地域産業振興センター)	三上 達矢	〒737-0004 呉市阿賀南2-10-1	0823-76-3766
山口県知的所有権センター ((社)発明協会山口県支部)	大段 恭二	〒753-0077 山口市熊野町1-10 NPYビル10階	083-922-9927
徳島県知的所有権センター ((社)発明協会徳島県支部)	平野 稔	〒770-8021 徳島市雑賀町西開11-2 徳島県立工業技術センター内	088-636-3388
香川県知的所有権センター ((社)発明協会香川県支部)	中元 恒	〒761-0301 香川県高松市林町2217-15 香川産業頭脳化センタービル2階	087-869-9005
愛媛県知的所有権センター ((社)発明協会愛媛県支部)	片山 忠徳	〒791-1101 松山市久米窪田町337-1 テクノプラザ愛媛	089-960-1118
高知県知的所有権センター (高知県工業技術センター)	柏井 富雄	〒781-5101 高知市布師田3992-3	088-845-7664
福岡県知的所有権センター ((社)発明協会福岡県支部)	浦井 正章	〒812-0013 福岡市博多区博多駅東2-6-23 住友博多駅前第2ビル2階	092-474-7255
福岡県知的所有権センター北九州支部 ((株)北九州テクノセンター)	重藤 務	〒804-0003 北九州市戸畑区中原新町2-1	093-873-1432
佐賀県知的所有権センター (佐賀県工業技術センター)	塚島 誠一郎	〒849-0932 佐賀市鍋島町八戸溝114	0952-30-8161
長崎県知的所有権センター ((社)発明協会長崎県支部)	川添 早苗	〒856-0026 大村市池田2-1303-8 長崎県工業技術センター内	0957-52-1144
熊本県知的所有権センター ((社)発明協会熊本県支部)	松山 彰雄	〒862-0901 熊本市東町3-11-38 熊本県工業技術センター内	096-360-3291
大分県知的所有権センター (大分県産業科学技術センター)	鎌田 正道	〒870-1117 大分市高江西1-4361-10	097-596-7121
宮崎県知的所有権センター ((社)発明協会宮崎県支部)	黒田 護	〒880-0303 宮崎県宮崎郡佐土原町東上那珂16500-2 宮崎県工業技術センター内	0985-74-2953
鹿児島県知的所有権センター (鹿児島県工業技術センター)	大井 敏民	〒899-5105 鹿児島県姶良郡隼人町小田1445-1	0995-64-2445
沖縄県知的所有権センター (沖縄県工業技術センター)	和田 修	〒904-2234 具志川市字州崎12-2 中城湾港新港地区トロピカルテクノパーク内	098-929-0111

資料4．知的所有権センター一覧 （平成14年3月1日現在）

都道府県	名称	所在地	TEL
北海道	北海道知的所有権センター (北海道立工業試験場)	〒060-0819 札幌市北区北19条西11丁目	011-747-2211
青森県	青森県知的所有権センター ((社)発明協会青森県支部)	〒030-0112 青森市第二問屋町4-11-6	017-762-3912
岩手県	岩手県知的所有権センター (岩手県工業技術センター)	〒020-0852 盛岡市飯岡新田3-35-2	019-634-0684
宮城県	宮城県知的所有権センター (宮城県産業技術総合センター)	〒981-3206 仙台市泉区明通2-2	022-377-8725
秋田県	秋田県知的所有権センター (秋田県工業技術センター)	〒010-1623 秋田市新屋町字砂奴寄4-11	018-862-3417
山形県	山形県知的所有権センター (山形県工業技術センター)	〒990-2473 山形市松栄1-3-8	023-647-8130
福島県	福島県知的所有権センター ((社)発明協会福島県支部)	〒963-0215 郡山市待池台1-12 福島県ハイテクプラザ内	024-963-0242
茨城県	茨城県知的所有権センター ((財)茨城県中小企業振興公社)	〒312-0005 ひたちなか市新光町38 ひたちなかテクノセンタービル1階	029-264-2211
栃木県	栃木県知的所有権センター ((社)発明協会栃木県支部)	〒322-0011 鹿沼市白桑田516-1 栃木県工業技術センター内	0289-65-7550
群馬県	群馬県知的所有権センター ((社)発明協会群馬県支部)	〒371-0845 前橋市鳥羽町190 群馬県工業試験場内	027-254-0627
埼玉県	埼玉県知的所有権センター ((社)発明協会埼玉県支部)	〒331-8669 さいたま市桜木町1-7-5 ソニックシティ10階	048-644-4806
千葉県	千葉県知的所有権センター ((社)発明協会千葉県支部)	〒260-0854 千葉市中央区長洲1-9-1 千葉県庁南庁舎R3階	043-223-7748
東京都	東京都知的所有権センター ((社)発明協会東京支部)	〒105-0001 港区虎ノ門2-9-14	03-3502-5521
神奈川県	神奈川県知的所有権センター (神奈川県産業技術総合研究所)	〒243-0435 海老名市下今泉705-1	046-236-1500
	神奈川県知的所有権センター支部 ((財)神奈川高度技術支援財団)	〒213-0012 川崎市高津区坂戸3-2-1 かながわサイエンスパーク西棟205	044-819-2100
	神奈川県知的所有権センター支部 ((社)発明協会神奈川県支部)	〒231-0015 横浜市中区尾上町5-80 神奈川中小企業センター10階	045-633-5055
新潟県	新潟県知的所有権センター ((財)信濃川テクノポリス開発機構)	〒940-2127 長岡市新産4-1-9	0258-46-9711
山梨県	山梨県知的所有権センター (山梨県工業技術センター)	〒400-0055 甲府市大津町2094	055-243-6111
長野県	長野県知的所有権センター ((社)発明協会長野県支部)	〒380-0928 長野市若里1-18-1 長野県工業試験場内	026-228-5559
静岡県	静岡県知的所有権センター ((社)発明協会静岡県支部)	〒421-1221 静岡市牧ヶ谷2078 静岡工業技術センター資料館内	054-278-6111
富山県	富山県知的所有権センター (富山県工業技術センター)	〒933-0981 高岡市二上町150	0766-29-1252
石川県	石川県知的所有権センター (財)石川県産業創出支援機構	〒920-0223 金沢市戸水町イ65番地 石川県地場産業振興センター	076-267-5918
岐阜県	岐阜県知的所有権センター (岐阜県科学技術振興センター)	〒509-0108 各務原市須衛町4-179-1 テクノプラザ5F	0583-79-2250
愛知県	愛知県知的所有権センター (愛知県工業技術センター)	〒448-0003 刈谷市一ツ木町西新割	0566-24-1841
三重県	三重県知的所有権センター (三重県工業技術総合研究所)	〒514-0819 津市高茶屋5-5-45	059-234-4150
福井県	福井県知的所有権センター (福井県工業技術センター)	〒910-0102 福井市川合鷲塚町61字北稲田10	0776-55-1195
滋賀県	滋賀県知的所有権センター (滋賀県工業技術センター)	〒520-3004 栗東市上砥山232	077-558-4040
京都府	京都府知的所有権センター ((社)発明協会京都支部)	〒600-8813 京都市下京区中堂寺南町17 京都リサーチパーク内 京都高度技研ビル4階	075-315-8686
大阪府	大阪府知的所有権センター (大阪府立特許情報センター)	〒543-0061 大阪市天王寺区伶人町2-7	06-6771-2646
	大阪府知的所有権センター支部 ((社)発明協会大阪支部知的財産センター)	〒564-0062 吹田市垂水町3-24-1 シンプレス江坂ビル2階	06-6330-7725
兵庫県	兵庫県知的所有権センター ((社)発明協会兵庫県支部)	〒654-0037 神戸市須磨区行平町3-1-31 兵庫県立産業技術センター4階	078-731-5847

都道府県	名称	所在地	TEL
奈良県	奈良県知的所有権センター (奈良県工業技術センター)	〒630-8031 奈良市柏木町129-1	0742-33-0863
和歌山県	和歌山県知的所有権センター ((社)発明協会和歌山県支部)	〒640-8214 和歌山県寄合町25 和歌山市発明館4階	073-432-0087
鳥取県	鳥取県知的所有権センター ((社)発明協会鳥取県支部)	〒689-1112 鳥取市若葉台南7-5-1 新産業創造センター1階	0857-52-6728
島根県	島根県知的所有権センター ((社)発明協会島根県支部)	〒690-0816 島根県松江市北陵町1番地 テクノアークしまね1F内	0852-60-5146
岡山県	岡山県知的所有権センター ((社)発明協会岡山県支部)	〒701-1221 岡山市芳賀5301 テクノサポート岡山内	086-286-9656
広島県	広島県知的所有権センター ((社)発明協会広島県支部)	〒730-0052 広島市中区千田町3-13-11 広島発明会館内	082-544-0775
	広島県知的所有権センター支部 ((社)発明協会広島県支部備後支会)	〒720-0067 福山市西町2-10-1	0849-21-2349
	広島県知的所有権センター支部 (呉地域産業振興センター)	〒737-0004 呉市阿賀南2-10-1	0823-76-3766
山口県	山口県知的所有権センター ((社)発明協会山口県支部)	〒753-0077 山口市熊野町1-10 NPYビル10階	083-922-9927
徳島県	徳島県知的所有権センター ((社)発明協会徳島県支部)	〒770-8021 徳島市雑賀町西開11-2 徳島県立工業技術センター内	088-636-3388
香川県	香川県知的所有権センター ((社)発明協会香川県支部)	〒761-0301 香川県高松市林町2217-15 香川産業頭脳化センタービル2階	087-869-9005
愛媛県	愛媛県知的所有権センター ((社)発明協会愛媛県支部)	〒791-1101 松山市久米窪田町337-1 テクノプラザ愛媛	089-960-1118
高知県	高知県知的所有権センター (高知県工業技術センター)	〒781-5101 高知市布師田3992-3	088-845-7664
福岡県	福岡県知的所有権センター ((社)発明協会福岡県支部)	〒812-0013 福岡市博多区博多駅東2-6-23 住友博多駅前第2ビル2階	092-474-7255
	福岡県知的所有権センター北九州支部 ((株)北九州テクノセンター)	〒804-0003 北九州市戸畑区中原新町2-1	093-873-1432
佐賀県	佐賀県知的所有権センター (佐賀県工業技術センター)	〒849-0932 佐賀市鍋島町八戸溝114	0952-30-8161
長崎県	長崎県知的所有権センター ((社)発明協会長崎県支部)	〒856-0026 大村市池田2-1303-8 長崎県工業技術センター内	0957-52-1144
熊本県	熊本県知的所有権センター ((社)発明協会熊本県支部)	〒862-0901 熊本市東町3-11-38 熊本県工業技術センター内	096-360-3291
大分県	大分県知的所有権センター (大分県産業科学技術センター)	〒870-1117 大分市高江西1-4361-10	097-596-7121
宮崎県	宮崎県知的所有権センター ((社)発明協会宮崎県支部)	〒880-0303 宮崎県宮崎郡佐土原町東上那珂16500-2 宮崎県工業技術センター内	0985-74-2953
鹿児島県	鹿児島県知的所有権センター (鹿児島県工業技術センター)	〒899-5105 鹿児島県姶良郡隼人町小田1445-1	0995-64-2445
沖縄県	沖縄県知的所有権センター (沖縄県工業技術センター)	〒904-2234 具志川市字州崎12-2 中城湾港新港地区トロピカルテクノパーク内	098-929-0111

資料5．平成13年度25技術テーマの特許流通の概要

5.1 アンケート送付先と回収率

　平成13年度は、25の技術テーマにおいて「特許流通支援チャート」を作成し、その中で特許流通に対する意識調査として各技術テーマの出願件数上位企業を対象としてアンケート調査を行った。平成13年12月7日に郵送によりアンケートを送付し、平成14年1月31日までに回収されたものを対象に解析した。

　表5.1-1に、アンケート調査表の回収状況を示す。送付数578件、回収数306件、回収率52.9%であった。

表5.1-1 アンケートの回収状況

送付数	回収数	未回収数	回収率
578	306	272	52.9%

　表5.1-2に、業種別の回収状況を示す。各業種を一般系、機械系、化学系、電気系と大きく4つに分類した。以下、「○○系」と表現する場合は、各企業の業種別に基づく分類を示す。それぞれの回収率は、一般系56.5%、機械系63.5%、化学系41.1%、電気系51.6%であった。

表5.1-2 アンケートの業種別回収件数と回収率

業種と回収率	業種	回収件数
一般系 48/85=56.5%	建設	5
	窯業	12
	鉄鋼	6
	非鉄金属	17
	金属製品	2
	その他製造業	6
化学系 39/95=41.1%	食品	1
	繊維	12
	紙・パルプ	3
	化学	22
	石油・ゴム	1
機械系 73/115=63.5%	機械	23
	精密機器	28
	輸送機器	22
電気系 146/283=51.6%	電気	144
	通信	2

図5.1に、全回収件数を母数にして業種別に回収率を示す。全回収件数に占める業種別の回収率は電気系47.7%、機械系23.9%、一般系15.7%、化学系12.7%である。

図5.1 回収件数の業種別比率

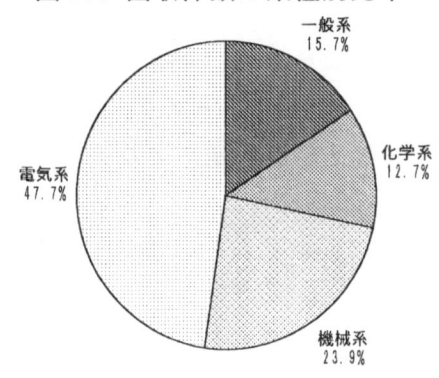

一般系	化学系	機械系	電気系	合計
48	39	73	146	306

表5.1-3に、技術テーマ別の回収件数と回収率を示す。この表では、技術テーマを一般分野、化学分野、機械分野、電気分野に分類した。以下、「○○分野」と表現する場合は、技術テーマによる分類を示す。回収率の最も良かった技術テーマは焼却炉排ガス処理技術の71.4%で、最も悪かったのは有機EL素子の34.6%である。

表5.1-3 テーマ別の回収件数と回収率

分野	技術テーマ名	送付数	回収数	回収率
一般分野	カーテンウォール	24	13	54.2%
	気体膜分離装置	25	12	48.0%
	半導体洗浄と環境適応技術	23	14	60.9%
	焼却炉排ガス処理技術	21	15	71.4%
	はんだ付け鉛フリー技術	20	11	55.0%
化学分野	プラスティックリサイクル	25	15	60.0%
	バイオセンサ	24	16	66.7%
	セラミックスの接合	23	12	52.2%
	有機EL素子	26	9	34.6%
	生分解ポリエステル	23	12	52.2%
	有機導電性ポリマー	24	15	62.5%
	リチウムポリマー電池	29	13	44.8%
機械分野	車いす	21	12	57.1%
	金属射出成形技術	28	14	50.0%
	微細レーザ加工	20	10	50.0%
	ヒートパイプ	22	10	45.5%
電気分野	圧力センサ	22	13	59.1%
	個人照合	29	12	41.4%
	非接触型ICカード	21	10	47.6%
	ビルドアップ多層プリント配線板	23	11	47.8%
	携帯電話表示技術	20	11	55.0%
	アクティブマトリックス液晶駆動技術	21	12	57.1%
	プログラム制御技術	21	12	57.1%
	半導体レーザの活性層	22	11	50.0%
	無線LAN	21	11	52.4%

5.2 アンケート結果
5.2.1 開放特許に関して
(1) 開放特許と非開放特許

他者にライセンスしてもよい特許を「開放特許」、ライセンスの可能性のない特許を「非開放特許」と定義した。その上で、各技術テーマにおける保有特許のうち、自社での実施状況と開放状況について質問を行った。

306件中257件の回答があった（回答率84.0%）。保有特許件数に対する開放特許件数の割合を開放比率とし、保有特許件数に対する非開放特許件数の割合を非開放比率と定義した。

図5.2.1-1に、業種別の特許の開放比率と非開放比率を示す。全体の開放比率は58.3%で、業種別では一般系が37.1%、化学系が20.6%、機械系が39.4%、電気系が77.4%である。化学系（20.6%）の企業の開放比率は、化学分野における開放比率（図5.2.1-2）の最低値である「生分解ポリエステル」の22.6%よりさらに低い値となっている。これは、化学分野においても、機械系、電気系の企業であれば、保有特許について比較的開放的であることを示唆している。

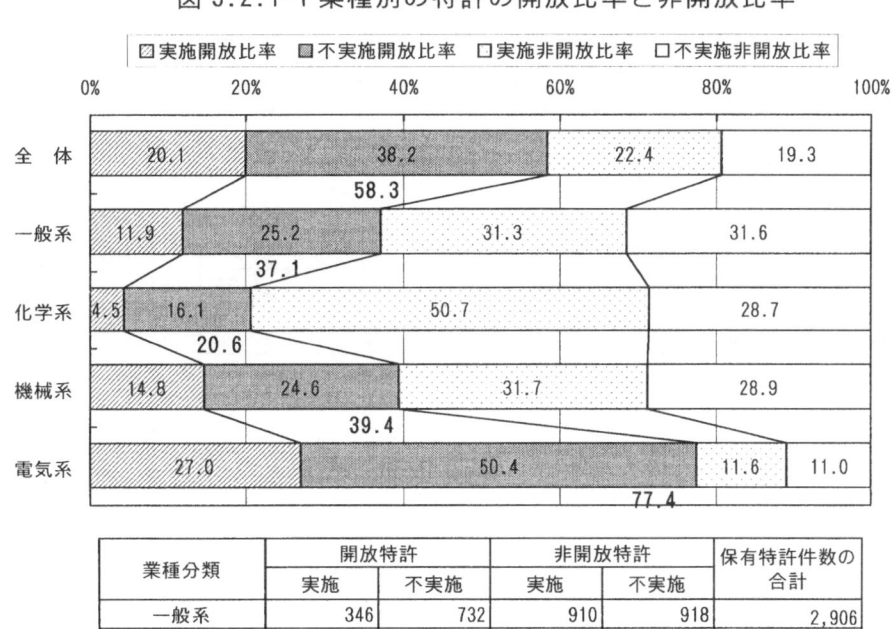

図5.2.1-1 業種別の特許の開放比率と非開放比率

業種分類	開放特許 実施	開放特許 不実施	非開放特許 実施	非開放特許 不実施	保有特許件数の合計
一般系	346	732	910	918	2,906
化学系	90	323	1,017	576	2,006
機械系	494	821	1,058	964	3,337
電気系	2,835	5,291	1,218	1,155	10,499
全体	3,765	7,167	4,203	3,613	18,748

図5.2.1-2に、技術テーマ別の開放比率と非開放比率を示す。

開放比率（実施開放比率と不実施開放比率を加算。）が高い技術テーマを見てみると、最高値は「個人照合」の84.7%で、次いで「はんだ付け鉛フリー技術」の83.2%、「無線LAN」の82.4%、「携帯電話表示技術」の80.0%となっている。一方、低い方から見ると、「生分解ポリエステル」の22.6%で、次いで「カーテンウォール」の29.3%、「有機EL」の30.5%である。

図 5.2.1-2 技術テーマ別の開放比率と非開放比率

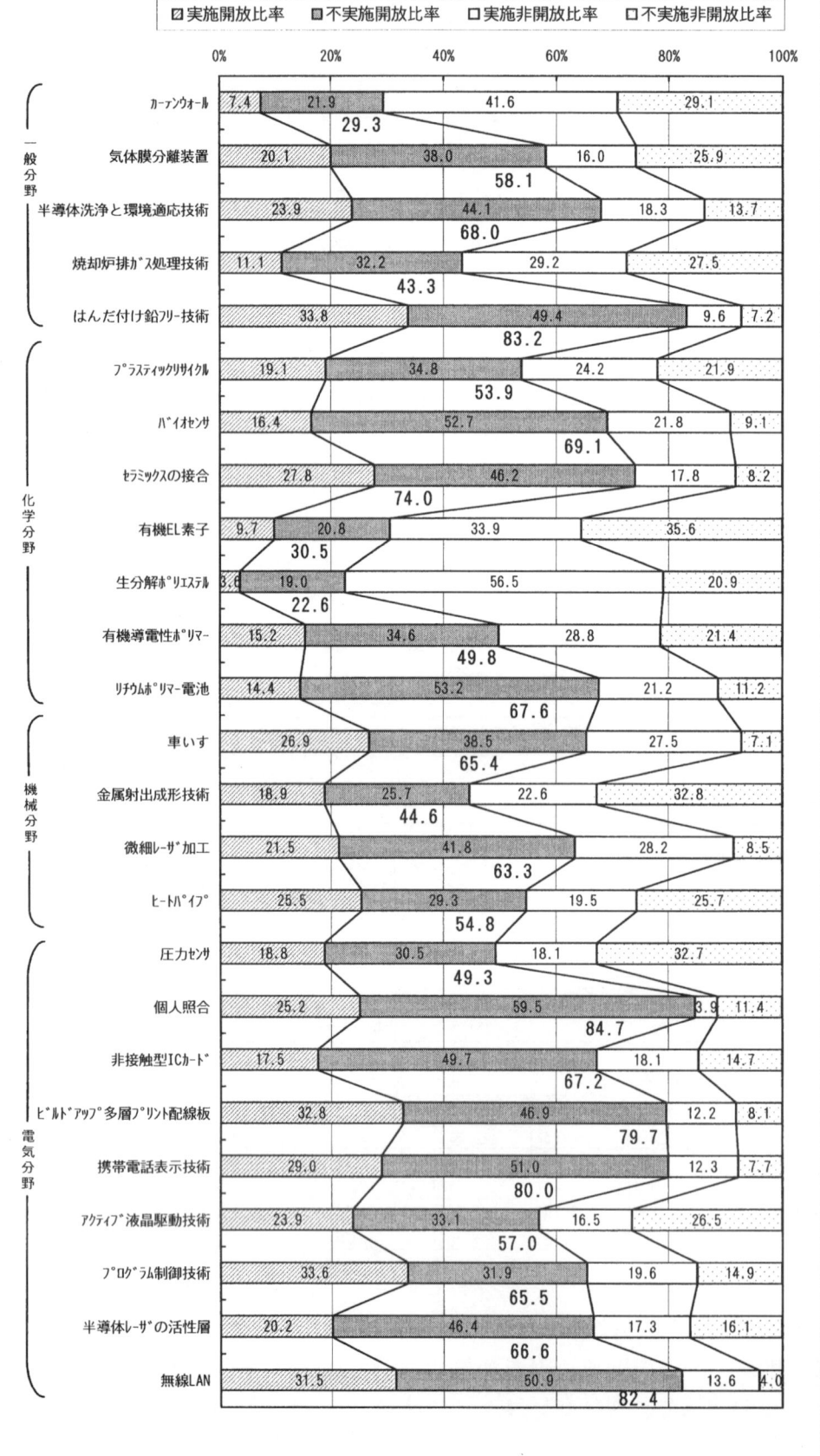

分野	技術テーマ	実施開放比率	不実施開放比率	実施非開放比率	不実施非開放比率	開放特許 実施	開放特許 不実施	非開放特許 実施	非開放特許 不実施	保有特許件数の合計
一般分野	カーテンウォール	7.4	21.9	41.6	29.1	67	198	376	264	905
	気体膜分離装置	20.1	38.0	16.0	25.9	88	166	70	113	437
	半導体洗浄と環境適応技術	23.9	44.1	18.3	13.7	155	286	119	89	649
	焼却炉排ガス処理技術	11.1	32.2	29.2	27.5	133	387	351	330	1,201
	はんだ付け鉛フリー技術	33.8	49.4	9.6	7.2	139	204	40	30	413
化学分野	プラスティックリサイクル	19.1	34.8	24.2	21.9	196	357	248	225	1,026
	バイオセンサ	16.4	52.7	21.8	9.1	106	340	141	59	646
	セラミックスの接合	27.8	46.2	17.8	8.2	145	241	93	42	521
	有機EL素子	9.7	20.8	33.9	35.6	90	193	316	332	931
	生分解ポリエステル	3.6	19.0	56.5	20.9	28	147	437	162	774
	有機導電性ポリマー	15.2	34.6	28.8	21.4	125	285	237	176	823
	リチウムポリマー電池	14.4	53.2	21.2	11.2	140	515	205	108	968
機械分野	車いす	26.9	38.5	27.5	7.1	107	154	110	28	399
	金属射出成形技術	18.9	25.7	22.6	32.8	147	200	175	255	777
	微細レーザ加工	21.5	41.8	28.2	8.5	68	133	89	27	317
	ヒートパイプ	25.5	29.3	19.5	25.7	215	248	164	217	844
電気分野	圧力センサ	18.8	30.5	18.1	32.7	164	267	158	286	875
	個人照合	25.2	59.5	3.9	11.4	220	521	34	100	875
	非接触型ICカード	17.5	49.7	18.1	14.7	140	398	145	117	800
	ビルドアップ多層プリント配線板	32.8	46.9	12.2	8.1	177	254	66	44	541
	携帯電話表示技術	29.0	51.0	12.3	7.7	235	414	100	62	811
	アクティブ液晶駆動技術	23.9	33.1	16.5	26.5	252	349	174	278	1,053
	プログラム制御技術	33.6	31.9	19.6	14.9	280	265	163	124	832
	半導体レーザの活性層	20.2	46.4	17.3	16.1	123	282	105	99	609
	無線LAN	31.5	50.9	13.6	4.0	227	367	98	29	721
	合計					3,767	7,171	4,214	3,596	18,748

図5.2.1-3は、業種別に、各企業の特許の開放比率を示したものである。

開放比率は、化学系で最も低く、電気系で最も高い。機械系と一般系はその中間に位置する。推測するに、化学系の企業では、保有特許は「物質特許」である場合が多く、自社の市場独占を確保するため、特許を開放しづらい状況にあるのではないかと思われる。逆に、電気・機械系の企業は、商品のライフサイクルが短いため、せっかく取得した特許も短期間で新技術と入れ替える必要があり、不実施となった特許を開放特許として供出やすい環境にあるのではないかと考えられる。また、より効率性の高い技術開発を進めるべく他社とのアライアンスを目的とした開放特許戦略を採るケースも、最近出てきているのではないだろうか。

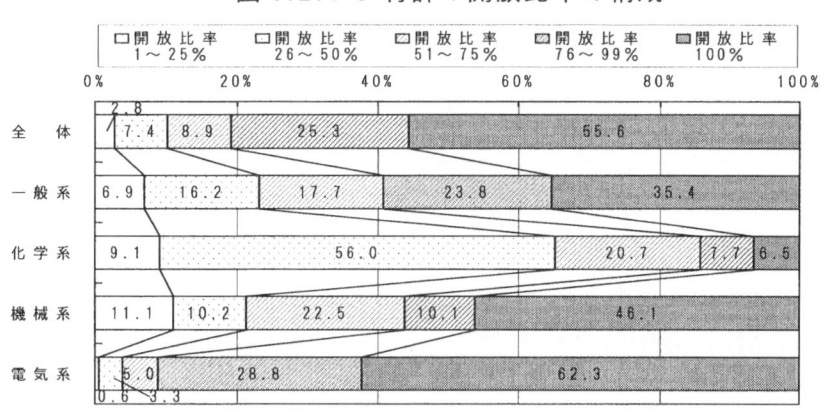

図5.2.1-3 特許の開放比率の構成

業種	開放比率0%	1～25%	26～50%	51～75%	76～99%	100%
全体	2.8	7.4	8.9	25.3	55.6	
一般系	6.9	16.2	17.7	23.8	35.4	
化学系	9.1	56.0	20.7	7.7	6.5	
機械系	11.1	10.2	22.5	10.1	46.1	
電気系	0.6	3.3	5.0	28.8	62.3	

図5.2.1-4に、業種別の自社実施比率と不実施比率を示す。全体の自社実施比率は42.5%で、業種別では化学系55.2%、機械系46.5%、一般系43.2%、電気系38.6%である。化学系の企業は、自社実施比率が高く開放比率が低い。電気・機械系の企業は、その逆で自社実施比率が低く開放比率は高い。自社実施比率と開放比率は、反比例の関係にあるといえる。

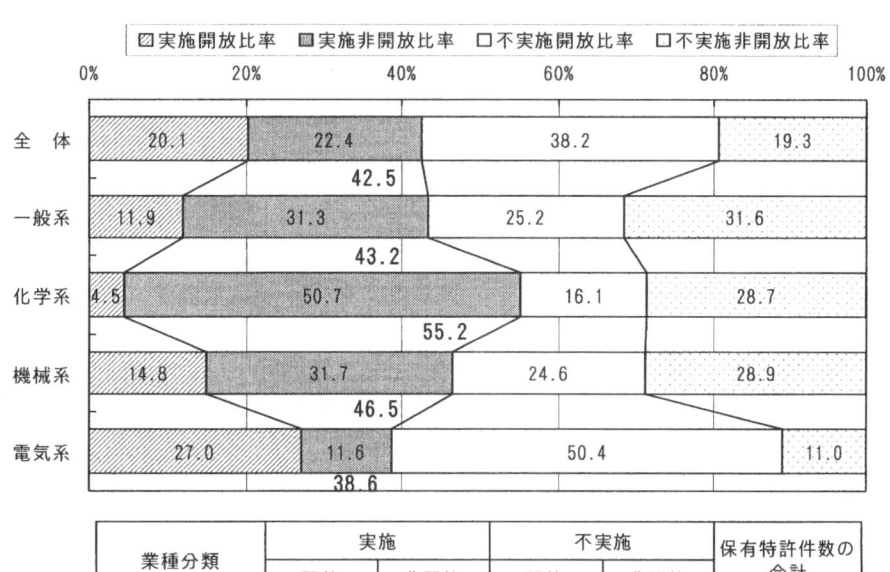

図5.2.1-4 自社実施比率と無実施比率

業種	実施開放比率	実施非開放比率	不実施開放比率	不実施非開放比率	実施計
全体	20.1	22.4	38.2	19.3	42.5
一般系	11.9	31.3	25.2	31.6	43.2
化学系	4.5	50.7	16.1	28.7	55.2
機械系	14.8	31.7	24.6	28.9	46.5
電気系	27.0	11.6	50.4	11.0	38.6

業種分類	実施 開放	実施 非開放	不実施 開放	不実施 非開放	保有特許件数の合計
一般系	346	910	732	918	2,906
化学系	90	1,017	323	576	2,006
機械系	494	1,058	821	964	3,337
電気系	2,835	1,218	5,291	1,155	10,499
全体	3,765	4,203	7,167	3,613	18,748

(2) 非開放特許の理由

開放可能性のない特許の理由について質問を行った（複数回答）。

質問内容	一般系	化学系	機械系	電気系	全体
・独占的排他権の行使により、ライバル企業を排除するため（ライバル企業排除）	36.3%	36.7%	36.4%	34.5%	36.0%
・他社に対する技術の優位性の喪失（優位性喪失）	31.9%	31.6%	30.5%	29.9%	30.9%
・技術の価値評価が困難なため（価値評価困難）	12.1%	16.5%	15.3%	13.8%	14.4%
・企業秘密がもれるから（企業秘密）	5.5%	7.6%	3.4%	14.9%	7.5%
・相手先を見つけるのが困難であるため（相手先探し）	7.7%	5.1%	8.5%	2.3%	6.1%
・ライセンス経験不足等のため提供に不安があるから（経験不足）	4.4%	0.0%	0.8%	0.0%	1.3%
・その他	2.1%	2.5%	5.1%	4.6%	3.8%

図 5.2.1-5 は非開放特許の理由の内容を示す。

「ライバル企業の排除」が最も多く 36.0%、次いで「優位性喪失」が 30.9%と高かった。特許権を「技術の市場における排他的独占権」として充分に行使していることが伺える。「価値評価困難」は 14.4%となっているが、今回の「特許流通支援チャート」作成にあたり分析対象とした特許は直近 10 年間だったため、登録前の特許が多く、権利範囲が未確定なものが多かったためと思われる。

電気系の企業で「企業秘密がもれるから」という理由が 14.9%と高いのは、技術のライフサイクルが短く新技術開発が激化しており、さらに、技術自体が模倣されやすいことが原因であるのではないだろうか。

化学系の企業で「企業秘密がもれるから」という理由が 7.6%と高いのは、物質特許のノウハウ漏洩に細心の注意を払う必要があるためと思われる。

機械系や一般系の企業で「相手先探し」が、それぞれ 8.5%、7.7%と高いことは、これらの分野で技術移転を仲介する者の活躍できる潜在性が高いことを示している。

なお、その他の理由としては、「共同出願先との調整」が 12 件と多かった。

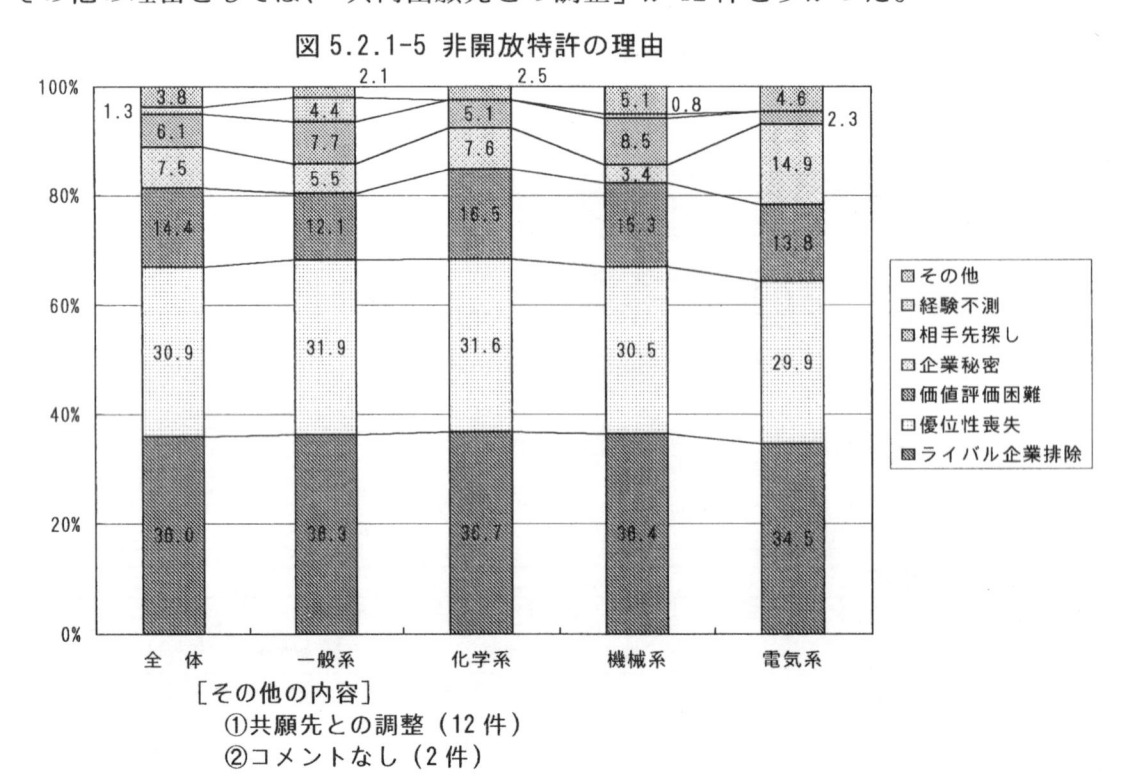

図 5.2.1-5 非開放特許の理由

[その他の内容]
①共願先との調整（12 件）
②コメントなし（2 件）

5.2.2 ライセンス供与に関して
(1) ライセンス活動
ライセンス供与の活動姿勢について質問を行った。

質問内容	一般系	化学系	機械系	電気系	全体
・特許ライセンス供与のための活動を積極的に行っている（積極的）	2.0%	15.8%	4.3%	8.9%	7.5%
・特許ライセンス供与のための活動を行っている（普通）	36.7%	15.8%	25.7%	57.7%	41.2%
・特許ライセンス供与のための活動はやや消極的である（消極的）	24.5%	13.2%	14.3%	10.4%	14.0%
・特許ライセンス供与のための活動を行っていない（しない）	36.8%	55.2%	55.7%	23.0%	37.3%

その結果を、図5.2.2-1 ライセンス活動に示す。306件中295件の回答であった(回答率96.4%)。

何らかの形で特許ライセンス活動を行っている企業は62.7%を占めた。そのうち、比較的積極的に活動を行っている企業は48.7%に上る（「積極的」＋「普通」）。これは、技術移転を仲介する者の活躍できる潜在性がかなり高いことを示唆している。

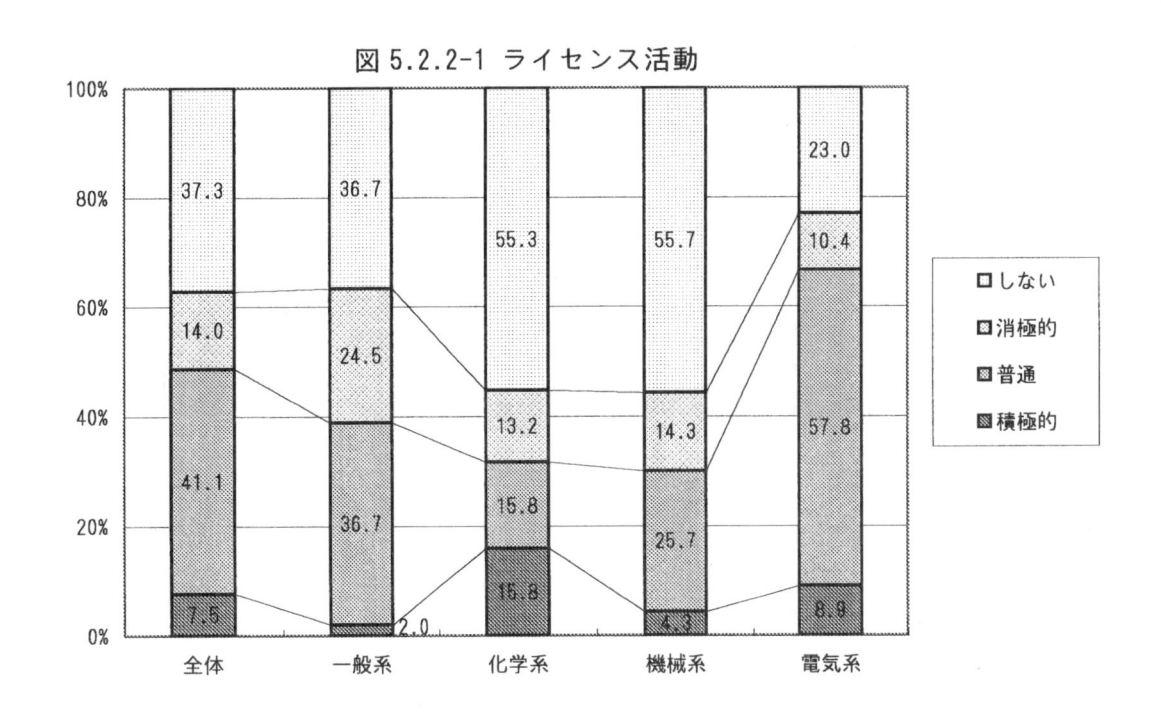

図5.2.2-1 ライセンス活動

(2) ライセンス実績

ライセンス供与の実績について質問を行った。

質問内容	一般系	化学系	機械系	電気系	全体
・供与実績はないが今後も行う方針(実績無し今後も実施)	54.5%	48.0%	43.6%	74.6%	58.3%
・供与実績があり今後も行う方針(実績有り今後も実施)	72.2%	61.5%	95.5%	67.3%	73.5%
・供与実績はなく今後は不明(実績無し今後は不明)	36.4%	24.0%	46.1%	20.3%	30.8%
・供与実績はあるが今後は不明(実績有り今後は不明)	27.8%	38.5%	4.5%	30.7%	25.5%
・供与実績はなく今後も行わない方針(実績無し今後も実施せず)	9.1%	28.0%	10.3%	5.1%	10.9%
・供与実績はあるが今後は行わない方針(実績有り今後は実施せず)	0.0%	0.0%	0.0%	2.0%	1.0%

図 5.2.2-2 に、ライセンス実績を示す。306 件中 295 件の回答があった(回答率 96.4%)。ライセンス実績有りとライセンス実績無しを分けて示す。

「供与実績があり、今後も実施」は 73.5% と非常に高い割合であり、特許ライセンスの有効性を認識した企業はさらにライセンス活動を活発化させる傾向にあるといえる。また、「供与実績はないが、今後は実施」が 58.3% あり、ライセンスに対する関心の高まりが感じられる。

機械系や一般系の企業で「実績有り今後も実施」がそれぞれ 90%、70%を越えており、他業種の企業よりもライセンスに対する関心が非常に高いことがわかる。

図 5.2.2-2 ライセンス実績

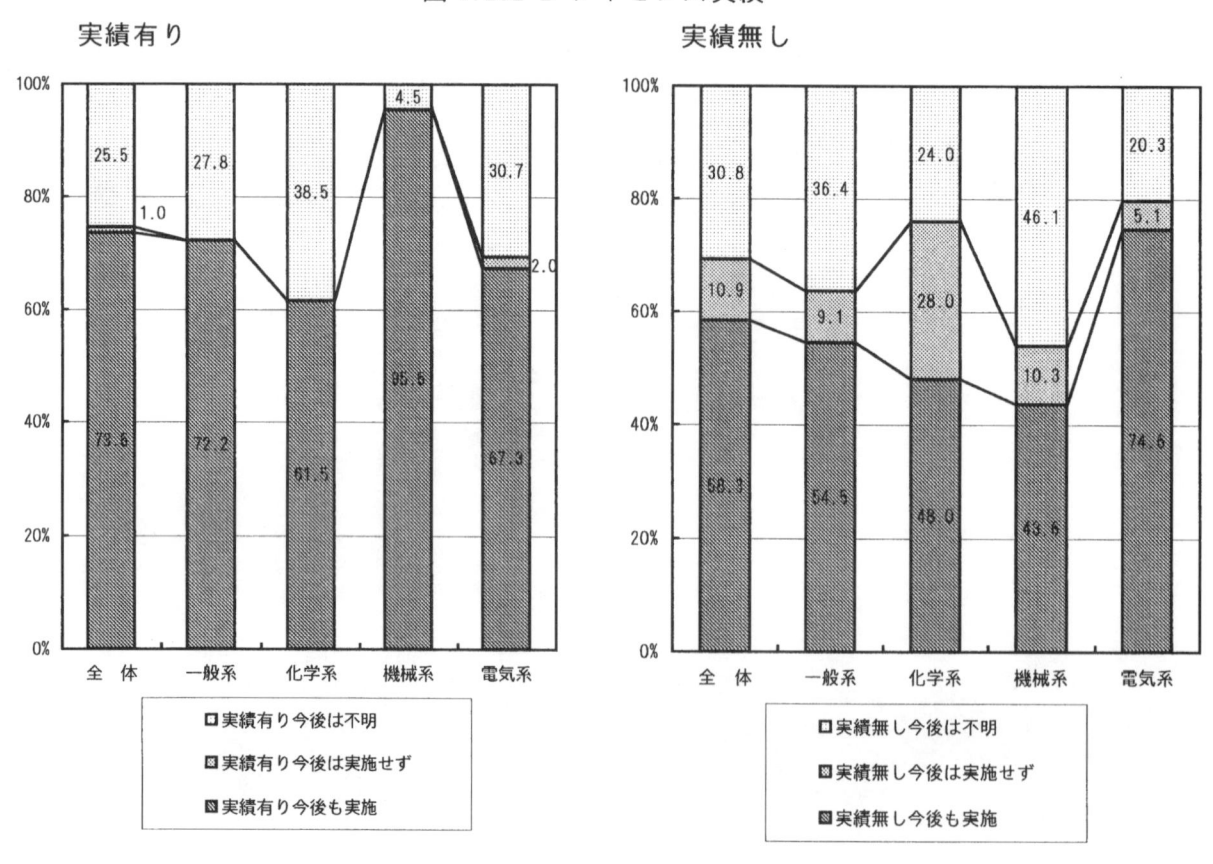

(3) ライセンス先の見つけ方

ライセンス供与の実績があると 5.2.2 項の(2)で回答したテーマ出願人にライセンス先の見つけ方について質問を行った(複数回答)。

質問内容	一般系	化学系	機械系	電気系	全体
・先方からの申し入れ(申入れ)	27.8%	43.2%	37.7%	32.0%	33.7%
・権利侵害調査の結果(侵害発)	22.2%	10.8%	17.4%	21.3%	19.3%
・系列企業の情報網（内部情報）	9.7%	10.8%	11.6%	11.5%	11.0%
・系列企業を除く取引先企業（外部情報）	2.8%	10.8%	8.7%	10.7%	8.3%
・新聞、雑誌、TV、インターネット等（メディア）	5.6%	2.7%	2.9%	12.3%	7.3%
・イベント、展示会等(展示会)	12.5%	5.4%	7.2%	3.3%	6.7%
・特許公報	5.6%	5.4%	2.9%	1.6%	3.3%
・相手先に相談できる人がいた等(人的ネットワーク)	1.4%	8.2%	7.3%	0.8%	3.3%
・学会発表、学会誌(学会)	5.6%	8.2%	1.4%	1.6%	2.7%
・データベース（DB）	6.8%	2.7%	0.0%	0.0%	1.7%
・国・公立研究機関（官公庁）	0.0%	0.0%	0.0%	3.3%	1.3%
・弁理士、特許事務所(特許事務所)	0.0%	0.0%	2.9%	0.0%	0.7%
・その他	0.0%	0.0%	0.0%	1.6%	0.7%

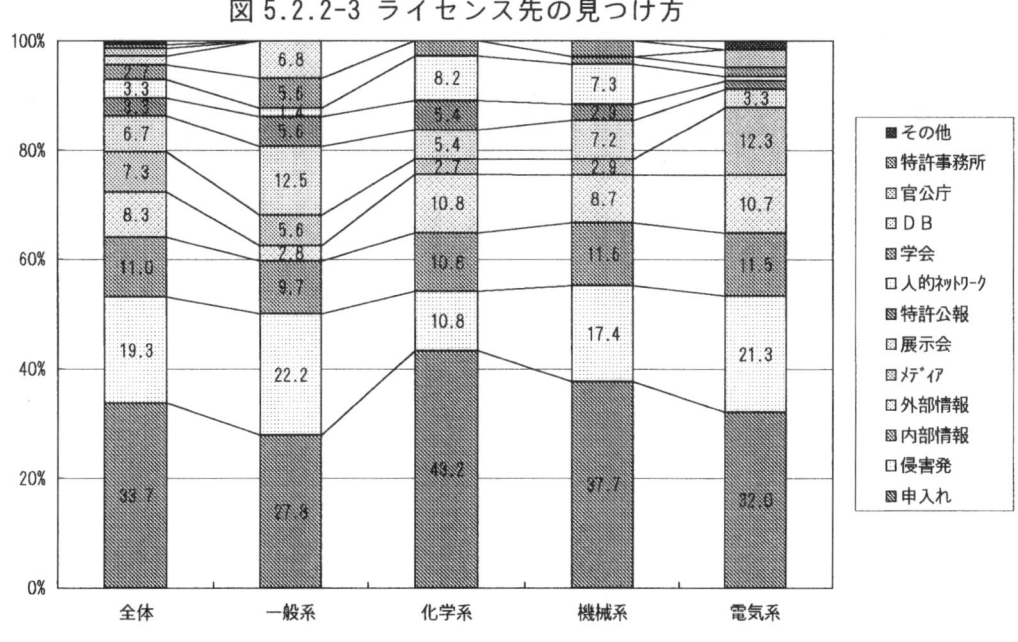

その結果を、図 5.2.2-3 ライセンス先の見つけ方に示す。「申入れ」が 33.7%と最も多く、次いで侵害警告を発した「侵害発」が 19.3%、「内部情報」によりものが 11.0%、「外部情報」によるものが 8.3%であった。特許流通データベースなどの「DB」からは 1.7%であった。化学系において、「申入れ」が 40%を越えている。

図 5.2.2-3 ライセンス先の見つけ方

〔その他の内容〕
①関係団体（2件）

(4) ライセンス供与の不成功理由

5.2.2項の(1)でライセンス活動をしていると答えて、ライセンス実績の無いテーマ出願人に、その不成功理由について質問を行った。

質問内容	一般系	化学系	機械系	電気系	全体
・相手先が見つからない（相手先探し）	58.8%	57.9%	68.0%	73.0%	66.7%
・情勢（業績・経営方針・市場など）が変化した（情勢変化）	8.8%	10.5%	16.0%	0.0%	6.4%
・ロイヤリティーの折り合いがつかなかった（ロイヤリティー）	11.8%	5.3%	4.0%	4.8%	6.4%
・当該特許だけでは、製品化が困難と思われるから（製品化困難）	3.2%	5.0%	7.7%	1.6%	3.6%
・供与に伴う技術移転（試作や実証試験等）に時間がかかっており、まだ、供与までに至らない（時間浪費）	0.0%	0.0%	0.0%	4.8%	2.1%
・ロイヤリティー以外の契約条件で折り合いがつかなかった（契約条件）	3.2%	5.0%	0.0%	0.0%	1.4%
・相手先の技術消化力が低かった（技術消化力不足）	0.0%	10.0%	0.0%	0.0%	1.4%
・新技術が出現した（新技術）	3.2%	5.3%	0.0%	0.0%	1.3%
・相手先の秘密保持に信頼が置けなかった（機密漏洩）	3.2%	0.0%	0.0%	0.0%	0.7%
・相手先がグランド・バックを認めなかった（グランドバック）	0.0%	0.0%	0.0%	0.0%	0.0%
・交渉過程で不信感が生まれた（不信感）	0.0%	0.0%	0.0%	0.0%	0.0%
・競合技術に遅れをとった（競合技術）	0.0%	0.0%	0.0%	0.0%	0.0%
・その他	9.7%	0.0%	3.9%	15.8%	10.0%

その結果を、図5.2.2-4 ライセンス供与の不成功理由に示す。約66.7%は「相手先探し」と回答している。このことから、相手先を探す仲介者および仲介を行うデータベース等のインフラの充実が必要と思われる。電気系の「相手先探し」は73.0%を占めていて他の業種より多い。

図5.2.2-4 ライセンス供与の不成功理由

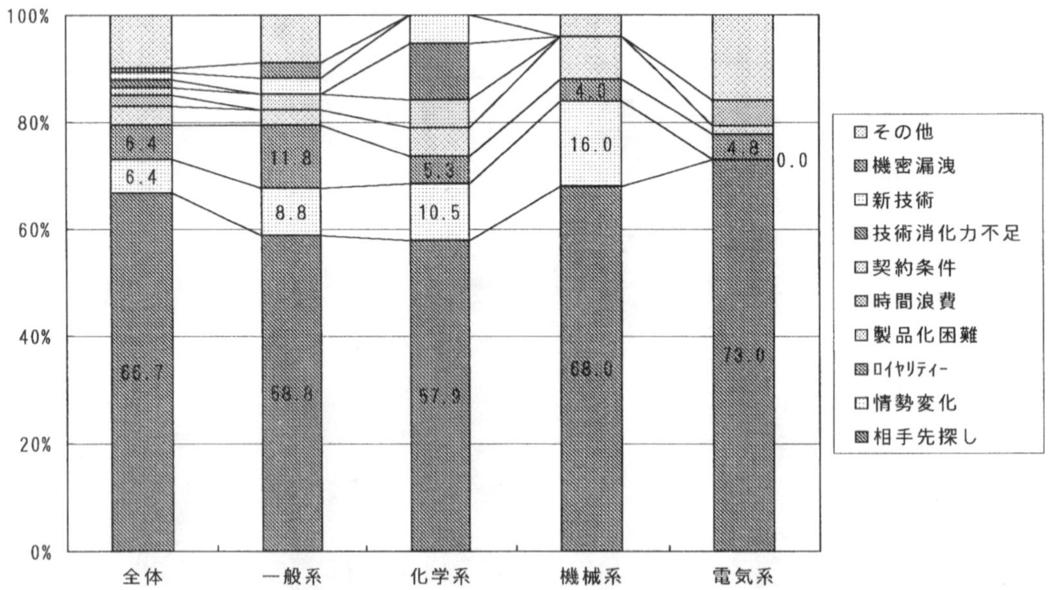

〔その他の内容〕
①単独での技術供与でない
②活動を開始してから時間が経っていない
③当該分野では未登録が多い（3件）
④市場未熟
⑤業界の動向（規格等）
⑥コメントなし（6件）

5.2.3 技術移転の対応
(1) 申し入れ対応

技術移転してもらいたいと申し入れがあった時、どのように対応するかについて質問を行った。

質問内容	一般系	化学系	機械系	電気系	全体
・とりあえず、話を聞く(話を聞く)	44.3%	70.3%	54.9%	56.8%	55.8%
・積積極的に交渉していく(積極交渉)	51.9%	27.0%	39.5%	40.7%	40.6%
・他社への特許ライセンスの供与は考えていないので、断る(断る)	3.8%	2.7%	2.8%	2.5%	2.9%
・その他	0.0%	0.0%	2.8%	0.0%	0.7%

その結果を、図5.2.3-1 ライセンス申し入れ対応に示す。「話を聞く」が55.8%であった。次いで「積極交渉」が40.6%であった。「話を聞く」と「積極交渉」で96.4%という高率であり、中小企業側からみた場合は、ライセンス供与の申し入れを積極的に行っても断られるのはわずか2.9%しかないということを示している。一般系の「積極交渉」が他の業種より高い。

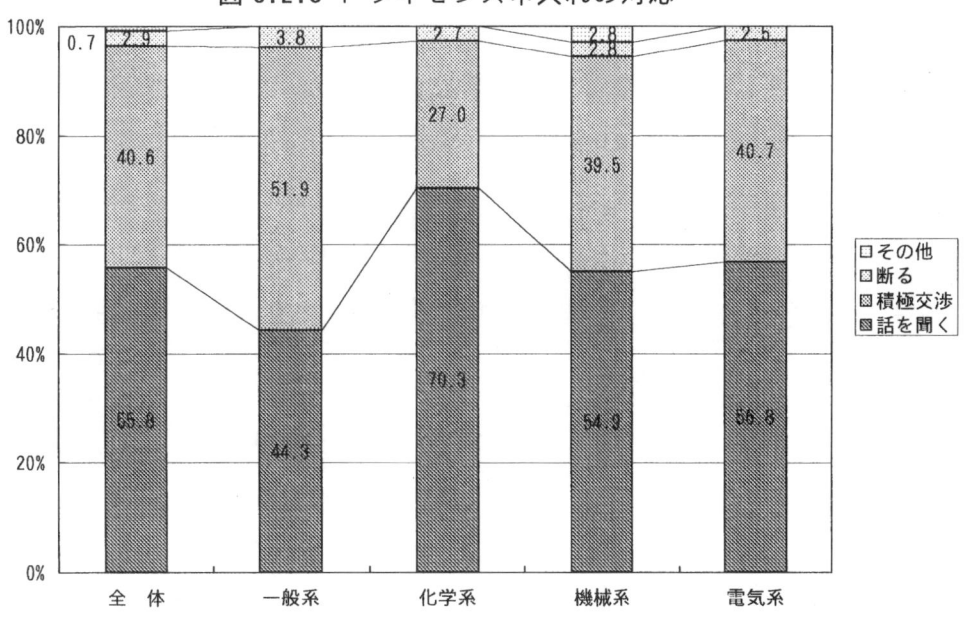

図5.2.3-1 ライセンス申入れの対応

(2) 仲介の必要性

ライセンスの仲介の必要性があるかについて質問を行った。

質問内容	一般系	化学系	機械系	電気系	全体
・自社内にそれに相当する機能があるから不要（社内機能あるから不要）	36.6%	48.7%	62.4%	53.8%	52.0%
・現在はレベルが低いので不要（低レベル仲介で不要）	1.9%	0.0%	1.4%	1.7%	1.5%
・適切な仲介者がいれば使っても良い（適切な仲介者で検討）	44.2%	45.9%	27.5%	40.2%	38.5%
・公的支援機関に仲介等を必要とする（公的仲介が必要）	17.3%	5.4%	8.7%	3.4%	7.6%
・民間仲介業者に仲介等を必要とする（民間仲介が必要）	0.0%	0.0%	0.0%	0.9%	0.4%

図 5.2.3-2 に仲介の必要性の内訳を示す。「社内機能あるから不要」が 52.0%を占め、最も多い。アンケートの配布先は大手企業が大部分であったため、自社において知財管理、技術移転機能が整備されている企業が 50%以上を占めることを意味している。

次いで「適切な仲介者で検討」が 38.5%、「公的仲介が必要」が 7.6%、「民間仲介が必要」が 0.4%となっている。これらを加えると仲介の必要を感じている企業は 46.5%に上る。

自前で知財管理や知財戦略を立てることができない中小企業や一部の大企業では、技術移転・仲介者の存在が必要であると推測される。

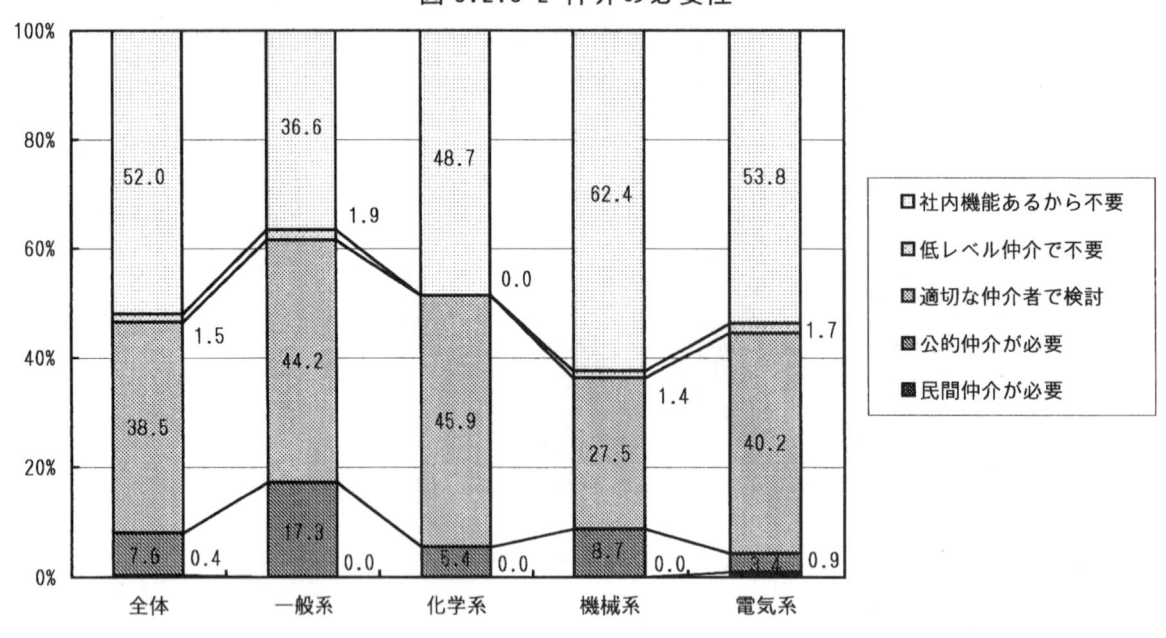

図 5.2.3-2 仲介の必要性

5.2.4 具体的事例
(1) テーマ特許の供与実績

技術テーマの分析の対象となった特許一覧表を掲載し(テーマ特許)、具体的にどの特許の供与実績があるかについて質問を行った。

質問内容	一般系	化学系	機械系	電気系	全体
・有る	12.8%	12.9%	13.6%	18.8%	15.7%
・無い	72.3%	48.4%	39.4%	34.2%	44.1%
・回答できない(回答不可)	14.9%	38.7%	47.0%	47.0%	40.2%

図5.2.4-1に、テーマ特許の供与実績を示す。

「有る」と回答した企業が15.7%であった。「無い」と回答した企業が44.1%あった。「回答不可」と回答した企業が40.2%とかなり多かった。これは個別案件ごとにアンケートを行ったためと思われる。ライセンス自体、企業秘密であり、他者に情報を漏洩しない場合が多い。

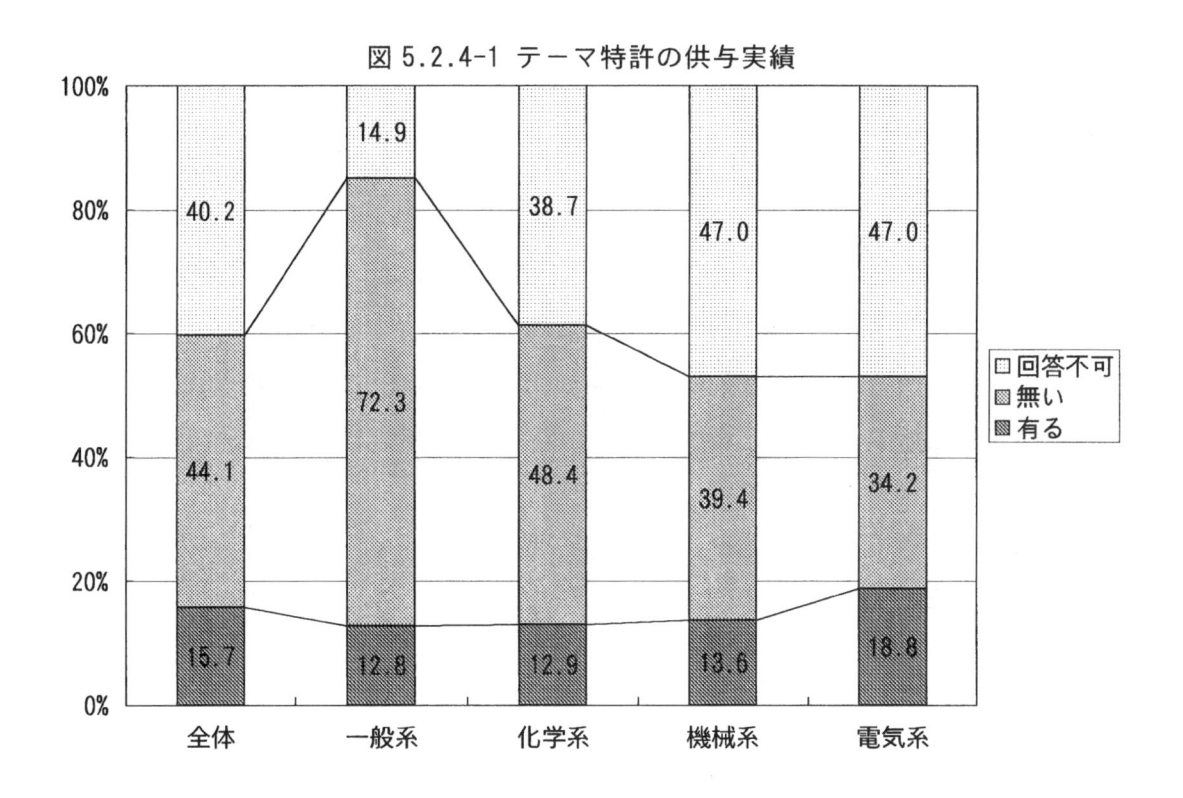

図5.2.4-1 テーマ特許の供与実績

(2) テーマ特許を適用した製品

「特許流通支援チャート」に収蔵した特許（出願）を適用した製品の有無について質問を行った。

質問内容	一般系	化学系	機械系	電気系	全体
・回答できない(回答不可)	27.9%	34.4%	44.3%	53.2%	44.6%
・有る。	51.2%	43.8%	39.3%	37.1%	40.8%
・無い。	20.9%	21.8%	16.4%	9.7%	14.6%

図5.2.4-2に、テーマ特許を適用した製品の有無について結果を示す。

「有る」が40.8%、「回答不可」が44.6%、「無い」が14.6%であった。一般系と化学系で「有る」と回答した企業が多かった。

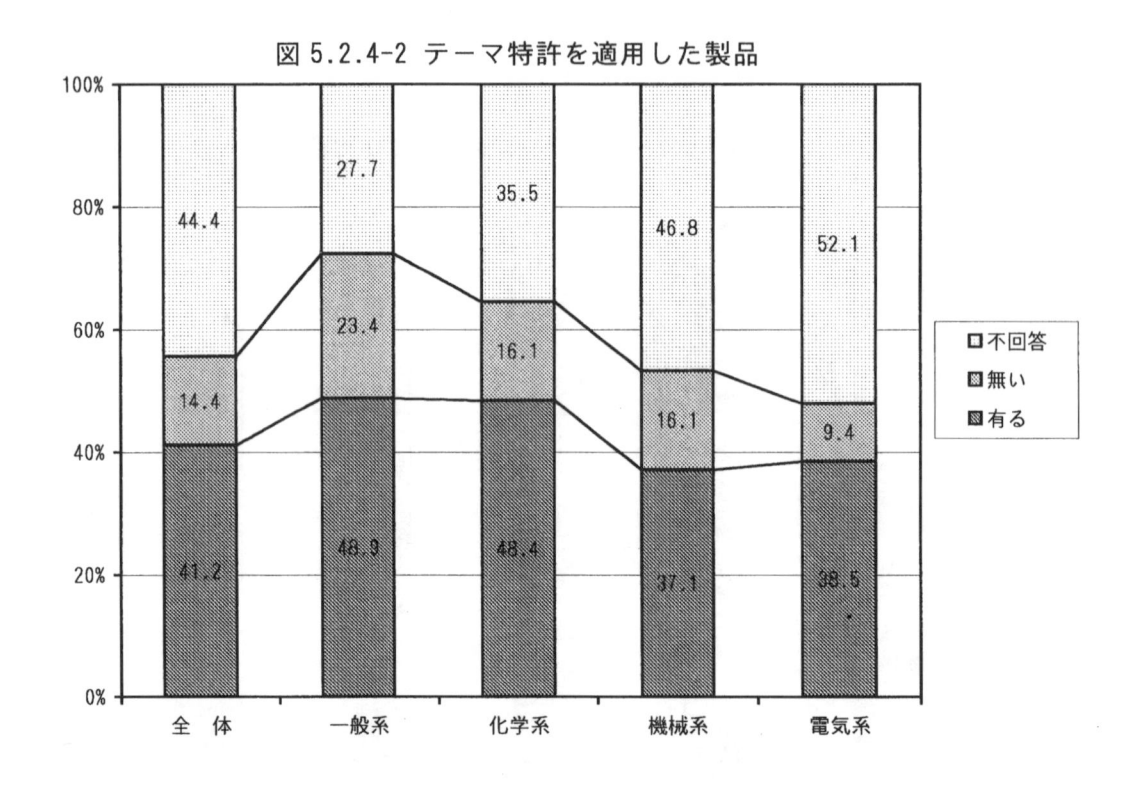

図5.2.4-2 テーマ特許を適用した製品

	全体	一般系	化学系	機械系	電気系
不回答	44.4	27.7	35.5	46.8	52.1
無い	14.4	23.4	16.1	16.1	9.4
有る	41.2	48.9	48.4	37.1	38.5

5.3 ヒアリング調査

アンケートによる調査において、5.2.2 の(2)項でライセンス実績に関する質問を行った。その結果、回収数 306 件中 295 件の回答を得、そのうち「供与実績あり、今後も積極的な供与活動を実施したい」という回答が全テーマ合計で 25.4%(延べ 75 出願人)あった。これから重複を排除すると 43 出願人となった。

この 43 出願人を候補として、ライセンスの実態に関するヒアリング調査を行うこととした。ヒアリングの目的は技術移転が成功した理由をできるだけ明らかにすることにある。

表 5.3 にヒアリング出願人の件数を示す。43 出願人のうちヒアリングに応じてくれた出願人は 11 出願人(26.5%)であった。テーマ別且つ出願人別では延べ 15 出願人であった。ヒアリングは平成 14 年 2 月中旬から下旬にかけて行った。

表 5.3 ヒアリング出願人の件数

ヒアリング候補出願人数	ヒアリング出願人数	ヒアリングテーマ出願人数
43	11	15

5.3.1 ヒアリング総括

表 5.3 に示したようにヒアリングに応じてくれた出願人が 43 出願人中わずか 11 出願人(25.6%)と非常に少なかったのは、ライセンス状況およびその経緯に関する情報は企業秘密に属し、通常は外部に公表しないためであろう。さらに、11 出願人に対するヒアリング結果も、具体的なライセンス料やロイヤリティーなど核心部分については充分な回答をもらうことができなかった。

このため、今回のヒアリング調査は、対象母数が少なく、その結果も特許流通および技術移転プロセスについて全体の傾向をあらわすまでには至っておらず、いくつかのライセンス実績の事例を紹介するに留まらざるを得なかった。

5.3.2 ヒアリング結果

表 5.3.2-1 にヒアリング結果を示す。

技術移転のライセンサーはすべて大企業であった。

ライセンシーは、大企業が 8 件、中小企業が 3 件、子会社が 1 件、海外が 1 件、不明が 2 件であった。

技術移転の形態は、ライセンサーからの「申し出」によるものと、ライセンシーからの「申し入れ」によるものの 2 つに大別される。「申し出」が 3 件、「申し入れ」が 7 件、「不明」が 2 件であった。

「申し出」の理由は、3 件とも事業移管や事業中止に伴いライセンサーが技術を使わなくなったことによるものであった。このうち 1 件は、中小企業に対するライセンスであった。この中小企業は保有技術の水準が高かったため、スムーズにライセンスが行われたとのことであった。

「ノウハウを伴わない」技術移転は 3 件で、「ノウハウを伴う」技術移転は 4 件であった。

「ノウハウを伴わない」場合のライセンシーは、3 件のうち 1 件は海外の会社、1 件が中小企業、残り 1 件が同業種の大企業であった。

大手同士の技術移転だと、技術水準が似通っている場合が多いこと、特許性の評価やノウハウの要・不要、ライセンス料やロイヤリティー額の決定などについて経験に基づき判断できるため、スムーズに話が進むという意見があった。

　中小企業への移転は、ライセンサーもライセンシーも同業種で技術水準も似通っていたため、ノウハウの供与の必要はなかった。中小企業と技術移転を行う場合、ノウハウ供与を伴う必要があることが、交渉の障害となるケースが多いとの意見があった。

　「ノウハウを伴う」場合の4件のライセンサーはすべて大企業であった。ライセンシーは大企業が1件、中小企業が1件、不明が2件であった。

　「ノウハウを伴う」ことについて、ライセンサーは、時間や人員が避けないという理由で難色を示すところが多い。このため、中小企業に技術移転を行う場合は、ライセンシー側の技術水準を重視すると回答したところが多かった。

　ロイヤリティーは、イニシャルとランニングに分かれる。イニシャルだけの場合は4件、ランニングだけの場合は6件、双方とも含んでいる場合は4件であった。ロイヤリティーの形態は、双方の企業の合意に基づき決定されるため、技術移転の内容によりケースバイケースであると回答した企業がほとんどであった。

　中小企業へ技術移転を行う場合には、イニシャルロイヤリティーを低く抑えており、ランニングロイヤリティーとセットしている。

　ランニングロイヤリティーのみと回答した6件の企業であっても、「ノウハウを伴う」技術移転の場合にはイニシャルロイヤリティーを必ず要求するとすべての企業が回答している。中小企業への技術移転を行う際に、このイニシャルロイヤリティーの額をどうするか折り合いがつかず、不成功になった経験を持っていた。

表5.3.2-1 ヒアリング結果

導入企業	移転の申入れ	ノウハウ込み	イニシャル	ランニング
—	ライセンシー	○	普通	—
—	—	○	普通	—
中小	ライセンシー	×	低	普通
海外	ライセンシー	×	普通	—
大手	ライセンシー	—	—	普通
大手	ライセンシー	—	—	普通
大手	ライセンシー	—	—	普通
大手	—	—	—	普通
中小	ライセンサー	—	—	普通
大手	—	—	普通	低
大手	—	○	普通	普通
大手	ライセンサー	—	普通	—
子会社	ライセンサー	—	—	—
中小	—	○	低	高
大手	ライセンシー	×	—	普通

＊特許技術提供企業はすべて大手企業である。

(注)
　ヒアリングの結果に関する個別のお問い合わせについては、回答をいただいた企業とのお約束があるため、応じることはできません。予めご了承ください。

資料6. 特許番号一覧

表6-1 特許番号一覧（ただし、前述の主要企業22社分は除く）

技術分野	技術要素	課題	公報番号（出願人、概要）		
溶融金属					
	半溶融成形	品質向上	特許3088845：	旭テック：パンチの進行方向に配したダイスにダイス孔を開孔させ、ビレットをパンチで押して、底部に開孔したランナの側面から金型に充填する半溶融金属成形装置において、ダイス孔の底部に凹部を設ける。	特開平7-155919(28)
			特開平6-210424(28)	特開平7-18406(28)	特開平9-157781(20)
			特開平7-204783(28)	特開平8-52534(28)	特開平8-120390(38)
			特開平8-257693(33)	特開平9-216039(18)	特開平11-156523(33)
			特開平9-241735(18)	特開平9-271919(38)	特開平11-314148(59)
			特開平11-156523(33)	特開平11-156513(33)	特開2000-202615(22)
			特開2000-218351：	松下電器産業：高速射出時にセミソリッド金属が計量貯留部から圧縮溶解部に逆流するのを、スクリュヘッド部に温度調節装置を設け、この部分のスラリーの固相率を高める事により防止する。	特開2001-158930(35)
			特開2001-25852(22)	特開2001-113351(20)	
		操作性向上	特許2975182(28)	特開平5-44010(28)	特開平9-241778(38)
		生産性向上	特許3115689(33)	特開平6-262330(33)	特開平7-32113(28)
			特開平7-148551：	レオテック：セミソリッドのAl合金の連続鋳造に際し、鋳造の初期は引き抜き速度を100mm/min以下に制御し、鋳片中心の凝固位置から溶湯もしくは半凝固金属湯面までを100mm以上に保持し、50〜200mm/minで引抜く。	特開2000-271720(54)
			特開平11-317614(12)	特開2001-30050(12)	
		性能向上	特開平5-131255(28)	特許3162802(28)	
		コスト低減	特開平6-234050(28)	特開平6-297097(28)	特開平6-297098(28)
			特開2000-212607(22)	特開2001-1110(22)	
	成形装置	品質向上	特許2958896(29)	特開平7-40031(37)	特開平7-60426(20)
			特許2783503(18)	特開平9-85410(34)	特開平9-262882(42)
			特開平9-85411(34)	特開平9-262881(42)	特開平10-235463(45)
			特開平9-295119(16)	特許2858647(58)	特開平10-263780(34)
			特開平10-235461(45)	特開平10-235462(45)	特開平11-156516(34)
			特開平11-77273(34)	特開平11-151561(34)	特開2000-326062(18)
			特開2000-107848(34)	特開2000-176620(34)	特開2001-105110(51)
		操作性向上	特許2638663(15)	特許2708934(15)	特許2952022(20)
			特許3041570(15)	特開平8-281746(51)	特開平8-300408(31)
			特開平9-29412(18)	特開平11-57966(15)	特開平11-936(57)
			特開平11-179773(15)	特開2000-351055(60)	特開平10-337750(57)
			特開2000-317599：	神戸製鋼所：押出しスクリュを、チャンバ内に回転自在に挿通でき、中心軸部と中心軸部の外周部に外嵌された軸方向に並ぶ複数のスクリュセグメントから構成された軽合金の射出成形装置。	実登2505281(15)
		コスト低減	特許2731031(15)	特許2989041(57)	特許2891569(12)
			実登2537666(20)	実登2541701(49)	
		生産性向上	特許2612082(15)	特許2963509(29)	特開平5-77297(49)
			特開平10-315275(12)		
			特開平5-200819(12)	特公平7-96250(58)	特許3088065(16)
			特開2001-47212：	十王：溶融金属用の射出成形機に関して、本装置におけるマニホールド部は分割したマニホールド部のそれぞれに2以上のノズル部が接続せず、ホットランナーに交差する向きに分割。	特開2000-141011(54)
			実登2580999(12)		

技術分野	技術要素	課　題	公報番号（出願人、概要）		
溶融金属	成形装置	性能向上	特開平4-105761(35)	特許3202361(12)	特開平7-40410(12)
			特許2506265(58)	特許3093558(20)	特開平7-232349(59)
			特開平8-281732(51)	特開平9-57417(20)	特開平9-104047(20)
			特開平9-108811(20)	特開平8-207103(56)	特許3023764(15)
			特開平10-666(56)	特開平11-254116(59)	特開平11-291290(60)
			特開平11-57971：	住友重機械工業：固体金属材料を溶融または半溶融状態にするスクリュ押出装置を、金属材料の射出用シリンダ・スクリュ装置に連通させた金属材料射出成形装置。	
			特開2001-1122(18)	実開平3-20128(15)	実公平7-27149(12)
			実公平7-36180(12)	実公平8-4271(15)	実公平7-47169(20)
			実開平4-7122(15)	実公平7-51299(29)	実公平7-18462(16)
			実公平7-18463(16)		
		省力化	実公平7-27150(12)		
		小型化	特開平11-13706(29)	実公平7-36734(12)	
		作業環境改善	実登2552283(12)		
		安全性向上	特開平6-293051(12)	特開平6-297534(12)	特許2915365(58)
			特開平8-25448：	三菱重工業：可動盤と安全扉の間に設けられた可動盤の往復位置を検知する位置検知手段と、位置検知手段の検知信号によって安全扉の開ストロークを制御するストローク制御手段を具備した成形機の安全扉。	実登2508399(15)
			特開平10-202350(22)	実公平7-30342(12)	
	制御装置	品質向上	特開平9-295121(35)	特開平9-314307(35)	特開2000-317606(18)
			特開2000-317603(22)		
		操作性向上	特許2676293(16)	特開平8-206812(18)	
		生産性向上	特開2001-18054(22)		
		性能向上	特開平6-312256(18)	特開平7-214283(18)	特許3121215(18)
			特開平8-132218(18)	特開平9-297603(18)	特開平9-295120(18)
			特開平8-300433(15)	特開平9-254224(15)	実登2515344(12)
			特許3026153：	住友重機械工業：あらかじめ定められた速度に対して目標速度が大であればサーボモータ立上げ時の加速度が常に一定値であるような速度パターンを発生し、目標速度が小であればサーボモータの立上げ時の加速度が前記一定値よりその割合だけ小さい速度パターンを発生。	特許3114054(15)
		安全性向上	特許2760575(15)		
	型締め装置	品質向上	特開平7-148807(12)	特開平10-9977(37)	特開平10-58113(37)
			特開平10-85998(15)	特開2001-212829(29)	実公平7-9619(31)
		操作性向上	実登2508537(12)	特開平8-224763(56)	特許3207176(15)
			特開平10-5970(37)	特開2000-71298(15)	実登2528647(12)
			特開2001-212857(15)		
		コスト低減	特許2744333：	住友重機械工業：電動モータで駆動軸に連結されたセンタリングが回転し、センタリングの第1、第2ロッドを介して、第1、第2のリンク機構が駆動軸を中心に押し広げられ、トグルサポートと可動プラテンの距離を調整する型締装置。	特許2521591(31)
			特開平8-72113(12)	特開平8-267463(12)	特開平8-276482(12)
			特開平8-309811(12)	実公平7-53776(52)	実公平7-36732(12)
			特開平8-336870：	三菱重工業：タイバーの他端を可動盤に穿設された案内孔に摺動自在に貫通支持し、下段タイバーの終端部をエンドプレートの支持孔にて支持し、同タイバーをガイドとして移動可能に構成した型締装置。	実公平8-8097(12)
		生産性向上	特開平3-90314(15)	特許2664525(15)	特許3145500(12)

技術分野	技術要素	課題	公報番号（出願人、概要）		
溶融金属					
	型締め装置	生産性向上	特許3075562：	松下電器産業：型開閉工程における金型保護装置を得ることを目的とし、金型の型開閉および締め付けを行うトグル機構の駆動モータトルクを型開閉全ストロークにわたり一定とする。	特開平5-253996(31)
			特開平6-15709(56)	特開平7-68611(12)	特許2790425(18)
			特許3194412(18)	特開平8-281750(51)	特開平9-109207(31)
			特開平9-164572(15)	特開平10-29232(18)	特開平11-115009(31)
			特開平11-147241(31)	実開平3-77608(12)	実登2510396(12)
			実登2513236(12)	実公平7-42688(32)	実開平4-98121(12)
			実登2531522(12)		
		性能向上	特許2791903(15)	特開平4-69215(15)	特開平4-357309(31)
			特許2627235(49)	特許3065460(18)	特開平7-80904(12)
			特許3097052：	オークマ：垂直方向に上下動して金型を開閉する型締機構の駆動モータを固定部に固着して、ねじに対して直角かつ垂直に設けたスプライン軸を介してねじを回転させる型締駆動装置。	特開平8-281751(31)
			特許3047214(15)	特許3160708(15)	特開平11-262942(22)
			特開2000-190332(51)	特開2000-71299(15)	特開2001-138374(15)
			実開平4-17912(12)		
		省力化	特開平4-307219(32)	特開平8-72112(15)	特許3038469(15)
		小型化	特許2627215(49)	特開平5-345339(31)	特許2679917(31)
			特許2740735(18)	特開平8-267522(12)	特開平8-267523(12)
			特開平10-15653(37)	実公平8-5786(12)	実公平7-36733(12)
		作業環境改善	実登2539704(12)		
		安全性向上	特許2793708(15)	特開平9-155929(12)	特開平7-246622(12)
	金型	品質向上	特許2819790(46)	特開平4-123858(16)	特開平4-123860(16)
			特公平8-4909(16)	特開平4-344863(18)	特許2798527(18)
			特許2538476(16)	特許2587759(16)	
			特許3017889：	日立金属：水冷穴付近からの割れを防止したダイカスト金型として、本製造方法は金型表面を一定の硬度になるように熱処理を施したあと、水冷穴相当部分を焼戻しし硬度を下げる。	特開平6-106325(20)
			特許2736491(16)	特許2948047(20)	特開平7-9107(37)
			特開平7-303934(33)	特開平7-40382(57)	特許2813134(18)
			特開平8-90609(32)	特開平8-112838(32)	特開平8-281409(37)
			特許3175142：	三菱マテリアル：金属の充填過不足をなくす目的として、本設備はキャビティの容積を調整する手段、キャビティ内の金属材料の調圧手段および閉鎖部と圧縮部の間のガスベントを備える。	特開平10-44197(29)
			特開平10-291062(46)	特開平11-105081(44)	特開2000-343199(38)
			特開2000-351135(59)	特開2001-1125(35)	実公平6-46648(44)
			実登2516692(16)	実開平4-54555(16)	実登2537118(46)
		操作性向上	特許2620383(15)	特許2658558(46)	特許3033237(46)
			特許3087085(43)	特許2514508(43)	特公平8-25113(43)
			特許2964287(43)	特開平8-80531(52)	特開平9-187843(32)
			特許2596886(16)	特開平9-308956(37)	特開平10-57118(45)
			特許3053528：	リョービ：加圧シリンダや鋳抜きピンを支持する支持板がピン板とC板との空間に位置することにより、押しだしピンを長くする必要がないので設置場所の自由度が維持できる鋳造金型装置。	特開平11-151735(32)
			特開2000-280277(20)	実公平8-10530(43)	実公平7-53801(16)
			特開2000-309037(31)	実登2578730(43)	実登2566068(52)

技術分野	技術要素	課　題	公報番号（出願人、概要）		
溶融金属					
	金型	操作性向上	実登2531577：	コスメック：基枠に上下移動自在に支持された昇降作動具と、昇降作動具を上向きに押圧する押上げ手段と、昇降作動具を押上げ位置に油圧固定する油圧ロック手段よりなる金型受止め手段を備えた金型固定装置。	実開平6-7915(29)
		コスト低減	特許2836908(12)	特許3117748(15)	特開平5-309710(12)
			特開2001-1369(12)	実登2554767(52)	
		生産性向上	特公平8-13408(35)	特公平8-4907(16)	特公平8-4908(16)
			特公平8-284(16)	特許3055724(53)	特開平5-253990(12)
			特許2777863(16)	特公平8-4910(16)	特開平8-90603(32)
			特開平8-280420(45)	特開平9-11284(44)	特開平9-108780(20)
			特許2808425(16)	特開平9-85417(16)	特開平11-268087(32)
			特開平10-193403(29)	特開平11-170026(20)	特開2001-205392(35)
			特開2000-218353：	シャープ：成形サイクル短縮および成型品の表面欠陥防止のため、キャビティ内に通気性を有する金属型材を設置し、金属筐体の離形時に高圧の気体を供給して離形抵抗を軽減。	実開平4-134255(16)
			実公平7-23226(29)	実登2524502(29)	特開平9-323143(34)
			実公平7-26037(16)		
		性能向上	特開平8-90615(32)	特開平9-11283(44)	特許3047216(15)
			特開平11-188473(16)	特開2000-79630(32)	特開2000-233269(60)
			特開2000-296524：	日産自動車：金型冷却解析モデル全体の平均型表面温度と区分領域毎の平均型表面温度とを比較する温度比較ステップと温度比較ステップにもとづく配置修正ステップをそなえ、各ステップを繰り返し最適化。	
		省力化	特許3100428(55)	特許3114944(55)	実登2580841(29)
			特開平9-147144(22)	特開平10-180813(32)	実登2528757(16)
			実開平5-41734(55)	実登2561545(52)	
		安全性向上	特許3183535(55)		
		コスト低減	特許2715640(22)	特開平8-281726(32)	特開2000-42713(22)
			特開2001-79644：	松下電器産業：Mg合金などの射出成形に用いられる金型であって、金型母材の表面に表層材を配し、表層材は金型母材よりも低熱伝導率の材料で形成されている金型。	実登2565901(29)
金属粉末					
	原料粉末	品質向上	特開2000-310103(64)	特開2000-215718(39)	特開2000-23718(41)
			特開平7-41809(41)	特開平7-316715(41)	特許2979728(47)
			特開平4-354839(47)	特開2000-23718(20)	特開平6-145703(30)
			特開平6-145704(30)	特開平8-209204(40)	特開平10-298606(40)
			特開2000-144201(41)	特許3089701(47)	
			特開平8-302401：	ジューキ：粒子状原料粉で、Fe、Ni、Cr、Moと所望の機械的特性および焼結密度を得るのに適した量のCを含み、不可避的不純物を限定したもの。	
	バインダ	コスト低減	特公平7-68566(61)	特開平10-36901(40)	
		生産性向上	特開平3-13503(50)	特開平11-310803(63)	
		品質向上	特許2924054(30)	特開平6-316703(61)	特開平10-121104(61)
			特表平8-509196(40)	特開平8-170104(50)	特開平8-41506(40)
			特開2001-214203(61)	特開平10-121104(63)	特開平7-90314(48)
	射出成形	コスト低減	特開平5-179312(30)	特開平6-304811(39)	特開平9-41002(30)
			特開平8-27501(50)	特開平11-150308(66)	特開平11-71603(64)
			特開平11-57081(62)	特開平11-159420(20)	
		生産性向上	特開平9-41003(30)	特開平3-87302(66)	特開平11-302708(39)
			特開2000-63913：	三井金属鉱業：第1の部分を射出成形し、原料の異なる第2の部分の混練物を該第1部分の所定部分に射出し、一体化した成形物としたあと、脱脂、焼結。	特開平4-88101(61)
			特開2001-181704(63)	特開平4-50816(30)	特開平4-147907(66)

技術分野	技術要素	課題	公報番号（出願人、概要）		
金属粉末					
	射出成形	生産性向上	実開平5-19651(66)	特開平11-117833(20)	特開平9-87709(20)
		品質向上	特開平8-177833(64)	特開平3-61301(50)	特開平7-216405(41)
			特開2000-280294(41)	特開平5-171334(47)	特開平6-49511(62)
			特開平11-236602(20)	特開平10-53466(62)	
	脱脂	コスト低減	特開平6-206773(40)	特開平6-172809(62)	実開平6-54739(48)
			特開平10-310804(63)		
		生産性向上	特許3128130：	ベーアーエスエフ：金属粉末とバインダとしてのポリオキシメチレンとの混合物を射出成形し、気体状の酸含有雰囲気あるいは気体状の3ふっ化硼素含有雰囲気中で成形体を加熱・脱脂。	特開平7-233404(41)
			特許3165165(38)	特開平11-311483(63)	実開平6-69692(48)
		品質向上	特許2821183：	ジューキ：金属粒子と熱可塑性樹脂、ワックスからなるバインダと混練しペレットとして射出成形し、不活性ガス中脱脂し、さらに水素雰囲気中で浸炭を防止しつつ残留バインダ中の炭素を水素と反応させ除去。	特開平8-119749(50)
			特開平8-81701(40)	特開2000-63904(38)	特開2000-63905(38)
			実開平6-69692(48)	特許3000641(47)	特公平8-9721(39)
			特許3005368(39)	特開平6-316704(62)	特許2821183(64)
	焼結	コスト低減	特開平8-310878(65)	特開平3-130306(30)	
		生産性向上	特開平6-212207：	セイコーエプソン：射出成形された成型物を脱脂工程を介せずに直接、所定の焼結温度まで水素による還元雰囲気中に投じて一貫処理し、焼結処理。	
		品質向上	特開2001-49304(41)	特開2001-49304(20)	特開平3-45567(65)
			特許2915183(39)	特開平3-45567(64)	特開平4-293704(48)

注）特許番号後のカッコ内の数字は表2の企業のNoに対応

表2に出願件数上位65社の連絡先を示す。

表6-2 出願件数（2002年1月現在係属特許）上位 65社 の連絡先

No.	企業名	出願件数 溶融金属	出願件数 金属粉末	合計	住　　所		TEL
1	東芝機械	212	4	216	410-0022	静岡県沼津市大岡2068-3	0559-26-5141
2	日本製鋼所	178	6	184	100-0006	東京都千代田区有楽町1-1-2 日比谷三井ビル	03-3501-6111
3	宇部興産	141	0	141	105-0023	東京都港区芝浦1-2-1 シーバンスN館	03-5419-6109
4	東洋機械金属	106	5	111	674-0091	兵庫県明石市二見町福里西之山 523-1	078-942-2345
5	日精樹脂工業	94	0	94	389-0603	長野県埴科郡坂城町南条2110	0268-82-3000
6	本田技研工業	75	4	79	107-0062	東京都港区南青山2-1-1	03-3423-1111
7	ファナック	68	1	69	401-0511	山梨県南都留郡忍野村忍草古馬場 3580	0555-84-5555
8	名機製作所	68	0	68	474-8666	愛知県大府市北崎町大根2	0562-48-2111
9	新潟鐵工所	66	0	66	144-8639	東京都大田区蒲田本町1-10-1	03-5710-7770
10	トヨタ自動車	65	0	65	471-0826	愛知県豊田市トヨタ町1	0565-28-2121

No.	企業名	出願件数 溶融金属	出願件数 金属粉末	合計	住所		TEL
11	オリンパス光学工業	11	53	64	163-0914	東京都新宿区西新宿2-3-1 新宿モノリス14階	03-3340-2121
12	三菱重工業	53	4	57	100-0005	東京都千代田区丸の内2-5-1 三菱重工ビル	03-3212-3111
13	アーレスティ	55	0	55	174-0043	東京都板橋区坂下2-3-9	03-3966-6115
14	住友金属鉱山	0	48	48	105-0004	東京都港区新橋5-11-3 新橋住友ビル	03-3436-7701
15	住友重機械工業	44	2	46	141-0001	東京都品川区北品川5-9-11 住友重機械ビル	03-5488-8215
16	リョービ	30	0	30	726-0033	広島県府中市目崎町762	0847-41-1111
17	マツダ	27	0	27	730-8670	広島県安芸郡府中町新地3-1	082-282-1111
18	神戸製鋼所	25	2	27	651-0072	兵庫県神戸市中央区脇浜町2-10-26	078-261-5111
19	大同特殊鋼	2	25	27	460-0003	愛知県名古屋市中区錦1-11-18 興銀ビル	052-201-5111
20	日立金属	18	4	22	105-0023	東京都港区芝浦1-2-1 シーバンスN館3F	03-5765-4000
21	小松製作所	8	12	20	107-8414	東京都港区赤坂2-3-6 小松ビル	03-3561-2675
22	松下電器産業	19	1	20	571-0050	大阪府門真市門真1006	06-6908-1121
23	川崎製鉄	0	19	19	100-0011	東京都千代田区内幸町2-2-3 日比谷国際ビル	03-3597-3442
24	シチズン時計	0	15	15	188-0011	東京都西東京市田無町6-1-12	0424-66-1231
25	セイコーインスツルメンツ	1	14	15	261-0023	千葉県千葉市美浜区中瀬1-8	043-211-1111
26	デンソー	5	10	15	448-8661	愛知県刈谷市昭和町1-1	0566-25-5511
27	インジェックス	0	14	14	392-0027	長野県諏訪市湖岸通り1-18-12	0266-52-8100
28	レオテック	14	0	14	260-0835	千葉県千葉市中央区川崎町1 川崎製鉄内	043-262-4566
29	エヌオーケー	13	0	13	105-8585	東京都港区芝大門1-12-15	03-3432-4211
30	セイコーエプソン	4	9	13	392-0001	長野県諏訪市大和3-3-5	0266-52-3131
31	ソディック	13	0	13	224-8522	横浜市都筑区仲町台3-12-1	045-942-3111
32	積水化学工業	13	0	13	530-8565	大阪府大阪市北区西天満2-4-4	06-6365-4361
33	旭テック	8	3	11	439-8651	静岡県小笠郡菊川町堀之内547-1	0537-36-3107
34	河口湖精密	11	0	11	401-0395	山梨県南都留郡河口湖町船津6663-2	0555-23-1231
35	日立製作所	10	0	10	101-0062	東京都千代田区神田駿河台4-6	03-3258-1111
36	ヤマハ	0	9	9	430-8650	静岡県浜松市中沢町10-1	053-460-2511
37	ユーモールド	9	0	9	755-0057	山口県宇部市大字藤曲字昭和開作 2575-62	0836-33-3215
38	三井金属鉱業	5	4	9	141-8584	東京都品川区大崎1-11-1	03-5437-8000
39	松下電工	2	7	9	561-8686	大阪府門真市大字門真1048	06-6908-1131

No.	企業名	出願件数 溶融金属	出願件数 金属粉末	出願件数 合計	住　　　所	TEL
40	ベーアーエスエフ	0	8	8	ドイツ　ルートヴィッヒスハーフエン　カールーボッシュストラーセ38	
41	安来製作所	0	8	8	692-0011　島根県安来市安来町2107-2	0854-23-1716
42	三菱マテリアル	6	2	8	100-0004　東京都千代田区大手町1-5-1　大手町ファーストスクエア	03-5252-5201
43	コスメック	7	0	7	651-2241　神戸市西区室谷2-1-2	078-991-5115
44	ぺんてる	7	0	7	103-8538　東京都中央区日本橋小網町7-2	03-3667-3333
45	ＹＫＫ	6	1	7	101-8642　東京都千代田区神田和泉町1	03-3864-2000
46	日産自動車	7	0	7	104-8023　東京都中央区銀座6-17-1	03-5565-2180
47	住友電気工業	1	5	6	541-0041　大阪府大阪市中央区北浜4-5-33　住友ビル	06-6220-4141
48	島津製作所	2	4	6	604-8511　京都府京都市中京区西ノ京桑原町1	075-823-1415
49	オークマ	6	0	6	480-0193　愛知県丹羽郡大口町下小口5-25-1	0587-95-7820
50	トーキン	0	5	5	982-0003　宮城県仙台市太白区郡山6-7-1	022-308-0014
51	山城精機製作所	5	0	5	332-0032　埼玉県川口市中青木2-18-21	048-259-2791
52	相生精機	5	0	5	664-0006　兵庫県伊丹市鴻池街道下10	0727-77-3333
53	住重テクノセンター	0	4	4	237-0061　神奈川県横須賀市夏島町19	0468-69-1702
54	シャープ	5	0	5	545-8522　大阪市阿倍野区長池町22番22号	06-6621-1221
55	スター精機	5	0	5	480-0132　愛知県丹羽郡大口町秋田3-133	0587-95-7551
56	クラウス-マツフアイ	4	0	4	ドイツ　ミュンヘン　クラウス-マツフアイストラーセ2	
57	ジョブスト　アルリッチ　ジェラート	4	0	4	カナダ　オンタリオ州　ジョージタウン　プリンススストリート7エー	
58	ハスキー　インジェクション　モールディング　システムズ	4	0	4	カナダ　オンタリオ州　ボルトン　クィーンストリートサウス480	
59	山田藤夫	4	0	4	472-0043　愛知県知立市東栄3丁目48番地	
60	十王	4	0	4	254-0812　神奈川県平塚市松風6-14	0463-21-6700
61	清水食品	0	5	5	420-0859　静岡県静岡市栄町1-3　鈴与ビル3階	054-221-8520
62	太平洋金属	0	5	5	100-0004　東京都千代田区大手町1-6-1大手町ビル	03-3201-6681
63	島津メクテム	0	5	5	520-2152　滋賀県大津市月輪1丁目8番1号	077-545-3250
64	日本ピストンリング	0	5	5	338-8503　埼玉県さいたま市本町東5-12-10	048-856-5011
65	ジューキ	0	4	4	182-8655　東京都調布市国領町8-2-1	03-3480-1111

資料7．ライセンス提供の用意のある特許

特許流通データベースおよびPATOLISを利用し、金属射出成形に関する特許でライセンス提供の用意のあるものを、表7-1にまとめた。

表7-1 ライセンス提供のある金属射出成形の特許

(2002年1月現在)

公報番号	発明の名称	出願人	技術分野
特開2001-191170	加圧凝固鋳造方法及び装置	藤野技術コンサルタント	溶融金属
特公昭61-60133	アルミダイカスト製品ブラスト用亜鉛合金ショット及びその製造方法	日本鉱業	溶融金属
特公平05-43776	耐糸状腐食性に優れた金型鋳造用アルミニウム合金	日本軽金属	溶融金属
特公平06-13180	弾性変形型を用いた型成形法	工業技術院長	溶融金属
特公平06-71753	射出成形装置	日本製鋼所	溶融金属
特公平06-77795	圧力鋳造品の製造法	マツダ	溶融金属
特公平07-110510	トグル式射出成形機の型締力設定方法	日本製鋼所	溶融金属
特公平07-20644	射出成形用金型	日本製鋼所	溶融金属
特公平07-37660	アルミ合金鋳物製内燃機関用シリンダーヘッドの改良処理方法	トヨタ自動車	溶融金属
特公平07-61534	ダイカスト装置	豊田自動織機製作所	溶融金属
特公平07-71388	回転子のダイカストガスのガス抜き方法	日立製作所	溶融金属
特公平08-22504	アルミダイカスト製品のショットブラスト方法	日本鉱業	溶融金属
特許2561187	金属溶湯ポンプ	有明セラコ	溶融金属
特許2676466	マグネシウム合金製部材およびその製造方法	マツダ	溶融金属
特許2819712	アルミインゴット急速溶解方法	神鋼電機	溶融金属
特許2967385	金属射出成形品の製造方法および金属射出成形品	日本製鋼所	溶融金属
特許2976274	低融点金属材料の射出成形方法および射出成形装置	日本製鋼所	溶融金属
特許2979461	軽合金の射出成形方法および射出成形機	日本製鋼所	溶融金属
特許3169336	アルミダイカストの鍍金方法	三協精機製作所	溶融金属
特公平06-47684	射出成形体の脱脂方法	川崎製鉄	金属粉末
特公平07-47794	耐食性に優れた焼結合金鋼およびその製造方法	川崎製鉄	金属粉末
特公平08-23042	金属の射出成形方法	富士通	金属粉末
特許2955754	金属粉末の射出成形用組成物と、その組成物を用いた射出成形及び焼結法	モールドリサーチ	金属粉末
特開平11-1704	粉体成形方法	工業技術院長	金属粉末
特許2843213	焼結性粉末射出成形用バインダおよび組成物	川崎製鉄	金属粉末

特許流通支援チャート　機 械 2

金属射出成形技術

2002年（平成14年）6月29日　　初 版 発 行

編　集　　独立行政法人
ⓒ2002　　工業所有権総合情報館
発　行　　社 団 法 人　発 明 協 会
発行所　　社 団 法 人　発 明 協 会

〒105-0001　東京都港区虎ノ門2-9-14
　電　話　　03（3502）5433（編集）
　電　話　　03（3502）5491（販売）
　Ｆ ａ ｘ　　03（5512）7567（販売）

ISBN4-8271-0669-X C3033　印刷：株式会社　丸井工文社
Printed in Japan

乱丁・落丁本はお取替えいたします。

本書の全部または一部の無断複写複製
を禁じます（著作権法上の例外を除く）。

発明協会HP：http：//www.jiii.or.jp/

平成13年度「特許流通支援チャート」作成一覧

電気	技術テーマ名
1	非接触型ICカード
2	圧力センサ
3	個人照合
4	ビルドアップ多層プリント配線板
5	携帯電話表示技術
6	アクティブマトリクス液晶駆動技術
7	プログラム制御技術
8	半導体レーザの活性層
9	無線LAN

機械	技術テーマ名
1	車いす
2	金属射出成形技術
3	微細レーザ加工
4	ヒートパイプ

化学	技術テーマ名
1	プラスチックリサイクル
2	バイオセンサ
3	セラミックスの接合
4	有機EL素子
5	生分解性ポリエステル
6	有機導電性ポリマー
7	リチウムポリマー電池

一般	技術テーマ名
1	カーテンウォール
2	気体膜分離装置
3	半導体洗浄と環境適応技術
4	焼却炉排ガス処理技術
5	はんだ付け鉛フリー技術